Livre de recettes de Mme Wilson :

de nombreuses nouvelles recettes basées sur les conditions économiques actuelles

Mary A. Wilson

Writat

Cette édition parue en 2024

ISBN : 9789359942872

Publié par
Writat
email : info@writat.com

Contenu

PRÉFACE

L'influence d'aliments bien cuits et savoureux sur la santé et le bien-être général de la famille est aussi certaine que celle des changements de température et plus grave dans ses conséquences en termes de bien ou de mal à long terme.

Le vieux dicton « Dis-moi ce que tu manges et je te dirai ce que tu es » est aussi plein de « sens » aujourd'hui qu'il y a longtemps, car la nourriture nous rend physiquement en bonne forme physique et pleinement. des échecs efficaces ou misérables avec des complications physiques qui nous maintiennent constamment entre les mains du médecin.

Les essences vitales de ce que nous préparons à manger sont des « messagers médicinaux » apportant de la lumière aux yeux, de la vigueur aux membres, de la beauté aux joues et de la vigilance au cerveau, tout comme les vitamines, ou déformées dans un processus mal orienté, sont les durs hérauts de douleur et débilité pour le système humain. Quelle est donc grande l'influence de celui qui le prépare !

L'influence, selon l'astrologie, était « un pouvoir ou une vertu s'écoulant des planètes sur les hommes et les choses », mais de la cuisine, en tant que centre du soleil et de la chaleur, découle véritablement une influence planétaire qui nous façonne ou nous gâte.

La cuisine scientifique signifie l'élimination des déchets, la préservation des ressources comestibles et la conservation de leur énergie potentielle à travers la préparation d'aliments attrayants et revitalisants avec un coût et une main d'œuvre minimum, assurant ainsi dans une mesure large et profonde l'harmonie, le confort personnel et la paix domestique.

La préface d'un livre est trop souvent un prétexte plat et sans esprit pour le proposer au public au lieu d'être une annonce chaleureuse et bienvenue de l'arrivée d'une provision tant désirée pour un besoin réel, j'en viens donc à l'essentiel en disant tout de suite que rassemblées ici, dans ces pages, sont mes meilleures recettes, véritablement « essayées sur le feu », les résultats concrets de nombreuses années d'enseignement et de conférences, mises « à jour » dans l'intérêt de cette exigence exigeante. l'économie nationale est aujourd'hui, comme rarement auparavant, impérative dans ses exigences.

On notera également que le style lourd du livre de cuisine n'est pas utilisé ici mais que les recettes sont présentées comme si la ménagère et l'auteur conversaient sur le plat en question, et je lui dirai : une nourriture économique et savoureuse est à votre portée si vous rejetterez les idées et les méthodes d'autrefois. N'oubliez pas que vous ne préféreriez pas monter dans une calèche comme moyen de transport, alors pourquoi utiliser les recettes de cette époque ?

La ménagère compétente, dont les mains occupées préparent du pain, des gâteaux et des pâtisseries, étend à la communauté une influence inestimable, une largesse non pas de jour de fête, de jour saint ou de fête, mais trois fois par jour, saine et bienvenue comme le premier rayon de soleil et le printemps. précieux pour chaque foyer si béni, toujours en croissance et rayonnant. Puisse ce livre contribuer à cette croissance et à un plus grand rayonnement !

L'AUTEUR

MME. LIVRE DE CUISINE DE WILSON

Le pain, bâton de vie, doit être savoureux et bon pour que nous puissions nous en contenter lorsque nous mangeons.

Pouvez-vous penser à quelque chose qui gâcherait un repas plus rapidement qu'un pain pauvre, moelleux, pâteux ou lourd ?

Le pain peut vraiment être appelé le bâton de la vie, car il maintient la vie plus longtemps que tout autre aliment.

Pourtant, de nombreuses femmes pensent que faire du pain est une tâche simple ; que les ingrédients peuvent être assemblés pêle-mêle et que de bons résultats peuvent être obtenus ; ou que n'importe quelle sorte de farine fera du bon pain. C'est une grave erreur. Pour faire du bon pain au goût agréable, il faut de bons matériaux, une quantité raisonnable de soin et d'attention. Mais avant tout doit venir la connaissance de la farine.

Un bon mélange de farine dure d'hiver est nécessaire et peut facilement être testé en en pressant une petite quantité dans la main ; si la farine est bonne, elle conservera la forme de la main. La farine de graham ou de blé entier et les farines de seigle peuvent être utilisées pour varier et être avantageuses dans la fabrication du pain.

Les autres farines de céréales ne contiennent pas de gluten, ce qui permet de les utiliser seules pour la fabrication des pains à la levure. Gardez cela à l'esprit et évitez ainsi les échecs. La levure est une plante unicellulaire et doit recevoir la température, l'humidité et la nourriture appropriées pour sa croissance réussie. Lorsque celle-ci est fournie, chaque petite cellule se multiplie mille fois, poussant et étirant ainsi la pâte. Cela le fait monter ou devenir léger.

POURQUOI LA PÂTE TOMBE

Lorsque les cellules de levure auront absorbé ou consommé toute la nourriture qu'elles peuvent obtenir du sucre, de la farine, etc., la pâte reculera ou tombera. Or, si la pâte est manipulée avec soin à un moment donné, cela n'aura pas lieu, et c'est pourquoi on ne laisse reposer la pâte que pendant un temps donné avant d'être travaillée et ensuite placée dans les moules.

Peu d'ustensiles seront nécessaires pour faire du pain, mais ils doivent être scrupuleusement propres, pour que le pain ait une bonne saveur. Les pommes de terre et autres céréales cuites peuvent être utilisées avec de bons résultats. La levure comprimée donnera les meilleurs résultats, et la méthode de l'éponge ou de la pâte droite peut être utilisée.

Le pain fabriqué selon la méthode de l'éponge nécessitera plus de temps à préparer que le pain fabriqué selon la méthode de la pâte droite. La pâte éponge consiste à prendre la génoise et à la laisser lever jusqu'à ce qu'elle retombe, généralement en deux heures et demie, puis à ajouter suffisamment de farine pour obtenir une pâte facilement manipulable.

La méthode de la pâte droite consiste à réaliser une pâte au départ. Pour réussir le pain, ne posez pas la pâte sur la cuisinière, ne la posez pas sur les radiateurs et ne la placez pas là où elle sera dans un courant d'air, pour lever. Le froid refroidit la pâte et retarde la levure. La levure ne pousse avec succès que dans une température chaude et humide de 80 à 85 degrés Fahrenheit.

BOÎTE À PÂTE

Je voudrais parler à la ménagère d'une boîte à pâte que j'ai trouvée très efficace. Le succès du boulanger dans la fabrication du pain repose sur le fait qu'il peut réguler la température de son atelier et ainsi éviter que les courants d'air ne refroidissent la pâte. Cette boîte n'est qu'une boîte à crackers ordinaire avec un couvercle articulé. Il est ensuite doublé d'un épais papier d'amiante à l'intérieur puis recouvert de toile cirée à l'extérieur. Le bol contenant la pâte est ensuite placé dans la boîte pour conserver sa température et être à l'abri des courants d'air pendant sa levée. Par temps froid, cette boîte peut être chauffée en y plaçant un fer chaud au moment de commencer à mélanger la pâte, puis en retirant le fer avant de placer la pâte dans la boîte. Cette boîte permettra de payer facilement le temps et le coût en quelques semaines, et elle évitera également les pannes.

Maintenant, pour obtenir la bonne température, utilisez toujours un thermomètre. N'oubliez pas que vous ne pouvez pas mesurer correctement la température des liquides utilisés pour faire du pain en les testant avec le doigt ou en les testant à la cuillère. N'importe quel thermomètre ordinaire que l'on peut trouver dans la maison fera l'affaire pour ce travail. Frottez-le avec du soda et de l'eau pour enlever la peinture. N'oubliez pas de chauffer le bol par temps froid. Assurez-vous que la farine n'est pas inférieure à 65 degrés Fahrenheit.

Toute l'eau ou la moitié de l'eau et du lait peuvent être utilisées pour faire du pain. Lorsque le lait est utilisé, il doit être ébouillanté puis laissé refroidir. Le lait évaporé ou concentré ne nécessite pas de brûlage. Ajoutez simplement de l'eau chaude pour acquérir la bonne température.

POINTS QUI FONT UNE CUISSON RÉUSSIE

Les bols à mélanger en terre ou les seaux en cèdre propres constituent les meilleurs ustensiles pour y mettre la pâte à pain. Ces ustensiles retiendront la chaleur et sont faciles à nettoyer, et lorsqu'ils sont étroitement couverts, ils empêchent la formation d'une croûte dure sur la pâte.

Ne manquez pas de bien lever la pâte, c'est-à-dire de la laisser lever suffisamment longtemps comme indiqué dans les recettes.

Utilisez une bonne qualité de farine mélangée.

Utilisez la pointe de la main, près du poignet, pour pétrir et travailler la pâte. Le pétrissage est le plus important et doit être soigneusement effectué. N'ayez pas peur d'abîmer la pâte ; vous pouvez le gérer aussi grossièrement que vous le souhaitez. Un pétrissage intense et actif répartit les organismes levuriers, développe l'élasticité du gluten et donne du corps et de la force à la pâte.

Maintenant, un mot sur la pâtisserie. Le pain est cuit pour tuer la fermentation et maintenir les parois gluantes de la pâte en place et pour cuire l'amidon et ainsi le rendre savoureux et facile à digérer.

Un four à 350 degrés Fahrenheit est nécessaire. Ne faites pas plus chaud que ça. Trop de chaleur fait dorer le pain avant qu'il n'ait le temps de cuire au centre.

SEL

Le sel contrôle l'action de la levure. Il retarde ou retarde également la bonne fermentation si une trop grande quantité est utilisée. Là encore, si l'on n'ajoute pas assez de sel au mélange, la levure devient trop active et produit ainsi une miche de pain trop légère. Une once de sel pour chaque litre de liquide en été et trois quarts d'once en hiver donneront les meilleurs résultats au boulanger amateur.

CUISSON DU PAIN

Allumez maintenant une planche à modeler et coupez-la en cinq morceaux ou pains. Prévoyez environ dix-neuf onces pour chaque pain. Prenez la pâte entre les mains et formez une boule ronde. Placer sur la planche à modeler et couvrir pendant dix minutes. Maintenant, avec la paume de la main, aplatissez la pâte puis repliez-la à moitié en la frappant bien avec la main. Maintenant, prenez la pâte entre les mains et étirez-la en la frappant contre la planche à découper, repliez les extrémités et façonnez des pains. Placer dans des moules bien graissés et badigeonner le dessus de chaque pain de shortening. Couvrir et laisser lever 45 minutes. Cuire au four chaud pendant 45 minutes et badigeonner de shortening à la sortie du four. Laissez refroidir et le pain est prêt à être utilisé.

MÉTHODE À L'ÉPONGE

D'une manière générale, la méthode de l'éponge produit un pain plus léger et plus blanc que le pain fabriqué par la méthode de la pâte droite. Le pain fabriqué selon la méthode de la pâte droite présente l'avantage sur le pain fabriqué selon la méthode de la génoise en termes de saveur, de texture et de qualité de conservation.

MÉTHODE À L'ÉPONGE

Un litre d'eau ou moitié eau et moitié lait, 80 degrés Fahrenheit,

Deux gâteaux à la levure,

Deux litres et demi ou deux livres et demie de farine,

Une once de sucre.

Dissoudre le sucre et la levure dans l'eau et ajouter la farine. Battre pour bien mélanger, puis laisser lever pendant trois heures, puis ajouter

Une once de sel,

Une once et demie de shortening,

Un litre et demi ou une livre et demie de farine.

Travaillez jusqu'à obtenir une pâte élastique et lisse. Cela prend généralement environ dix minutes, une fois la farine incorporée à la pâte. Placer dans un bol graissé, puis retourner la pâte pour l'enrober de shortening. Cela évite la formation d'une croûte sur la pâte. Laisser lever pendant deux heures, puis abaisser les côtés vers le centre de la pâte et perforer. Retournez la pâte et laissez-la lever pendant une heure et quart.

LE SOIN DU PAIN APRÈS LA CUISSON

Le bocal, le pot ou la boîte dans laquelle est conservé le pain doit être scrupuleusement propre. Il doit être ébouillanté et diffusé un jour par semaine en hiver et trois fois par semaine au printemps, en été et au début de l'automne. Gardez à l'esprit que le pain conservé dans une boîte mal aérée moisira et se gâtera et sera donc impropre à la consommation alimentaire.

Placez le pain fraîchement sorti du four sur une grille pour qu'il refroidisse complètement avant de le conserver. Ne mettez pas de vieux pain dans la boîte avec les nouveaux produits de boulangerie. Prévoyez d'utiliser le pain rassis pour les toasts, les vinaigrettes, le pain et les puddings, les croûtons et les miettes.

LA VALEUR ALIMENTAIRE DU PAIN

Le blé contient les seize éléments nécessaires à la nutrition et, lorsqu'il est transformé en pain savoureux, il en forme environ 40 pour cent. de nos besoins alimentaires totaux. Le pain rassis se digère beaucoup plus facilement que le pain frais, car lorsqu'elle est soigneusement mastiquée dans la bouche, la salive agit directement sur la teneur en féculents. Le pain frais, s'il n'est pas soigneusement mâché pour pouvoir être bien brisé, devient une boule dure et pâteuse dans l'estomac, ce qui nécessite que cet organe fabrique les sucs gastriques supplémentaires pour briser cette boule de pâte.

Le pain âgé de un à trois jours se digère facilement. Les pains Graham et de blé entier contiennent un plus grand pourcentage de nutriments que les pains blancs.

TEMPÉRATURE DU FOUR

De nombreuses femmes au foyer estiment qu'il est impossible d'obtenir des résultats précis lors de la cuisson sur une cuisinière à gaz ; cela est dû au fait que peu de femmes comprennent vraiment le principe de la cuisson au gaz.

Pour obtenir un four lent, allumez les deux brûleurs et laissez-les brûler pendant cinq minutes ; puis baissez-les tous les deux, en tournant la poignée qui contrôle le débit de gaz des deux tiers. Cela maintiendra une chaleur constante et uniforme. Un four lent nécessite une chaleur de 250 à 275 degrés Fahrenheit. Un four modéré correspond à une température de 350 à 375 degrés Fahrenheit. Il peut être obtenu en brûlant les deux brûleurs de la cuisinière à gaz pendant huit minutes, puis en les baissant de moitié pour maintenir cette chaleur.

Un four chaud nécessite 425 à 450 degrés Fahrenheit et devra faire brûler les brûleurs pendant douze minutes, puis éteindre un quart.

Cette chaleur est intense et bien trop chaude pour les pains, pâtisseries et gâteaux. Les viandes nécessitent cette chaleur pendant la moitié du temps de cuisson. Cette chaleur est également nécessaire pour griller, griller, etc.

Maintenant, essayez également d'utiliser tout l'espace du four lors de la cuisson en cuisant deux plats ou plus en même temps. Les légumes peuvent être placés dans des cocottes ou des plats en terre ou même dans des casseroles ordinaires ; couvrez-les étroitement et faites cuire au four jusqu'à ce qu'ils soient tendres. Cela n'endommagera pas les autres aliments cuits au four.

Ne placez pas de pains, de gâteaux et de pâtisseries sur l'étagère supérieure ; placez-les plutôt sur l'étagère inférieure et faites cuire à four modéré. Savez-vous qu'il y a encore parmi nous des femmes qui croient fermement que mettre d'autres aliments à cuire au four avec un gâteau va sûrement le gâcher ? C'est une erreur; utilisez chaque espace du four.

Un thermomètre de four est vite rentabilisé. Portez une attention particulière au chauffage du four ; si le four est trop chaud, la chaleur est gaspillée pendant qu'il refroidit suffisamment. Cela gaspille du gaz. Lorsque les aliments sont placés pour la première fois dans le four, laissez la porte du four fermée pendant dix minutes, puis ouvrez-la si nécessaire.

Placer les aliments dans le four réduira considérablement la chaleur. N'essayez pas d'augmenter la chaleur ; dès que le mélange acquiert de la chaleur, la cuisson commencera de la manière habituelle et le plat sera prêt à sortir du four dans le temps imparti.

Ne laissez jamais le four attendre la nourriture ; laissez plutôt les aliments rester dans un endroit frais pendant que le four chauffe.

Avant de mélanger les matériaux, sélectionnez les moules qui conviendront le mieux au four. Cela ne signifie pas que vous devez jeter votre équipement actuel. Cela signifie que vous devez placer en groupes les casseroles qui remplissent entièrement l'espace du four sans encombrement. Gardez ce fait à l'esprit lors de l'achat de nouveaux ustensiles.

La farine de seigle la meilleure et la plus blanche est moulue à partir du centre des grains d'une manière similaire à la farine de blé. Lorsque seul le son est retiré de la mouture, nous obtenons une farine plus foncée, au goût prononcé et prononcé. La farine de seigle est utilisée pour fabriquer du Pumpernickel, un pain suisse et suédois à base de farine de seigle.

LEVURE MAISON

Lavez quatre pommes de terre puis coupez-les en tranches, sans les peler, placez-les dans une casserole et ajoutez trois litres d'eau. Cuire jusqu'à ce que les pommes de terre soient tendres, puis ajouter

Une demi-tasse de houblon.

Cuire lentement pendant une demi-heure. Passer le mélange au tamis fin puis verser le mélange chaud dessus.

Une tasse et demie de farine,

Une cuillère à soupe de sel,

Un quart de tasse de cassonade.

Remuer jusqu'à ce que le tout soit bien mélangé, en battant sans grumeaux. Laisser refroidir à 80 degrés Fahrenheit. Maintenant, ajoutez

Un gâteau de levure dissous dans une tasse d'eau, 80 degrés Fahrenheit

Bien mélanger puis laisser fermenter dans un endroit tiède pendant une dizaine d'heures. Versez maintenant dans un bocal ou un pot et conservez dans un endroit frais.

UTILISER

Utilisez une tasse et demie de ce mélange à la place du gâteau à la levure. Remuez toujours bien avant utilisation et veillez à ce que le mélange ne gèle pas. Ce ferment de pomme de terre doit être préparé frais tous les dix-huit jours en hiver et tous les douze jours en été.

PÂTE DROITE VIENNE

Un litre d'eau ou de lait,

Une once de sel,

Une once de sucre.

Bien mélanger pour bien dissoudre, puis ajouter

Deux gâteaux à la levure,

Quatre litres de farine,

Une once et demie de shortening.

Travaillez jusqu'à obtenir une pâte lisse puis pétrissez pendant dix minutes. Placez ensuite dans un bol bien graissé en retournant la pâte pour bien l'enrober. Cela évite la formation d'une croûte sur la pâte.

Couvrir le bol et laisser lever pendant trois heures et demie. Étalez maintenant sur la pâte en tirant vers le centre, les côtés et les extrémités de la pâte jusqu'à ce qu'elle forme une masse compacte. Retournez la pâte, couvrez et laissez lever une heure. Placez maintenant sur la planche à modeler et formez des pains, en utilisant la même méthode que pour la pâte à biscuit.

POUR PRÉPARER LE PAIN

Lorsque la pâte est prête à être façonnée en pains, continuez ; en utilisant la méthode indiquée pour la pâte à biscuit, puis en roulant le pain sur la planche à modeler, en le rendant pointu aux extrémités. Placez maintenant un chiffon propre dans un plat allant au four profond et saupoudrez-le de semoule de maïs. Placez le pain de pâte sur le torchon et saupoudrez-le légèrement de semoule de maïs. Soulevez maintenant le tissu près de la pâte, en créant une cloison en tissu entre chaque pain.

Laissez la pâte lever environ 45 minutes, et au moment de la cuisson, soulevez délicatement la pâte du torchon et posez-la sur une plaque à pâtisserie et entaillez légèrement avec un couteau bien aiguisé. Lavez avec un œuf et de l'eau, lavez et repassez quarante-cinq minutes à four chaud, en ajoutant une petite casserole d'eau bouillante pour apporter de la vapeur afin de garder le pain humide pendant la cuisson.

La moitié des recettes ci-dessus pour une petite famille.

POUR FAIRE LE CÉLÈBRE PAIN FRANÇAIS

Parer et couper en tranches deux pommes de terre de taille moyenne. Cuire jusqu'à ce qu'il soit très tendre dans trois tasses d'eau. Une fois cuit, passer au tamis et laisser refroidir. Il doit y avoir deux tasses de ce mélange. Lorsque le mélange atteint environ 80 degrés Fahrenheit, versez dans le bol à mélanger et ajoutez

Un gâteau à la levure émietté,

Une demi-once de shortening (1 cuillère à soupe),

Une once de sucre (2 cuillères à soupe),

Trois quarts d'once de sel (2 cuillères à café).

Remuer pour bien dissoudre, puis ajouter huit tasses de farine. Travaillez jusqu'à obtenir une pâte puis procédez comme dans la méthode de la pâte droite. Lorsque la pâte est prête à être utilisée dans les moules, coupez ou divisez en six morceaux et façonnez-les en pains de trois pouces d'épaisseur et douze pouces de long, et laissez-les lever comme le pain de Vienne, puis faites cuire au four en utilisant la même méthode.

PAIN DE SEIGLE

Deux tasses d'eau, à 80 degrés Fahrenheit,

Deux cuillères à soupe de sucre,

Deux cuillères à café de sel.

Mélanger puis ajouter

Un gâteau à la levure,

Cinq tasses de farine blanche,

Trois tasses de farine de seigle,

Deux cuillères à soupe de shortening.

Travailler jusqu'à obtenir une pâte et fermenter pendant trois heures et quart, puis procéder comme dans la méthode de la pâte droite. Lorsque la pâte est prête à être utilisée dans les moules, utilisez la même méthode que pour le pain viennois. Cuire au four de la même manière, en chauffant le four à 450 degrés Fahrenheit. Le pain de seigle nécessite un four plus chaud que le pain de blé. Lavez le pain de seigle à la sortie du four avec de l'eau tiède. Des graines de carvi peuvent être ajoutées si vous le souhaitez.

PAIN GRAHAM

Deux tasses d'eau, à 80 degrés Fahrenheit,

Quatre cuillères à soupe de sirop,

Deux cuillères à soupe de sucre,

Deux cuillères à café de sel.

Remuer jusqu'à dissolution, puis émietter dans un gâteau à la levure, bien dissoudre, puis ajouter

Quatre tasses de farine blanche,

Trois tasses et demie de farine Graham,

Trois cuillères à soupe de shortening.

Travaillez jusqu'à obtenir une pâte puis procédez comme dans la méthode de la pâte droite.

PAIN DE BLÉ ENTIER

Deux tasses d'eau,

Trois cuillères à soupe de sirop,

Deux cuillères à soupe de sucre,

Deux cuillères à café de sel.

Bien mélanger puis émietter dans un gâteau de levure et remuer jusqu'à dissolution, puis ajouter

Sept tasses et demie de farine de blé.

Travaillez jusqu'à obtenir une pâte élastique et lisse et procédez comme pour une pâte droite.

PAIN AUX PRUNEAUX

Lavez pour nettoyer soigneusement une demi-livre de pruneaux, puis dénoyautez-les et coupez-les en petits morceaux de la taille d'un raisin sec avec une paire de ciseaux. Lorsque le pain est prêt à être mis dans les moules, ajoutez les pruneaux et pétrissez bien la pâte pour bien répartir les pruneaux. Placez ensuite dans les moules et procédez comme d'habitude.

PAIN AU SON

Deux tasses d'eau, à 80 degrés Fahrenheit,

Une demi-tasse de purée de pommes de terre,

Trois cuillères à soupe de sirop,

Deux cuillères à soupe de sucre,

Deux cuillères à café de sel.

Mélanger puis émietter dans un gâteau à la levure. Remuer jusqu'à dissolution, puis ajouter

Six tasses de farine de blé,

Deux tasses et demie de son.

Procédez comme pour la méthode de la pâte droite.

PAIN À L'ORANGE DE CALIFORNIE

Râpez le zeste de deux oranges puis placez-les dans un bol et ajoutez

Une tasse de jus d'orange, réchauffé à 80 degrés Fahrenheit,

Deux cuillères à soupe de shortening fondu,

Quatre cuillères à soupe de sucre,

Une cuillère à café et demie de sel,

Un oeuf.

Battre pour mélanger, puis dissoudre un gâteau de levure dans une tasse d'eau à 80 degrés Fahrenheit et ajouter au mélange ci-dessus ; travailler ensuite avec suffisamment de farine pour obtenir une pâte élastique et lisse ; généralement environ huit tasses. Placer dans un bol graissé et retourner la pâte pour bien l'enrober de graisse. Couvrir et laisser lever trois heures. Tirez les coins de la pâte vers le centre et piquez, retournez et laissez lever à nouveau pendant une heure. Répétez le pigeage puis laissez lever pendant trois quarts d'heure. Démouler sur une planche à modeler et façonner trois pains en ajoutant

Une demi-tasse de raisins secs épépinés pour un pain,

Une demi-tasse d'amandes hachées pour le deuxième pain,

et gardez le troisième pain nature. Placer dans des moules graissés et laisser lever trois quarts d'heure. Cuire à four chaud pendant 40 minutes. La température du four doit être de 400 degrés Fahrenheit.

Ce pain est délicieux pour les sandwichs. L'une des causes de l'échec de la fabrication du pain à la maison est sans aucun doute la rapidité du processus et la cuisson insuffisante du pain. La taille et la forme des moules affectent la qualité du pain. Évitez les casseroles trop profondes ou peu profondes. Une poêle de 7½ sur 4¼ pouces donnera les meilleurs résultats.

Retournez le pain sur une grille à gâteau pour qu'il refroidisse. Cela permet la libre circulation de l'air.

PAIN BRUN BOSTON

Placer dans un bol

Deux tasses de chapelure,

Une demi-tasse de sirop,

Une cuillère à café de bicarbonate de soude,

Une cuillère à soupe d'eau.

Dissoudre le bicarbonate de soude dans la cuillère à soupe d'eau et ajouter

Deux tasses d'eau chaude.

Battre pour mélanger puis laisser refroidir, ajouter

Une demi-tasse de semoule de maïs,

Une demi-tasse de farine Graham.

Battre pour bien mélanger puis verser dans des moules bien graissés, couvrir et cuire à la vapeur ou faire bouillir pendant une heure et demie. Retirez le couvercle et placez à four lent pendant vingt minutes pour sécher. Une canette de café d'une livre constitue un magnifique moule.

PAIN BRUN BOSTON

Placer dans un bol à mélanger

Deux tiers de tasse de mélasse,

Deux tasses de lait aigre,

Une cuillère à café et demie de bicarbonate de soude.

Remuer pour bien dissoudre le soda, puis ajouter

Deux tiers de tasse de farine Graham,

Une tasse de semoule de maïs,

Une tasse de farine de seigle,

Une demi-tasse de raisins secs épépinés.

Battre pour bien mélanger, puis graisser soigneusement une boîte de café d'une livre et la remplir aux deux tiers avec ce mélange. Mettez le couvercle et faites cuire à la vapeur pendant deux heures, puis retirez le couvercle et placez la boîte au four pour qu'elle sèche. Des canettes de levure chimique d'une livre peuvent être utilisées pour remplacer les canettes de café.

PAIN À L'AVOINE ÉCOSSAISE

Placer dans un bol

Une tasse de lait échaudé refroidi à 80 degrés Fahrenheit,

Une tasse d'eau, à 80 degrés Fahrenheit,

Une demi-tasse de sirop,

Deux cuillères à café de sel.

Émietter un gâteau à la levure puis mélanger jusqu'à ce que le gâteau à la levure soit dissous, puis ajouter

Quatre tasses de farine.

Battre pour mélanger puis laisser lever la génoise pendant deux heures et demie. Maintenant, ajoutez

Deux tasses de flocons d'avoine,

Deux tasses de farine.

Pétrir pour lisser la pâte élastique, puis la placer dans un bol graissé, en retournant la pâte pour bien l'enrober de shortening. Laisser lever une heure et trois quarts. Tirez les coins vers le centre et frappez vers le bas. Retournez et laissez lever une heure. Démoulez maintenant sur une planche à modeler et coupez en pains. Façonner entre les mains et déposer sur la planche à moulurer et couvrir. Laisser gonfler une dizaine de minutes puis façonner en moules. Placer dans des moules bien graissés et badigeonner le dessus des pains de shortening fondu. Laisser lever quarante minutes. Cuire à four chaud.

ROULEAUX PARKER MAISON

Placer dans un bol

Trois cuillères à soupe de sucre,

Une cuillère à café et demie de sel,

Quatre cuillères à soupe de shortening.

Ébouillanter et verser dans le bol

Une tasse et demie de lait.

Remuer pour bien mélanger; refroidir à 80 degrés Fahrenheit. Maintenant, émiettez-le dans un gâteau à la levure, en remuant jusqu'à ce qu'il soit complètement dissous, puis ajoutez

Six tasses de farine tamisée.

Pétrir pour lisser la pâte élastique; nettoyer soigneusement le bol et le graisser, le placer dans le bol et appuyer fermement contre le fond, retourner ; puis couvrir et laisser lever pendant trois heures et demie. Poinçonner ou pétrir, retourner et laisser lever une heure. Maintenant, démoulez-le sur une planche à modeler et formez-le comme un long pain français, et avec des ciseaux ou un couteau français, coupez-le en morceaux de la taille d'un gros œuf. Rouler rapidement entre les mains pour former une boule ronde, déposer sur une planche à modeler et laisser lever une dizaine de minutes. Aplatir à l'aide d'un petit rouleau à pâtisserie ou de la paume de la main, badigeonner de shortening, plier à la manière d'un portefeuille et déposer sur une plaque à pâtisserie bien graissée à deux pouces d'intervalle pour lever pendant vingt minutes; cuire au four chaud pendant quinze minutes, badigeonner de shortening fondu dès la sortie du four.

ROULEAUX DE RÂPE

Préparez la pâte comme pour les petits pains Parker House, en coupant la pâte en morceaux de la taille d'une petite orange ; arrondissez entre les mains, placez sur une planche à moulurer et couvrez pendant cinq minutes. Roulez maintenant sur une planche à moulurer pour former une boule, en utilisant la paume de la main ; déposer sur une plaque à pâtisserie bien graissée; laisser lever vingt-cinq minutes, cuire à four modéré vingt minutes – laisser refroidir, frotter chaque rouleau sur une râpe pour râper, en enlevant une légère couche de croûte.

PETIT DÉJEUNER

Préparez la pâte comme pour les petits pains Parker House et coupez-la en morceaux de la taille d'un petit œuf ; arrondissez, couvrez et laissez lever dix minutes, roulez entre la planche et les mains en formant des pointes au bout des rouleaux. Terminez comme pour les rouleaux Parker House.

ROULEAUX MAISON RICH PARKER

Ébouillanter une pinte de lait, en ajoutant

Quatre cuillères à soupe de shortening.

Laisser refroidir à 80 degrés Fahrenheit, puis verser dans le bol à mélanger et ajouter

Trois cuillères à soupe de sucre,

Deux cuillères à café de sel,

Un œuf bien battu,

Un gâteau de levure dissous dans quatre cuillères à soupe d'eau, bien mélanger

Et puis ajoutez

Trois pintes et trois quarts ou sept tasses et demie de farine tamisée.

Travaillez jusqu'à obtenir une pâte élastique et lisse, graissez un bol propre et placez-y la pâte. Retourner plusieurs fois pour bien enrober la pâte de shortening. Cela évite la formation d'une croûte. Placer dans un endroit à l'abri des courants d'air et laisser lever trois heures et demie, puis piger et retourner. Laisser lever une heure et quart. Punchez à nouveau puis laissez lever trois quarts d'heure. Allumez maintenant la planche à pâtisserie et façonnez-la en une longue bande pas aussi épaisse que le rouleau à pâtisserie. Cassez la pâte en morceaux pesant environ une once et demie. Former des boules puis couvrir et laisser jaillir ou lever une dizaine de minutes ; prenez une boule de pâte et arrondissez-la bien sur la planche, puis aplatissez-la légèrement avec la paume de la main. Marquez maintenant un pli marqué avec le dos d'un couteau au centre du rouleau. Pliez-le à la manière d'un portefeuille, en tapotant fort le tour du rouleau avec la main. Disposer sur des moules bien graissés, en badigeonnant les rouleaux de shortening. Laisser lever une vingtaine de minutes puis laver à l'oeuf et enfourner à four chaud.

ROULEAUX À DOIGTS OU À SANDWICH

Utilisez la pâte à rouler Parker House, en la coupant en morceaux d'une once et demie. Façonner en boules puis déposer sur une planche et couvrir pendant dix minutes pour laisser jaillir. Maintenant, façonnez en forme de doigts, placez-les sur des moules graissés et procédez comme dans les rouleaux Parker House.

DOUVES

Préparez comme pour les petits pains, en pointant la pâte aux deux extrémités en la roulant pour lui donner une forme semblable à une patate douce.

TRESSÉES

Cassez des morceaux de pâte d'un poids de trois quarts d'once, puis façonnez-les en boules et laissez-les gonfler pendant cinq minutes. Maintenant, façonnez-les en morceaux en forme de corde un peu plus longs qu'un crayon à mine. Attachez les trois pièces ensemble puis tressez. Procédez comme pour les rouleaux de doigts.

BISCUITS À LA BISCUITE OU AU THÉ

Préparez la pâte comme pour les rouleaux Parker House, coupez-la et formez-la en boules de petite taille, couvrez et laissez lever dix minutes. Maintenant, arrondissez en roulant entre les mains, placez-les très serrés dans des moules profonds et bien graissés, laissez lever quarante minutes, faites cuire à four modéré ; Badigeonner de sirop et d'eau et saupoudrer de sucre dès la sortie du four.

CROISSANTS

Utilisez la pâte à rouler Parker House, puis cassez-la en morceaux pesant environ douze onces. Façonner en boules puis couvrir et laisser gonfler une dizaine de minutes. Maintenant, étalez la pâte sur un demi-pouce d'épaisseur avec un rouleau à pâtisserie et coupez-la en carrés de cinq pouces. Coupez chaque carré en triangle et badigeonnez légèrement de shortening. Roulez du côté coupé vers la pointe, en chevauchant étroitement la pointe. Former un croissant lors de la mise dans un moule bien graissé, badigeonner de shortening, couvrir et laisser lever dix-huit minutes. Laver avec du lait et de l'eau. Cuire au four dix-huit minutes à four chaud.

PIGNONS DE BAIN ANGLAISE

Faites fondre quatre onces de beurre, puis placez-le dans un bol à mélanger et ajoutez

Une demi-tasse de sucre,

Une tasse de lait bouillant, refroidi à 80 degrés.

Puis ajouter

Deux œufs bien battus,

Une cuillère à café de sel,

moitié gâteau à la levure.

Remuer pour bien mélanger, puis ajouter quatre tasses de farine et travailler jusqu'à obtenir une pâte élastique et lisse. Beurrez bien le bol de mixage puis mettez-y la pâte. Appuyez bien puis retournez. Couvrir et laisser lever pendant quatre heures, puis allumer une planche à découper et pétrir pendant deux minutes. Couper en morceaux pour les biscuits. Rouler entre les mains en boules rondes puis couvrir et laisser reposer sur la planche à modeler pendant dix minutes. Maintenant, appuyez à plat avec les mains et laissez lever sur une plaque à pâtisserie bien graissée. Laisser lever trente minutes, puis badigeonner d'un mélange de

Quatre cuillères à soupe de sirop,

Deux cuillères à soupe d'eau.

Cuire à four chaud pendant quinze minutes.

SALLY LUNN

Placer dans un bol à mélanger

Une tasse de lait échaudé, refroidi à 80 degrés,

Une demi-tasse de sucre,

Quatre cuillères à soupe de shortening,

Un œuf bien battu,

Un demi-gâteau à la levure émietté.

Battre pour bien mélanger, puis ajouter

Deux tasses et trois quarts de farine tamisée,

Une cuillère à café de sel.

Bien battre, couvrir et laisser lever trois heures, battre à nouveau. Maintenant, graissez soigneusement un plat allant au four oblong ou rond; prenez le Sally Lunn et battez pendant cinq minutes, versez dans le moule préparé, en laissant la pâte remplir le moule environ à moitié ; laisser lever vingt minutes dans un endroit tiède, cuire à four chaud vingt-cinq minutes, puis saupoudrer de sucre.

Petits pains nature

Pesez dix-huit onces de pâte et divisez-la en une douzaine de morceaux. Façonner en boules et laisser gonfler une dizaine de minutes. Maintenant, façonnez-les bien en rond, puis placez-les les uns contre les autres sur un moule bien graissé. Laisser lever trente-cinq minutes, puis badigeonner le dessus d'œuf et d'eau ; laver et saupoudrer légèrement de sucre. Cuire au four dix-huit minutes à four chaud. Une petite casserole d'eau bouillante peut être placée dans le four lors de la cuisson de ces petits pains.

Par souci de variété, une partie de la pâte peut être cuite nature. Pour compléter, ajoutez des graines de carvi, un peu de citron, de la muscade ou quelques groseilles. S'ils sont soigneusement cuits et refroidis, ces petits pains peuvent être conservés dans une boîte hermétique et se conserveront plusieurs jours. Pour réchauffer, mettre au four avec une casserole d'eau bouillante pendant dix minutes pour rafraîchir.

Dorure aux œufs : Un œuf et un quart de tasse de lait ; battre pour mélanger; appliquer avec un petit pinceau.

Brioches collantes à la cannelle

Ébouillantez une tasse de lait, puis placez-la

Quatre cuillères à soupe de shortening,

Une demi-tasse de sucre,

Une cuillère à café de sel

dans le bol et versez dessus le lait échaudé. Remuer pour bien mélanger, puis laisser refroidir à 80 degrés Fahrenheit. Maintenant, dissolvez un demi-gâteau de levure dans une demi-tasse d'eau à 80 degrés Fahrenheit, et lorsque le lait est à la bonne température, ajoutez six tasses de farine et travaillez jusqu'à obtenir une pâte lisse. Placer dans un bol bien graissé, en retournant la pâte dans le bol afin qu'elle soit bien enrobée de shortening. Couvrir et laisser lever trois heures et demie. Maintenant, tirez les côtés de la pâte vers le centre et frappez-la en retournant la pâte. Laisser lever à nouveau pendant une heure, puis retourner sur une planche à modeler et diviser la pâte en deux. Pétrir chaque morceau en boule. Couvrir et laisser lever ou jaillir une dizaine de minutes. Maintenant, étalez-la sur un quart de pouce d'épaisseur à l'aide d'un rouleau à pâtisserie. Badigeonner de shortening fondu et bien saupoudrer de cassonade, en utilisant environ une tasse. Saupoudrez maintenant de deux cuillères à café de cannelle et étalez sur la pâte préparée une tasse et demie de groseilles ou de petits raisins secs sans pépins. Commencez par le bord et roulez comme un rouleau de gelée. Coupez en morceaux d'un pouce et demi d'épaisseur, puis placez-les dans les moules préparés et laissez lever pendant une heure. Cuire ensuite à four modéré pendant quarante minutes.

Pour préparer la poêle pour les brioches à la cannelle :

Graisser la poêle très épaisse avec du shortening, puis étaler uniformément une tasse de cassonade et une demi-tasse de groseilles ou de petits raisins secs sans pépins sur le fond de la poêle. Placer les petits pains dans le moule et laisser lever une heure dans un endroit tiède, puis enfourner à four modéré pendant trente-cinq minutes.

Maintenant pour l'astuce. Lorsque les petits pains sont cuits, badigeonnez la planche à pâtisserie de shortening, puis placez-la

Deux cuillères à soupe de cassonade,

Une cuillère à soupe d'eau

dans une casserole, bien mélanger puis porter à ébullition. Maintenant, dès que les petits pains sont cuits, retournez-les immédiatement de la poêle et badigeonnez bien avec le sirop préparé, en badigeonnant le fond avec le sirop, car badigeonner la partie confite des petits pains l'empêche de durcir. Laissez refroidir puis utilisez.

ST. PETITS PAINS DE NAZAIRE

Préparez la pâte comme pour les brioches à la cannelle et au moment d'allumer la planche à découper, ajoutez

Une tasse de citron finement râpé,

Une demi-tasse de cassonade,

Une tasse de raisins secs épépinés.

Travaillez bien pour répartir les fruits, puis formez un long rouleau de trois pouces d'épaisseur. Coupez des morceaux d'environ une once et demie et formez des petits pains. Laisser reposer quinze minutes puis rouler en petits pains ronds et placer dans un plat allant au four bien graissé et laisser lever trente minutes. Faites un trou au centre de chaque petit pain avec un petit bâton en bois et lavez les petits pains avec l'œuf et le lait. Cuire à four modéré pendant vingt minutes. Laisser refroidir, puis remplir le centre de gelée et de glace avec de l'eau glacée.

ROULETTES

Préparez la pâte et roulez-la comme pour des brioches à la cannelle ; couper en tranches d'un demi-pouce d'épaisseur; placer à 1 pouce l'un de l'autre sur une plaque à pâtisserie bien graissée, laisser lever vingt-cinq minutes, badigeonner de dorure à l'œuf; saupoudrer de cacahuètes finement hachées et cuire à four modéré vingt minutes.

GÂTEAU À LA CANELLE

Vous pouvez utiliser une partie de la pâte pour un gâteau à la cannelle. Coupez la pâte en morceaux puis étalez-la sur trois quarts de pouce d'épaisseur. Placer dans les moules, en étirant et en roulant la pâte pour qu'elle s'adapte au moule. Badigeonner de shortening puis recouvrir de chapelure, préparée comme suit :

Six cuillères à soupe de farine,

Quatre cuillères à soupe de cassonade,

Deux cuillères à soupe de shortening,

Deux cuillères à café de cannelle.

Frottez le mélange jusqu'à ce qu'il soit friable, puis étalez-le comme indiqué. Laisser lever trente-cinq minutes, cuire à four chaud quinze minutes.

GLAÇAGE À LA NOIX DE COCO

Une demi-tasse de sucre glace,

Une demi-tasse de noix de coco,

Suffisamment d'eau chaude pour humidifier.

Étalez sur les petits pains à l'aide d'une spatule.

Petits pains à la noix de coco

Préparez la pâte de la même manière que pour les brioches à la cannelle et, au moment de la retourner sur une planche à découper, ajoutez

Une tasse de noix de coco,

Trois cuillères à soupe de shortening.

Pétrir pour mélanger, puis travailler la pâte en un long rouleau d'environ trois pouces d'épaisseur, puis la casser en morceaux de la taille d'un gros œuf. Maintenant, façonnez jusqu'à ce qu'il soit rond, puis laissez lever sur la planche pendant dix minutes. Mouler à nouveau en formant un oblong. Placer sur une poêle bien graissée et badigeonner les petits pains de shortening fondu. Laisser lever trente minutes puis cuire à four chaud et glacer avec un glaçage à la noix de coco.

GÂTEAUX AU CAFÉ AUX AMANDES

Préparez la pâte comme indiqué dans la recette, en utilisant le reste pour les petits pains à la cannelle ou à la noix de coco. Lorsque vous êtes prêt à allumer une planche à modeler, coupez la pâte en deux et étalez chaque morceau sur un quart de pouce d'épaisseur. Tartiner de shortening, puis légèrement de cassonade et d'une demi-tasse d'amandes ou de cacahuètes finement râpées. Roulez comme un rouleau de gelée. Presser à plat avec un rouleau à pâtisserie jusqu'à ce qu'il n'y ait qu'un pouce d'épaisseur. Coupez en morceaux de six pouces de long, puis placez-les dans un plat allant au four bien graissé et laissez lever trente-cinq minutes. Au moment de cuire, coupez une entaille de trois pouces de long sur chaque gâteau. Lavez avec l'œuf et le lait et parsemez d'amandes finement râpées. Cuire à four modéré pendant vingt-cinq minutes. Glacer avec de l'eau glacée.

COMMENT FAIRE UN GÂTEAU À LA LEVURE

Ébouillantez une tasse de lait et ajoutez une demi-tasse d'eau froide. Refroidissez le mélange à 80 degrés. Ajoutez maintenant quatre cuillères à soupe de sucre et une cuillère à café de sel. Émietter un gâteau de levure dans le mélange et bien mélanger jusqu'à ce que la levure soit dissoute. Ajoutez maintenant quatre tasses de farine tamisée et battez pour obtenir une pâte légère. Couvrir et placer dans un endroit à l'abri des courants d'air, où il sera maintenu au chaud à une température de 80 degrés et laissé lever pendant trois heures. Battez maintenant la pâte avec une cuillère et laissez-la lever à nouveau pendant trois quarts d'heure. Maintenant, pendant que la pâte lève la dernière fois, placez une tasse de sucre et une demi-tasse de shortening dans un bol et crémez jusqu'à ce que la pâte soit légère et mousseuse. Ajouter deux œufs, un à la fois, et battre jusqu'à ce qu'ils soient très légers. Lorsque la pâte est prête, ajoutez le sucre, les œufs, le shortening et une tasse et demie de farine ; battre ce mélange avec une cuillère pendant douze minutes jusqu'à ce que le tout soit bien mélangé. Versez maintenant dans le moule préparé en remplissant le moule à moitié plein. Mettre dans un endroit chaud, à une température d'environ 80 degrés Fahrenheit, pour lever pendant une heure et quart ou jusqu'à ce que le mélange remplisse le moule. Cuire à four modéré pendant trois quarts d'heure.

Retirez le gâteau du moule et laissez-le refroidir sur une grille. Ce gâteau peut être glacé ou servi nature ; ou des noix hachées, des raisins secs ou du citron peuvent être ajoutés à la pâte avec le sucre et les œufs.

Pour préparer les moules : Beurrez-les soigneusement, puis enduisez-les de noix finement hachées ou de fines miettes de gâteau avant d'y verser la pâte.

BRIOCHE

La brioche est un pain sucré français et même si les différentes autorités ne sont pas d'accord sur la consistance et les méthodes, ces gâteaux figurent sans aucun doute en grande partie dans la cuisine française.

Une boulangerie française prépare les brioches sous forme de pain et une fois froides, elles sont coupées en tranches et trempées dans du sirop d'orange. Là encore, la brioche est tartinée de confiture puis recouverte de glaçage ou la brioche peut être trempée dans le sirop préparé puis trempée dans une pâte et frite dorée dans de la graisse chaude. Tartiner de confiture et servir avec une sauce à l'orange ou au citron.

La préparation proprement dite de la brioche ne pose que très peu de problèmes et peut être réalisée à partir de pâte à pain le jour de la cuisson. Maintenant, un point dans la fabrication de ces pains sucrés : il y a exactement la même astuce que pour mouler la miche de pain. On peut apprendre en accordant une attention particulière aux détails et en pratiquant. On peut très bien insister sur la légèreté de la pâte ; car une pâte lourde, trop riche et mal cuite est nocive pour la santé.

GLAÇAGE À L'EAU

Six cuillères à soupe de sucre glace et suffisamment d'eau (bouillante) pour humidifier.

PAIN DE BREST

Rouler la pâte en trois brins d'environ un pouce d'épaisseur et dix pouces de long. Attachez les trois brins ensemble puis tressez. Placer sur un plat bien graissé et laisser lever. Lavez avec l'œuf et le lait puis enfournez pendant vingt-cinq minutes à four modéré. Tartiner de gelée puis glacer avec du glaçage à l'eau. Saupoudrer de noix de coco légèrement dorée.

POUR FAIRE UNE BRIOCHE AVEC DE LA PÂTE À PAIN

Lorsque le pain est prêt à être mis dans le moule, coupez une livre et placez la pâte dans un bol. Maintenant, placez-le dans un bol séparé

Jaunes de deux œufs,

Une demi-tasse de shortening,

Trois quarts de tasse de sucre.

Crémer jusqu'à consistance légère et mousseuse, puis ajouter les blancs d'œufs battus en neige ferme, ainsi que

Une demi-tasse de lait,

Quatre tasses de farine,

Morceau d'une livre de pâte levée à la levure.

Travailler ou pétrir jusqu'à obtenir une consistance lisse et élastique. Placer dans un bol graissé et laisser lever pendant trois heures; Maintenant, retournez à bord, divisez en huit morceaux et façonnez en boules. Couvrir et laisser lever une dizaine de minutes. Maintenant, étalez-le sur un demi-pouce d'épaisseur. Badigeonner de shortening, saupoudrer de cassonade et de noix. Rouler comme un rouleau à pâtisserie puis bien aplatir avec un rouleau à pâtisserie. Placer dans un moule beurré, couvrir et laisser lever une demi-heure. Maintenant, coupez toute la longueur de la pâte, en laissant deux pouces à chaque extrémité. Laver à l'œuf et cuire une vingtaine de minutes à four chaud. Saupoudrer de sucre, puis remettre au four cinq minutes.

PÂTES SUCRÉES

Autrefois, la levure, l'ammoniaque, les cendres perlées, l'eau de miel et un mélange de mélasse étaient utilisés pour alléger les gâteaux, avant l'époque de la levure chimique fiable.

En Europe, la ménagère prépare à partir de pâte à pain de délicieux gâteaux à la levure. Ceux-ci offrent une splendide variété. Ils comprennent des savarins, des babas et des gâteaux aux fruits à la levure.

De nombreuses femmes ne parviennent pas à préparer ces délicieuses friandises parce qu'elles ne se rendent pas compte que l'ajout de grandes quantités de sucre, de fruits, de shortening et d'œufs à la pâte levée, à moins d'être manipulé avec soin, est susceptible de produire des gâteaux lourds et moelleux qui n'ont pas la texture légère et veloutée. ce qui fait du gâteau un succès.

L'ajout de noix, de miettes de gâteau et de fruits offrira une grande variété.

Une pâte à biscuit est nécessaire pour obtenir des résultats réussis.

biscotte russe

Préparez la pâte comme pour une brioche, en ajoutant une tasse d'amandes finement râpées au moment de la mouler. Utilisez un moule long et étroit pour y faire cuire le pain. Une fois cuit, laissez-le refroidir, puis coupez-le en tranches d'un pouce et faites-le griller légèrement au four.

PAIN ESPAGNOL

Ébouillantez une tasse de lait, puis laissez refroidir à 80 degrés Fahrenheit, versez dans un bol et ajoutez

Trois cuillères à soupe de sucre,

Une demi-cuillère à café de sel,

Un gâteau de levure dissous dans quatre cuillères à soupe d'eau fraîche,

Trois tasses de farine.

Battre cinq minutes avec une cuillère et laisser lever deux heures. Maintenant de la crème

Une tasse et quart de sucre,

Une demi-tasse de shortening

jusqu'à ce que le mélange soit très léger et crémeux, puis ajoutez-y, un à un, trois œufs en battant les œufs pendant trois minutes. Ajoutez-le à la pâte levée avec une tasse de farine tamisée. Battre avec une cuillère en bois pendant quinze minutes puis verser dans un moule graissé et fariné en remplissant le moule à moitié. Mettez les raisins secs sur le dessus, puis couvrez et laissez lever jusqu'à ce qu'ils remplissent la poêle presque jusqu'au bord. Cuire au four modéré pendant cinquante-cinq minutes, puis laisser refroidir et glacer.

BABAS

Préparez la pâte comme pour une brioche et, au moment de la démouler, façonnez-la en forme de pain en ajoutant les noix et le citron finement râpé. Placer dans un moule à pain brun Boston bien graissé; laisser lever une heure. Cuire à four modéré quarante-cinq minutes. Commencez ensuite à arroser le Baba avec du sirop à base de

Une tasse de sirop,

Une demi-tasse d'eau,

Une cuillère à soupe de vanille,

Une cuillère à café de masse.

Faites cuire le sirop dix minutes avant de l'utiliser pour arroser le Baba, faites cuire au four jusqu'à ce que le sirop soit absorbé, puis allumez l'assiette.

Biscotte aux graines d'anis

Une cuillère à soupe de graines d'anis,

Une demi-tasse de citron finement râpé.

Ajouter les ingrédients ci-dessus à la pâte à brioche ; mouler et cuire comme pour une biscotte russe. Ces tranches croustillantes se conserveront longtemps si elles sont placées dans une boîte hermétique.

Cette pâte peut être utilisée pour les vieux crull cakes anglais, qui ne sont rien d'autre qu'un beignet. Préparez une pâte comme pour une brioche et au moment de la démouler, retournez-la sur une planche à découper. Étalez sur un quart de pouce d'épaisseur; couper avec un coupe-beignet. Laisser lever sur un linge pendant quinze minutes. Étirer pour façonner et faire revenir dans la graisse chaude jusqu'à ce qu'il soit doré. Rouler dans le sucre pulvérisé et la cannelle.

Ces pâtes peuvent être moulées en couronnes, croissants et nœuds papillon. Une fois levé, laver avec de la dorure à l'œuf, puis saupoudrer de sucre semoule et de noix hachées puis cuire à four modéré.

GÂTEAUX INDIENS

Une tasse de semoule de maïs,

Une tasse de farine,

Une cuillère à café de sel,

Trois cuillères à café rases de levure chimique,

Deux cuillères à soupe de sirop,

Une cuillère à soupe de shortening,

Un oeuf,

Une tasse et quart de lait.

Battez fort pour mélanger puis faites cuire sur une plaque chauffante.

GÂTEAUX À LA PLAQUE

Pour faire ressortir la véritable saveur de noix du sarrasin, nous devons revenir à la méthode ancienne consistant à faire lever le sarrasin pendant la nuit. Vous ne vous souvenez pas du pot en pierre brune qui était conservé dans le garde-manger et à chaque fois il restait juste assez de mélange pour commencer une nouvelle pâte ? Le sarrasin était préparé chaque soir juste avant le coucher, et le matin, une tasse d'eau tiède était ajoutée, ainsi que quelques cuillères à soupe de sirop. Le mélange a été battu puis la plaque chauffante a été mise à chauffer. Parfois, il s'agissait d'une pierre ollaire ou d'une lourde plaque de fer. Une fois bien chauffé, on le frottait avec un morceau de navet ou de pomme de terre coupé. La pâte était versée dans de grands gâteaux de la taille d'un plateau, puis, dès qu'ils brunissaient, ils étaient adroitement retournés pour dorer à nouveau.

Pour réaliser des galettes de sarrasin parfaites, vous devez d'abord obtenir une farine moulue sur pierre, puis la mélanger proportionnellement. Une bonne levure vivante est ajoutée, et si du lait est utilisé pour le mélange, il doit être ébouillanté puis refroidi avant de l'utiliser. Pour préparer la farine pour le mélange :

Trois livres de farine de sarrasin,

Une livre et demie de farine de blé,

Une livre de farine de maïs,

Une once de sel,

Une demi-once de bicarbonate de soude.

Tamisez deux fois pour bien mélanger puis placez dans un récipient sec et la farine est alors prête à l'emploi.

GÂTEAUX DE SARRASIN

Ébouillanter puis rincer à l'eau froide un grand pot en pierre. Versez une tasse de lait échaudé et refroidi et

Une tasse et demie d'eau, à 80 degrés Fahrenheit,

Deux cuillères à soupe de sucre.

Émietter la moitié d'un gâteau à la levure et remuer jusqu'à dissolution, puis ajouter trois tasses de farine de sarrasin préparée. Battre pour bien mélanger, puis couvrir et laisser lever toute la nuit. Le matin, ajoutez suffisamment d'eau tiède pour amener le mélange à une consistance coulante. Cela nécessite généralement environ une tasse. Ajoutez deux cuillères à soupe de sirop. Battez fort pendant trois minutes puis laissez reposer dans un endroit chaud pendant que la plaque chauffe, puis enfournez.

GÂTEAUX GRILLÉS AU RIZ

Les galettes de riz peuvent être préparées comme suit : Lavez une demi-tasse de riz dans beaucoup d'eau, puis placez-la dans une casserole et ajoutez trois tasses d'eau. Cuire jusqu'à ce que l'eau soit absorbée et que le riz soit tendre. Laisser refroidir. Maintenant, placez-le dans un pot

Deux tasses et demie d'eau, à 80 degrés Fahrenheit,

Deux cuillères à soupe de sucre,

Un demi-gâteau à la levure.

Remuer jusqu'à dissolution, puis ajouter

Le riz préparé,

Trois tasses de farine blanche,

Un quart de cuillère à café de bicarbonate de soude.

Battre pour mélanger, puis couvrir et laisser lever toute la nuit. Le matin, ajoutez suffisamment d'eau tiède pour faire une pâte coulée, en ajoutant deux cuillères à soupe de sirop et une cuillère à café de sel. Battez très fort puis placez dans un endroit chaud pendant que la plaque chauffe.

L'utilisation d'une petite quantité de bicarbonate de soude, comme indiqué dans les recettes ci-dessus, a pour but de neutraliser la saveur légèrement acide du sarrasin, une saveur à laquelle de nombreuses personnes s'opposent.

L'un ou l'autre des mélanges ci-dessus peut être cuit dans un gaufrier au lieu d'utiliser la plaque chauffante. Essayez-le un matin pour plus de variété. Utilisez de l'huile de salade dans un nouveau bidon d'huile de machine à coudre pour graisser le gaufrier.

Tout le monde ou presque aime le bon beurre sucré sur les petits pains chauds du matin. Aux prix actuels du beurre, la ménagère économe regarde avec inquiétude la noix de beurre qui disparaît rapidement. Maintenant, essayez ceci et conservez le beurre tout en donnant aux gens la saveur du beurre sur leurs gâteaux ; placez deux cuillères à soupe de beurre dans un pichet pouvant contenir une tasse de sirop. Ajoutez le sirop puis placez le pichet dans une casserole d'eau tiède et mettez sur le feu pour chauffer. Battre constamment jusqu'à ce que le beurre fonde et produise un mélange crémeux.

Le pain rassis peut être émietté ou trempé dans de l'eau froide pressé à sec et utilisé à la place du riz ou de la semoule de maïs. Il est également possible d'utiliser des flocons d'avoine ou d'autres restes de céréales du petit-déjeuner, ainsi que de la purée de pommes de terre. Réservez environ une tasse de pâte à levure pour commencer la pâte suivante. Utilisez ce levain à la place de la levure. Renouvelez le mélange de levure tous les cinq matins.

Un mot sur la plaque chauffante ne fera peut-être pas de mal. Le fer à l'ancienne ou la stéatite peuvent être utilisés et donneront de bons résultats. Les plaques en aluminium ne nécessitent pas de graissage.

GÂTEAUX À PLAQUE À PAIN

Essayez ces gâteaux un matin lorsque les gens sont fatigués des plats habituels du petit-déjeuner. Placer dans un pichet toute la nuit

Deux tasses de babeurre ou de lait aigre,

Une tasse d'eau,

Deux tasses de chapelure.

Laisser reposer dans la cuisine dans un endroit frais. Ne pas mettre au congélateur. Le matin, ajoutez

Une cuillère à café de bicarbonate de soude

dissous dans

Trois cuillères à soupe d'eau.

Battre pour bien mélanger puis ajouter

Deux cuillères à soupe de sirop,

Deux cuillères à soupe de shortening,

Une cuillère à café de sel,

Une tasse et demie de farine,

Deux cuillères à café de levure chimique.

Battez fort pour mélanger puis faites cuire sur une plaque chauffante.

GÂTEAUX GRILLÉS À LA SEMOULE DE MAÏS

Ébouillantez une tasse de semoule de maïs avec deux tasses d'eau bouillante, puis laissez refroidir. Maintenant, ajoutez

Une tasse et demie d'eau, à 80 degrés Fahrenheit,

Trois cuillères à soupe de sirop,

Une cuillère à café de sel,

Un quart de gâteau à la levure,

Deux tasses de farine,

Un quart de cuillère à café de bicarbonate de soude.

Battez fort puis laissez lever toute la nuit ; puis préparez comme pour des galettes de sarrasin.

Les méthodes modernes ont éliminé la levure et la levure chimique remplacée, permettant ainsi un mélange plus rapide. Pour préparer des galettes de sarrasin avec de la levure chimique, préparez un mélange de farine comme suit :

Deux livres de sarrasin,

Une livre de farine de blé,

Une tasse de semoule de maïs,

Une once de sel,

Trois onces de levure chimique,

Un quart d'once de bicarbonate de soude.

Tamisez trois fois pour mélanger, puis placez dans un récipient sec et utilisez selon vos besoins.

COMMENT FAIRE LA CRÊPE

Utilisez une poêle parfaitement plate ; ceux en fer sont les meilleurs, car ils retiennent la chaleur plus longtemps et peuvent être régulés pour que le gâteau ne brûle pas.

CRÊPES POUR DEUX

Jaune d'un œuf,

Deux cuillères à soupe de sucre ou de sirop,

Une tasse de lait,

Une cuillère à soupe de shortening,

Une cuillère à café de sel,

Une cuillère à café de vanille ou de muscade,

Une tasse et quart de farine,

Deux cuillères à café rases de levure chimique.

Placer dans un bol. Battre avec un batteur à œufs Dover pour bien mélanger, puis incorporer le blanc d'œuf battu en neige ferme. Versez le mélange dans un pichet puis placez deux cuillères à soupe de shortening dans une poêle. Lorsque vous fumez à chaud, versez juste assez de pâte pour couvrir le fond de la poêle. Lorsqu'il commence à bouillonner, retournez le gâteau et faites cuire de l'autre côté. Soulevez et étalez légèrement avec de la gelée ou du rouleau, ou utilisez le mélange suivant :

Trois cuillères à soupe de beurre,

Une demi-tasse de sucre XXXX,

Bien crémer, puis ajouter

Une cuillère à soupe de jus de citron,

Une cuillère à soupe d'eau bouillante.

Battre pour mélanger.

CRÊPES NATURES

Mettez dans un bol un litre de lait puis ajoutez

Deux oeufs,

Une demi-cuillère à café de muscade,

Cinq tasses de farine tamisée,

Quatre cuillères à soupe de sirop,

Cinq cuillères à café rases de levure chimique.

Battre pour mélanger puis enfourner. Pour garantir une quantité suffisante de gâteaux, utilisez deux moules pour la cuisson ou faites cuire sur une plaque chauffante.

CRÊPES AU FAIT

Une tasse de lait,

Deux oeufs,

Une tasse et demie de farine,

Deux cuillères à café de levure chimique,

Deux cuillères à soupe de shortening,

Une demi-cuillère à café de muscade.

Battre pour mélanger. Maintenant, préparez-vous

Une demi-tasse de noix hachées très finement,

Une douzaine de cerises au marasquin, bien égouttées et hachées finement.

Bien mélanger puis verser la crêpe dans une poêle chaude et saupoudrer du mélange ci-dessus.

Laissez cuire puis soulevez. Tartiner de miel et saupoudrer de sucre pulvérisé. Rouler et garnir de cerise au marasquin.

CRÊPE FRANÇAISE

Un oeuf,

Un quart de tasse de lait.

Battre pour mélanger puis ajouter

Une demi-tasse de farine,

Une demi-cuillère à café de sel,

Une cuillère à café de levure chimique.

Bien battre pour bien mélanger, puis verser dans une poêle chaude contenant trois cuillères à soupe de shortening : verser juste assez pour couvrir à peine le fond de la poêle. Couvrir la poêle avec un couvercle chaud. Laissez cuire le gâteau. Lorsque vous êtes prêt à retourner, glissez le gâteau sur le couvercle chaud et retournez-le, en remettant le gâteau dans le moule. Tartiner de sucre et de cannelle. Du bar le duc ou de la gelée de groseilles peuvent être utilisés pour tartiner les gâteaux. Pliez comme une omelette et déposez dessus une cuillerée de gelée. Servir. Cela fera deux grosses crêpes.

CRÊPES IRLANDAISES

Une tasse de purée de pommes de terre,

Deux tasses de farine,

Une cuillère à café de sel,

Trois cuillères à café de levure chimique,

Deux oeufs,

Une tasse de lait,

Quatre cuillères à soupe de sirop,

Une cuillère à café et demie de muscade.

Battre pour bien mélanger puis enfourner sur une plaque chauffante. Tartiner de beurre et de sucre.

CRÊPES DE BELGIQUE

Deux tasses de compote de pommes fine et non sucrée,

Un œuf bien battu,

Trois cuillères à soupe de sirop,

Deux tasses et demie de farine,

Trois cuillères à café de levure chimique,

Une cuillère à soupe de shortening,

Une demi-cuillère à café de cannelle.

Battre pour mélanger puis cuire au four de la manière habituelle. Servir avec du beurre et du sirop.

GAUFRES

Les gaufres sont préparées à partir d'une pâte fine et cuites dans un gaufrier bien chauffé. De nombreux échecs dans la fabrication de bonnes gaufres sont dus au fait que le fer n'est pas suffisamment chaud. Le fer doit être soigneusement nettoyé après chaque cuisson. Placez le fer à repasser sur la cuisinière pour le chauffer, en le tournant plusieurs fois.

Essayez cette méthode pour graisser le fer. Achetez un bidon d'huile pour machine à coudre de grande taille, lavez-le bien avec beaucoup d'eau chaude et de savon, puis rincez soigneusement et séchez. Remplissez maintenant d'une bonne huile à salade et lorsque le fer est chauffé, huilez-le des deux côtés. Vous êtes maintenant prêt à cuire les gaufres. Retournez le fer en plaçant le côté chaud sur le dessus, versez la pâte puis enfournez environ trois minutes en retournant le fer une fois.

Lorsque les gaufres sont cuites, retirez du fer puis huilez et retournez-le à nouveau en mettant le côté qui était à côté du feu dessus puis versez la pâte, fermez et enfournez comme avant.

PAINS RAPIDES

Les pains rapides comprennent des gâteaux à la plancha, des gaufres, des muffins, des Sally Lunns, des sablés et des biscuits. Ces pâtes sont rendues légères ou levées par l'utilisation d'œufs, de bicarbonate de soude, de levure chimique et de vapeur créée lors de la cuisson et par l'air incorporé au mélange. Tout leur succès dépend de la mesure minutieuse des ingrédients, du mélange et de la cuisson. Utiliser toute l'eau à la place du lait ou des parts égales de lait et d'eau donnera des résultats splendides.

GÂTEAUX À LA PLAQUE

Placez la plaque chauffante sur la cuisinière pour chauffer lentement, tout en mélangeant la pâte.

Placer dans un bol ou un pichet plat à large ouverture

Une tasse de lait,

Une tasse d'eau,

Une cuillère à café de sel,

Une cuillère à soupe de sirop,

Deux tasses et demie de farine,

Deux cuillères à soupe de shortening,

Quatre cuillères à café rases de levure chimique.

Battre pour obtenir une pâte lisse. Cette quantité de pâte permettra de faire des petits pains chauds pour quatre personnes. Pour des montants plus importants, multipliez. Un œuf peut être utilisé pour deux tasses de farine.

Testez la plaque chauffante en y versant quelques gouttes d'eau ; si l'eau bout, la plaque chauffante est suffisamment chaude pour cuire. Les planchas en aluminium ne nécessitent aucune graisse. Frottez avec un chiffon propre imbibé de sel. Graisser légèrement les plaques en fer. Versez la pâte; Dès que les gâteaux commencent à former des bulles d'air, glissez un tourne-gâteau sous les gâteaux et retournez-les.

Or, si de grosses bulles montent d'un coup jusqu'au sommet des gâteaux, la plaque est trop chaude et il faut baisser le feu ; tandis que si le gâteau se raidit avant que le dessous ne soit doré, la plaque chauffante n'est pas assez chaude. Ne retournez jamais deux fois un gâteau à la plancha, cela le rend lourd. Servez-les dès qu'ils sont cuits, en n'empilant pas plus de cinq ou six ensemble. Le lait aigre peut être utilisé à la place du lait sucré. Jetez la levure chimique et utilisez une cuillère à café rase de bicarbonate de soude pour chaque tasse de lait aigre. Un œuf et deux tasses d'eau peuvent être utilisés à la place de deux tasses de lait.

WAFFLE BATTER

Une tasse de lait,

Une tasse d'eau,

Un oeuf,

Une cuillère à café de sel,

Deux tasses et quart de farine,

Trois cuillères à café de levure chimique,

Une cuillère à soupe de sirop,

Deux cuillères à soupe de shortening.

Battre jusqu'à obtenir une pâte lisse dans un pichet à large ouverture. La moitié de ce montant pour deux personnes.

Du riz bouilli à froid, du hominy, des flocons d'avoine et du pain rassis qui ont été trempés dans de l'eau froide puis pressés à sec et passés au tamis peuvent être ajoutés aux gâteaux et aux pâtes à gaufres.

MUFFINS

Les muffins sont fabriqués à partir d'une pâte en gouttes et peuvent être cuits en cercles, sur une plaque chauffante, dans des moules à muffins ou dans des coupes à crème anglaise. Pour cuire les muffins en cercles sur une plaque chauffante sur le dessus de la cuisinière, graissez bien la plaque chauffante et graissez également les cercles. Mettez la plaque sur le feu lorsque vous commencez à mélanger les gouttes de pâte et gardez les anneaux au frais jusqu'au moment de la cuisson.

Placer dans un bol ou un pichet

Une tasse et demie de lait ou des parts égales de lait et d'eau,

Un oeuf,

Une cuillère à café de sel,

Deux cuillères à soupe de sirop,

Deux cuillères à soupe de shortening,

Deux tasses et trois quarts de farine,

Cinq cuillères à café rases de levure chimique.

Battez ce mélange en douceur, puis placez les anneaux sur une plaque chauffante et remplissez à moitié avec la pâte. Une fois bien levés et presque secs, retournez-les à l'aide du tourne-gâteau pour retourner les muffins et les cercles. Cuire de l'autre côté. Il faudra environ dix-huit minutes pour cuire ces muffins. Déchirez-les, beurrez-les et servez-les aussitôt.

Pour cuire des muffins dans des moules ou des moules à crème anglaise, graissez bien les moules ou les moules et remplissez-les à moitié avec la pâte, puis faites cuire à four chaud pendant quinze minutes.

MUFFINS À L'AVOINE

Mettez deux tasses de flocons d'avoine dans le hachoir dans le bol de mixage, puis ajoutez

Une tasse et demie de lait aigre,

Une cuillère à café de bicarbonate de soude dissoute dans une cuillère à soupe d'eau froide,

Une demi cuillère à café de sel,

Quatre cuillères à soupe de sirop,

Deux cuillères à soupe de shortening.

Une tasse de farine tamisée.

Battre pour mélanger puis verser dans des moules à muffins bien beurrés et cuire à four chaud pendant vingt minutes.

GEMMES DE LAIT CÔTÉ

Une tasse et quart de lait aigre,

Deux cuillères à soupe de shortening,

Une cuillère à café de soda,

Une cuillère à café de sel.

Mélanger pour bien mélanger puis ajouter

Une tasse de farine blanche,

Une tasse et demie de farine Graham.

Deux cuillères à café de levure chimique.

Battre pour bien mélanger puis enfourner pendant dix-huit minutes dans des moules à muffins bien graissés.

MUFFINS BRAN

Deux tasses et demie de son,

Une tasse et demie de farine,

Une cuillère à café de sel,

Quatre cuillères à soupe de sirop,

Deux cuillères à soupe de shortening,

Un oeuf,

Une tasse et trois quarts de babeurre,

Une cuillère à café de soda.

Dissoudre le soda dans le babeurre puis battre pour mélanger. Versez dans des moules à muffins bien graissés et faites cuire à four modéré pendant vingt-cinq minutes. Faire griller les restes de muffins.

MUFFINS ANGLAIS

Placer dans un bol à mélanger

Deux tasses et demie de farine,

Une cuillère à café de sel,

Deux cuillères à soupe de sucre,

Deux cuillères à café de levure chimique.

Tamisez pour bien mélanger, puis ajoutez

Une tasse et demie de lait aigre,

Une cuillère à café de bicarbonate de soude.

Dissoudre le bicarbonate de soude dans le lait puis bien mélanger en chauffant fort. Placez maintenant les cercles à muffins bien graissés sur une plaque chauffante bien graissée. Remplissez les cercles à moitié et enfournez lentement pendant quinze minutes. Retourner avec un tourne-gâteau lorsque la face intérieure est bien dorée.

MUFFINS AUX NOIX ET AU GINGEMBRE

Placer dans un bol à mélanger

Une demi-tasse de cassonade,

Une tasse de mélasse,

Une demi-tasse d'eau,

Une cuillère à café de soda,

Deux cuillères à café de gingembre,

Une cuillère à café de cannelle,

Une demi-cuillère à café de piment de la Jamaïque,

Six cuillères à soupe de shortening,

Un oeuf,

Trois tasses de farine,

Deux cuillères à café de levure chimique,

Une demi-tasse d'arachides finement hachées.

Bien battre pour mélanger, puis verser dans des moules à muffins bien graissés et farinés, en remplissant les moules un peu plus de la moitié. Cuire à four modéré pendant vingt minutes. Cette quantité fera environ dix-huit muffins.

MUFFINS AU MIEL ET AU SON DE NOIX

Placer dans un bol à mélanger

Une demi-tasse de miel,

Une cuillère à café de bicarbonate de soude,

Une cuillère à café de sel,

Deux tasses de son,

Une tasse et demie de farine,

Trois quarts de tasse de noix finement hachées.

Une tasse et demie de lait,

Un oeuf.

Battre fort et bien mélanger puis cuire au four chaud dans des moules à muffins bien graissés pendant vingt-cinq minutes. Servir avec de la marmelade de fraises, d'oranges ou d'ananas.

SALLY LUNNS

Les Sally Lunns sont fabriquées à partir d'une pâte en gouttes et sont généralement cuites dans des moules à gâteaux profonds. Servir coupé en morceaux en forme de coin, comme une tarte, puis fendre, beurrer et couvrir d'une serviette. Servir immédiatement.

Placer dans un bol

Une demi-tasse de sucre,

Quatre cuillères à soupe de shortening.

Crémer jusqu'à consistance légère puis ajouter

Un oeuf,

Une tasse et demie de lait et d'eau à parts égales,

Trois tasses de farine,

Cinq cuillères à café rases de levure chimique.

Battre jusqu'à obtenir une pâte lisse, puis verser dans des moules bien graissés et cuire au four pendant vingt-cinq minutes à four modéré. Une fois presque cuits, badigeonnez rapidement le dessus de lait et saupoudrez bien de sucre cristallisé. Une demi-tasse de citron finement haché ou de raisins secs épépinés peuvent être ajoutés si vous le souhaitez.

MUFFINS DE MAÏS

Placer dans un bol à mélanger

Trois quarts de tasse de semoule de maïs,

Une tasse et quart de farine,

Une cuillère à café de sel,

Deux cuillères à soupe rases de levure chimique,

Deux cuillères à soupe de shortening,

Quatre cuillères à soupe de sirop,

Une tasse et quart d'eau.

Battre pour mélanger et cuire au four dans des moules à muffins en fer bien graissés.

MUFFINS AU RIZ

Placer dans un bol à mélanger

Un oeuf,

Deux cuillères à soupe de sucre,

Deux cuillères à soupe de shortening,

Une cuillère à café de sel,

Une tasse de lait,

Une tasse et demie de farine,

Quatre cuillères à café de levure chimique,

Une tasse de riz bouilli froid.

Battez fort pour bien mélanger puis versez dans des moules à muffins bien graissés. Cuire vingt-cinq minutes à four chaud.

PÂTE À PÂTE

Placer dans un bol à mélanger

Trois cuillères à soupe de shortening,

Une tasse et demie de semoule de maïs.

Verser dessus

Deux tasses et demie d'eau bouillante.

Maintenant, ajoutez

Une tasse et demie de lait aigre ou d'eau,

Une tasse de farine,

Une cuillère à café de sel,

Deux cuillères à soupe rases de levure chimique,

Quatre cuillères à soupe de sirop ou de sucre,

Un oeuf.

Battre pour mélanger, verser dans un plat allant au four bien graissé et cuire à four chaud pendant quarante minutes.

PAIN À LA CUILLÈRE DU SUD

Le succès de la préparation et de la cuisson de ce délice dépend entièrement d'un bon battage de la pâte et d'un four chaud. La maman du sud utilise invariablement de la farine d'avoine blanche et grossière, mais vous pouvez utiliser la jaune et obtenir des résultats tout aussi bons.

Placez un litre d'eau bouillante dans une casserole, puis ajoutez une cuillère à café de sel, deux cuillères à soupe de shortening et une tasse et demie de semoule de maïs. Versez la farine lentement, et dès qu'elle bout, retirez du feu et laissez refroidir. Maintenant, ajoutez

Jaune de deux œufs,

Deux tasses de lait aigre,

Une tasse de farine.

dans lequel vous avez dissous une cuillère à café rase de bicarbonate de soude et une demi-tasse de sirop.

Battez ce mélange avec une grande cuillère, puis coupez et incorporez les blancs d'œufs battus en neige ferme. Versez dans un plat allant au four chaud et bien beurré et faites cuire à four rapide.

Pour ajouter du soda au lait aigre, dissolvez le soda dans une cuillère à soupe de lait avant de l'ajouter au reste du lait, puis utilisez un batteur à œufs Dover et battez pendant trois minutes pour bien mélanger.

PAIN DE MAÏS DE LOUISIANE

Placer dans un bol à mélanger

Une tasse de semoule de maïs,

Une tasse et quart de farine,

Une cuillère à café de sel,

Cinq cuillères à café rases de levure chimique,

Deux cuillères à soupe de shortening,

Quatre cuillères à soupe de sirop,

Un oeuf,

Une tasse et demie de lait.

Battre fort pour mélanger puis verser dans des moules carrés bien graissés. Cuire trente-cinq minutes à four chaud.

GÂTEAUX À LA PÂTE DE RIZ

Placer dans un bol

Une tasse de riz bouilli froid,

Un oeuf,

Une demi-tasse de lait,

Trois quarts de tasse de farine,

Une cuillère à café de sel,

Deux cuillères à café de levure chimique,

Une cuillère à café de shortening,

Une cuillère à soupe de sirop.

Battre pour mélanger puis enfourner sur une plaque chauffante et servir avec du beurre et du sucre.

DES BISCUITS

Placer dans un bol à mélanger

Trois tasses et demie de farine,

Une cuillère à café de sel,

Trois cuillères à soupe rases de levure chimique,

Une cuillère à soupe rase de sucre.

Tamiser pour mélanger; puis frottez avec trois cuillères à soupe de shortening et mélangez à la pâte avec

Une tasse de lait ou d'eau.

Travaillez maintenant dans un bol jusqu'à obtenir une pâte élastique et lisse, étalez-la sur trois quarts de pouce d'épaisseur, coupez-la, lavez le dessus avec du lait et faites cuire à four chaud douze à quinze minutes.

BISCUITS AUX GROSSESSE

Ajoutez une tasse de groseilles à la pâte à biscuits sucrée.

BISCUITS AUX RAISIN

Ajoutez une tasse de raisins secs à la pâte à biscuits sucrée.

BISCUITS À LA NOIX DE COCO

Mettez une tasse de noix de coco dans un hachoir et ajoutez-la à la pâte à biscuits sucrée.

BISCUITS DOUX

Trois tasses et quart de farine,

Une cuillère à café de sel,

Une demi-tasse de sucre,

Trois cuillères à soupe rases de levure chimique.

Tamiser pour mélanger; puis frottez avec quatre cuillères à soupe de shortening. Casser l'œuf dans une tasse et remplir la tasse de lait, retourner dans un bol et battre pour mélanger. Utilisez-le pour préparer les biscuits sucrés. Travailler la pâte dans un bol jusqu'à consistance lisse, allumer sur une planche légèrement farinée, couper, badigeonner le dessus de lait, cuire au four chaud quinze minutes.

SCONES

Les scones sont de délicieux pains chauds servis au petit-déjeuner dans les îles britanniques ; ils remplacent la crêpe américaine et pour le thé remplacent nos biscuits chauds. De nombreuses variétés de scones sont fabriquées en Écosse. Les groseilles, le citron et les raisins secs sont utilisés dans la pâte, tandis que dans d'autres régions du Royaume-Uni, ces gâteaux sont fendus, beurrés et servis avec de la marmelade ou de la confiture de groseille.

DE DÉLICIEUX SCONES ANGLAIS

Placer dans un bol à mélanger

Quatre tasses de farine tamisée,

Deux cuillères à soupe de levure chimique,

Deux cuillères à soupe rases de sucre,

Une demi-cuillère à café de sel.

Frotter entre les mains pour bien mélanger, puis incorporer à la farine cinq cuillères à soupe rases de shortening. Maintenant, battez un œuf, puis ajoutez la moitié de l'œuf battu à une tasse et un quart de lait. Battre pour mélanger. Utilisez-le pour faire une pâte molle. Allumez une plaque à pâtisserie légèrement farinée et pétrissez pendant trois minutes. Maintenant, divisez en cinq morceaux et façonnez chaque morceau comme une soucoupe, et coupez-le dans chaque sens, pour former quatre morceaux en forme de coin ; déposer sur une plaque à pâtisserie bien graissée, badigeonner avec la moitié restante de l'œuf et cuire à four chaud pendant quinze minutes.

SCONES ÉCOSSAISS

Placer dans un bol à mélanger

Cinq tasses de farine,

Une cuillère à café et demie de sel,

Trois cuillères à soupe rases de levure chimique,

Une demi-tasse de sucre.

Tamiser pour mélanger puis frotter

Une demi-tasse de shortening,

Et mélanger pour obtenir une pâte avec

Une tasse et quart de lait.

Travaillez maintenant dans

Une demi-tasse de groseilles,

Ou

Une demi-tasse de raisins secs,

Un quart de tasse de citron finement haché,

Une cuillère à café de cannelle,

Une demi-cuillère à café de muscade,

Une demi-cuillère à café de piment de la Jamaïque.

Divisez-le en six morceaux, puis étalez-le de la taille d'une soucoupe et d'environ trois quarts de pouce d'épaisseur. Faire deux coupes formant une croix en divisant la pâte en quatre morceaux en forme de coin. Badigeonner d'œuf battu et enfourner une quinzaine de minutes à four chaud. Ce montant fera vingt-quatre scones. Pour servir, diviser et remplir de confiture puis empiler sur un panier en osier, couvrir d'une serviette et servir avec du thé.

SCONES IRLANDAIS

Trois tasses de purée de pommes de terre,

Trois tasses de farine tamisée,

Deux cuillères à café de sel,

Deux cuillères à café rases de levure chimique,

Trois cuillères à café rases de shortening.

Maintenant, placez dans un bol

Une demi-tasse de lait,

Un oeuf.

Battre. Utilisez environ les deux tiers du mélange d'œufs et de lait pour former une pâte. Pétrir la pâte jusqu'à obtenir un mélange lisse, puis diviser en quatre parties. Tapotez ou étalez comme une soucoupe puis faites deux coupes pour former la croix, en coupant en quatre morceaux. Badigeonner d'une partie du mélange œuf et lait puis déposer sur une plaque à pâtisserie et cuire à four chaud pendant dix-huit minutes.

POPOVERS

Placez le moule à popover au four pour chauffer. A chaud, commencez à mélanger la pâte. Placer dans une tasse à mesurer un œuf, puis remplir de lait. Versez dans un bol à mélanger puis ajoutez

Une tasse de farine tamisée,

Une cuillère à café de sucre,

Une demi-cuillère à café de sel.

Battre avec un batteur à œufs jusqu'à ce que le mélange forme une masse de bulles sur le dessus, lorsque le batteur à œufs est retiré. Cela prend généralement environ cinq minutes. Maintenant, graissez bien le moule à popover chaud et remplissez-le à moitié avec la pâte. Placer à four chaud et cuire au four pendant trente-cinq minutes. N'ouvrez pas la porte du four pendant dix minutes après avoir mis les popovers. Ouvrir la porte avant que cette période ne s'écoule empêche le mélange de jaillir ou d'éclater. Après vingt minutes, baissez le feu du four à modéré pour éviter de brûler et sécher le centre.

BEIGNETS

Prenez la pâte à brioche, étalez-la sur un demi-pouce d'épaisseur, coupez-la avec un emporte-pièce, placez-la sur une planche à découper, couvrez et laissez lever quinze minutes, faites-la revenir dorée dans la graisse chaude, roulez-la dans le sucre et la cannelle.

BEIGNETS AU CENTRE DE FRUITS

Une fois les beignets coupés et posés sur le plateau pour lever, faites une ouverture sur le côté et insérez une cuillerée de gelée, pincez les bords ensemble et couvrez. Laisser lever et frire comme d'habitude.

BROYEURS

Placer dans un bol

Cinq tasses de farine tamisée,

Une cuillère à café de sel,

Trois cuillères à soupe rases de levure chimique,

Une tasse et quart de sucre.

Frotter entre les mains pour bien mélanger ; puis frottez avec trois cuillères à soupe de shortening. Placez ensuite

Un oeuf,

Une tasse de lait

dans un bol; battre pour mélanger. Utilisez-le pour former la pâte, étalez-la sur un demi-pouce d'épaisseur, coupez-la et faites-la frire dorée dans la graisse chaude.

COMMENT FRIIRE DES CRULLERS OU DES BEIGNETS

Lorsque vous êtes prêt à faire frire, placez quatre tasses d'huile végétale dans une poêle. La poêle ne doit pas être trop grande et la graisse doit être suffisamment profonde pour permettre au cruller de nager à au moins deux pouces et demi du fond de la poêle.

BRUN DORÉ

Faites chauffer la graisse et testez avant de commencer la cuisson en y déposant un petit morceau de pâte et en commençant à compter 101, 102, 104 et ainsi de suite jusqu'à atteindre 110. L'échantillon devrait maintenant flotter sur le dessus et être de couleur marron clair. N'essayez pas de commencer la friture avant cette heure, car la graisse ne sera pas suffisamment chaude et les cruchoirs absorberont la graisse. Déposez quatre ou cinq beignets à la fois dans la graisse chaude, en les retournant constamment, et faites cuire jusqu'à ce qu'ils soient dorés, soulevez, laissez égoutter quelques secondes, déposez-les sur du papier absorbant puis roulez-les dans le sucre et la cannelle.

GÂTEAU ÉPONGE—UN ŒUF

Placer dans le bol à mélanger

Une demi-tasse de sucre,

Jaune d'un œuf,

Une cuillère à soupe de beurre.

Bien crémer, puis ajouter

Trois cuillères à soupe d'eau,

Deux tiers de tasse de farine,

Une cuillère à café de levure chimique,

Pincée de sel.

Battre pour mélanger, puis incorporer le blanc d'un œuf battu en neige ferme; cuire au four lent dans un moule bien graissé et fariné pendant trente minutes.

GÂTEAU ÉPONGE—DEUX OEUFS

Placer dans le bol à mélanger

Trois quarts de tasse de sucre,

Jaunes de deux œufs.

Bien crémer puis ajouter

Quatre cuillères à soupe d'eau,

Une tasse de farine,

Deux cuillères à café de levure chimique,

Pincée de sel.

Battre pour mélanger, puis couper et incorporer les blancs de deux œufs battus en neige ferme. Cuire au four lent dans un moule à gâteau bien graissé et fariné pendant trente-cinq minutes.

GÂTEAU ÉPONGE – TROIS OEUFS

Placer dans un bol à mélanger

Une tasse de sucre,

Jaunes de trois œufs.

Crémer jusqu'à obtenir une couleur légèrement citronnée, puis ajouter

Six cuillères à soupe d'eau froide,

Une tasse et quart de farine,

Deux cuillères à café de levure chimique,

Pincée de sel

Battez juste assez pour mélanger. Ensuite, coupez et incorporez les blancs de trois œufs battus en neige ferme. Cuire au four dans un moule à gâteau bien graissé et fariné avec un tube au centre pendant quarante minutes.

GÂTEAU AUX FRUITS

Placer dans le bol à mélanger

Une demi-tasse de cassonade,

Une tasse de mélasse,

Deux cuillères à soupe de cacao,

Un oeuf,

Une cuillère à café et demie rase de bicarbonate de soude,

Une tasse de café froid,

Trois tasses et demie de farine tamisée,

Une cuillère à café et demie de cannelle,

Une cuillère à café de muscade,

Une tasse de raisins secs épépinés,

Une demi-tasse de noix hachées.

Battre pour bien mélanger puis verser dans un moule à gâteau graissé et fariné et cuire à four modéré pendant une heure.

GELÉE ROULÉE

Couvrir le fond d'un moule oblong d'un papier graissé et fariné puis verser le mélange à génoise sur un quart de pouce de profondeur. Répartir uniformément puis enfourner une dizaine de minutes à four chaud. Allumez un chiffon puis coupez les bords. Tartiner de gelée et rouler fermement dans un torchon. Laisser refroidir puis glacer avec de l'eau glacée.

UN PETIT GÂTEAU D'ANGE

Une demi-tasse de sucre,

Une demi-tasse de farine,

Une demi-cuillère à café de crème de tartre.

Tamisez quatre fois puis placez les blancs de trois gros œufs dans un bol et battez jusqu'à ce qu'ils conservent leur forme. Maintenant, coupez délicatement et incorporez le sucre et la farine. Verser dans un moule à tube non graissé et cuire au four trente-cinq minutes à four modéré. Une fois cuit, retirer et retourner pour refroidir.

GÂTEAU À UN ŒUF

Placer dans un bol

Trois quarts de tasse de sucre,

Un oeuf,

Quatre cuillères à soupe rases de shortening,

Deux tasses de farine tamisée,

Quatre cuillères à café rases de levure chimique,

Une cuillère à café rase d'arôme,

Trois quarts de tasse d'eau.

Battez fort pour mélanger pendant cinq minutes. Verser dans des moules en forme de pain préparés et cuire à four modéré pendant trente-cinq minutes.

Pour préparer le moule, graissez soigneusement puis saupoudrez bien de farine, puis versez la pâte.

Pour faire un gâteau aux raisins, étalez trois quarts de tasse de raisins secs sur le gâteau lorsqu'il est dans le moule, prêt à mettre au four. La pâte levée répartira les raisins secs à travers le gâteau.

Une demi-tasse de groseilles,

Une tasse de noix finement hachées, ou

Une demi-tasse de citron finement haché

Une demi-tasse de citron finement haché peut remplacer les raisins secs. Ou ce gâteau peut être cuit dans un moule à tube, puis refroidi et fendu et rempli de garniture à gâteau à la crème anglaise ou à la crème sure, puis glacé avec un glaçage au chocolat.

Pour un gâteau en couches, graissez le moule à gâteau en couches, tapissez-le de papier ordinaire puis graissez à nouveau. Divisez maintenant la pâte dans les deux moules et étalez le mélange plus haut sur les côtés, en laissant le centre peu profond. Cuire au four modéré pendant dix-huit minutes. Assemblez les couches comme suit : étalez une couche de gelée puis saupoudrez légèrement de noix de coco. Placez maintenant la couche supérieure en place, puis étalez le dessus, puis recouvrez abondamment de noix de coco. Des noix finement hachées peuvent être utilisées à la place de la noix de coco.

GÂTEAU AU GINGEMBRE

Placer dans un bol à mélanger

Une tasse de mélasse,

Trois quarts de tasse de sucre,

Dix cuillères à soupe de shortening,

Trois tasses et demie de farine,

Une cuillère à soupe rase de levure chimique,

Une tasse d'eau froide,

Une cuillère à café de bicarbonate de soude dissoute dans l'eau,

Un oeuf,

Une cuillère à café de gingembre,

Une cuillère à café de cannelle,

Une demi-cuillère à café de clous de girofle.

Battre pour bien mélanger, puis diviser et ajouter les fruits dans une partie, la noix de coco ou les noix hachées dans la deuxième partie et cuire l'autre partie nature. Verser dans des moules en forme de pain bien beurrés et farinés et cuire au four lent pendant quarante minutes.

GÂTEAU À LA MIETTE SUISSE

Placer dans un bol à mélanger

Trois quarts de tasse de cassonade,

Deux tasses de farine,

Une cuillère à café de sel,

Deux cuillères à soupe de levure chimique,

Une cuillère à café de cannelle,

Une cuillère à café de gingembre,

Une demi cuillère à café de clous de girofle,

Une demi-tasse de cacao.

Tamiser pour mélanger puis frotter

Une demi-tasse de shortening

et

Une tasse de sirop,

Deux tasses de lait aigre,

Trois quarts de cuillère à café de bicarbonate de soude,

Deux tasses de chapelure fine,

Un paquet de raisins secs sans pépins.

Dissoudre le bicarbonate de soude dans le lait. Battez le tout fort pour mélanger puis versez dans des moules oblongs bien graissés et farinés et faites cuire à four lent pendant une heure. Refroidir et glacer avec de l'eau glacée. Ce gâteau est délicieux et se conserve, s'il est enveloppé dans du papier ciré, pendant un mois.

CRULLERS DE LOUISIANE

Une tasse de crème sure,

Une tasse de sucre,

Une cuillère à café rase de bicarbonate de soude,

Une cuillère à café rase de muscade,

Un oeuf.

Battre pour bien mélanger, puis ajouter quatre tasses et demie de farine. Étalez-les sur une planche à pâtisserie farinée, puis coupez-les et faites-les revenir dans de l'huile végétale chaude jusqu'à ce qu'ils soient dorés. La température de cuisson des crullers dans l'huile est de 360 degrés Fahrenheit.

GÂTEAU AUX ÉPICES MORAVE

Une tasse et demie de cassonade,

Neuf cuillères à soupe de shortening,

Un oeuf,

Une tasse de lait aigre,

Une cuillère à café de bicarbonate de soude dissoute dans le lait,

Deux cuillères à café de cannelle,

Une cuillère à café de gingembre,

Une demi-cuillère à café de piment de la Jamaïque,

Une demi cuillère à café de clous de girofle,

Cinq cuillères à soupe de cacao,

Trois tasses et demie de farine tamisée,

Une cuillère à soupe rase de levure chimique,

Une demi-tasse de noix hachées,

Un demi-paquet de raisins secs sans pépins.

Battre pour mélanger puis cuire au four modéré dans des moules en forme de pain bien graissés et farinés pendant quarante minutes. Glace avec glaçage au chocolat réalisée comme suit :

Une tasse de sucre XXXX,

Six cuillères à soupe de cacao,

Une cuillère à soupe de fécule de maïs.

Tamisez pour mélanger puis ajoutez juste assez d'eau bouillante pour obtenir un mélange qui s'étalera.

GÂTEAU À DEUX ÉTAGES

Placer dans un bol

Une tasse et demie de sucre,

Jaunes de deux œufs.

Crème, puis ajoutez

Une demi-tasse de shortening,

Crémer à nouveau, puis ajouter

Trois tasses de farine,

Deux cuillères à soupe rases de levure chimique,

Une cuillère à café d'arôme,

Une tasse d'eau ou de lait.

Battre juste assez pour mélanger, puis incorporer les blancs de deux œufs, cuire au four moyen dans des moules à gâteaux bien graissés et farinés pendant vingt minutes.

Toutes les variétés de gâteaux en couches peuvent être préparées à partir de cette base. Pour le gâteau étagé au chocolat : préparez-le avec le glaçage au chocolat et recouvrez le gâteau du même glaçage.

GÂTEAUX

Placer dans un bol à mélanger

Trois quarts de tasse de sucre,

Jaunes de deux œufs.

Crémer puis ajouter

Quatre cuillères à soupe de shortening,

Une tasse et demie de farine,

Trois cuillères à café de levure chimique,

Blancs de deux œufs battus fermement.

Déposer par cuillerée à trois pouces d'intervalle sur une plaque à pâtisserie bien graissée et farinée. Cuire à four modéré.

GÂTEAU AU PAIN

Placer dans un bol à mélanger

Une tasse et demie de sucre,

Jaunes de quatre œufs.

Crémer jusqu'à ce que le tout soit bien mélangé, puis ajouter

Six onces de beurre.

Crémer à nouveau puis ajouter

Quatre tasses de farine,

Cinq cuillères à café de levure chimique,

Une cuillère à café d'arôme,

Une tasse et quart de lait.

Battre pour mélanger puis couper et incorporer les blancs des quatre œufs battus en neige ferme. Placer dans un moule à pain bien beurré et fariné et cuire cinquante minutes à four modéré.

PUDDING CHALET

Placer dans un bol à mélanger

Une tasse de sucre,

Un oeuf,

Six cuillères à soupe de shortening,

Deux tasses et demie de farine,

Cinq cuillères à café de levure chimique,

Une tasse d'eau.

Battez fort et mélangez bien, puis faites cuire la moitié de ce mélange dans des coupes à crème bien graissées pour le pudding cottage. Au reste du mélange, ajoutez un choix parmi les éléments suivants :

Une demi-tasse de noix de coco ou

Une demi-tasse de noix finement hachées,

Une demi-tasse de raisins secs finement hachés,

Une demi-tasse de groseilles, d'écorces d'orange confites ou d'écorces de citron,

Une demi-tasse de figues, de dattes ou d'abricots évaporés finement hachés.

Verser dans un moule à pain bien beurré et fariné et cuire à four modéré pendant trente minutes. Refroidir et glacer avec de l'eau glacée.

GLAÇAGE FONDANT

Mettre dans une casserole

Deux tasses et demie de sucre,

Un quart de tasse de sirop de maïs blanc,

Une demi-tasse d'eau.

Remuer pour dissoudre le sucre, porter à ébullition, cuire jusqu'à ce qu'il forme une boule molle lorsqu'on l'essaye dans de l'eau froide, ou à 240 degrés Fahrenheit dans un thermomètre à bonbons. Retirer du feu, verser sur un grand plat de viande bien graissé et laisser refroidir ; puis commencez et pétrissez avec une spatule ou une cuillère jusqu'à obtenir un blanc crémeux. Lorsque vous pétrissez comme une pâte, couvrez et laissez reposer pendant vingt-quatre heures. Pour l'utiliser, faire fondre au bain-marie, en ajoutant l'arôme souhaité et juste une cuillère à soupe ou deux d'eau bouillante pour obtenir une consistance qui s'étalera.

GLAÇAGE AU CHOCOLAT

Placer dans un bol

Une livre de sucre XXXX,

Deux cuillères à soupe de fécule de maïs,

Une demi-tasse de cacao,

Suffisamment d'eau bouillante pour que le mélange s'étale.

Battre jusqu'à consistance lisse, puis ajouter une cuillère à soupe de beurre fondu et utiliser.

GLAÇAGE À LA CRÈME AU BEURRE

Lavez le sel de deux onces de beurre, puis battez jusqu'à consistance crémeuse, puis ajoutez le blanc d'un œuf et battez jusqu'à ce que le mélange gonfle, puis ajoutez

Une cuillère à café d'extrait de vanille,

Une demi-cuillère à café d'extrait d'amande ou de rose,

Une livre de sucre XXXX.

Battre pour bien mélanger, si c'est trop épais, ajouter une cuillère à soupe d'eau bouillante, répartir entre les couches et utiliser pour glacer le gâteau. Les gâteaux recouverts de glaçage à la crème au beurre peuvent également être recouverts de noix finement hachées ou de noix de coco grillées. Pour griller la noix de coco, mettez la noix de coco dans la poêle au four chaud pendant quelques minutes, en remuant fréquemment jusqu'à ce qu'elle commence à peine à prendre de la couleur.

PAIN D'ÉPICES DOUX

Une tasse de mélasse,

Une demi-tasse de sucre,

Huit cuillères à soupe de shortening,

Deux tasses et demie de farine,

Une cuillère à café de soda dissoute dans une demi-tasse d'eau,

Une cuillère à café de gingembre,

Une demi cuillère à café de clous de girofle,

Deux cuillères à café de cannelle,

Deux cuillères à café de levure chimique.

Battez fort pour mélanger puis versez dans un moule bien graissé et fariné et faites cuire à four lent pendant trente-cinq minutes.

GLAÇAGE À L'EAU PLAINE

Placer dans un bol

Une livre de sucre XXXX.

Deux cuillères à soupe de fécule de maïs,

Une cuillère à café de jus de citron,

Suffisamment d'eau chaude pour se répandre.

Battre pour mélanger, puis utiliser.

GLAÇAGE À L'EAU D'ORANGE

Placer dans un bol

Une livre de sucre XXXX,

Deux cuillères à soupe de fécule de maïs,

Jaune d'un œuf,

Une cuillère à café de zeste d'orange râpé.

Suffisamment de jus d'orange chaud pour obtenir un mélange qui va s'étaler. Battez fort pendant quelques minutes pour obtenir un mélange vitreux.

GÂTEAU À LA MÉLASSE

Placer dans un bol à mélanger

Une demi-tasse de sirop,

Une demi-tasse de cassonade,

Six cuillères à soupe de shortening,

Un oeuf.

Bien crémer puis ajouter

Une tasse de raisins secs épépinés,

Deux tasses et demie de farine,

Une demi-cuillère à café de bicarbonate de soude dissoute dans

Un quart de tasse d'eau froide ou de lait,

Un quart de cuillère à café de macis,

Un quart de cuillère à café de clous de girofle,

Une demi-cuillère à café de gingembre.

Travaillez jusqu'à obtenir une pâte lisse puis roulez-la sur une planche légèrement farinée et coupez-la. Badigeonner le dessus des gâteaux de sirop et saupoudrer de noix finement hachées. Cuire au four pendant huit minutes à four modéré. Cela fait environ trois douzaines de gâteaux.

GLAÇAGE MONTAGNE BLANCHE

Mettre dans une casserole

Deux tasses de sucre,

Une demi-tasse de sirop de maïs,

Une demi-tasse d'eau.

Remuer pour dissoudre le sucre; porter à ébullition, cuire jusqu'à ce que le mélange forme une boule molle, puis verser en fin filet sur le blanc d'œuf bien battu. Battre pour mélanger et utiliser chaud.

GÂTEAU DU DIABLE

Une tasse de sucre,

Six cuillères à soupe de shortening.

Bien crémer puis ajouter

Jaune d'un œuf,

Un œuf entier,

Trois quarts de tasse de lait,

Deux tasses de farine,

Trois cuillères à café de levure chimique,

Une demi-tasse de cacao en poudre,

Une cuillère à café de cannelle.

Battre pour mélanger puis cuire au four en deux couches à four modéré pendant vingt-cinq minutes. Maintenant place

Reste du blanc d'oeuf,

Un demi-verre de gelée de pommes

dans un bol et battre avec un batteur à œufs Dover pour obtenir une meringue épaisse qui conservera sa forme. Utilisez-le pour le remplissage. Pour utilisation en glaçage

Une tasse de sucre XXXX,

Deux cuillères à soupe de fécule de maïs.

Tamisez le sucre et la fécule et ajoutez suffisamment d'eau bouillante pour humidifier, battre et étaler sur le gâteau.

MILLE-FEUILLES AU CHOCOLAT

Placer dans un bol

Une tasse de sucre,

Jaunes de deux œufs.

Crémer puis ajouter

Six cuillères à soupe de shortening,

Trois tasses de farine,

Cinq cuillères à café rases de levure chimique,

Deux cuillères à café de vanille,

Une tasse de lait ou d'eau.

Battre pour mélanger, puis couper et incorporer les blancs de deux œufs battus en neige ferme. Cuire au four en deux couches dans les moules préparés et une fois refroidi, placer une garniture au chocolat entre et de la glace avec de la crème au beurre au chocolat. Voir la recette de garniture au chocolat.

BISCUITS DOUX

Placer dans une casserole

Une tasse de mélasse,

Six cuillères à soupe de shortening.

Portez à ébullition puis ajoutez

Une cuillère à café de gingembre,

Une cuillère à café et demie de cannelle,

Une demi-cuillère à café de piment de la Jamaïque.

Remuer pour mélanger puis retirer du feu et laisser refroidir, ajouter maintenant

Un oeuf,

Une tasse de lait aigre,

Une cuillère à café de bicarbonate de soude.

Battez avec un batteur à œufs Dover pour mélanger, puis ajoutez suffisamment de farine pour obtenir une pâte molle et manipulable, généralement environ sept tasses. Former des boules de la taille d'une noix puis les aplatir entre les mains. Cuire au four sur un moule inversé graissé et fariné à four modéré pendant une dizaine de minutes.

CHARLOTTE RUSSÉ

Cuire le mélange de génoise dans des moules à muffins puis laisser refroidir. Coupez une tranche par le haut, retirez les miettes puis remplissez de crème fouettée ou de fouet aux fruits.

CRÈME AU BEURRE AU CHOCOLAT

Mettez deux onces de beurre dans un bol et battez en crème, puis ajoutez

Deux tasses et demie de sucre XXXX,

Trois quarts de tasse de cacao,

Une demi-cuillère à café de cannelle,

Une cuillère à café de vanille,

Quatre cuillères à soupe de café bouillant.

Battre jusqu'à obtenir une crème onctueuse puis étaler sur le gâteau.

GÂTEAUX ANGLAISES AUX GRAINES

Trois quarts de tasse de sucre,

Un oeuf,

Cinq cuillères à soupe de shortening,

Deux tasses de farine,

Quatre cuillères à café de levure chimique,

Trois quarts de tasse de lait,

Deux cuillères à soupe de graines de carvi.

Placer dans un bol à mélanger et battre pour mélanger. Versez dans un moule bien beurré et déposez dessus le mélange suivant :

Placer dans un bol à mélanger

Six cuillères à soupe de farine,

Quatre cuillères à soupe de cassonade,

Une cuillère à soupe et demie de graines de carvi,

Deux cuillères à soupe de shortening.

Frotter entre les doigts jusqu'à ce qu'il soit fin et friable. Répartir sur le dessus du gâteau et cuire à four modéré pendant trente-cinq minutes.

Pour préparer le moule : Utilisez un moule à gâteau profond et graissez-le. Tapisser ensuite de papier et graisser à nouveau.

ROCHES ANGLAISES

Placer dans un bol à mélanger

Une tasse et demie de cassonade,

Deux tiers de tasse de shortening,

Deux oeufs,

Une cuillère à café de soda dissoute dans

Quatre cuillères à soupe d'eau,

Deux cuillères à café de cannelle,

Une cuillère à café de muscade.

Deux tasses et demie de farine,

Une tasse et demie de noix finement hachées,

Une tasse et demie de raisins secs finement hachés.

Mélangez bien et déposez une cuillère à café sur une plaque à pâtisserie bien graissée et farinée et enfournez douze minutes à four modéré.

GÂTEAU AUX FRUITS

Un gâteau aux fruits beau et riche est généralement le gâteau accepté pour les mariages et les anniversaires. Autrefois, les jeunes femmes de la maison étaient ravies de montrer leur savoir-faire dans la confection et la pâtisserie de cette reine des gâteaux. À cette époque, les gens pensaient que c'était un élément indispensable de la fête, et le fêtard d'aujourd'hui le tient en autant d'estime que son grand-père avant lui. Voici une recette ancienne et précieuse :

Placez un verre de confiture épicée dans un bol et ajoutez

Une cuillère à soupe de cacao,

Une cuillère à café de cannelle,

Une demi cuillère à café de muscade,

Deux cuillères à soupe d'extrait de vanille.

Battre pour bien mélanger puis étaler sur le gâteau. Placez le gâteau dans une casserole profonde en aluminium ou un pot en pierre et mettez-le dans une pièce chaude pour qu'il mûrisse, jusqu'à juste avant Noël. Retirez ensuite le gâteau du pot et essuyez-le avec un chiffon bien essoré avec de l'eau chaude, puis glacez-le avec un glaçage au chocolat.

UN GÂTEAU AUX FRUITS BON MARCHÉ

Une tasse de sirop,

Une demi-tasse de cassonade,

Une demi-tasse de shortening,

Un oeuf.

Bien crémer puis ajouter

Trois tasses de farine,

Une demi-tasse de cacao,

Trois cuillères à soupe rases de levure chimique,

Une tasse de café noir,

Une cuillère à soupe rase de cannelle,

Une cuillère à café de muscade,

Une demi cuillère à café de clous de girofle,

Un quart de cuillère à café de gingembre,

Un paquet de raisins secs sans pépins,

Une tasse de raisins secs épépinés,

Une tasse de cacahuètes finement hachées,

Une tasse de pruneaux finement hachés.

Bien mélanger et cuire au four dans un moule bien beurré et fariné, tapissé d'un papier graissé et fariné. Cuire à four doux pendant une heure.

GÂTEAU AUX FRUITS ROUMAINS

Il s'agit du gâteau le plus riche préparé en Europe pendant la période des fêtes et il est généralement destiné à la royauté. La recette originale m'est parvenue sous une forme beaucoup trop volumineuse pour une famille ordinaire, j'ai donc divisé les proportions afin que même la ménagère économe puisse se sentir capable de se permettre cette extravagance. La recette suit :

Une tasse de miel,

Une tasse de cassonade,

Trois quarts de tasse de bon shortening,

Une cuillère à café de cannelle,

Une cuillère à café de muscade,

 Une demi cuillère à café de gingembre,

Une demi cuillère à café de clous de girofle,

Un quart de cuillère à café de piment de la Jamaïque,

Jaunes de trois œufs.

Crémer ensemble puis ajouter

Une demi-pinte de confiture épicée,

Une demi-pinte de gelée de n'importe quelle sorte.

Battez à nouveau pour mélanger puis ajoutez

Six tasses de farine tamisée,

Tourner des cuillères à soupe de levure chimique,

Trois quarts de tasse de café noir fort.

Battre juste assez pour mélanger, puis couper et incorporer les blancs de trois œufs battus en neige et ajouter

Une tasse et demie de raisins secs épépinés,

Une tasse de raisins secs sans pépins,

Une demi-tasse de groseilles épépinées,

Une tasse et demie d'arachides finement hachées ou d'autres noix,

Une tasse de citron finement haché,

Une demi-tasse de zeste d'orange ou de citron finement haché, mélangé,

Une tasse de figues finement hachées,

Une tasse d'abricots finement hachés,

Une tasse de pruneaux finement hachés et dénoyautés.

Incorporez bien les fruits puis graissez et farinez un moule à pudding rond et tapissez-le de trois épaisseurs de papier graissé et fariné. Versez la préparation à gâteau et recouvrez le dessus du gâteau d'un papier bien graissé. Maintenant, placez le moule contenant le gâteau dans un grand plat allant au four, qui contient environ trois tasses d'eau bouillante. Placer à four lent et cuire au four pendant deux heures et demie. Retirer et laisser refroidir, puis retirer de la poêle et badigeonner le papier d'eau bouillante pour le retirer. Maintenant, il faut mûrir ou vieillir.

GÂTEAU AUX FRUITS BON MARCHÉ

Placer dans une casserole

Une tasse de sirop,

Une tasse de café,

Une demi-tasse de shortening,

Une demi-tasse de cacao,

Une demi-tasse de cassonade,

Un paquet de raisins secs,

Une tasse et demie de cacahuètes finement hachées,

Deux cuillères à café de cannelle,

Une demi cuillère à café de muscade,

Une demi-cuillère à café de piment de la Jamaïque,

Une demi-cuillère à café de clous de girofle.

Portez à ébullition puis remettez sur le feu et laissez cuire très lentement pendant une dizaine de minutes. Versez dans un bol à mélanger et laissez refroidir. Ajoutez maintenant cinq tasses de farine tamisée, quatre cuillères à soupe rases de levure chimique ; battre pour bien mélanger, puis verser dans un moule bien graissé et fariné et cuire à four lent pendant cinquante-cinq minutes. Refroidir et conserver comme pour le gâteau aux fruits roumain.

GÂTEAU AUX FRUITS BLANCS

Ce qu'on appelle communément le gâteau de la mariée.

Huit onces de beurre de crèmerie,

Deux tasses de sucre.

Crémer ensemble jusqu'à ce que ce soit mousseux et comme de la neige, puis ajouter, un à la fois, six œufs, puis ajouter

Cinq tasses de farine tamisée,

Deux cuillères à soupe rases de levure chimique,

Une tasse de raisins secs épépinés,

Une tasse de groseilles,

Une tasse de citron finement haché,

Une tasse et quart de lait,

Une tasse de noix finement hachées.

Battre pour mélanger puis cuire à four lent dans un moule préparé pendant une heure et demie. Pour préparer le moule, graissez et farinez le moule puis tapissez-le de papier graissé et fariné.

GÂTEAU BLANC

Quatre onces de beurre,

Une tasse et demie de sucre.

Crémer jusqu'à ce qu'il soit léger et mousseux, puis ajouter

Une tasse de lait,

Trois tasses et demie de farine,

Quatre cuillères à café de levure chimique,

Une cuillère à café d'extrait d'amande,

Une demi-cuillère à café de macis.

Battre pendant cinq minutes pour mélanger, puis couper et incorporer les blancs de cinq œufs battus en neige ferme. Cuire au four dans les moules préparés pendant une heure à four modéré. Utilisez les moules préparés de la même manière que pour le gâteau aux fruits. Un gâteau doré peut être préparé à partir de cette recette, en utilisant les jaunes de sept œufs.

Pour une utilisation réussie, vous devez utiliser du bon shortening, de la farine à pâtisserie, du sucre cristallisé et des œufs frais. Un soin minutieux dans la mesure avec les méthodes appropriées de préparation et enfin une cuisson minutieuse sont nécessaires. Maintenant un autre point : ne remuez pas le gâteau après son battage final.

En remplissant le moule à gâteau, déposez bien le mélange dans les coins et laissez une légère dépression au centre. Cela laissera le gâteau parfaitement lisse sur le dessus. Maintenant, si le four est trop froid lorsque les gâteaux y entrent, le gâteau dépassera du dessus des moules et deviendra à gros grains. En revanche, s'il fait trop chaud, le dessus brunira rapidement avant que le gâteau n'ait eu le temps de lever ; puis, lorsque la pâte tente de lever, elle perce et fissure la croûte. Trop de farine en sera également la cause. Maintenant, briseons les vieilles hoodoos sur la pâtisserie ! Vous pouvez regarder le gâteau une fois qu'il est au four dix minutes si vous ouvrez et fermez doucement la porte du four, et si nécessaire, pour retirer le gâteau, attendez qu'il ait atteint sa pleine hauteur et commence à dorer. Il peut alors être retiré avec précaution sans risque de chute. Parfois, il peut être nécessaire de retirer les gâteaux pour qu'ils dorent uniformément. Glacer les gâteaux améliore grandement leur apparence. Si le gâteau brûle pour une raison quelconque, ne le coupez pas avec un couteau. Cela gâche son apparence ; utilisez plutôt une râpe et retirez la partie brûlée.

Retournez les gâteaux pour qu'ils refroidissent sur une passoire ou une grille à gâteau. N'essayez pas de glacer un gâteau jusqu'à ce qu'il soit refroidi, puis enduisez le gâteau entier d'un glaçage à l'eau ordinaire.

UN PETIT GÂTEAU

Quatre onces de beurre,

Une tasse de sucre.

Placer dans un bol chaud et crémer jusqu'à ce que le mélange soit léger et mousseux; ajoutez maintenant les jaunes de quatre œufs et battez bien pendant dix minutes, puis ajoutez

Trois tasses de farine,

Quatre cuillères à café rases de levure chimique,

Une tasse de lait,

Une cuillère à café de muscade.

Battez fort pendant quinze minutes, puis incorporez délicatement le blanc d'œuf battu, puis versez dans un moule préparé et faites cuire au four pendant soixante minutes à four lent.

UN GROS GÂTEAU

Une tasse et demie de sucre,

Huit onces de shortening.

Crémer ensemble jusqu'à consistance légère et mousseuse, puis ajouter

Jaunes de six œufs,

Cinq tasses de farine tamisée,

Trois cuillères à café rases de levure chimique,

Une tasse et demie de lait,

Une cuillère à café de macis.

Battre pendant vingt minutes pour mélanger puis incorporer délicatement les blancs des six œufs battus en neige ferme. Cuire au four dans un moule préparé pendant quatre-vingts minutes à four modéré.

CORDONNIER, STYLE DU SUD

Sélectionnez le fruit désiré et à un litre de compote ajoutez-y

Une tasse et demie de chapelure fine,

Une tasse de cassonade,

Trois cuillères à soupe de shortening fondu,

Une cuillère à café de muscade ou de cannelle.

Bien mélanger puis verser dans un plat allant au four bien beurré et recouvrir d'une croûte de pâte. Cuire à four doux pendant quarante minutes. Servir avec une sauce aux fruits ou à la vanille.

CERISE ROLY-POLY

Placer dans un bol à mélanger

Deux tasses et demie de farine tamisée,

Deux cuillères à soupe de levure chimique,

Une cuillère à café de sel,

Une demi-tasse de sucre.

Tamiser pour mélanger. Frottez maintenant une demi-tasse de shortening et mélangez jusqu'à obtenir une pâte avec trois quarts de tasse d'eau. Étalez-la sur un quart de pouce d'épaisseur et remplissez-la de cerises préparées. Rouler comme pour un jelly roll puis placer dans un moule bien graissé et fariné. Cuire à four modéré pendant trente-cinq minutes en arrosant toutes les dix minutes avec le sirop à base de

Une demi-tasse de cassonade,

Trois quarts de tasse d'eau bouillante.

Pour préparer les cerises : Dénoyautez deux livres de cerises et placez-les dans une casserole et ajoutez

Une tasse de cassonade,

Quatre cuillères à soupe d'eau.

Cuire lentement jusqu'à ce que les cerises soient tendres, puis ajouter

Deux cuillères à soupe de fécule de maïs dissoute dans

Trois cuillères à soupe d'eau.

Porter à ébullition et cuire cinq minutes. Refroidir et utiliser. Ce mélange doit être très épais.

GOUTTES D'AVOINE

Placer dans une casserole

Une tasse de sirop de maïs,

Une demi-tasse de shortening,

Une tasse de raisins secs hachés.

Portez à ébullition et laissez cuire cinq minutes puis ajoutez

Une cuillère à café de soda dissoute dans

Quatre cuillères à soupe d'eau froide,

Deux tasses de flocons d'avoine,

Une demi-tasse de farine,

Une demi-cuillère à café de muscade.

Mélanger puis déposer par cuillerée sur une plaque à pâtisserie graissée et farinée à deux pouces d'intervalle. Cuire à four chaud pendant une dizaine de minutes.

CHEESECAKE

Utilisez des mesures de niveau. Placer dans une casserole

Une tasse de lait,

Deux cuillères à soupe de fécule de maïs.

Dissoudre la fécule dans le lait puis porter à ébullition. Cuire cinq minutes. Laisser refroidir puis passer une tasse et demie de fromage cottage au tamis. Ajouter

Une cuillère à café de muscade,

Deux jaunes d'œufs,

Une cuillère à café d'extrait de vanille,

Deux tiers de tasse de sucre.

Battre en crème puis verser dans le moule à gâteau au fromage oblong tapissé de pâte nature. Cuire à four doux pendant trente minutes.

BISCUITS DOUX AU CHOCOLAT

Une demi-tasse de cassonade,

Une demi-tasse de sirop,

Six cuillères à soupe de shortening,

Un oeuf.

Crémer puis ajouter

Une demi-tasse de cacao,

Une demi-tasse de lait,

Deux cuillères à café de levure chimique,

Quatre tasses de farine,

Une cuillère à café de cannelle.

Travaillez jusqu'à obtenir une pâte puis roulez, coupez et faites cuire à four modéré pendant huit minutes. Laisser refroidir et couvrir d'un linge humide pendant trois minutes. Conserver dans une caisse hermétiquement fermée.

GÂTEAU AUX NOIX NOIRES

Une tasse de cassonade,

Cinq cuillères à soupe de shortening.

Bien crémer puis ajouter

Une demi-tasse de cacao,

Deux tasses de farine tamisée,

Quatre cuillères à café rases de levure chimique,

Un œuf bien battu,

Une tasse de lait,

Une cuillère à café de cannelle,

Une cuillère à café de vanille,

Une tasse de noix finement hachées.

Des cacahuètes ou toute autre variété sélectionnée feront l'affaire. Battre pour mélanger puis verser dans des moules en forme de pain bien graissés et farinés. Cuire au four trente-cinq minutes à four modéré. Glacer avec de l'eau glacée. Ce gâteau est délicieux.

BISCUITS ANIMAUX

Une tasse de cassonade,

Une tasse et demie de farine,

Un quart de cuillère à café de bicarbonate de soude,

Deux cuillères à café de levure chimique,

Une cuillère à café de gingembre,

Deux cuillères à café de cannelle,

Une demi-cuillère à café de muscade.

Mélangez soigneusement en tamisant, puis incorporez au mélange sept cuillères à soupe de shortening. Mélanger à la pâte avec

Un œuf bien battu,

Six cuillères à soupe de café.

Bien pétrir la pâte puis l'étaler sur un quart de pouce sur une planche à pâtisserie légèrement farinée. Couper avec des emporte-pièces pour animaux puis cuire sur une plaque à pâtisserie à four modéré pendant dix minutes. Laisser refroidir puis laver avec un mélange de sirop et d'eau et rouler dans le sucre glace.

REMARQUE .—La pâte doit être assez molle. Si nécessaire, ajoutez plus de café.

Lavage au sirop :

Trois cuillères à soupe de sirop,

Une cuillère à soupe d'eau bouillante.

Mélanger et utiliser.

FOURRAGE AU CHOCOLAT POUR GÂTEAUX À BASE DE CACAO

Placer dans une casserole

Une tasse d'eau,

Une tasse de sirop,

Une demi-tasse de cacao,

Six cuillères à soupe de fécule de maïs,

Une cuillère à café de cannelle.

Remuer jusqu'à ce que la fécule soit dissoute, puis porter à ébullition. Cuire lentement pendant six minutes puis ajouter une cuillère à café de vanille.

Laisser refroidir et utiliser pour une garniture au chocolat entre des gâteaux, dans des éclairs ou des choux à la crème, ou pour une tarte au chocolat.

LÉGUMES

POIVRONS VERTS AU FOUR

Prévoyez un gros poivron pour chaque personne. Coupez une tranche sur le dessus et retirez les graines, puis placez-la dans l'eau froide jusqu'à ce que vous en ayez besoin. Maintenant, hachez finement quatre oignons, puis faites-les cuire jusqu'à ce qu'ils soient tendres mais pas dorés, dans quatre cuillères à soupe de shortening. Placer dans un bol puis ajouter

Deux onces de bacon, coupé en dés et cuit jusqu'à ce qu'il soit brun clair,

Une tasse et demie de chapelure fine,

Deux cuillères à café de sel,

Une cuillère à café de paprika,

Une demi cuillère à café de thym,

Trois quarts de tasse de lait,

Un œuf bien battu.

Mélangez puis versez dans six gros poivrons. Placer dans un plat allant au four graissé et ajouter une demi-tasse d'eau. Cuire au four quarante minutes à four modéré. Cinq minutes avant de sortir du four, placez une tranche de bacon sur chaque poivron. Lorsqu'il est bien doré, servez.

CROQUETTES D'AUBERGINES

Parez l'aubergine puis coupez-la en tranches et recouvrez-la d'eau bouillante. Cuire jusqu'à tendreté, puis bien égoutter. Placer dans un bol et ajouter

Un oignon de taille moyenne râpé,

Deux poivrons verts hachés finement,

Un œuf bien battu,

Une demi-tasse de chapelure fine,

Deux cuillères à café de sel,

Une cuillère à café de paprika.

Façonner en croquettes puis tremper dans la farine, puis dans l'œuf battu et rouler dans la chapelure fine. Faire frire dans la graisse chaude, servir avec une sauce à la crème.

CÉLERI BRAISÉ

Grattez et nettoyez soigneusement les grosses branches extérieures du céleri, coupez-les en morceaux de quelques centimètres, puis faites-les bouillir doucement pendant quinze minutes. Vidange. Placez maintenant deux cuillères à soupe de beurre dans une casserole et ajoutez une tasse et demie de céleri préparé. Couvrir hermétiquement et cuire jusqu'à tendreté, en secouant de temps en temps pour éviter de coller à la poêle. Assaisonner et au moment de servir recouvrir d'espaniole ou de sauce brune à base de bouillon.

Pour faire la sauce : Mettez deux cuillères à soupe de graisse dans une poêle en fer et ajoutez quatre cuillères à soupe de farine ; travailler jusqu'à obtenir un roux et bien dorer. Ajoutez maintenant une tasse et demie de bouillon et portez à ébullition. Cuire pendant cinq minutes, puis égoutter, remettre dans la casserole et assaisonner. Utilisez un cube de bouillon pour préparer le bouillon si aucun bouillon régulier n'est disponible.

PETITS HARICOTS DE LIMA AU FOUR

Ces minuscules limas sont plus délicieuses lorsqu'elles sont cuites comme les haricots blancs ordinaires. Lavez bien une demi-livre de haricots, puis examinez-les attentivement et jetez tous ceux meurtris ou endommagés. Faire tremper toute la nuit dans l'eau froide. Le matin, lavez à nouveau puis placez dans une casserole et couvrez d'eau froide. Portez à ébullition puis mettez dans une passoire et laissez couler l'eau froide dessus, puis placez dans une casserole et couvrez d'eau bouillante et laissez cuire une vingtaine de minutes. Versez dans un plat allant au four et ajoutez

Une tasse de compote de tomates,

Un oignon finement émincé,

Un poivron vert finement émincé,

Une cuillère à café de sel,

Une cuillère à soupe de paprika,

Une demi-tasse d'huile de salade,

Quatre cuillères à soupe de sirop.

Ajoutez suffisamment d'eau pour couvrir les haricots d'un pouce de profondeur. Bien mélanger et cuire au four pendant deux heures à four doux.

HARICOTS FILS À L'ITALIENNE

Faites tremper une tasse de haricots verts séchés, puis faites cuire jusqu'à ce qu'ils soient tendres ou utilisez 1 litre de haricots verts.

Puis ajouter

Deux oignons bien émincés,

Un poivron vert ou rouge émincé finement.

Lorsqu'il est tendre, égouttez-le bien et assaisonnez avec

Une cuillère à café de sel,

Une cuillère à café de paprika,

Trois cuillères à soupe de fromage râpé.

CAROTTES À LA BRABANCONNE

Parer les carottes coupées en tranches puis cuire jusqu'à ce qu'elles soient tendres. Égoutter puis déposer une couche de carottes dans un plat allant au four. Saupoudrer de chapelure fine, de sel et de paprika, puis tamiser deux cuillères à soupe de fromage râpé sur chaque couche. Répétez cette opération jusqu'à ce que le plat soit plein, puis recouvrez d'une tasse et demie de sauce à la crème. Saupoudrer de fromage râpé et de chapelure fine. Cuire à four chaud pendant vingt minutes.

BÉBÉ CROQUETTES AUX HARICOTS DE LIMA

Les petits haricots de Lima doivent être trempés toute la nuit. Le matin, examinez attentivement puis jetez tous les haricots meurtris et endommagés. Placer dans une casserole et couvrir d'eau froide. Porter à ébullition et cuire cinq minutes. Versez dans une passoire et rincez sous l'eau froide puis remettez dans la casserole. Couvrir d'eau bouillante et cuire jusqu'à tendreté, puis ajouter

Deux oignons finement émincés,

Un pédé d'herbes à soupe.

Refroidissez puis égouttez bien les haricots, puis écrasez-les finement, empilez-les dans un plat et mettez-les au réfrigérateur jusqu'à ce que vous en ayez besoin.

CHAMPIGNONS À LA CRÈME

Utilisez à la fois des capuchons et des tiges. Peler puis faire bouillir pendant trois minutes et égoutter. Utilisez trois quarts de livre de champignons. Maintenant, préparez une sauce à la crème de

Trois tasses de lait,

Une demi-tasse de farine.

Dissoudre la farine dans le lait puis porter à ébullition. Cuire lentement pendant dix minutes puis ajouter les champignons préparés et

Un oignon, râpé,

Une demi-tasse de persil finement haché,

Deux cuillères à café de sel,

Une cuillère à café de paprika,

Trois cuillères à soupe de beurre.

Chauffer jusqu'à ébullition puis laisser mijoter lentement.

BEIGNETS DE MAÏS

Une demi-boîte de maïs concassé,

Un oeuf,

Une demi-tasse d'eau,

Une cuillère à café de sel,

Une cuillère à café de paprika,

Un oignon râpé,

Une cuillère à soupe de levure chimique,

Deux tasses de farine tamisée.

Battre pour mélanger puis faire revenir dans la graisse chaude. Vidange. Ce montant servira à six personnes.

OIGNONS BRAISÉS

Faire bouillir puis égoutter trois tasses d'oignons finement hachés. Maintenant, placez une demi-tasse de shortening dans une poêle et ajoutez les oignons. Couvrir hermétiquement et cuire jusqu'à ce qu'il soit légèrement doré. Réalisez une bordure d'oignons autour d'un plat chaud.

Fèves au lard au porc salé

Faites tremper les haricots (une livre) toute la nuit ou tôt le matin, et à midi, placez-les dans une bouilloire et couvrez d'eau. Porter à ébullition et égoutter l'eau. Couvrir d'eau. Portez à ébullition et laissez cuire quinze minutes. Vidange. Maintenant, ajoutez

Une boîte de tomates,

Une tasse d'oignons hachés,

Une demi-tasse de sirop,

Une livre de porc salé coupé en morceaux,

Deux cuillères à soupe de sel,

Une cuillère à soupe de paprika.

Ajoutez suffisamment d'eau pour couvrir les haricots d'un pouce de profondeur. Mélangez bien puis couvrez bien la casserole et faites cuire à four lent pendant quatre heures.

DUMPLINGS DE FOIE

Faites bouillir quatre onces de foie jusqu'à ce qu'il soit tendre, puis passez-le au hachoir. Vous pouvez utiliser du foie de bœuf, de porc ou d'agneau. Hachez très finement trois oignons. Mettez quatre cuillères à soupe de graisse dans une poêle et ajoutez les oignons et le foie. Cuire doucement jusqu'à ce que les oignons soient tendres, puis soulever et transformer dans un bol à mélanger et ajouter

Une tasse et demie de purée de pommes de terre sèche,

Deux cuillères à café de sel,

Une cuillère à café de paprika,

Une demi cuillère à café de thym,

Une tasse et demie de farine tamisée,

Une cuillère à café de levure chimique.

Bien mélanger puis ajouter

Un oeuf,

Quatre cuillères à soupe d'eau de pomme de terre.

Travaillez jusqu'à obtenir une masse lisse et bien homogène, puis frottez-vous les mains avec de l'huile de salade et formez ensuite cette masse en boules. Cuire une vingtaine de minutes dans de l'eau bouillante salée. Soulever avec une écumoire sur une serviette pour égoutter. Servir avec de l'oignon, de la tomate ou une sauce à la crème, ou les raviolis peuvent être roulés dans la farine, dorés rapidement dans la graisse chaude et servis immédiatement.

CORN FESTONNÉ

Placer dans un bol à mélanger

Trois quarts de tasse de maïs en conserve concassé,

Une demi-tasse de chapelure fine,

Une cuillère à soupe d'oignon râpé,

Deux cuillères à soupe de persil finement haché,

Une cuillère à soupe de beurre,

Une cuillère à café de sel,

Une demi cuillère à café de paprika,

Trois cuillères à soupe de farine,

Un oeuf,

Trois quarts de tasse de lait.

Mélangez bien puis versez dans un plat allant au four bien graissé et enfournez trente minutes à four modéré.

LAPINS

FRICASSÉE DE LAPIN

Mettez le lapin dans une casserole et ajoutez

Un litre d'eau bouillante,

Un gros oignon avec deux clous de girofle plantés dedans,

Fagot d'herbes à soupe.

Porter à ébullition et cuire doucement jusqu'à ce que la viande soit tendre. La sauce peut être épaissie avec de la fécule de maïs.

Assaisonnez avec du poivre, du sel et du persil finement haché.

Pour réaliser une tarte au lapin, placez la fricasse de lapin dans un plat allant au four et recouvrez d'une croûte. Cuire trente-cinq minutes à four chaud.

LAPIN FRIT

Préparez et faites cuire le lapin comme pour une fricasse et lorsque la viande est tendre, soulevez-le pour l'égoutter. Cool. Trempez-le dans l'œuf battu, puis roulez-le dans la chapelure fine et faites-le frire jusqu'à ce qu'il soit doré dans la graisse chaude. Utilisez le liquide pour la sauce.

LAPIN aigre

Coupez le lapin puis placez-le dans un bol en porcelaine et ajoutez

Une tasse d'oignons hachés,

Un bouquet d'herbes potagères,

Une cuillère à café de marjolaine douce,

Six clous de girofle,

Cinq piment de la Jamaïque,

Deux feuilles de laurier.

Couvrez maintenant en utilisant un mélange de deux parts de vinaigre et une part d'eau. Placer au frais pendant trois jours en retournant le lapin tous les jours, puis mettre dans une cocotte ou une faitouteuse et cuire jusqu'à ce qu'il soit tendre. Épaississez la sauce. Servir des boulettes de pommes de terre avec ce plat, ou il peut être consommé froid.

TARTE AU LAPIN

Nettoyer et préparer un couple de lapins pour la cuisson ; couper en morceaux appropriés. Faire revenir rapidement dans la graisse chaude ; soulever dans un plat allant au four et ajouter un litre d'eau chaude.

Deux gros oignons émincés très finement,

Sel et poivre au goût.

Cuire très lentement jusqu'à tendreté, épaissir la sauce et ajouter une tasse de crème sure, puis couvrir le dessus du plat allant au four avec de la purée de patates douces assaisonnées, d'un pouce d'épaisseur. Badigeonner de sirop et saupoudrer légèrement de cannelle et parsemer de morceaux de beurre. Cuire au four jusqu'à ce qu'il soit légèrement doré.

SAUCE À LA CRÈME

Une tasse de lait,

Deux cuillères à soupe de fécule de maïs.

Remuer pour dissoudre et porter à ébullition, cuire trois minutes puis ajouter

Un quart de cuillère à café de muscade,

Cinq cuillères à soupe de sucre,

Jaune d'un œuf.

Battre pour mélanger puis laisser refroidir.

SAUCE CARAMEL

Une tasse de cassonade,

Quatre cuillères à soupe d'eau,

Une cuillère à soupe de beurre.

Placer dans une poêle et cuire jusqu'à ce qu'il soit caramélisé, puis ajouter une tasse et demie d'eau. Portez à ébullition puis ajoutez quatre cuillères à soupe de fécule de maïs dissoute dans cinq cuillères à soupe d'eau. Remuer jusqu'à ce que le mélange épaississe et cuire pendant cinq minutes, puis ajouter une cuillère à café de vanille et utiliser.

SAUCE AUX FRUITS

Placer dans une casserole

Une tasse de fruits frais écrasés,

Une tasse de cassonade,

Une tasse d'eau.

Cuire jusqu'à ce que les fruits soient tendres, puis laisser refroidir. Passer au tamis fin puis ajouter

Trois cuillères à soupe de fécule de maïs

dissous dans

Trois cuillères à soupe d'eau.

Porter à ébullition et cuire cinq minutes.

SAUCE CRÈME SUCRÉE

Placer dans une casserole

Deux tasses de lait,

Quatre cuillères à soupe de fécule de maïs.

Dissoudre la fécule de maïs dans le lait froid et porter à ébullition. Cuire cinq minutes puis ajouter

Une demi-tasse de sucre,

Une demi cuillère à café de muscade,

Un œuf bien battu.

Battre pour mélanger.

SAUCE VANILLE

Placer dans une casserole

Une demi-tasse de sucre,

Une demi-tasse de sirop de maïs blanc,

Une demi-tasse d'eau,

Deux cuillères à soupe de fécule de maïs.

Remuer pour dissoudre puis porter à ébullition et cuire trois minutes. Maintenant, ajoutez

Une cuillère à soupe d'extrait de vanille.

SAUCE CITRON

Placer dans une casserole

Le zeste râpé d'un citron,

Deux tasses d'eau,

Quatre cuillères à soupe de fécule de maïs.

Dissoudre la fécule puis porter à ébullition. Cuire lentement pendant cinq minutes, puis ajouter

Une tasse de sucre,

Jus de deux citrons.

Battre pour bien mélanger puis servir.

SAUCE SABOYON

Mettez une demi-tasse de sucre dans une casserole et ajoutez les jaunes de deux œufs. Crémer jusqu'à consistance légère et mousseuse, puis ajouter une cuillère à café d'extrait de vanille et une demi-cuillère à café d'extrait d'amande. Faites chauffer une demi-tasse de lait jusqu'à ébullition puis versez-y les œufs et le sucre. Remuer continuellement à feu doux jusqu'à ce que le mélange soit juste en dessous du point d'ébullition. Retirer et ajouter les blancs de deux œufs battus en neige et servir sur du pudding.

SAUCE AUX MÛRES ÉPICÉES DOUCES

Placer dans une casserole

Une tasse de mûres bien nettoyées,

Une tasse de sucre,

Une tasse d'eau,

et les épices suivantes liées dans un petit morceau de gaze :

Une demi-cuillère à café de muscade,

Une cuillère à café de cannelle,

Un quart de cuillère à café de piment de la Jamaïque.

Cuire lentement jusqu'à ce que les fruits soient tendres, puis passer au tamis fin et épaissir avec

Trois cuillères à soupe de fécule de maïs

dissous dans

Un quart de tasse d'eau froide.

Porter à ébullition et cuire cinq minutes, laisser refroidir et servir.

SAUCE CERISE

Une demi-livre de cerises dénoyautées,

Une demi-tasse de sucre,

Une tasse d'eau.

Porter à ébullition puis cuire lentement jusqu'à ce que les cerises soient tendres. Ajoutez maintenant deux cuillères à soupe de fécule de maïs dissoutes dans une demi-tasse d'eau froide. Portez à ébullition puis laissez cuire cinq minutes. Refroidir et utiliser.

SAUCE AU PUDING

Une demi-tasse de sirop blanc,

Une demi-tasse d'eau,

Une petite bouteille de cerises au marasquin coupées en morceaux,

Une cuillère à soupe de fécule de maïs.

Dissoudre la fécule dans l'eau et ajouter le sirop et les cerises. Porter à ébullition et cuire cinq minutes. Servir.

SAUCE AU CHOCOLAT

Une demi-tasse de sucre,

Une tasse d'eau,

Sept cuillères à soupe rases de chocolat,

Deux cuillères à soupe rases de fécule de maïs.

Dissoudre la fécule et le chocolat dans le sucre et l'eau et porter à ébullition. Cuire cinq minutes.

PRÉPARER UNE SAUCE AU CHOCOLAT AVEC DU CACAO

Une tasse de sirop,

Une tasse d'eau,

Une demi-tasse de cacao,

Deux cuillères à soupe de fécule de maïs,

Une cuillère à café de cannelle.

Placer dans une casserole et remuer jusqu'à ce que la fécule soit dissoute, puis porter à ébullition. Cuire cinq minutes puis laisser refroidir et ajouter une cuillère à soupe de vanille. Utilisez la même chose que la sauce au chocolat.

SAUCE À LA CRÈME AUX FRUITS

Placer dans une casserole

Une tasse et demie de compote de fruits frais froids,

Une tasse de lait,

Quatre cuillères à soupe rases de fécule de maïs.

Remuer pour dissoudre la fécule puis porter à ébullition en remuant constamment. Cuire cinq minutes et ajouter un œuf bien battu et trois quarts de tasse de sucre ; battre fort puis cuire pendant deux minutes.

SAUCE AU CHOCOLAT

Placez quatre onces de chocolat coupé en fins morceaux dans une casserole et ajoutez une pinte d'eau et une tasse et demie de sucre. Remuer jusqu'à ce que le sucre soit dissous puis porter à ébullition, cuire une dizaine de minutes puis ajouter

Six cuillères à soupe de fécule de maïs, dissoutes dans

Une demi-tasse d'eau,

Une cuillère à café de cannelle.

Portez à ébullition, remuez continuellement et laissez cuire cinq minutes. Laisser refroidir puis ajouter une cuillère à soupe de vanille. Placer dans un pot à fruits et conserver dans un endroit frais. Cette sauce est utilisée pour les puddings, les pâtisseries, les gâteaux, les glaces, les coupes glacées et les sodas au chocolat.

SAUCE ORANGE

Jus de deux oranges,

Un quart de tasse de sucre,

Une cuillère à soupe de fécule de maïs,

Deux cuillères à soupe d'eau,

Jaunes de deux œufs.

Dissoudre l'amidon dans l'eau. Ajouter le jus d'orange et cuire jusqu'à épaississement, environ cinq minutes. Ajoutez le sucre et les jaunes d'œufs. Retirer du feu. Laisser refroidir et incorporer le blanc battu d'un œuf. Utilisez le jaune d'œuf restant pour la mousse.

FOUET AUX FRUITS

Blancs de deux œufs,

Un verre de gelée de pomme.

Battre à l'aide d'un batteur à œufs Dover jusqu'à obtenir une meringue ferme. Ce montant servira généreusement à une dizaine de personnes.

La moitié de cette recette pour une famille ordinaire.

DESSERTS

BEIGNETS DE BANANE

Coupez quatre bananes en deux ; maintenant, placez-le dans un bol

Une demi-tasse de lait,

Une demi-tasse de farine,

Une cuillère à café de levure chimique,

Une cuillère à café de sucre,

Une cuillère à café de shortening,

Pincée de sel,

Jaune d'un œuf.

Battre pour mélanger puis tremper la banane dans la pâte. Faire revenir doré dans la graisse chaude. Servir avec de la vanille ou une sauce aux fruits.

GELÉE DE CANNEBERGES

Un litre de canneberges,

Une tasse d'eau.

Cuire jusqu'à ce que les baies soient tendres, puis passer dans une passoire ou un tamis grossier. Remettez dans la casserole et faites bouillir pendant trois minutes, puis ajoutez

Deux tasses de sucre,

Pincée de sel.

Remuer jusqu'à ce que le sucre soit dissous, puis faire bouillir pendant dix minutes. Rincez un moule à l'eau froide puis versez les canneberges et laissez refroidir.

MARMELADE DE CITRON

Coupez un citron en tranches puis retirez les graines et passez-le au hachoir. Ajoutez une tasse et quart d'eau. Porter à ébullition et cuire lentement jusqu'à ce que le zeste du citron soit très tendre. Cela prend généralement environ une heure. Ajoutez maintenant une tasse et demie de sucre et remuez pour dissoudre le sucre. Cuire jusqu'à ce qu'il soit épais comme de la marmelade. Placez un tapis d'amiante sous la casserole pour éviter les brûlures. Remuer fréquemment.

Utiliser des mesures de niveau ; ils sont conformes aux livres et aux onces et donnent des résultats satisfaisants.

GELÉE D'ORANGE

Jus de trois oranges,

Une demi-tasse de sucre,

Une demi-tasse d'eau,

Deux cuillères à soupe de sirop d'une bouteille de cerises au marasquin.

Faites bouillir le sucre et l'eau pendant cinq minutes, puis laissez refroidir et ajoutez le jus d'orange filtré et le sirop de cerise au marasquin. Faites maintenant tremper deux cuillères à soupe rases de gélatine dans une demi-tasse d'eau froide pendant trente minutes, puis placez-les dans un bain d'eau chaude pour chauffer. Remuer jusqu'à dissolution, puis filtrer dans le mélange d'orange préparé. Rincez maintenant les coupes de crème anglaise à l'eau froide, versez la gélatine et laissez refroidir et façonner. Servir : Démouler sur une soucoupe et servir avec un fouet aux fruits.

CRÈME AU CAFÉ, STYLE PARFAIT

Une tasse et demie de café froid,

Une tasse de lait concentré,

Une demi-tasse de fécule de maïs.

Mettre dans une casserole et dissoudre la fécule dans le café puis ajouter le lait. Portez à ébullition et laissez cuire doucement une dizaine de minutes. Supprimer et ajouter

Une tasse de sucre,

Une cuillère à café de vanille,

Jaune de deux œufs.

Battre pour bien mélanger, puis laisser refroidir partiellement et verser dans des verres à pied, en remplissant presque jusqu'au sommet. Mettre sur la glace pour refroidir. Pendant que vous refroidissez, placez le blanc de deux œufs et un demi-verre de gelée de groseilles dans un bol. Utilisez maintenant un batteur à œufs Dover et battez jusqu'à ce qu'il conserve sa forme. Au moment de servir, garnir de crèmes au café et garnir de cerises au marasquin.

GALATIN À LA MELBA

Coupez une tranche de génoise. Placer sur une soucoupe à fruits et verser dessus trois cuillères à soupe de sirop d'un pot de pêches puis déposer deux moitiés de pêches sur le gâteau et garnir de chantilly et d'une cerise au marasquin.

GÉLATINE MENTHE

Râpez les feuilles d'un bouquet de menthe et placez-les dans une casserole ; ajoutez une demi-tasse d'eau et faites cuire lentement pendant dix minutes. Maintenant, égouttez et ajoutez

Une demi-tasse de sucre,

Trois quarts de tasse de vinaigre.

Remuer pour bien dissoudre puis placer une cuillère à soupe de gélatine à tremper dans un quart de tasse d'eau froide pendant dix minutes et ajouter la préparation à la menthe chaude. Filtrez et ajoutez-y deux gouttes de colorant végétal vert, puis versez dans un moule à mouler. Couper en blocs et servir avec la viande.

PÂTISSERIE

Désormais, tout dépend du cuisinier : s'il s'agit d'un morceau de pâte qui fond assez dans la bouche ou d'une masse pâteuse dure et impropre à la consommation.

N'importe quelle petite femme au foyer peut réaliser une délicieuse pâtisserie feuilletée si elle suit attentivement les instructions. Tout d'abord, étudions un instant ce qu'est la pâtisserie. C'est un mélange de farine, de shortening et d'eau. Chaque grain de farine est soigneusement enrobé de shortening puis mélangé à une pâte avec de l'eau. Est-ce que je t'entends dire "Eh bien, je le sais?" Sûrement que vous le faites. Mais connaissez-vous le vrai talent pour l'assembler ? Car c'est là le vrai problème. À la minute où vous pétrissez ou pressez la pâte, c'est le moment où vous la rendez dure.

LE VRAI SECRET

Tamiser

Trois tasses de farine,

Une cuillère à café de sel,

Trois cuillères à café de levure chimique,

ensemble deux fois, puis coupez ou frottez dans ces deux tiers de tasse de shortening. Si vous le coupez, utilisez votre tourne-gâteau ou votre spatule et hachez-le assez grossièrement. Maintenant, mélangez jusqu'à obtenir une pâte avec une demi-tasse d'eau glacée, en utilisant le tourne-gâteau pour mélanger l'eau ; continuez simplement à hacher et à retourner jusqu'à ce que le mélange forme une boule de pâte. Ne pas pétrir ni tapoter avec la main. Vous ne pouvez pas endommager cette pâte si vous la mélangez simplement comme un homme le fait en mélangeant du mortier avec une houe. Continuez à le travailler d'avant en arrière, en le hachant à chaque fois jusqu'à ce que le tout soit bien mélangé. Ce montant fera le dessus et le dessous de deux tartes.

Pour rouler la pâte, divisez-la en quatre parties, puis soulevez un morceau sur une planche légèrement farinée et étalez la pâte en travaillant le rouleau à pâtisserie d'avant en arrière et en retournant la pâte aussi souvent que nécessaire pour obtenir la taille et la forme souhaitées.

Si la pâte se déchire ou ne prend pas la forme souhaitée, pliez-la simplement en carrés ou en rectangles, puis roulez-la à nouveau.

Disposez-le sur le moule puis coupez les bords. Procédez de la même manière avec la croûte supérieure, puis lorsque vous êtes prêt à la placer sur la tarte, pliez d'un coin à l'autre en faisant un pli en biais, puis coupez des entailles d'un quart de pouce avec un couteau au centre pour permettre à la vapeur de s'échapper. Soulevez et couvrez la tarte, puis coupez-la pour lui donner la forme souhaitée. Maintenant, ne formez pas une boule avec les parures, mais disposez-les les uns sur les autres en tas et aplatissez-les avec le rouleau à pâtisserie. Rouler et plier en forme, puis rouler comme vous le souhaitez.

Vous pouvez rerouler la pâte aussi souvent que vous le souhaitez grâce à cette méthode. Gardez à l'esprit que pétrir ou presser la pâte la forme en une masse collante. Cette méthode vous donnera une croûte délicieuse et feuilletée. Vous pouvez étaler deux cuillères à soupe de shortening sur la croûte supérieure, puis plier et rouler. Pliez à nouveau et roulez; puis utilisez comme vous le souhaitez.

Une quantité suffisante de pâtisserie peut être préparée en une seule fois pour durer deux ou trois jours. Enveloppez simplement la pâte dans du papier ciré pour qu'elle ne sèche pas. Divers remplissages peuvent être utilisés. Fruits frais ou en conserve, crèmes anglaises, viande hachée, etc. Si vous utilisez des fruits frais, placez-les

Une demi-tasse de sucre,

Trois cuillères à soupe rases de fécule de maïs,

dans un bol et frottez entre les mains pour bien mélanger, puis utilisez-le en saupoudrant sur les fruits. Cela empêchera le jus de bouillir de la tarte pendant la cuisson et il se transformera en gelée une fois froide.

Pour utiliser des fruits en conserve, égouttez-les du liquide puis coupez-les en fines tranches. Mesurez le liquide puis ajoutez

Quatre cuillères à soupe rases de fécule de maïs,

Huit cuillères à soupe de sucre,

à chaque tasse. Dissoudre la fécule et le sucre dans le liquide froid puis porter à ébullition. Cuire trois minutes puis ajouter les fruits préparés. Laisser refroidir avant de disposer dans la pâte.

Pour éviter que la croûte inférieure ne devienne détrempée juste avant d'y mettre la garniture, badigeonnez-la bien d'une bonne huile à salade ou de shortening, en prenant soin de recouvrir chaque partie. Cela vous donnera une croûte inférieure tendre et feuilletée.

Juste avant que la tarte soit prête à enfourner, badigeonnez-la bien d'un peu d'œuf et de lait, en utilisant

Jaune d'un œuf,

Une demi-tasse de lait,

Deux cuillères à café de sucre.

Remuer pour dissoudre le sucre et incorporer l'œuf. Lavez ensuite la tarte. Cela se conservera une semaine au frais.

La température correcte pour cuire une tarte est de 300 à 350 degrés Fahrenheit. Cela signifie un four modéré. Trop de chaleur fera dorer la croûte avant que la garniture à l'intérieur n'ait eu le temps de cuire. Les tartes à la crème, y compris celles à base d'œufs, de lait, de citron meringué, de patate douce et de citrouille, nécessitent un four lent – 250 degrés Fahrenheit.

Pâtisserie pour tarte à la crème anglaise

Le point le plus important de la tarte à la crème est la croûte, qui va faire ou gâcher la tarte. Alors pour commencer, la pâtisserie doit être légère et délicate. Pour faire la pâte à tarte à la crème, placer dans un bol

Trois tasses de farine,

Une cuillère à café de sel,

Trois cuillères à café de levure chimique,

Deux cuillères à soupe de sucre.

Tamisez pour mélanger, puis ajoutez une demi-tasse de bon shortening, puis mélangez pour obtenir une pâte avec une demi-tasse d'eau glacée. Lorsque vous mélangez la pâte à une pâte, il est important qu'elle soit coupée et pliée bien après la méthode utilisée pour couper et plier les blancs en gâteau. Le soin apporté à ce stade à la préparation de la pâte évitera qu'elle ne durcisse. Enveloppez maintenant la pâte dans du papier ciré ou parchemin et placez-la sur la glace pour qu'elle refroidisse complètement pendant deux heures. Désormais, si la pâte est préparée la veille ou tôt le matin et qu'on la laisse ensuite mélanger, elle sera délicieusement légère et feuilletée.

Maintenant, préparez-vous pour la tarte : Cette quantité de pâte sera suffisante pour deux grosses tartes, une à la crème anglaise et une au citron, pour varier. Les parures peuvent être transformées en petites tartelettes, chaussons ou pailles au fromage. Divisez la pâte en deux, puis étalez-en une sur une planche légèrement farinée jusqu'à ce qu'elle soit suffisamment grande pour recouvrir entièrement le moule à tarte.

Maintenant, pliez soigneusement en deux puis en quatre et soulevez l'assiette à tarte et ouvrez en recouvrant l'assiette à tarte, en relâchant la pâte. Coupez les bords, puis étalez les parures en une longue bande étroite. Coupez en bandes de trois quarts de pouce de large, puis badigeonnez le bord de la pâte sur l'assiette à tarte avec de l'eau et ajoutez cette bande étroite comme renfort pour renforcer le bord. Cela évitera que la crème ne déborde.

Badigeonnez maintenant la pâte au fond de l'assiette à tarte avec du shortening fondu, en prenant soin de bien enrober toute la surface avec le shortening. Versez ensuite la crème anglaise préparée. Réservez environ une cuillère à soupe de crème anglaise pour badigeonner la pâte sur les bords. Mettre à four lent et cuire jusqu'à ce que la crème soit ferme au centre.

Pour vérifier si la crème est cuite, insérez délicatement un couteau en argent dans la crème, en prenant soin que le couteau ne perce pas la croûte.

Badigeonner la pâte avec le shortening avant d'y verser la crème anglaise empêche l'humidité de pénétrer dans la croûte.

POUR FAIRE LA MERINGUE

Battez les blancs de deux œufs dans un bol non gras jusqu'à ce qu'ils soient fermes, puis coupez-les et incorporez-les aux blancs des deux œufs battus en neige ferme.

Une demi-tasse de sucre pulvérisé,

Trois cuillères à soupe de fécule de maïs.

Tamisez le sucre et la fécule de maïs pour bien mélanger, puis coupez-les soigneusement et incorporez-les aux blancs d'œufs.

Le succès de vos meringues dépendra du soin apporté à la découpe et au pliage de ce mélange. Une fois que les blancs sont battus en neige ferme, ils sont pleins de petites bulles d'air qui, si on les remue, se décomposent et deviennent aqueuses, puis le mélange entier devient plat et dur. Pour éviter cela, saupoudrez le sucre préparé sur le blanc d'œuf battu en neige ferme, puis avec une cuillère coupée au centre et repliez-le ; retournez le bol à moitié, puis coupez et pliez à nouveau. Répétez cette opération jusqu'à ce que le mélange soit suffisamment homogène, puis placez-le sur la tarte chaude, saupoudrez de sucre cristallisé et placez au four pour dorer. Ouvrez la porte du four et laissez reposer quelques minutes, puis placez-la dans un endroit à l'abri des courants d'air où elle refroidira lentement, afin d'éviter un rétrécissement soudain de la meringue, dû à un refroidissement soudain.

Pour faire une tarte à la noix de coco, ajoutez une demi-tasse de noix de coco à la tarte à la crème juste avant de mettre au four.

TARTE À LA PÊCHE

Écrasez un nombre suffisant de pêches parées pour mesurer une tasse. Placer dans un bol à mélanger et ajouter

Une demi-tasse de sucre.

Maintenant, placez dans une casserole

Trois quarts de tasse de lait,

Deux cuillères à soupe de fécule de maïs.

Remuer pour dissoudre puis porter à ébullition. Laissez cuire deux minutes puis versez très lentement, en battant fort, sur les pêches et le sucre qui se mélangent dans le bol du mixeur.

Ajouter

Jaunes de deux œufs,

Un quart de cuillère à café de cannelle.

Battez à nouveau puis versez dans une assiette à tarte préparée recouverte de pâte et faites cuire à four lent. Utilisez des blancs d'œufs pour la meringue.

TARTE À LA CRÈME

Maintenant, pour préparer la garniture pour la tarte à la crème, placez-la dans un bol à mélanger

Une demi-tasse de sucre,

Une tasse et quart de lait,

Jaune d'un œuf,

Deux œufs entiers,

Un quart de cuillère à café de muscade.

Battre avec un batteur à œufs pour bien mélanger puis verser dans le moule à tarte tapissé de pâte préparée. Utilisez du blanc d'œuf pour la meringue.

TARTE À LA CRÈME AU CITRON

Placer dans une casserole

Une tasse de sucre,

Une tasse et demie d'eau,

Une demi-tasse de fécule de maïs.

Remuer pour dissoudre, puis porter à ébullition et cuire pendant cinq minutes. Maintenant, ajoutez

Le zeste d'un quart de citron râpé,

Jus de deux citrons,

Jaunes de deux œufs.

Battre pour bien mélanger puis verser dans une assiette à tarte préparée comme pour une tarte à la crème. Cuire à four modéré pendant vingt-cinq minutes puis recouvrir de meringue composée de blancs d'œufs.

TARTE À LA FRANÇAISE AUX PÊCHES DE CAROLINE DU NORD

Préparez la pâte et tapissez-en une assiette à tarte, puis frottez-la avec du shortening comme indiqué dans la tarte à la crème. Couvrez maintenant le fond avec des tranches de pêches, puis préparez une crème anglaise comme suit : Placer dans un bol à mélanger.

Trois quarts de tasse de sucre,

Trois quarts de tasse de lait,

Jaunes de deux œufs,

Un œuf entier,

Un quart de cuillère à café de cannelle.

Battez pour bien mélanger et juste avant de verser la crème anglaise sur les pêches, saupoudrez-les bien de farine tamisée. Verser la crème anglaise et cuire à four lent jusqu'à ce qu'elle soit ferme. Utilisez des blancs d'œufs pour la meringue.

Des framboises et des prunes peuvent être utilisées à la place des pêches pour plus de variété. Pour réaliser ces tartes, utilisez toujours le moule à tarte réglementaire, celui à bords droits.

TARTE À LA GELÉE DE CIDRE

Placer dans une casserole

Trois quarts de tasse de cassonade,

Deux tasses de cidre,

Huit cuillères à soupe de fécule de maïs.

Dissoudre la fécule puis porter à ébullition. Cuire trois minutes puis retirer du feu et ajouter

Une demi-cuillère à café de cannelle,

Une cuillère à soupe de vinaigre.

Battre pour mélanger puis laisser refroidir et enfourner entre deux croûtes.

POMME DOWDY

Bien graisser avec du shortening un moule à pudding profond, puis déposer une couche d'un pouce d'épaisseur de pommes tranchées finement, puis bien saupoudrer de sucre et saupoudrer de cannelle. Répétez cette opération jusqu'à ce que le plat soit plein puis recouvrez d'une croûte de pâte nature. Cuire au four quarante-cinq minutes à four modéré et laisser refroidir.

Pour servir : Détachez la pâte des parois du moule, placez une grande assiette sur la tarte et retournez-la. Couper en portions en forme de coin et servir avec de la crème, de la crème anglaise ou une sauce aux fruits.

TARTE AUX POMMES VERTES À LA CAMPAGNE

Epluchez les pommes puis coupez-les en fines tranches. Placez maintenant une couche de pommes dans un moule à pudding et saupoudrez chaque couche de

Deux cuillères à soupe de farine,

Six cuillères à soupe de cassonade,

Un quart de cuillère à café de cannelle.

Répétez cette opération jusqu'à ce que la casserole soit pleine. Placez maintenant une croûte dessus et faites cuire à four lent pendant quarante minutes. Pour servir : Passer un couteau sur le pourtour du moule pour détacher la croûte. Retournez l'assiette sur la tarte et retournez la tarte sur l'assiette. Couvrir de fruits, fouetter et couper en morceaux en forme de coin et servir avec une sauce à la crème anglaise.

TARTE DU CONGRÈS

Utilisez un moule oblong semblable à celui utilisé pour faire un cheesecake. Tapisser de pâte nature, puis placer trois tasses de chapelure dans un bol et ajouter

Deux tasses d'eau bouillante,

Une demi-tasse de sirop,

Une tasse de cassonade,

Quatre cuillères à soupe de shortening,

Une cuillère à café de cannelle,

Une demi cuillère à café de muscade,

Une demi cuillère à café de clous de girofle,

Une tasse de noix finement hachées,

Une tasse de raisins secs ou de groseilles,

Une tasse de marmelade ou de beurre de fruits.

Battre pour bien mélanger, puis verser dans le moule préparé et cuire à four lent pendant une demi-heure. Laisser refroidir puis glacer avec de l'eau glacée. Couper en oblongs de deux pouces.

DOWDY, STYLE NOUVELLE-ANGLETERRE

Des pommes ou des pêches peuvent être utilisées. Lavez les fruits puis épluchez-les et coupez-les en fines tranches. Mesurez deux pintes de fruits préparés et saupoudrez-les de manière à bien enrober chaque morceau de

Une cuillère à café de cannelle,

Une demi-tasse de farine.

Tapotez ensuite doucement dans un plat allant au four et recouvrez de

Une tasse de cassonade,

Quatre cuillères à soupe d'eau froide.

Couvrir d'une croûte la pâte et cuire à four modéré pendant quarante-cinq minutes. Laisser refroidir puis passer un couteau sur le pourtour du plat allant au four et décoller la croûte du plat. Placez un grand plat sur le dowdy, puis retournez-le. Saupoudrez légèrement le dowdy de muscade et servez-le avec une sauce aux fruits ou à la vanille.

TARTE À LA FRANÇAISE AUX POMMES

Tapisser un moule à tarte de pâte feuilletée nature. Maintenant, placez une tasse et demie de compote de pommes épaisse dans une casserole et ajoutez

Une tasse de sucre,

Un tiers de tasse de fécule de maïs,

Une demi-tasse d'eau froide.

Dissoudre l'amidon dans l'eau.

Mettre sur le feu et porter à ébullition puis cuire lentement pendant cinq minutes. Laisser refroidir puis ajouter

Une demi cuillère à café de muscade,

Un œuf bien battu.

Verser dans les moules préparés et cuire au four pendant vingt-cinq minutes à four modéré.

SHORTCAKE

Le shortcake est typique de l'Écosse. Il s'agit d'un mélange de farine, de sucre et de shortening transformé en pâte, puis roulé sur un demi-pouce d'épaisseur, puis décoré de diverses manières. L'écossais économe, après avoir quitté sa mère patrie et s'être installé dans la nouvelle Amérique, estimait que l'utilisation d'une grande quantité de shortening était trop coûteuse, et ainsi sa femme au foyer économe, qui était disposée et même désireuse d'être sa partenaire, a coopéré en réduisant sur la quantité de shortening tout en obtenant un gâteau riche et savoureux. Voici comment elle procède : Placer

Deux tasses de farine,

Une demi-cuillère à café de sel,

Deux cuillères à soupe rases de sucre,

Deux cuillères à soupe rases de levure chimique,

dans un bol et tamiser trois fois. Frottez maintenant six cuillères à soupe de shortening, puis ajoutez sept cuillères à soupe d'eau et travaillez jusqu'à obtenir une pâte élastique et lisse. Allumez une planche à pâtisserie préparée et façonnez-la pour qu'elle s'adapte au moule à tarte avec les mains. Lavez le dessus de la pâte avec du lait, saupoudrez de sucre et de cannelle et faites cuire à four modéré pendant vingt-cinq minutes. Retirer, laisser refroidir et couper en quartiers comme une tarte et servir avec du fromage ou des fruits.

SHORTCAKE AUX PÊCHES

Jaune d'un œuf,

Une demi-tasse de sucre.

Bien crémer puis ajouter

Trois cuillères à soupe de shortening,

Quatre cuillères à soupe d'eau,

Une tasse de farine,

Deux cuillères à café de levure chimique,

Une demi-cuillère à café de vanille.

Battre pour bien mélanger, puis cuire au four dans un moule à gâteau profond bien graissé à four modéré pendant vingt minutes. Cuire puis fendre et remplir de pêches écrasées en conserve bien égouttées. Placer ensemble. Mettez maintenant le blanc d'œuf et un demi-verre de gelée de pomme dans un bol ; battre avec le batteur à œufs Dover jusqu'à ce que le mélange forme une meringue ferme.

SHORTCAKE À LA BANANE

Une demi-tasse de sucre,

Quatre cuillères à soupe de shortening,

Un oeuf.

Placer dans un bol à mélanger puis bien crémer, puis ajouter

Une tasse et quart de farine tamisée,

Trois cuillères à café rases de levure chimique,

Une cuillère à café rase d'extrait de vanille,

Une demi-tasse d'eau.

Battre pour mélanger et verser dans des moules oblongs bien graissés et farinés. Étalez maintenant le dessus du gâteau avec trois bananes tranchées très finement. Placer à four modéré et cuire au four pendant trente-cinq minutes. Utilisez le blanc d'œuf et un demi-verre de gelée de pomme pour une meringue.

VIEUX SHORTCAKE DE VIRGINIE

Tamisez la farine puis remplissez une mesure d'un litre en utilisant une cuillère à soupe pour soulever la farine. Il faut veiller à ne pas secouer ou emballer la farine, car le litre de farine ne devrait peser qu'une livre. Placer dans un bol et ajouter

Trois cuillères à soupe rases de levure chimique,

Une cuillère à café de sel,

Trois quarts de tasse de sucre.

Tamisez à nouveau pour mélanger, puis ajoutez une demi-tasse de shortening. Placez une tasse et demie de babeurre dans un pichet et ajoutez une cuillère à café de bicarbonate de soude. Remuez pour bien dissoudre le soda, puis utilisez-le pour mélanger la farine en une pâte. Bien pétrir dans le bol avec une cuillère, puis allumer une planche légèrement farinée et rouler ou tapoter sur un pouce d'épaisseur. Couper avec un grand emporte-pièce, badigeonner le dessus de shortening et cuire à four chaud pendant dix-huit minutes.

SHORTCAKE AUX ABRICOTS

Une demi-tasse de sucre,

Quatre cuillères à soupe de shortening,

Jaune d'un œuf.

Crémer jusqu'à ce qu'il soit léger et mousseux, puis ajouter

Quatre cuillères à soupe d'eau,

Une tasse de farine,

Deux cuillères à café rases de levure chimique.

Battre pour bien mélanger puis verser dans un moule à gâteau bien graissé. Cuire une vingtaine de minutes à four modéré. Fendre et remplir d'abricots cuits puis placer dans un bol

Blanc d'œuf restant,

Un demi-verre de gelée.

Battre pour bien mélanger avec le batteur à œufs Dover jusqu'à obtenir une meringue ferme. Empilez-les sur le gâteau et décorez d'un seul morceau d'abricot.

SHORTCAKE AUX HUCKLEBERRY

Placer dans un bol à mélanger

Trois quarts de tasse de sucre,

Un oeuf,

Quatre cuillères à soupe de shortening,

Deux tasses de farine,

Quatre cuillères à café de levure chimique,

Trois quarts de tasse d'eau.

Battre et mélanger puis verser dans un moule oblong bien graissé et cuire à four modéré vingt minutes. Laisser refroidir puis fendre, remplir avec les baies préparées et servir avec une sauce à la crème anglaise.

Pour préparer les myrtilles pour le shortcake, placez-les dans une casserole

Deux tasses de compote de myrtilles,

Une demi-tasse de fécule de maïs,

Une tasse de cassonade.

Remuer pour dissoudre puis porter à ébullition et cuire lentement pendant cinq minutes. Ajoutez une demi-cuillère à café de muscade, puis laissez refroidir et utilisez pour la garniture.

DUMPLINGS AU CITRON

Placer dans un bol :

Une cuillère à soupe de levure chimique,

Une tasse de farine,

Une tasse et demie de chapelure fine,

Une tasse de suif haché,

Une tasse de cassonade,

Le jus d'un citron,

Deux oeufs,

Le zeste râpé d'un demi citron,

Une tasse et demie de lait.

Battre pour bien mélanger puis verser dans un moule bien graissé et faire bouillir pendant une heure et quart. Servir avec une sauce au citron.

GATEAU AUX PÊCHES

Placer dans un bol à mélanger

Trois quarts de tasse de sucre,

Un oeuf,

Quatre cuillères à soupe de shortening,

Deux tasses de farine,

Quatre cuillères à soupe rases de levure chimique,

Trois quarts de tasse d'eau.

Battez juste assez pour mélanger, puis versez dans un moule à gâteau en couches profond, bien graissé et fariné. Couvrir abondamment le dessus de pêches coupées en dés puis placer dans un petit bol

Six cuillères à soupe de farine,

Quatre cuillères à soupe de sucre,

Deux cuillères à soupe de shortening,

Une cuillère à café de cannelle.

Frotter entre le bout des doigts jusqu'à obtenir une consistance friable puis étaler sur le dessus des pêches et cuire à four modéré pendant trente minutes.

DUMPLINGS AUX PÊCHES

Placer dans un bol à mélanger

Deux tasses de farine,

Une cuillère à café de sel,

Une cuillère à café de levure chimique,

Une cuillère à soupe de sucre.

Tamisez pour mélanger, puis ajoutez une demi-tasse de shortening; puis mélanger jusqu'à obtenir une pâte avec un quart de tasse d'eau glacée. Mettre sur la glace pendant une heure, puis étaler sur un huitième de pouce d'épaisseur et couper en carrés de quatre pouces. Remplissez de pêches épluchées et dénoyautées, en plaçant deux cuillères à soupe de cassonade et une demi-cuillère à café de muscade dans chaque boulette. Badigeonner les bords d'eau puis replier la pâte. Placer sur une plaque à pâtisserie bien graissée, ajouter une demi-tasse d'eau dans la poêle et cuire à four modéré pendant trente minutes.

GÂTEAU AUX POMMES

Placer dans un bol

Deux tasses de farine,

puis ajoutez

Une demi-cuillère à café de sel,

Trois cuillères à café de levure chimique,

Une cuillère à café et demie de muscade.

Tamisez deux fois pour mélanger, puis ajoutez cinq cuillères à soupe de shortening. Cassez un œuf dans une tasse, puis remplissez la tasse jusqu'aux deux tiers avec du lait, battez pour mélanger l'œuf et le lait, puis mélangez à la pâte. Étalez-la sur un demi-pouce d'épaisseur, puis tapissez une plaque à pâtisserie oblongue. Epluchez et coupez les pommes en quartiers puis en fines tranches. Mettez une tasse de sucre et une demi-tasse d'eau dans une casserole, ajoutez les pommes, quelques-unes à la fois, et laissez cuire quelques minutes. Soulever et déposer sur la pâte préparée. Placer à four modéré pour cuire pendant trente-cinq minutes. Après que le gâteau soit au four pendant dix-huit minutes, arrosez fréquemment avec le sirop dans lequel les pommes ont été cuites. Dix minutes avant de sortir du four, saupoudrez généreusement de cassonade et de cannelle.

DUMPLINGS POUR RAGOÛT

Placer dans un bol à mélanger

Une tasse et demie de farine,

puis ajoutez

Une cuillère à café de sel,

Deux cuillères à café de levure chimique,

Une demi cuillère à café de poivre,

Une cuillère à café d'oignon râpé.

Ajoutez deux tiers de tasse d'eau et mélangez jusqu'à obtenir une pâte. Déposez-en une cuillerée dans le ragoût, couvrez bien et faites bouillir pendant douze minutes. Si vous ouvrez le couvercle de la casserole pendant la cuisson des raviolis, ils seront lourds.

DUMPLINGS AUX CERISES

Lavez les torchons à pudding individuels dans de l'eau tiède, puis frottez-les avec du shortening et saupoudrez légèrement de farine. Maintenant, placez dans un bol

Une tasse de sucre,

Une tasse et demie de farine,

Une demi-cuillère à café de sel,

Trois cuillères à café rases de levure chimique,

Une demi-tasse de chapelure fine,

Un oeuf,

Une tasse de lait,

Deux tasses de cerises dénoyautées.

Mélangez puis placez une cuillère à soupe du mélange dans chaque torchon de boulette préparé. Attachez légèrement puis plongez dans l'eau bouillante et laissez cuire vingt minutes. Mettre dans la passoire et laisser égoutter pendant trois minutes, puis servir avec une compote de cerises pour la sauce.

PUDDING ROLY POLY À LA VAPEUR

Une tasse et demie de farine,

Une demi-cuillère à café de sel,

Trois cuillères à café de levure chimique,

Quatre cuillères à soupe de sucre.

Placer dans un bol à mélanger et tamiser pour mélanger. Frottez maintenant quatre cuillères à soupe de shortening et mélangez jusqu'à obtenir une pâte avec à peine les deux tiers de tasse d'eau. Abaisser un demi-pouce d'épaisseur et tartiner de myrtilles bien nettoyées, puis recouvrir rapidement de cassonade. Rouler comme pour un roulé à la gelée, puis attacher dans un linge et plonger dans l'eau bouillante ou placer dans un cuiseur vapeur et cuire pendant une heure. Servir avec une sauce aux fruits.

Si vous utilisez des myrtilles en conserve, égouttez-les bien, puis épaississez le jus et utilisez-le pour la sauce. N'importe quelle variété de fruits frais peut être utilisée.

CRÈMES À LA COUPE DE FRUITS

Placez six belles baies dans chaque coupe à crème anglaise, puis placez-les dans un bol à mélanger.

Deux tasses de lait,

Six cuillères à soupe de sucre,

Une demi cuillère à café de muscade,

Trois oeufs.

Bien battre pour mélanger puis verser sur les baies dans les tasses. Placer dans un plat allant au four contenant de l'eau tiède et cuire à four lent jusqu'à ce que le centre soit ferme.

PUDDING À LA CRÈME DE TAPIOCA

Lavez les deux tiers de tasse de tapioca dans quatre ou cinq eaux, puis placez-les dans une casserole et ajoutez une tasse et demie d'eau. Cuire jusqu'à ce que le tapioca commence à ramollir, puis ajouter une tasse et demie de lait. Cuire jusqu'à ce qu'il soit tendre, puis ajouter

Un œuf bien battu,

Une demi-tasse de sucre,

Une demi-cuillère à café de muscade.

Bien mélanger et cuire encore quelques minutes. Retirer du feu et servir glacé avec un fouet aux fruits.

MACARONI NAPOLITAINE

Faites cuire un demi-paquet de macaronis dans l'eau bouillante pendant quinze minutes, puis mettez-les dans une passoire et placez-les sous l'eau froide courante. Maintenant, hachez

Un oignon et une tomate

bien et placez quatre cuillères à soupe de graisse dans une poêle. Lorsqu'ils sont chauds, ajoutez l'oignon et la tomate, faites cuire jusqu'à ce qu'ils soient tendres, puis ajoutez les macaronis. Mélangez doucement jusqu'à ce qu'il soit chaud, puis couvrez-le étroitement pour éviter qu'il ne se dessèche. S'il est trop sec, ajoutez quelques cuillères à soupe d'eau bouillante. Assaisonner avec du poivre, du sel et une demi-tasse de ketchup.

Escalopes de macaronis

Faites cuire un quart de livre de macaroni dans l'eau bouillante pendant vingt minutes, puis égouttez-les. Laisser refroidir puis hacher finement. Placer dans un bol et ajouter

Une demi-tasse de fromage râpé,

Deux cuillères à soupe d'oignon râpé,

Une cuillère à soupe de persil finement haché,

Deux cuillères à café de sel,

Une cuillère à café de paprika,

Un œuf bien battu.

Mélangez soigneusement puis façonnez en croquettes. Rouler dans la farine puis tremper dans l'œuf battu. Rouler dans de fines miettes et faire revenir dans la graisse chaude. Mettre à four chaud une dizaine de minutes pour terminer la cuisson.

POLENTA À LA NAPLES

Placer dans une casserole

Deux tasses et demie d'eau bouillante,

Une cuillère à café et demie de sel.

Maintenant, versez très lentement

Trois quarts de tasse de semoule de maïs jaune.

Remuer pour éviter les grumeaux et cuire jusqu'à ce que le mélange soit très épais. Ajouter

Trois quarts de tasse de fromage coupé en fins morceaux,

Un oignon finement haché,

Un poivron vert haché finement,

Un poireau finement haché,

Une cuillère à café de paprika.

Mélangez soigneusement puis versez dans un grand bol pour laisser refroidir. Former des saucisses, puis les rouler dans la farine et les faire dorer dans l'huile chaude. Servir avec de la sauce tomate. Des céréales de blé peuvent être utilisées pour remplacer la semoule de maïs.

NOUILLES

NOUILLES FRITES

Cuire les nouilles dans l'eau bouillante puis égoutter. Maintenant, hachez bien

Trois oignons,

Deux poivrons rouges,

Deux poireaux.

Mettez quatre cuillères à soupe d'huile de cuisson dans une poêle et lorsqu'elle est chaude, ajoutez les légumes. Cuire lentement jusqu'à ce qu'ils soient tendres, puis ajouter les nouilles. Remuer constamment jusqu'à ce qu'il soit légèrement brun, puis empiler au centre d'un grand plat. Disposez un goulasch en guise de bordure. Versez la sauce sur le tout puis décorez de deux cuillères à soupe de fromage râpé et servez.

HOMINY BOUILLI—SAUCE AU FROMAGE

Faire tremper les gros hominy toute la nuit, puis le matin, les laver et les cuire dans beaucoup d'eau bouillante jusqu'à ce qu'ils soient tendres. Bien égoutter, placer dans un plat allant au four et recouvrir de sauce au fromage préparée comme suit :

Placez une tasse et demie de lait dans une casserole et ajoutez deux cuillères à soupe d'oignon râpé et quatre cuillères à soupe rases de fécule de maïs. Dissoudre la fécule dans le lait et porter à ébullition. Cuire lentement pendant cinq minutes, puis ajouter

Deux cuillères à soupe de persil haché,

Deux cuillères à café de sel,

Deux onces de fromage,

Une cuillère à café de sauce Worcestershire,

Une cuillère à café de paprika.

Mélangez bien puis faites chauffer jusqu'à ce que le fromage soit fondu. Servir comme légume.

MACARONI ET FROMAGE

Faites cuire un paquet de macaronis dans une grande bouilloire d'eau bouillante pendant vingt minutes, puis égouttez-les et versez sur les macaronis une casserole d'eau froide. Égoutter à nouveau. Maintenant, retournez dans la bouilloire et ajoutez

Une demi-boîte de tomates,

Deux cuillères à café de sel,

Une cuillère à café et demie de paprika,

Un quart de livre de fromage, coupé en petits morceaux,

Huit cuillères à soupe de farine dissoute dans

Une demi-tasse d'eau,

Quatre oignons finement hachés.

Portez à ébullition et laissez cuire doucement une dizaine de minutes.

POUR FAIRE DES NOUILLES

Cassez dans un bol un œuf puis ajoutez-le

Trois cuillères à soupe d'eau,

Une demi-cuillère à café de sel,

Pincée de poivre.

Battre pour mélanger puis ajouter suffisamment de farine pour obtenir une pâte ferme. Pétrir pendant cinq minutes puis couvrir et laisser reposer dix minutes. Étalez maintenant sur une planche à pâtisserie farinée jusqu'à ce qu'elle soit aussi fine que du papier. Rouler comme pour une gelée puis couper en fines lanières avec un couteau bien aiguisé. Etalez pour sécher pendant une demi-heure.

GNOCCHIS À LA LÉMOLINE

Mettez une tasse d'eau et une tasse de lait dans une casserole et portez à ébullition. Ajoutez lentement sept cuillères à soupe de céréales de blé. Cuire une dizaine de minutes et remuer constamment. Maintenant, ajoutez

Un œuf bien battu.

Une demi-cuillère à café de sel.

Bien battre pour mélanger puis verser dans un moule en forme de pain pour mouler. Une fois ferme, démoulez-la sur la planche à moulurer et coupez-la en blocs. Placer dans un plat allant au four bien graissé; saupoudrer de fromage râpé et parsemer de petits morceaux de beurre. Cuire à four chaud jusqu'à ce que le fromage forme une croûte brun clair. Servir avec de la sauce tomate.

MACARONIS SOUFFLÉS

Faites cuire un quart de livre de macaroni, puis laissez-les refroidir et hachez-les finement. Placer dans un bol et ajouter

Un oignon finement haché,

Un poivron rouge finement haché,

Quatre bouquets de persil finement haché,

Jaunes de deux œufs,

Deux tasses de sauce à la crème,

Une cuillère à café et demie de sel,

Une cuillère à café de paprika.

Battre pour mélanger, puis couper et incorporer les blancs de deux œufs battus en neige ferme. Verser dans un plat allant au four beurré et cuire à four modéré pendant vingt minutes. Servir immédiatement.

RIZ

Le riz est largement cultivé en Orient et constitue la principale nourriture de près de la moitié de la population mondiale. Il y a toutes les raisons pour lesquelles le riz devrait être un élément de régime quotidien lors de la planification du menu. Elle est plus nutritive que la pomme de terre et se digère plus facilement. Lorsqu'il est bien cuit et servi, c'est un féculent idéal.

Le riz non poli contient tous les éléments nutritifs des grains, soit environ 6 pour cent. graisse, 8 pour cent. protéines, 79 pour cent. les glucides. La variété polie en contient en moyenne 88 pour cent. nutrition. Le riz poli a été privé de ses éléments vitaux.

Le riz est classé selon sa taille et son état, puis préparé pour le commerce. Il est connu sous le nom de riz de tête fantaisie, choix, premier, bon, moyen, commun et projections. Le riz Patna, petit grain mince et bien rond, est très demandé en Orient, suivi de près par les variétés du Japon, du Siam, de Java, de Rangoon et de Passein. Dans ce pays, la Caroline, le Japon et le Honduras sont très demandés.

Le riz de Caroline est un gros grain au goût sucré, de bonne couleur et d'apparence. Le riz japonais est une variété épaisse et à grain mou. La variété Honduras a un grain mince et bien formé.

La préparation du riz pour les marchés implique, premièrement, le battage, et deuxièmement, la mouture, qui enlève les coques, et, troisièmement, le polissage pour produire le brillant blanc nacré que tant de gens considèrent comme très désirable.

Le riz poli a été dépouillé de presque toute sa teneur en matières grasses et en minéraux, et ainsi sa valeur alimentaire est réduite et il est privé de sa saveur.

Les plats de riz, tels que préparés dans les pays orientaux, sont fabriqués à partir de riz de tête non poli et constituent certains des plats principaux.

L'Oriental lave d'abord son riz dans plusieurs eaux, en le frottant vigoureusement entre les mains. Cela le nettoie en profondeur. Maintenant, pour suivre cette méthode, munissez-vous d'une casserole contenant de l'eau bouillante puis ajoutez le riz lentement, pour que l'eau bout continuellement. Cuire jusqu'à tendreté, puis retirer le couvercle de la casserole et couvrir le riz avec un torchon pour absorber l'humidité. Placer dans un endroit chaud pendant cinq minutes. Cela donnera à la casserole une masse de riz délicieux et moelleux, chaque grain étant distinct et séparé.

Désormais, si vous mesurez soigneusement à la fois votre riz et ensuite l'eau, il ne vous sera pas nécessaire d'évacuer l'excès d'eau et ainsi de perdre la précieuse teneur en minéraux et en graisses.

COMMENT CUISINER LE RIZ À L'AMÉRICAINE

Placez dans un bain-marie deux tasses et demie d'eau bouillante, puis ajoutez une cuillère à café de sel. Ajoutez maintenant lentement une demi-tasse de riz bien lavé et non poli. Couvrir et cuire jusqu'à ce que le riz soit tendre et que l'eau soit absorbée. Retirez le couvercle, puis couvrez étroitement le riz avec une serviette propre et laissez cuire pendant cinq minutes. Cela gonflera chaque grain de riz.

Elle est désormais prête à être servie, soit comme légume pour remplacer la pomme de terre, soit préparée dans de nombreux plats délicieux que nos voisins orientaux raffolent tant.

RIZ JAPONAIS

Lavez et hachez finement deux poireaux de taille moyenne, puis faites-les cuire tendrement dans une demi-tasse d'eau. Vidange. Maintenant, ajoutez

Deux tasses de riz cuit,

Une cuillère à café de sel,

Une cuillère à café de soja.

Mélangez bien puis disposez sur un plat allant au four chaud. Couvrir de tranches d'œufs durs. Saupoudrer de persil finement haché et garnir de tranches de saumon fumé. Mettre au four quelques minutes pour réchauffer. Le soja peut être acheté chez les épiceries fines.

RIZ INDIEN

Ajoutez trois tasses de riz cuit à

Un litre de bouillon de poulet,

Un oignon bien râpé,

Une cuillère à café et demie de sel,

Une demi cuillère à café de paprika,

Une demi-cuillère à café de curry en poudre.

Cuire une quinzaine de minutes, et servir très chaud, garnir de persil finement haché.

RIZ CRÉOLE

Hachez finement un gros oignon et un poivron vert, puis placez-les dans une casserole et ajoutez

Une tasse de tomates en conserve passées au tamis,

Une demi-tasse de jambon bouilli froid haché finement.

Cuire lentement pendant dix minutes puis ajouter

Trois tasses de riz cuit,

Deux cuillères à café de sel,

Une cuillère à café de paprika.

Mélangez soigneusement, puis faites chauffer jusqu'à ce qu'il soit très chaud et servez. Le rôti de porc froid peut être utilisé pour remplacer le jambon.

RIZ ITALIEN

Mettez trois cuillères à soupe d'huile végétale de cuisson dans une poêle et ajoutez quatre cuillères à soupe de riz bien lavé. Remuer jusqu'à ce que le riz soit bien doré, puis ajouter

Une tasse et demie d'eau bouillante,

Trois oignons finement hachés,

Un poivron vert haché finement,

Une tasse de tomates en conserve égouttées.

Cuire jusqu'à ce que le riz soit tendre, puis ajouter

Deux cuillères à café de sel,

Une cuillère à café et demie de paprika,

Une demi-tasse de fromage râpé.

Remuer jusqu'à ce que le tout soit bien mélangé, puis servir, garni de persil finement haché.

BOULETTES DE RIZ BELGES

Placez deux tasses de riz cuit dans un bol et ajoutez

Une demi-tasse de groseilles,

Une demi-tasse de sucre,

Un œuf bien battu,

Une cuillère à café de vanille.

Mélangez puis formez des petites boules de la taille d'une orange. Tremper dans l'œuf battu puis rouler dans la chapelure fine. Faire frire jusqu'à ce qu'ils soient dorés dans la graisse chaude. Servir avec des fruits concassés et sucrés.

RIZ AU PUD SUÉDOIS

Placer dans un plat allant au four

Un litre de lait,

Six cuillères à soupe de riz bien lavé,

Deux tiers de tasse de sucre,

Une cuillère à café d'extrait de vanille,

Une demi-cuillère à café de sel,

Deux cuillères à soupe de beurre, brisées en petites boules.

Cuire à four lent pendant une heure et remuer deux ou trois fois.

La culture du riz en Louisiane est vieille de plus de cent ans. La Louisiane produit désormais une récolte de cette céréale supérieure à la récolte totale des États de Géorgie et de Caroline. Le touriste qui visite la Louisiane à l'époque du marché du riz profite d'une scène rarement reproduite ailleurs dans le monde civilisé ; car ici sont rassemblés les acheteurs de toutes les parties du pays.

Le Créole de Louisiane, comme l'Oriental, a le véritable secret pour faire de cet aliment un aliment savoureux. La vieille maman de la Nouvelle-Orléans dit toujours à ses enfants que, bien sûr, le riz doit être soigneusement lavé et elle insiste toujours pour que les grains soient nettoyés dans quatre eaux – deux tièdes et deux froides – et qu'ils soient ensuite cuits de la même manière que les Orientaux utilisent.

Ne remuez jamais le riz pendant la cuisson ; cela le rendra pâteux. Au lieu de cela, secouez toujours la casserole. N'inondez jamais le riz avec de l'eau pendant la cuisson. Gardez toujours à l'esprit qu'il faudra seulement cinq fois les mesures réelles du riz dans l'eau pour le cuire.

De cette façon, il n'y aura pas d'excès d'eau à évacuer. Ainsi, si vous utilisez un quart de tasse de riz, vous utiliserez une tasse et quart d'eau. Maintenant, vous ne pouvez pas accumuler l'eau ; vous devez être précis dans la mesure du riz.

Le riz bouilli est un délicieux accompagnement pour le poulet, l'agneau, la dinde, les crevettes, les crabes et le homard, avec du gombo et pour le grumbo d'huîtres, de poulet et de crabe ; comme légume pour remplacer les pommes de terre et comme bordure pour les ragoûts, les goulaschs, etc.

SANDWICHS AU PIMENT

Utilisez une grande ou deux petites boîtes de piments.

Une tasse de fromage cottage,

Un oignon.

Mettez le piment, le fromage et l'oignon dans le hachoir, puis ajoutez quatre cuillères à soupe de vinaigrette et utilisez-les pour la garniture du sandwich.

POMMES CUITES

Parer et épépiner les pommes, puis les placer dans des moules à muffins et ajouter

Deux cuillères à soupe de sirop,

Une cuillère à soupe d'eau,

Un quart de cuillère à café de muscade.

Cuire au four modéré jusqu'à ce que les pommes soient tendres, puis refroidir. Pour servir : Soulevez les pommes dans une petite assiette et recouvrez d'une meringue aux fruits puis saupoudrez de noix de coco.

POMMES ÉPICÉES

Placer six pommes de taille moyenne dans une cocotte puis ajouter

Un morceau de cannelle en bâton, brisé en morceaux,

Quatre clous de girofle,

Deux piment de la Jamaïque,

Deux lames de masse,

Une demi cuillère à café de muscade,

Trois quarts de tasse de cassonade,

Une demi-tasse de cidre.

Cuire au four jusqu'à tendreté, puis servir froid.

CALAS

Les vieilles femmes noires des vieux quartiers français de la Nouvelle-Orléans préparaient une délicieuse galette de riz qu'elles portaient dans des bols sur la tête. Les bols étaient recouverts d'un linge impeccablement propre et les gâteaux s'appelaient bella cala, tout chaud de la Nouvelle-Orléans.

COMMENT FAIRE CE DÉLICIEUX GÂTEAU DE RIZ

(Utiliser les mesures de niveau)

Lavez une demi-tasse de riz et faites-le cuire jusqu'à ce qu'il soit tendre dans deux tasses et demie d'eau bouillante. Maintenant, laissez refroidir et écrasez bien le riz. Maintenant, dissolvez un demi- gâteau de levure dans une demi-tasse d'eau à 80 degrés Fahrenheit, versez-le dans un bol et ajoutez

Une demi-cuillère à café de sel,

Quatre cuillères à soupe de sucre,

Une demi-tasse de farine tamisée,

La purée de riz.

Bien battre pour mélanger puis couvrir et laisser lever toute la nuit. Le matin, ajoutez

Deux œufs bien battus,

Cinq cuillères à soupe de sucre,

Quatre cuillères à soupe de farine,

Une cuillère à café de muscade.

Bien battre puis laisser lever trois quarts d'heure dans une pièce tiède. Maintenant, placez dans la poêle une tasse et demie d'huile végétale. Chauffer jusqu'à ce qu'il soit suffisamment chaud pour faire dorer une croûte de pain pendant que vous en comptez quarante. Déposez le mélange de riz par cuillerée et faites-le frire jusqu'à ce qu'il soit doré. Soulever sur un papier doux pour égoutter. Plat sur un plat chaud ; couvrir d'une serviette chaude. Saupoudrer de sucre pulvérisé et de muscade.

CRÈME AUX POMMES ET AU RIZ

Lavez six cuillères à soupe ou deux onces de riz dans plusieurs eaux, puis placez-les dans une casserole et ajoutez deux tasses d'eau bouillante. Cuire jusqu'à ce que l'eau soit absorbée et que le riz soit tendre. Maintenant, lavez, puis coupez en petits morceaux quatre petites pommes, puis couvrez les pommes d'eau froide et faites cuire jusqu'à ce qu'elles soient tendres. Passer au tamis fin et ajouter

Une demi-tasse de sucre,

Une cuillère à café de vanille,

Un œuf bien battu,

Le riz cuit.

Battre pour mélanger puis verser dans les coupes à crème et cuire au four quinze minutes à four modéré.

SANDWICHS AUX SARDINES

Ouvrez une boîte de sardines puis égouttez-la sans huile. Retirez la peau et les os puis écrasez-les très finement. Ajouter

Deux œufs durs,

Un poivron vert,

Un quart d'oignon.

Hachez le tout finement et mélangez en une pâte avec six cuillères à soupe de vinaigrette, une demi-cuillère à café de sel et une cuillère à café de paprika.

Répartir entre le pain préparé puis couper en deux morceaux. Envelopper dans du papier ciré jusqu'à ce que vous en ayez besoin.

MA COMPOTE DE POMMES IDÉALE

Lavez un quart de pomme puis coupez-le en morceaux et placez-le dans une casserole et ajoutez trois tasses d'eau.

Cuire jusqu'à ce qu'il soit tendre, puis passer au tamis fin. Sucrer avec

Une tasse de sucre,

Une demi cuillère à café de muscade,

Une cuillère à café de vanille.

Si des pommes rouges sont utilisées, cela donne une sauce rose des plus délicieuses. Pas besoin de peler ou de vider les pommes.

CROQUETTES AUX POMMES

Lavez et coupez en petits morceaux six pommes de taille moyenne puis placez-les dans une casserole et ajoutez une tasse d'eau ; cuire lentement jusqu'à ce que les pommes soient tendres, puis passer au tamis fin et ajouter

Une demi-tasse de cassonade,

Une cuillère à café de muscade,

Une cuillère à café de zeste de citron râpé,

Deux tasses et demie de chapelure,

Une demi-tasse de raisins secs finement hachés.

Mélangez bien puis façonnez en croquettes et roulez-les dans la farine, puis faites-les revenir jusqu'à ce qu'elles soient dorées dans la graisse chaude. Servir avec une sauce à la crème anglaise.

SANDWICHS AU SAUMON

Ouvrez et égouttez une boîte de saumon puis retirez la peau et les arêtes. Placer le saumon dans un bol et ajouter

Un oignon, râpé,

Dissoudre la fécule et le sucre dans l'eau puis ajouter le jus et porter à ébullition. Cuire cinq minutes puis laisser refroidir. Ajoutez maintenant le

Jaunes de deux œufs,

Une orange coupée en petits morceaux.

Battre pour mélanger, puis couper soigneusement et incorporer les blancs de deux œufs battus en neige ferme. Verser dans un plat à soufflé bien beurré et mettre dans une casserole d'eau tiède. Cuire à four modéré jusqu'à ce que le centre soit ferme. Servir chaud, avec du sirop d'orange pour une sauce.

TARTE À LA CRÈME D'ORANGE

Tapisser un moule à tarte de pâte nature puis le déposer dans une casserole.

Une tasse de lait,

Une demi-tasse d'eau,

Jus de trois oranges,

Le zeste râpé d'une demi-orange,

Six cuillères à soupe rases de fécule de maïs,

Trois quarts de tasse de sucre.

Dissoudre la fécule de maïs et le sucre dans l'eau et ajouter le lait et le jus de fruit. Porter à ébullition et cuire cinq minutes, laisser refroidir partiellement puis ajouter

Un œuf entier,

Jaune d'un œuf.

Battre pour bien mélanger, puis verser dans les moules préparés et cuire à four très lent pendant trente minutes. Laisser refroidir et recouvrir d'une meringue aux fruits, en utilisant un demi-verre de marmelade d'orange et le blanc d'un œuf battu jusqu'à obtenir une meringue bien ferme.

CRÈME À L'ORANGE ET AU RIZ

Lavez une demi-tasse de riz, puis faites-le cuire jusqu'à ce qu'il soit tendre dans trois tasses d'eau et que l'eau soit absorbée. Maintenant, ajoutez

Le zeste râpé d'une orange,

Trois oranges coupées en petits morceaux,

Trois quarts de tasse de sucre.

Bien mélanger puis verser dans un bol

Dissoudre le sucre et la fécule dans l'eau et ajouter le jus de fruit et le zeste râpé. Portez à ébullition et laissez cuire cinq minutes, puis retirez du feu et ajoutez le jaune d'un œuf. Bien battre pour mélanger. Maintenant, battez le blanc très fort, puis incorporez-le au mélange, puis refroidissez et servez.

BETTY ORANGE

Eplucher et couper en dés trois oranges. Placer dans un bol et ajouter

Une tasse et demie de chapelure fine,

Une tasse d'eau bouillante.

Mélangez, laissez refroidir puis ajoutez

Un œuf bien battu,

Trois quarts de tasse de lait,

Trois cuillères à soupe de shortening,

Une demi-tasse de sirop,

Une demi-tasse de sucre,

Trois cuillères à café de levure chimique,

Six cuillères à soupe de farine.

Bien mélanger puis verser dans des coupes à crème individuelles ou dans un moule à pudding et mettre dans une casserole d'eau chaude. Si le Betty est mis dans des moules à crème anglaise, graissez-les bien et faites cuire quarante minutes à four modéré. Si mis dans un moule, enfourner pendant une heure.

BEIGNETS À L'ORANGE

Épluchez trois oranges puis, avec un couteau bien aiguisé, coupez-les en tranches d'un demi-pouce. Trempez les tranches dans la farine, puis dans une pâte et faites-les frire jusqu'à ce qu'elles soient dorées dans la graisse chaude.

LA PÂTE

Cassez un œuf dans une tasse puis remplissez de lait. Placer dans un bol et ajouter

Une tasse et demie de farine,

Deux cuillères à café de levure chimique,

Un quart de cuillère à café de sel,

Deux cuillères à soupe de sucre.

Servir les beignets à l'orange avec une vinaigrette à l'orange ou du sirop d'orange.

PRUNEAUX AU FOUR

Préparez une demi-livre de pruneaux pour la cuisson et placez-les dans une cocotte. Ajoutez la moitié d'une orange coupée en fines tranches ressemblant à du papier. Couvrir le plat et mettre au four pour cuire très lentement. Maintenant, si les pruneaux sont trempés tôt le matin, puis préparés pour la cuisson et placés au four lorsque le feu est éteint pour la nuit, ils seront très bien cuits le matin. Cette cuisson longue et lente est exactement ce qu'exige le pruneau.

SALADE DE PRUNEAUX

Préparez les pruneaux comme pour la farce puis placez une demi-tasse de fromage cottage dans un bol et ajoutez

Un poivron vert haché finement,

Une demi-cuillère à café de sel,

Une demi-cuillère à café de paprika.

Mélangez soigneusement puis incorporez les pruneaux dénoyautés. Disposez maintenant les pruneaux farcis sur des feuilles de laitue croustillantes et arrosez de jus de citron. Servir avec une vinaigrette au paprika ou à la mayonnaise. C'est très agréable au déjeuner ou au dîner, servi en salade.

GÂTEAU AUX PRUNEAUX DE CALIFORNIE

Une tasse de sucre,

Six cuillères à soupe de shortening.

Bien crémer jusqu'à ce que ce soit léger et crémeux, puis ajouter

Jaunes de deux œufs,

Une tasse d'eau,

Deux tasses et trois quarts de farine,

Deux cuillères à soupe rases de levure chimique,

Une cuillère à soupe rase de macis.

Battre pour bien mélanger puis incorporer les blancs des deux œufs battus en neige ferme. Tapissez maintenant un moule à gâteau de papier graissé et versez une couche de pâte à gâteau. Répartir uniformément. Étalez maintenant une couche de noix finement hachées puis une couche de pruneaux bien égouttés et cuits, finement hachés. Couvrir d'une couche de pâte à gâteau puis répéter cette opération jusqu'à ce que le moule soit rempli aux trois quarts. Saupoudrez ensuite légèrement le dessus du gâteau de sucre. Placer à four modéré et cuire au four pendant une heure. Laisser refroidir, puis glacer avec un glaçage à base de

Trois quarts de tasse de sucre XXXX,

Une cuillère à soupe de jus de citron,

et suffisamment d'eau bouillante pour humidifier. Puis étalez sur le gâteau.

GELÉE DE PRUNEAUX ET DE NOIX

Faites tremper trois cuillères à soupe rases de gélatine dans une demi-tasse d'eau froide pendant une demi-heure. Maintenant, dénoyautez suffisamment de pruneaux pour mesurer une tasse. Ajouter

Une demi-tasse de noix finement hachées,

Une demi-tasse de sucre,

Une tasse de jus de pruneau,

Jus d'un citron.

Placez maintenant la gélatine dans un bain d'eau chaude, puis filtrez-la dans le mélange de pruneaux. Remuer jusqu'à ce que le tout soit bien mélangé puis verser dans des moules. Réserver pour mouler puis servir avec un fouet aux fruits.

DÉLICES AUX PRUNEAUX

Lavez soigneusement les pruneaux, puis égouttez-les et étendez-les sur un chiffon pour les faire sécher. Retirez les noyaux et remplissez les centres d'un mélange de noix hachées et de gingembre. Rouler dans le sucre cristallisé. Les pruneaux peuvent être fourrés de fondant ou de fudge.

PRUNE CHARLOTTE

Faites tremper trois cuillères à soupe rases de gélatine dans une demi-tasse d'eau froide pendant une demi-heure. Puis mettre au bain-marie chaud pour faire fondre. Filtrer dans un bol et ajouter

Une tasse de jus de pruneau,

Le jus d'un citron,

Une demi-tasse de sucre.

Chauffer pour dissoudre le sucre puis laisser refroidir avant de l'ajouter à la gélatine. Placez maintenant quelques cuillerées du mélange de gélatine préparé dans un moule et retournez-le pour bien enrober le moule. Tapissez ensuite le moule de pruneaux cuits et dénoyautés. Versez quelques cuillerées du mélange de gélatine sur les pruneaux et fixez-les avant de verser le reste du mélange ; puis réserver au moulage. Au moment de servir, démouler sur une assiette et servir avec une sauce aux pruneaux.

SAUCE AUX PRUNEAUX

Passer une tasse de pruneaux cuits et dénoyautés au tamis fin et ajouter

Une tasse de jus de pruneau,

Le jus d'un citron,

Six cuillères à soupe de sucre.

Chauffer pour dissoudre le sucre puis laisser refroidir avant de servir.

RHUBARBE

Pour cuire la rhubarbe, coupez-la en morceaux et retirez la peau filandreuse. Cuire dans une cocotte en verre ou en terre au four jusqu'à ce qu'il soit tendre, en ajoutant juste assez de sucre pour adoucir. Cela vous donnera un produit splendide.

N'utilisez pas les feuilles de rhubarbe. Et ne faites pas cuire la rhubarbe dans le moule ; le sel minéral ou la teneur en acide du fruit réagit sur le métal et crée un poison actif.

POUR CUISINER LA RHUBARBE POUR LES TARTES

Préparez la rhubarbe puis saupoudrez bien de farine, ajoutez le sucre et faites cuire lentement jusqu'à ce qu'elle soit tendre. La farine va épaissir le mélange. Versez ensuite dans le moule à tarte préparé et recouvrez de pâte. Cuire à four modéré pendant vingt minutes. La tarte ainsi réalisée sera de loin supérieure à celle réalisée dans laquelle la rhubarbe est coupée et placée dans la tarte puis cuite.

CONSERVE DE RHUBARBE ET RAISIN RAISIN

Lavez et épluchez puis coupez la rhubarbe en morceaux d'un demi-pouce. Mesurez un litre de morceaux coupés et placez-le dans un plat allant au four, en ajoutant

Une tasse de raisins secs épépinés,

Deux tasses de sucre.

N'ajoutez pas d'eau ; couvrir et cuire jusqu'à ce que les fruits soient tendres, généralement environ quarante minutes.

SAUCE AUX FRUITS RHUBARBE

Mettez les blancs de deux œufs dans un bol puis ajoutez un demi-verre de gelée. Battre jusqu'à ce que le mélange soit très ferme, puis ajouter une tasse de sauce à la rhubarbe très épaisse.

SHORTCAKE À LA RHUBARBE

Mettez deux tasses de farine dans un bol et ajoutez

Une cuillère à café de sel,

Quatre cuillères à café de levure chimique,

Une demi-tasse de sucre.

Tamisez pour mélanger, puis ajoutez six cuillères à soupe de shortening. Mélanger jusqu'à obtenir une pâte avec deux tiers de tasse de lait. Découpez avec un grand emporte-pièce puis enfournez à four chaud pendant une quinzaine de minutes. Fendez et beurrez, puis remplissez de rhubarbe cuite et servez avec de la crème nature ou fouettée ou une sauce à la crème anglaise.

COCKTAIL DE RHUBARBE

Placez trois cuillères à soupe de confiture de rhubarbe dans un verre à cocktail. Ajoutez une couche de bananes tranchées finement puis une couche d'orange râpée. Saupoudrer de sucre en poudre et garnir de crème fouettée ou de blanc d'œuf battu en neige. Garnir de cerises au marasquin.

CHOUX À LA RHUBARBE

Trois quarts de tasse de sucre,

Une demi-tasse d'eau,

Cinq cuillères à soupe de shortening.

Placer dans un bol puis ajouter

Un oeuf,

Deux tasses de farine,

Quatre cuillères à café de levure chimique,

Une demi-cuillère à café de sel,

Une tasse de rhubarbe finement hachée (crue).

Battre pour mélanger puis verser dans des moules à crème bien graissés et cuire au four trente minutes à four chaud.

GÂTEAUX GRILLÉS À LA RHUBARBE DU VERMONT

Faire tremper le pain rassis dans de l'eau froide pour le ramollir. Presser bien à sec puis passer au tamis fin. Maintenant, mesurez deux tasses et placez-les dans un bol et ajoutez

Une tasse et demie de rhubarbe sucrée,

Un oeuf,

Une tasse et trois quarts de farine tamisée,

Quatre cuillères à café de levure chimique,

Une cuillère à café de sel,

Une cuillère à soupe de shortening.

Mélangez bien puis enfournez sur une plaque chauffante et servez avec du sucre, de la cannelle et du beurre ou du sirop.

GÉLATINE DE RHUBARBE

Deux tasses de rhubarbe froide, cuite et sucrée.

Ajouter

Quatre cuillères à soupe rases de gélatine,

Jus d'une orange,

Une demi-tasse d'eau.

Ajoutez la gélatine au mélange puis laissez reposer une demi-heure pour qu'elle ramollisse. Chauffez ensuite doucement jusqu'à atteindre le point d'ébullition, retirez du feu et versez dans des moules. Laisser reposer puis démouler et servir avec de la chantilly. Utilisez un moule en porcelaine ou en faïence.

PUDDING À LA RHUBARBE ET AU TAPIOCA

Lavez une demi-tasse de tapioca perlé dans beaucoup d'eau pour éliminer l'amidon. Placer dans un plat allant au four en verre ou en terre cuite et ajouter quatre tasses de rhubarbe cuite et sucrée. Cuire au four jusqu'à ce que le tapioca soit transparent ou mou. Déposez dessus une meringue composée du blanc d'un œuf. Refroidissez, puis servez.

DUMPLINGS À LA RHUBARBE

Étalez la pâte sur un quart de pouce d'épaisseur, puis coupez-la en carrés de quatre pouces. Remplissez de morceaux de rhubarbe coupés en morceaux d'un demi-pouce, en ajoutant 2 cuillères à soupe de sucre. Repliez la pâte en la pressant bien, puis badigeonnez-la de dorure à l'œuf et faites cuire à four lent pendant trente minutes.

GELÉE DE GINGEMBRE

Faire tremper un demi-paquet de gélatine dans une tasse d'eau froide pendant trente minutes, puis ajouter

Le jus d'un citron,

Une orange,

Une demi-tasse de sucre,

Une tasse d'eau bouillante.

Bien battre pour mélanger puis laisser refroidir. Juste avant qu'il ne commence à épaissir, ajoutez une demi-tasse de gingembre confit finement haché.

CRÈME DE GINGEMBRE

Faites tremper une demi-boîte de gélatine dans une tasse et demie de lait froid pendant une demi-heure. Ajoutez maintenant une demi-tasse de sucre et mettez dans une casserole d'eau tiède. Remuer jusqu'à ce que la gélatine soit dissoute, puis laisser refroidir. Tout en refroidissant l'endroit

Blanc d'un œuf,

Un demi-verre de gelée

dans un bol et battre avec un batteur à œufs Dover jusqu'à consistance légère et mousseuse. Ajoutez une demi-tasse de gingembre confit finement râpé puis la gélatine refroidie. Fouettez jusqu'à ce qu'il commence à épaissir puis versez dans des moules pour qu'il durcisse.

REMARQUE .—N'ajoutez le mélange de gélatine au fouet à fruits que juste avant qu'il épaississe.

DÉLICIES AU GINGEMBRE

Les Antillais préparent et servent de nombreux desserts et conserves délicieux à base de gingembre. Soit le gingembre préparé en pots peut être utilisé, soit la racine de gingembre ordinaire peut être obtenue dans les épiceries. Demandez du gingembre en tige, car ce type est moins susceptible d'être filandreux et grossier.

Pour préparer : Faire tremper le gingembre dans l'eau tiède toute la nuit puis le matin laver à l'aide d'une brosse à légumes. Maintenant, grattez bien, puis placez-le dans de l'eau fraîche suffisamment pour couvrir et faites cuire doucement à l'arrière de la cuisinière jusqu'à ce qu'il soit tendre. Ou il peut être placé dans la cuisinière sans feu pendant la nuit. Lorsque la racine est tendre, placez-la

Trois tasses de sucre,

Trois quarts de tasse d'eau,

Le jus d'un citron

dans une casserole et porter à ébullition. Cuire une dizaine de minutes puis ajouter le gingembre. Maintenant, placez-le dans un endroit chaud et laissez mijoter jusqu'à ce que le sirop soit absorbé. Retirer et laisser reposer dans un endroit frais pendant deux jours. Réchauffer puis égoutter sur une passoire et rouler dans le sucre. Emballez dans une boîte en fer blanc hermétique et le gingembre se conservera indéfiniment.

MOUSSE D'ANANAS

Égouttez et hachez suffisamment d'ananas finement pour mesurer deux tasses. Passer au tamis fin puis placer dans un bol ; placez les blancs de deux œufs dans un deuxième bol et ajoutez un verre de gelée de pomme. Battre jusqu'à ce qu'il soit très ferme. Fouettez une tasse de crème ferme et ajoutez une demi-tasse de sucre. Mélangez délicatement le fouet aux fruits, la chantilly et la purée d'ananas en coupant et en pliant jusqu'à ce que le tout soit bien mélangé. Verser dans un moule de deux litres et couvrir de papier ciré; puis placez-le sur le couvercle et utilisez une pinte de sel pour deux pintes et demie de glace finement pilée pour congeler la mousse.

POUR FARCIR LES DATES AU GINGEMBRE

Retirez les noyaux des dattes puis remplissez le centre d'un morceau de gingembre confit. Appuyez fermement puis roulez entre les mains pour redonner la forme de la date. Roulez la datte finie dans du sucre cristallisé. Des pruneaux peuvent être utilisés pour remplacer les dattes.

MAYONNAISE SANS ŒUFS

Placer dans une assiette creuse

Deux cuillères à soupe de lait concentré,

Une demi-cuillère à café de moutarde,

Une demi-cuillère à café de paprika.

Mélangez en battant avec une fourchette et une fois lisse, ajoutez lentement trois quarts de tasse d'huile de salade. Battez fort pendant quelques minutes. Maintenant, ajoutez

Une cuillère à café de sucre,

Une cuillère à café de sel,

Une cuillère à café de vinaigre.

Puis battez à nouveau jusqu'à ce que le tout soit bien mélangé.

VINAIGRETTE CUITE

Une demi-tasse de vinaigre,

Trois quarts de tasse d'eau,

Trois cuillères à soupe rases de fécule de maïs.

Dissoudre la fécule dans l'eau, ajouter le vinaigre et porter à ébullition. Cuire pendant trois minutes, puis retirer et ajouter

Un oeuf,

Une cuillère à café de sel,

Une cuillère à café de paprika,

Trois quarts de cuillère à café de moutarde,

Une cuillère à café de sucre.

Battre pour mélanger, puis incorporer une tasse de crème sure. Cette vinaigrette peut être utilisée sur des pommes de terre, une salade de poulet et de céleri ainsi qu'avec de la viande froide ou de la laitue nature.

CRÈME AU CITRON SURGELÉE

Placer dans une casserole

Un litre de lait,

Une demi-tasse de fécule de maïs.

Remuer jusqu'à dissolution, puis porter à ébullition. Cuire une dizaine de minutes. Retirer du feu et ajouter

Trois œufs bien battus.

Battre pour bien mélanger, puis laisser refroidir. Râpez maintenant légèrement le zeste d'un citron. Placer dans un bol et ajouter

Jus de trois citrons,

Jus d'une orange,

Une tasse et demie de sucre.

Bien mélanger et au moment de congeler, incorporer le mélange de citron à la crème anglaise. Ajoutez le mélange de citron très lentement. Congeler de la manière habituelle, en utilisant trois parties de glace pour une de sel. Emballez, puis laissez mûrir pendant deux heures.

SALADE AU GINGEMBRE

Faites tremper quatre cuillères à soupe de gélatine dans quatre cuillères à soupe d'eau froide pendant vingt minutes. Ajoutez maintenant à la gélatine une demi-tasse de soda au gingembre bouillant. Remuer jusqu'à ce que la gélatine soit dissoute, puis filtrer. Ajoutez le reste de la bouteille d'une pinte de soda au gingembre. Laisser refroidir, puis rincer le moule à l'eau glacée pour bien le refroidir, puis enrober le moule de gélatine en versant environ un quart de tasse et en tournant le moule jusqu'à ce qu'il soit bien enrobé. Disposez maintenant des morceaux de gingembre confit en motifs au fond du moule, en utilisant également quelques cerises au marasquin. Versez un peu de gélatine dessus puis, une fois ferme, versez suffisamment de gélatine pour former une couche. Répétez cette opération jusqu'à ce que le moule soit rempli. Par temps chaud, emballez le moule dans un mélange de sel et de glace pour des résultats rapides.

SALADE D'OEUF

Râpez très finement une tête de laitue, puis placez-la dans un bol et ajoutez

Un oignon,

Un poivron vert haché très fin,

Une carotte cuite, coupée en dés,

Une tasse de mayonnaise.

Mélangez puis décorez de quatre œufs durs coupés en tranches. Saupoudrer de paprika.

HABILLAGE DES MILLE ÎLES

Une demi-tasse d'huile de salade,

Le jus d'un citron,

Jus d'une orange,

Un demi poivron vert haché finement,

Un demi-oignon de taille moyenne, haché finement,

Deux cuillères à café de sel,

Une cuillère à café de paprika,

Une demi cuillère à café de moutarde,

Un piment haché finement.

Bien mélanger.

VINAIGRETTE

Pour faire une vinaigrette mayonnaise, cassez un œuf dans un bol puis ajoutez

Deux cuillères à café de vinaigre,

Une cuillère à café de sucre,

Une cuillère à café de paprika,

Une demi-cuillère à café de moutarde.

Battez avec un batteur Dover pour mélanger, puis demandez à quelqu'un de verser lentement une tasse d'huile pendant que vous battez le mélange d'un mouvement régulier.

SALADE DE CONCOMBRE

Épluchez les concombres puis coupez-les en fines tranches et recouvrez-les de deux cuillères à soupe de sel et de glace pilée pendant une heure. Laver puis égoutter. Maintenant, râpez finement les grosses feuilles vertes de la laitue. Disposez les concombres sur la laitue préparée et servez avec une vinaigrette à la crème sure.

SALADE DE FRUITS

Parer et couper en dés

Deux oranges,

Deux pommes,

Trois bananes.

Placer dans un bol et ajouter une tasse de noix de coco et mélanger délicatement. Placez maintenant dans un nid de laitue. Préparez une vinaigrette aux fruits à base de

Une tasse de sucre,

Une tasse d'eau,

Le jus d'une orange,

Le jus d'un citron,

Trois cuillères à soupe rases de fécule de maïs.

Dissoudre le sucre et la fécule et porter à ébullition. Cuire cinq minutes puis retirer du feu et ajouter le jaune d'un œuf. Battre fort pour mélanger, puis incorporer le blanc d'un œuf battu en neige ferme. Laisser refroidir puis verser sur la salade de fruits. Garnir de cerises au marasquin. Cette quantité de salade servira huit personnes.

SALADE DE CHOU

Râpez finement une tête de chou et placez-la dans l'eau salée pendant une demi-heure. Bien égoutter puis ajouter

Deux poivrons verts hachés finement,

Une tasse de mayonnaise,

Une cuillère à soupe de sel,

Une cuillère à soupe de paprika,

Un quart de tasse de vinaigre.

Mélanger.

SALADE DE SAUMON

Ouvrir une boîte de saumon puis égoutter, retirer les arêtes et ajouter

Deux poivrons verts hachés finement,

Un oignon finement haché.

Mélangez, râpez finement les grosses feuilles vertes extérieures de la laitue, puis tapissez un bol de laitue croustillante. Placez la laitue râpée dans le nid puis le saumon préparé. Servir avec des tranches d'œuf dur et une vinaigrette mayonnaise.

ŒUFS POCHÉS SUR Pain doré

Coupez la croûte des tranches de pain puis trempez-y ce qui suit :

Une tasse de lait,

Un oeuf.

Battre pour mélanger puis faire revenir le pain jusqu'à ce qu'il soit doré dans la graisse chaude. Pochez les œufs puis soulevez-les sur une serviette pour les égoutter. Roulez ensuite délicatement sur le pain doré. Napper d'une sauce à la crème et garnir de persil finement râpé.

LES OEUFS MARINÉS

Faire bouillir une demi-douzaine d'œufs durs. Cuire jusqu'à tendreté un bouquet de betteraves. Versez dans une casserole d'eau froide puis retirez la peau et coupez-la en tranches épaisses. Placer dans un plat et ajouter quatre gros oignons coupés en fines tranches. Maintenant, placez dans une casserole

Quatre cuillères à soupe de sucre,

Une cuillère à café de sel,

Une demi cuillère à café de paprika,

Une tasse de vinaigre,

Une demi-tasse d'eau.

Portez à ébullition et laissez cuire une dizaine de minutes. Versez sur les betteraves. Ajoutez les œufs durs.

OMELETTE

Mettez les jaunes de trois œufs dans un bol et ajoutez

Deux cuillères à soupe de lait,

Une demi-tasse de chapelure préparée,

Deux cuillères à soupe de persil finement haché,

Une cuillère à café de sel,

Une demi-cuillère à café de poivre.

Mélangez puis coupez et incorporez les blancs de trois œufs battus en neige ferme, puis placez quatre cuillères à soupe de shortening dans une poêle à frire. Lorsque la graisse est chaude, versez l'omelette et faites cuire doucement jusqu'à ce qu'elle soit ferme, puis retournez-la en soulevant ou en roulant, à l'aide du tourne-gâteau ou d'une spatule, ou elle peut être transformée dans une autre poêle chaude, contenant une cuillère à soupe de shortening, puis pliez. et rouler.

Comment préparer le pain : Faire tremper le pain rassis dans de l'eau chaude pour le ramollir puis le placer dans un torchon et l'essorer bien pour le sécher.

OEUFS DÉVIOLÉS, PARISIENNE

Faire bouillir un œuf dur pour chaque personne, coupé en deux, en coupant la longueur de l'œuf. Passer les jaunes au tamis fin dans un bol, puis les ajouter tous les six œufs.

Une demi-tasse de jambon finement haché,

Un oignon, râpé,

Un poivron vert haché finement,

Une cuillère à café et demie de sel,

Une cuillère à café de paprika,

Une demi cuillère à café de moutarde,

Six cuillères à soupe de vinaigrette mayonnaise.

Mélangez puis versez les blancs d'œufs. Façonner très haut puis rouler dans le fromage finement râpé et saupoudrer de paprika. Rouler dans du papier ciré. Mettre au réfrigérateur jusqu'au moment de servir.

OMELETTE AU FOUR

Placer dans un bol

Jaunes de quatre œufs,

Une tasse de sauce à la crème épaisse,

Une cuillère à café de sel,

Une demi cuillère à café de paprika,

Deux cuillères à soupe de persil finement haché.

Battre pour bien mélanger, puis couper et incorporer les blancs de quatre œufs battus en neige ferme. Verser dans un plat allant au four ou dans une cocotte et cuire à four modéré jusqu'à ce que le centre soit ferme. Garnir de lanières de bacon et servir avec une sauce au fromage.

Pour faire une sauce au fromage : placez trois cuillères à soupe de fromage râpé dans une tasse de sauce à la crème.

OMELETTE MORAVE

Faire tremper une demi-tasse de chapelure rassis tamisée dans une demi-tasse de lait, en ajoutant

Une demi-cuillère à café de sel,

Un quart de cuillère à café de poivre,

Une cuillère à café d'oignon râpé,

Une cuillère à soupe de persil finement haché,

Trois œufs bien battus.

Mélangez soigneusement, puis faites chauffer quatre cuillères à soupe de shortening dans une poêle jusqu'à ce qu'elle soit chaude, puis versez le mélange. Réduire le feu et cuire jusqu'à ce que le tout soit pris. Pliez et retournez puis roulez. Allumez un plat chaud. Ce montant servira à deux personnes.

Escalopes au fromage

Placer dans une casserole

Une tasse et demie de lait,

Neuf cuillères à soupe rases de farine.

Remuer pour dissoudre la farine puis porter à ébullition. Cuire deux minutes puis ajouter

Un quart de livre de fromage, coupé finement.

Remuer jusqu'à ce que le fromage soit fondu puis retirer du feu et ajouter

Un petit oignon râpé,

Une cuillère à café de paprika,

Une cuillère à café et demie de sel.

Allumez un plat graissé et laissez refroidir. Moule. Il faut environ quatre heures pour devenir suffisamment ferme pour être moulé en escalopes. Façonner puis rouler dans la farine et tremper dans l'œuf battu, puis dans la chapelure fine et faire revenir jusqu'à ce qu'il soit doré dans la graisse chaude. Garnir de cresson.

SANDWICHS AU FROMAGE DE PAYS

Placez une tasse de fromage de campagne ou de babeurre dans un bol et ajoutez

Une demi-tasse de mayonnaise épaisse,

Un oignon haché très fin,

Un poivron vert haché très fin,

Deux cuillères à café de sel,

Deux cuillères à café de paprika,

Une demi-cuillère à café de moutarde.

Mélangez bien puis tartinez le pain de seigle de beurre anglais, puis étalez la garniture entre les tranches de pain et coupez-la en lanières de la largeur d'un doigt.

SANDWICHS AU FROMAGE

Placer dans un bol

Une demi-tasse de fromage râpé, puis ajoutez

Une cuillère à soupe d'oignon râpé,

Deux cuillères à soupe de poivrons verts finement hachés,

Une cuillère à café de sel,

Une cuillère à café de paprika,

Une demi cuillère à café de moutarde,

Six cuillères à soupe de vinaigrette mayonnaise.

Bien mélanger puis répartir entre les pains comme préparé pour les sandwichs au pain et au beurre.

QUELQUES CONSEILS SUR LES LÉGUMES

Ne salez pas trop les légumes. Ne salez jamais pendant la cuisson; trop de sel durcit non seulement les fibres délicates, mais neutralise également la précieuse teneur en minéraux.

Ajoutez juste assez d'eau bouillante pour couvrir puis portez à ébullition. Cuire ensuite lentement jusqu'à tendreté. Ne couvrez pas la casserole dans laquelle cuisent les légumes. Cela condense la vapeur qui contient les huiles volatiles et noircit ainsi le légume.

PURÉE DE POIS

Passer une tasse de petits pois cuits au tamis et ajouter

Une tasse de lait,

Une demi-tasse d'eau,

Une cuillère à soupe de fécule de maïs,

Une cuillère à café d'oignons râpés,

Une cuillère à café de persil finement haché.

Dissoudre la fécule dans l'eau et ajouter le reste des ingrédients à la purée de pois. Porter à ébullition et cuire cinq minutes. Assaisonner de sel et de poivre et servir avec des croûtons ou des toasts, des tranches de pain coupées en blocs d'un demi-pouce.

SOUFFLE AUX POIS

Placer dans un bol

Une tasse de sauce à la crème épaisse,

puis frottez

Quatre cuillères à soupe de petits pois cuits au tamis.

Maintenant, ajoutez

Cinq cuillères à soupe de chapelure,

Une cuillère à café d'oignon râpé,

Une demi-cuillère à café de sel,

Un quart de cuillère à café de poivre,

Jaunes de deux œufs.

Battre pour mélanger, puis incorporer les blancs des deux œufs battus en neige ferme. Verser dans un plat allant au four graissé et cuire à four modéré jusqu'à ce que le centre soit ferme. Servir immédiatement. Ce plat remplace la viande.

PUDDING AUX POIS

Passez quatre cuillères à soupe de petits pois au tamis, puis placez-les dans un bol et ajoutez

Une tasse de sauce à la crème épaisse,

Quatre cuillères à soupe de chapelure fine,

Un œuf bien battu,

Une cuillère à café de persil finement haché,

Une cuillère à café d'oignons râpés,

Une demi cuillère à café de paprika,

Une demi-cuillère à café de sel.

Mélangez pour bien mélanger, puis versez dans des coupes à crème bien graissées. Cuire au four jusqu'à ce que le centre soit ferme. Servir dans des tasses ou démouler sur une tranche de pain grillé et recouvrir de sauce crème hollandaise.

REMARQUE .—Placez le pudding dans une casserole contenant de l'eau tiède pendant la cuisson.

MAÏS SÉCHÉ CUIT

Faire tremper une tasse et demie de maïs pendant la nuit, puis le matin, égoutter et placer dans une casserole et couvrir d'eau bouillante. Laisser mijoter lentement jusqu'à tendreté, puis égoutter et assaisonner avec

Un petit oignon finement émincé,

Deux cuillères à soupe de persil séché,

Une cuillère à café de sel,

Une demi-cuillère à café de poivre blanc.

Placer dans une cocotte et recouvrir d'une tasse et demie de sauce à la crème. Saupoudrer de chapelure fine et d'une cuillère à soupe de fromage finement râpé. Cuire une vingtaine de minutes au four. Ce plat remplace la viande au déjeuner.

SQUASH

COURGE AU GRATINÉ

Lavez, épluchez et coupez la courge en morceaux en jetant les graines. Cuire à la vapeur jusqu'à tendreté, puis bien égoutter et placer à l'arrière de la cuisinière pour sécher. Passez maintenant la pulpe au tamis. Mesurer et ajouter à chaque tasse de pulpe

Un œuf bien battu,

Deux cuillères à soupe de beurre,

Une cuillère à café de sel,

Une demi cuillère à café de paprika,

Deux cuillères à soupe de lait,

Une cuillère à soupe de persil finement haché.

Verser dans un plat allant au four bien beurré et recouvrir de chapelure fine et de deux cuillères à soupe de fromage râpé. Cuire à four doux pendant vingt minutes.

GÂTEAUX À LA COURGE

Lavez et coupez la courge en morceaux, puis faites-la cuire jusqu'à ce qu'elle soit tendre dans l'eau bouillante, puis égouttez-la et passez la pulpe au tamis. Maintenant, mesurez et placez dans un bol

Une tasse de courge préparée,

Un œuf bien battu,

Une cuillère à soupe de shortening,

Une demi-tasse de lait,

Une tasse et demie de farine,

Deux cuillères à soupe de levure chimique,

Une demi-cuillère à café de sel,

Une demi cuillère à café de paprika,

Une cuillère à soupe de persil émincé.

Battre pour mélanger puis cuire au four comme pour des gâteaux à la plancha sur une plaque chauffante chaude. Servir avec du sirop d'érable.

SOUFFLE À LA COURGE

Une tasse de pulpe de courge préparée,

Une cuillère à soupe d'oignon râpé,

Deux cuillères à soupe de persil finement haché,

Une cuillère à soupe de beurre fondu,

Deux cuillères à café de sel,

Une cuillère à café de paprika,

Une tasse de sauce à la crème très épaisse,

Jaunes de deux œufs.

Battre pour mélanger, puis incorporer délicatement les blancs de deux œufs battus en neige ferme. Verser dans des coupes à crème individuelles bien graissées et mettre dans une casserole d'eau tiède. Cuire lentement à four modéré jusqu'à ce que le centre soit ferme, généralement environ vingt minutes. Laisser reposer environ trois minutes après la sortie du four, puis allumer une tranche de pain grillé, recouvrir de sauce au fromage et servir.

COURGE ITALIENNE

Une tasse et demie de pulpe de courge préparée,

Une cuillère à café et demie de sel,

Une cuillère à café de paprika,

Deux cuillères à soupe de persil finement haché,

Deux cuillères à soupe d'oignons finement émincés.

Mélangez soigneusement puis coupez en dés deux onces de porc salé. Faites bien dorer le porc salé puis égouttez environ la moitié de la graisse dans la poêle. Retourner le mélange de courge sur le porc salé, chauffer et servir.

TARTE À LA COURGE

Lavez puis coupez la courge en morceaux, puis faites-la bouillir jusqu'à ce qu'elle soit tendre et égouttez-la ; passer la pulpe au tamis. Mesurez et ajoutez à chaque tasse

Une tasse de sucre,

Deux cuillères à soupe de beurre fondu,

Deux œufs bien battus,

Une tasse de lait,

Une demi-cuillère à café de muscade.

Bien battre pour mélanger puis verser dans un moule à tarte tapissé de pâte nature. Saupoudrer une demi-tasse de groseilles sur le dessus et cuire au four pendant une demi-heure à four lent.

COURGE AU FOUR

Coupez une tranche sur le dessus de la courge et retirez les graines et la fibre du fil. Maintenant, ajoutez

Une cuillère à soupe de beurre fondu,

Une demi-cuillère à café de sel,

Une demi-cuillère à café de paprika.

Couvrir hermétiquement avec un couvercle puis cuire à four lent jusqu'à ce que la pulpe soit tendre, généralement environ trente minutes. Retirez la lèvre et prélevez la pulpe avec une cuillère, empilez-la dans un plat à légumes chaud, décorez de persil finement haché puis servez.

BISCUIT À LA COURGE

Placer dans un bol

Trois tasses et demie de farine tamisée,

Une cuillère à café de sel,

Cinq cuillères à café de levure chimique.

Tamisez pour mélanger, puis ajoutez cinq cuillères à soupe de shortening et mélangez jusqu'à obtenir une pâte avec une tasse de pulpe de courge préparée. Travaillez jusqu'à obtenir une pâte et mélangez uniformément, puis étalez-la sur une planche légèrement farinée sur trois quarts de pouce d'épaisseur. Coupez et badigeonnez le dessus de lait et faites cuire à four chaud pendant quinze minutes.

La courge peut être utilisée pour remplacer les pommes de terre lors de la fabrication du pain. Ajoutez une tasse de pulpe de courge au pain d'épice, ou lorsque vous préparez de petits gâteaux, elle s'avérera délicieuse lorsqu'elle est utilisée de cette façon.

OMELETTE EN CAS DE TOMATE

Sélectionnez des tomates fermes, puis coupez une tranche sur le dessus et, à l'aide d'une cuillère, retirez délicatement le centre. Placer la tomate dans des coupes à crème bien graissées puis casser dans un bol quatre œufs ; puis ajouter

Quatre cuillères à soupe d'eau,

Une cuillère à café de sel,

Une demi-cuillère à café de poivre.

Battre pour mélanger, puis verser dans la tomate préparée. Saupoudrer une cuillère à café de chapelure fine sur chaque tomate et ajouter

Une cuillère à café de beurre,

Une pincée de paprika.

Placez les coupes de crème anglaise dans un plat allant au four, placez-les dans un four chaud et faites cuire au four pendant vingt minutes. Allumez une tranche de pain grillé et recouvrez de sauce à la crème.

TOMATES AU FOUR, CHELSEA

Sélectionnez des tomates fermes, coupez une tranche sur le dessus et retirez le centre avec une cuillère. Maintenant, graissez les coupes à crème anglaise et placez les tomates dans les coupes. Maintenant, déchiquetez très finement

une once de bœuf séché. Répartissez en quatre tomates. Casser dans un bol
à mélanger

Deux oeufs.

Puis ajouter

Trois quarts de tasse de lait,

Une demi-cuillère à café de sel,

Une demi cuillère à café de paprika,

Une cuillère à café d'oignon râpé,

Deux cuillères à café de persil finement haché.

Battre pour mélanger puis hacher finement la pulpe des tomates. Mettez une
cuillère à café de cette pulpe dans chaque tomate.

TOMATES, À LA CAMPAGNE

Sélectionnez des tomates lisses et fermes coupées en deux puis placez-les
dans une assiette creuse. Couvrir de glace pilée et servir avec la vinaigrette
suivante :

VÊTEMENTS DE CAMPAGNE

Placer dans un bol

Trois cuillères à soupe d'huile de salade,

Une cuillère à soupe de vinaigre,

Une cuillère à café de sucre,

Une cuillère à café de sel,

Une demi cuillère à café de poivre blanc,

Un quart de cuillère à café de moutarde.

Battre jusqu'à consistance crémeuse, puis servir glacé.

BEIGNETS DE TOMATE

Sélectionnez des tomates fermes, puis coupez-les en tranches d'un demi-
pouce. Trempez-les dans la pâte préparée, puis faites-les frire jusqu'à ce qu'ils
soient dorés. Servir avec une sauce à la crème.

Comment préparer la pâte : Placer un œuf dans un bol et ajouter

Une tasse d'eau,

Une cuillère à café de sel,

Une demi-cuillère à café de poivre.

Battre pour mélanger puis ajouter

Deux cuillères à soupe d'oignons râpés,

Une tasse et demie de farine,

Deux cuillères à café de levure chimique.

Battez jusqu'à obtenir une pâte lisse, puis plongez-y les tomates. Faire frire rapidement jusqu'à ce qu'ils soient dorés.

ÉPINARD

Commençons par le lavage des épinards. Prenez votre nettoyant et récurez l'évier, puis ébouillantez-le avec de l'eau bouillante. Placez maintenant un chiffon propre sur le drain et mettez les épinards dans l'évier. Utilisez beaucoup d'eau tiède pour laver. Ceci est nécessaire pour libérer ces petites feuilles craquantes du sable et des graviers. Rincez maintenant abondamment à l'eau froide pour le rendre croustillant. Secouez les épinards et placez-les dans une casserole profonde, couvrez, puis faites cuire à la vapeur doucement jusqu'à ce qu'ils soient tendres. N'ajoutez pas d'eau. De cette manière, les épinards sont pratiquement cuits dans leur propre jus. Maintenant, versez dans un bol à découper et hachez finement, puis passez au tamis grossier et c'est prêt à l'emploi. Vous devez préparer et cuire les épinards tôt dans la journée, afin d'avoir le temps de bien les préparer, puis, quand vous en avez envie, de les réchauffer simplement.

ÉPINARDS À LA MODE

Préparez et faites cuire les épinards comme indiqué ci-dessus puis passez-les dans une passoire et laissez-les égoutter, avec un poids, pendant trois heures. Hachez maintenant finement, puis placez une cuillère à soupe de bacon ou de graisse de saucisse dans la poêle et ajoutez

Un petit oignon émincé très finement,

Les épinards préparés.

Chauffer lentement jusqu'à ce qu'il soit très chaud, puis assaisonner de sel et de poivre. Transférer sur une assiette chaude et garnir d'une tranche d'œuf dur.

PUDDING AUX ÉPINARDS

Faites cuire les épinards comme indiqué dans les méthodes ci-dessus, puis ajoutez-les

Une tasse de sauce à la crème,

Une cuillère à soupe d'oignon râpé,

Une tasse de chapelure fine,

Une cuillère à café et demie de sel,

Une cuillère à café de paprika.

Mélangez bien puis versez dans un plat allant au four bien beurré et enfournez à four chaud pendant vingt minutes.

SAUCE SOLEIL POUR LÉGUMES

Préparez une sauce à la crème en utilisant

Une tasse et demie de lait,

Sept cuillères à soupe de farine.

Placer dans une casserole et remuer jusqu'à dissolution, à l'aide d'une fourchette ou d'un fouet métallique. Porter à ébullition. Cuire lentement pendant cinq minutes, puis ajouter

Une cuillère à café et demie de sel,

Une cuillère à café de poivre blanc,

Deux cuillères à soupe d'oignon râpé,

Deux œufs bien battus.

Mélangez bien puis servez avec des poivrons cuits au four.

SOUFFLE D'ÉPINARDS

Faites cuire les épinards comme indiqué dans la méthode, puis placez une tasse d'épinards dans un bol et ajoutez

Jaunes de deux œufs,

Une tasse de sauce à la crème très épaisse,

Une cuillère à soupe d'oignon râpé,

Deux cuillères à café de sel,

Une cuillère à café de paprika.

Mélangez bien, puis incorporez délicatement les blancs de deux œufs battus en neige ferme, puis versez dans un plat allant au four bien graissé. Cuire au four modéré pendant vingt-cinq minutes et servir avec une sauce au fromage à la place de la viande pour le déjeuner.

NIDS D'ÉPINARDS

Cuire les épinards comme pour les épinards à la mode puis les hacher finement et les façonner en nids. Disposez-les sur une tranche de pain puis cassez un œuf dans chaque nid et recouvrez de deux cuillères à soupe de sauce crémeuse bien assaisonnée et d'une cuillère à café de fromage râpé. Placer sur une plaque à pâtisserie à four modéré pendant douze minutes et servir avec une sauce à la crème pour le déjeuner à la place de la viande.

ÉPINARDS À LA SAUCE HOLLANDAISE

Cuire les épinards comme indiqué dans la méthode puis au moment de servir, réchauffer et réaliser la sauce hollandaise comme suit :

Cinq cuillères à soupe d'huile de salade,

Trois cuillères à soupe de vinaigre,

Une cuillère à soupe d'eau,

Une cuillère à café d'oignon râpé,

Une demi-cuillère à café de paprika.

Placer dans une petite casserole et porter à ébullition, puis ajouter le jaune d'œuf. Remuer jusqu'à épaississement, puis ajouter suffisamment de sel au goût. Verser sur les épinards au moment de servir.

BOULETTES D'ÉPINARD

Préparez les épinards comme pour les épinards à la mode puis placez-les dans un bol et ajoutez

Un œuf dur haché finement,

Une cuillère à soupe d'oignon râpé,

Une cuillère à café et demie de sel,

Une demi cuillère à café de poivre,

Une cuillère à soupe d'huile de salade.

Mélangez bien, puis formez des boules et trempez-les dans l'œuf battu, puis roulez-les dans de la chapelure fine et faites-les frire jusqu'à ce qu'elles soient dorées dans la graisse chaude. Servir avec des côtelettes d'agneau.

PURÉE D'ÉPINARDS D'ALSACE

Passer une demi-tasse d'épinards au tamis, puis placer dans un bol et ajouter

Une tasse de sauce brune épaisse,

Une cuillère à café d'oignon râpé,

Une cuillère à café de sel,

Une demi cuillère à café de paprika,

Deux cuillères à soupe de fromage râpé,

Un œuf bien battu,

Cinq cuillères à soupe de chapelure fine.

Mélangez puis versez dans des coupes à crème. Cuire au four modéré dix-huit minutes. Cela remplacera la viande au déjeuner. Une sauce à la crème peut être utilisée à la place de la sauce.

SALADE D'ÉPINARDS

Préparez les épinards comme pour les épinards à la mode puis hachez-les finement et placez-les dans un bol, et ajoutez

Un petit oignon finement haché,

Une cuillère à café de sel,

Une demi-cuillère à café de paprika.

Mélangez puis conditionnez dans des demi-tasses pour mouler. Allumez un lit de feuilles de laitue croustillantes et servez avec une vinaigrette française.

ÉPINARDS À LA BOURGEOIS

À une demi-tasse de restes d'épinards, ajoutez

Une cuillère à soupe d'oignon râpé,

Une tasse de sauce à la crème,

Un œuf dur haché finement,

Une cuillère à café de sel,

Une demi-cuillère à café de poivre.

Mélangez puis disposez dans un plat allant au four et saupoudrez de fromage râpé. Cuire à four chaud pendant dix-huit minutes. Servir à la place de la viande pour le déjeuner.

ÉPINARDS À LA FAÇON ÉCOSSAISE

Placer dans un bol

Une tasse d'épinards préparés,

Trois quarts de tasse de sauce brune épaisse,

Une cuillère à café et demie de sel,

Une demi-cuillère à café de poivre blanc.

Battre pour bien mélanger puis verser dans un plat allant au four bien graissé et saupoudrer de deux cuillères à soupe de fromage râpé et de chapelure fine puis cuire à four chaud pendant vingt minutes.

COMMENT PRÉPARER UNE MARMITE

Choisissez un pot doté d'un couvercle bien ajusté et conservez-le à cet effet. La proportion habituelle est d'un pot d'un gallon pour une famille de six personnes. Vous aurez besoin d'une livre d'os pour chaque litre d'eau, et

Un gros oignon,

Une carotte de taille moyenne,

Un navet de taille moyenne,

Un pédé d'herbes à soupe,

Aussi une livre et demie de viande maigre

à tous les quatre litres d'eau ou moins. Faites bien casser les os par le boucher, puis rincez-les sous l'eau froide et placez-les dans la marmite avec la viande et l'assaisonnement. Ajoutez la quantité nécessaire d'eau froide et portez à ébullition. Cuire très lentement pendant trois heures et demie. Filtrez le liquide et jetez les os et les légumes. Laissez refroidir le liquide et retirez le gâteau de graisse lorsqu'il durcit. Placez maintenant le liquide dans une casserole et faites bouillir pendant vingt minutes. Il peut désormais être utilisé pour le bouillon, les soupes, les bouillons, les sauces et les sauces.

Couvrez à nouveau les os dans la bouilloire avec de l'eau froide et ajoutez les restes de sauce, les morceaux de viande, les parures et les os que vous pourriez avoir sous la main. Cuire lentement au dos de la cuisinière pendant quatre heures, puis filtrer et ajouter à deux litres de ce bouillon

Une boîte de tomates,

Une tasse de carottes coupées en dés,

Une demi-tasse d'oignons coupés en dés,

Une demi-tasse d'orge,

Une tasse de pommes de terre en dés,

Une demi-tasse de navets coupés en dés,

Un quart de cuillère à café de thym en poudre,

Deux cuillères à soupe de persil finement haché,

Une cuillère à soupe de feuilles de céleri séchées.

Faites cuire doucement pendant une heure pour une bonne soupe de légumes. Pour donner du corps à la soupe, ajoutez

Trois quarts de tasse de farine.

Dissous dans

Une tasse d'eau froide.

Cuire une dizaine de minutes puis servir.

SOUPE DE HARICOTS

Faites tremper une pinte de graisse de moelle ou de haricots à soupe pendant la nuit. Le matin, lavez et placez dans une marmite avec deux litres d'eau, portez à ébullition, retournez dans une passoire, laissez égoutter et rincez sous l'eau froide. Remettre dans la marmite et ajouter

Quatre litres d'eau,

Une soupe aux herbes pédé,

Une cuillère à café de thym,

Une tasse d'oignons finement hachés,

Une carotte coupée en petits dés.

Faites cuire lentement pendant quatre heures, hachez maintenant finement une demi-livre de porc salé, placez-le dans une poêle à frire et faites cuire lentement jusqu'à ce qu'il soit bien doré; ajouter au bouillon de haricots, en écrasant bien les haricots. Servir.

Les pois secs, les haricots de Lima, les graines de soja et la soupe aux lentilles peuvent être préparés de la même manière.

BOUILLON

Deux livres et demie de tibia de bœuf avec os,

Un bouillon de céleri,

Une carotte tranchée finement,

Deux oignons,

Un clou de girofle,

Une feuille de laurier,

Une livre d'os de veau.

Retirez l'os et coupez la viande en petits morceaux, faites-la dorer rapidement dans une poêle chaude, placez-la dans une marmite et ajoutez les légumes coupés en petits dés et trois litres d'eau froide ; porter lentement à ébullition et cuire lentement pendant trois heures et demie; passer à travers une serviette, assaisonner et clarifier le blanc d'œuf et la coquille d'œuf écrasée.

Pour clarifier : réserver la soupe jusqu'à ce qu'elle soit froide, retirer le gras, remettre dans la marmite et ajouter le blanc d'œuf, la coquille d'œuf écrasée et une demi-tasse d'eau froide battue ensemble, puis porter lentement à ébullition, cuire pendant cinq minutes, puis ajoutez une demi-tasse d'eau - soulevez du feu, laissez reposer et filtrez à travers un morceau d'étamine.

SOUPE AUX TORTUES

Une tête de veau.

Nettoyer et laver soigneusement la tête, en retirant la langue et la cervelle.

Placez la tête dans la marmite, puis ajoutez

Cinq litres d'eau froide,

Deux carottes coupées en dés,

Trois quarts de tasse d'oignons tranchés,

Une soupe aux herbes pédé,

Une demi-cuillère à café de marjolaine douce,

Une demi cuillère à café de thym,

Une demi-tasse de feuilles de céleri.

Porter à ébullition et cuire lentement jusqu'à ce que la viande quitte les os, lever la tête ; coupez une partie de la tête en petits dés, en utilisant environ deux tasses de viande ; ne pas encore ajouter à la fausse tortue.

Maintenant, placez dans la poêle

Une demi-tasse de shortening,

Trois quarts de tasse de farine.

Faire revenir la farine d'un brun acajou foncé - ajouter une partie du bouillon pour la mélanger à une sauce épaisse - porter à ébullition et cuire lentement pendant cinq minutes ; puis filtrez-le dans le bouillon ou la soupe de fausse tortue. Maintenant, ajoutez

Une cuillère à soupe de sel,

Une cuillère à café de poivre blanc.

Laisser mijoter quelques minutes, passer à travers une étamine dans un bol, laisser refroidir, retirer le gras du dessus; maintenant, remettez le bouillon dans la bouilloire et clarifiez comme pour le bouillon ; Pour servir à réchauffer, ajoutez la tête de veau hachée telle que préparée, le jus d'un demi citron, deux tranches de citron coupées en petits morceaux, deux œufs durs hachés finement.

POTAGE À LA QUEUE DE BŒUF

Demandez au boucher de couper la queue en morceaux; tremper la queue de bœuf dans l'eau tiède pendant une demi-heure. Lavez et essuyez, roulez maintenant chaque joint dans la farine, placez une demi-tasse de shortening dans une marmite à soupe, ajoutez les queues de bœuf et faites bien dorer, puis ajoutez une demi-tasse de farine, en faisant dorer un brun acajou profond ; maintenant ajouter

Trois litres d'eau froide,

Un bouquet d'herbes à soupe,

Quatre oignons finement hachés,

Une carotte coupée en dés,

Une cuillère à café de thym.

Cuire lentement pendant trois heures, assaisonner avec du poivre, du sel et le jus d'un demi citron.

SOUPE MULLIGATAWNY

Placer dans une casserole

Trois pintes de bouillon de poulet,

Une tasse de pommes coupées en dés,

Quatre oignons finement hachés,

Une carotte coupée en dés,

Un clou de girofle,

Une demi-cuillère à café de thym.

Laisser mijoter lentement pendant une demi-heure.

Maintenant, placez dans la poêle

Quatre cuillères à soupe de graisse de bacon,

Une demi-tasse de farine,

Une demi-cuillère à café de curry en poudre.

Mélangez, puis ajoutez une pinte d'eau froide, et dès que le tout est bien mélangé, versez la soupe ; remuer pour éviter les grumeaux et porter rapidement à ébullition ; cuire dix minutes; passer à travers une étamine; ajoutez le jus d'un demi-citron et d'une demi-tasse de viande de poulet finement hachée. Servir.

SOUPE AUX POIS À LA FRANÇAISE

Faire tremper une tasse de pois secs pendant la nuit, puis le matin, égoutter et placer dans une casserole en ajoutant

Deux litres d'eau.

Laisser mijoter doucement jusqu'à tendreté puis passer au tamis et ajouter

Deux gros oignons râpés,

Deux cuillères à soupe de persil finement haché,

Six clous de girofle entiers,

Une petite feuille de laurier,

Une demi-tasse de tomates en conserve égouttées.

Laisser mijoter lentement pendant trente minutes puis servir avec des tranches de pain grillées.

FAGOT D'HERBES À SOUPE

Divisez un poireau en trois parties et coupez-le à partir de la tige. A ce morceau de poireau ajoutez

Quatre branches de thym,

Deux branches de persil,

Un morceau de carotte, coupé en bande de trois pouces de long,

Deux branches de céleri,

Une petite gousse de poivre.

Attachez avec une ficelle et séchez dans un endroit chaud. Une fois sec, mettre dans un bocal en verre pour être utilisé selon les besoins.

De nombreuses variétés de soupes peuvent être préparées à partir du bouillon nature en quelques minutes de travail seulement.

Soupe aux tomates claires : À un litre de bouillon, ajoutez une tasse de tomates en conserve, passées au tamis fin. Des nouilles, des macaronis ou tout autre légume cuit peuvent être ajoutés.

Pour une soupe claire : ajoutez une cuillère à café de bouquet de cuisine et les légumes souhaités à chaque litre de bouillon. Lorsque vous préparez des soupes à la crème, si vous ajoutez une tasse de bouillon préparé à chaque tasse de lait, votre soupe aura une saveur délicieuse.

Le bouillon peut être constitué, versé dans des bocaux stérilisés, puis le caoutchouc et le couvercle ajustés ; la soupe peut ensuite être traitée pendant trois heures dans un bain d'eau chaude. Retirez-le du bain, fixez solidement les couvercles, puis testez l'étanchéité et conservez-le dans un endroit sec et frais. Lorsqu'il y a un feu dans la cuisine, cela n'augmentera pas les coûts de mise en conserve des soupes, des bouillons, etc., pour une utilisation future.

POIVRIÈRE

Placer dans une casserole

Deux pieds de veau coupés en morceaux,

Une livre de tripes en nid d'abeille cuites, coupées en petits blocs,

Une tasse d'oignons finement hachés,

Un bouquet d'herbes à soupe,

Une cuillère à café de marjolaine douce,

Deux clous de girofle entiers,

Deux piments de la Jamaïque entiers,

Quatre litres d'eau.

Porter à ébullition et cuire lentement pendant trois heures. Retirez les pieds des veaux, retirez la viande de la graisse, hachez finement la viande et remettez dans la soupe, puis ajoutez trois tasses de pommes de terre finement coupées et de petites boulettes préparées comme suit :

Placer dans un bol à mélanger

Une tasse de farine,

Une demi-cuillère à café de sel,

Une demi cuillère à café de poivre,

Une demi cuillère à café de thym,

Une cuillère à soupe de persil finement haché,

Une cuillère à café de levure chimique,

Quatre cuillères à soupe d'eau.

Mélanger jusqu'à obtenir une pâte, puis bien travailler pour mélanger. Façonner des petites boules de la taille d'un gros pois. Déposez dans la poivrière et laissez cuire une quinzaine de minutes. Assaisonner de sel et de poivre puis servir.

SOUPE DE FRUITS

Les ménagères françaises, suisses et danoises servent durant l'été une délicieuse soupe de fruits. En Normandie, à l'époque de la floraison des pommiers, les pétales des fruits sont cueillis au fur et à mesure de leur chute et utilisés pour la soupe de fruits, la gelée de fleurs, le parfum et l'eau distillée.

COMMENT FAIRE CETTE SOUPE

Vous pouvez utiliser n'importe quel fruit de votre choix ; lavez pour bien nettoyer, et pour chaque pinte de fruits écrasés, ajoutez trois pintes d'eau. Les fruits doivent être solidement emballés. Placer dans une bouilloire et cuire jusqu'à ce que les fruits soient tendres, puis passer au tamis fin. Maintenant, mesurez et ajoutez

Une demi-tasse de sucre,

Trois cuillères à soupe de fécule de maïs dissoute dans

Quatre cuillères à soupe d'eau froide pour chaque pinte

de la purée de fruits. Porter à ébullition et cuire cinq minutes. Retirer du feu et ajouter le jaune d'un œuf. Battre très fort puis incorporer le blanc d'œuf battu en neige ferme; assaisonner légèrement avec de la muscade, réfrigérer et servir.

Des fraises, des mûres, des framboises, des myrtilles, des cerises, des raisins, des groseilles, des pommes, des pêches, des poires, des oranges, du citron et des coings peuvent être utilisés pour ces soupes. Ils sont délicieux lorsqu'ils sont servis glacés par une journée chaude.

VIANDES

Utilisez le four pour cuire et bouillir puis faites cuire vos viandes à l'ancienne à l'anglaise par contact direct avec la flamme. Cela signifie que vous devez d'abord placer un litre d'eau et une cuillère à soupe de sel dans la lèchefrite de la cuisinière à gaz ; puis placez-le dans le rôti, le steak ou les côtelettes, sur le gril ; tournez toutes les quelques minutes. Le rôti doit être placé plus loin de la flamme pour éviter de brûler. Une bonne règle pour cela est de garder la viande rôtie à quatre pouces de la flamme, les steaks et les côtelettes à deux pouces et demi et le poisson à trois pouces.

Le fait de placer de l'eau dans la lèchefrite empêche la graisse de prendre feu. Ce liquide peut être laissé refroidir, puis la graisse peut être retirée, clarifiée et utilisée à d'autres fins. Badigeonner le rôti d'un litre d'eau bouillante pendant la cuisson.

VIANDES À RÔTIR ET À CUISSON

Le rôtissage ou le grillage se fait devant un feu ouvert, la viande étant retournée fréquemment, afin que tous les côtés puissent être cuits de la même manière. La viande est arrosée de sa propre graisse. Cette méthode de cuisson de la viande est utilisée quotidiennement en Europe, mais peu utilisée dans ce pays.

Lorsqu'un morceau de viande est gros, il est rôti. La viande cuite au four par chaleur rayonnante est fréquemment appelée dans ce pays « rôtir ». Il est bien connu et nécessite peu de description. Lorsque vous faites cuire de la viande, utilisez toujours une grille pour soulever la viande du fond de la poêle. Cela garantira une cuisson uniforme.

Utilisez le four à gril sur la cuisinière à gaz pour rôtir, en plaçant la grille suffisamment basse. Faites chauffer le four suffisamment pour faire dorer la viande rapidement, puis réduisez le feu pour qu'elle cuise uniformément ; retournez le rôti trois fois pendant ce processus.

Attendez une demi-heure après avoir mis la viande au four avant de compter le temps. Ceci est nécessaire pour que la viande atteigne la température requise pour commencer la cuisson.

Pour cuire (rôti au four), utilisez le même processus, en utilisant un four ordinaire.

Commencez à compter le temps après que la viande soit une demi-heure au four et laissez douze minutes par livre pour une viande très saignante, quinze minutes pour une viande saignante, dix-huit minutes pour une viande moyenne et vingt pour une viande bien cuite.

Arrosez la viande avec le liquide dans la poêle toutes les quinze minutes. N'ajoutez pas d'assaisonnement à la viande pendant la cuisson. C'est un fait bien connu que le sel provoque la dissolution du jus et de l'arôme de la viande et donc sa perte. Assaisonner les steaks et les côtelettes juste avant de servir. Assaisonner les rôtis cinq minutes avant de les sortir du four. Préparez toujours la sauce après avoir retiré la viande de la poêle.

REMARQUE.—Ne servez jamais de viande sur une assiette froide. Le contact d'un plat froid avec la viande chaude endommagera son arôme délicat.

Dans de nombreuses régions de France et d'Angleterre, les côtelettes et les steaks sont servis sur des plateaux posés sur un bol d'eau chaude ou un combustible spécial qui peut être brûlé dans un récipient contenant le plateau. Lorsque vous servez un gros steak, retournez toujours un couvercle en métal ou un autre plat chaud sur la viande pour éviter qu'elle ne refroidisse.

MÉTHODE CORRECTE POUR FAIRE BOUILLIR LA VIANDE

Placez la viande dans une casserole d'eau bouillante, puis laissez l'eau bouillir rapidement pendant cinq minutes après avoir ajouté la viande. Placez ensuite la casserole dans une position où elle cuira juste en dessous du point d'ébullition pendant la durée requise. Une ébullition constante et rapide fera durcir l'albumen de la viande ; par conséquent, aucune cuisson ultérieure ne ramollira les fibres. Cela ne fera que désagréger la viande sans la rendre tendre.

Il est important de garder la casserole bien couverte. Cela empêchera l'arôme délicat de s'évaporer.

Braiser : La viande est placée dans une casserole chaude et retournée rapidement et fréquemment. Il est cuit dans son jus dans une casserole bien couverte.

Cuisson à la vapeur : Cuisson de la viande en la plaçant dans un bain de vapeur ou un cuiseur vapeur.

Griller : Cuire la viande à feu vif sur un grill prévu à cet effet.

Griller : Un feu très chaud est nécessaire pour ce mode de cuisson de la viande. Seules les coupes les plus choisies, les plus tendres et les plus délicates conviennent à la cuisson selon cette méthode. La forte chaleur coagule instantanément l'albumen en le brûlant, conservant ainsi tout son jus et sa saveur. Pour que cette méthode réussisse, il est absolument nécessaire que la viande soit retournée toutes les quelques minutes. Cela garantit également une cuisson uniforme.

Grillage à la poêle : Il s'agit d'une autre méthode de cuisson des fines coupes de viande lorsqu'il n'est pas possible de les faire griller. La viande grillée est plus saine et génère moins de gaspillage que toute autre forme de viande cuite.

POUR POÊLER LE GRIL

Faites chauffer une poêle en fer au rouge, puis placez-y la viande. Tournez-le constamment.

TEMPS DE RÔTI DE LA VIANDE DANS UN GRIL À GAZ

Bœuf, dix-huit minutes par livre.

Agneau et mouton, vingt et une minutes par livre.

Veau, vingt-cinq minutes par livre.

Poulet ou canard, dix-huit minutes par livre sans garniture et vingt-cinq minutes par livre avec garniture.

Poisson, quinze minutes par livre.

Des plats gratinés, des pâtés à la viande et divers légumes peuvent être cuits en même temps.

PORC

Le porc doit être odorant : le gras est blanc clair et la chair est de bonne couleur rosâtre. Longe pour côtelettes, rôti de couronne.

PORC BOUILLI

Plonger le porc dans l'eau bouillante et cuire pendant vingt-cinq minutes par livre.

POUR RÔTI LA LONGE

Essuyez avec un chiffon humide, ajoutez beaucoup de farine, placez dans une rôtissoire, placez à four chaud pendant trente minutes. Maintenant, réduisez le feu à modéré et faites rôtir en laissant trente minutes par livre; arroser d'eau bouillante après que la viande soit au four pendant une demi-heure.

Le jambon frais et l'épaule peuvent être rôtis de la même manière.

Ragoût de rein espagnol

Coupez trois rognons de porc en morceaux d'un pouce, en rejetant les tubes et la graisse, puis laissez-les tremper dans de l'eau tiède et une cuillère à soupe de jus de citron pendant une heure. Égouttez, puis faites bouillir, égouttez et blanchissez sous l'eau froide. Remettez maintenant dans la casserole et ajoutez juste assez d'eau bouillante pour couvrir. Cuire jusqu'à tendreté, puis ajouter

Une demi-tasse d'oignons hachés,

Deux poivrons rouges ou verts hachés finement,

Une tasse de tomates,

Une demi-tasse de fécule de maïs dissoute dans

Une demi-tasse d'eau froide.

Porter à ébullition puis ajouter

Une tasse de haricots cuits,

Une cuillère à café et demie de sel,

Une demi cuillère à café de paprika,

Un quart de cuillère à café de thym.

Chauffer jusqu'à ébullition puis servir.

RIS DE RIS BRAISÉS

Préparez les ris de veau comme indiqué page 164 puis retirez les tubes et le gras et coupez-les en tranches. Mettez deux cuillères à soupe de beurre dans une casserole et ajoutez les ris de veau et une cuillère à soupe d'oignons râpés, une tasse de champignons, mélangez doucement jusqu'à ce qu'ils soient bien dorés, puis soulevez sur des carrés de pain grillé et recouvrez de sauce suprême.

GÂTEAUX À LA SAUCISSE

Un quart de livre de saucisse de porc,

Une demi-livre de steak de Hambourg,

Quatre oignons finement émincés,

Trois quarts de tasse de pain préparé,

Deux cuillères à café de sel,

Une cuillère à café de paprika,

Trois cuillères à soupe de persil finement haché.

Mélanger pour bien mélanger, puis former des saucisses rondes. Rouler dans la farine et faire dorer rapidement, puis ajouter

Une demi-tasse d'eau bouillante,

Une tasse de tomates en conserve.

Porter à ébullition et cuire cinq minutes. Servir, lever les saucisses sur de la bouillie frite.

Pour préparer le pain : Faire tremper le pain rassis dans de l'eau froide jusqu'à ce qu'il soit tendre puis presser bien pour le sécher. Mesurez puis passez au tamis fin pour éliminer les grumeaux. Tout ce qui précède peut être cuit dans la cuisinière sans feu ou dans des cocottes.

VIANDE DE MOUTON

Le mouton est la carcasse habillée du mouton adulte et est généralement le meilleur chez les animaux âgés de trois à cinq ans. S'il est plus vieux que cela, il manque de saveur et est dur.

Les coupes du mouton et de l'agneau sont les mêmes, à savoir : la viande est divisée en quartiers avant et arrière, puis découpée en cou, épaule, carré, poitrine, longe et cuisse.

L'épaule et la cuisse sont utilisées pour le rôtissage et peuvent être désossées puis farcies et roulées. Pour un carré de choix, coupez jusqu'à la dixième côte comme pour les côtelettes. Trois côtes et le cou pour les ragoûts, les pâtés à la viande, les goulaschs, etc. La longe pour les côtelettes.

Les Français et les Anglais ont des méthodes de découpe et de cuisson du mouton et de l'agneau qui rendent ces coupes délicieuses.

CÔTELETTES

Côtelettes françaises : Coupez deux côtes épaisses du carré. Côtelettes anglaises : Coupez deux pouces d'épaisseur de la longe, y compris le rein.

CUISINER

Coupez les côtelettes sans excès de graisse, puis arrosez-les avec le jus d'un citron. Placer au gril et cuire une dizaine de minutes en les retournant fréquemment.

VINAIGRETTE ANGLAISE POUR CÔTELETTES D'AGNEAU OU DE MOUTON

Une cuillère à soupe de sauce Worcestershire,

Deux cuillères à soupe d'huile de salade,

Une cuillère à café de moutarde,

Une demi-cuillère à café de sel,

Une demi cuillère à café de paprika,

Jus d'un demi citron.

Bien mélanger puis étaler légèrement des deux côtés des côtelettes cuites. Servir sur un plat chaud sans sauce, avec une gelée de raisins ou de groseilles épicée.

MOUTON RÔTI

Coupez pour enlever l'excédent de gras puis saupoudrez de farine. Placer sur la grille du plat allant au four. Placer à four chaud pour dorer pendant trente minutes. Arroser toutes les dix minutes d'eau bouillante. Faites cuire la viande pendant dix-huit minutes par livre, sans compter la première demi-heure pendant laquelle la viande commence à cuire. Égouttez le gras avant de préparer la sauce.

Les côtelettes de mouton et d'agneau peuvent être utilisées pour la friture. Il peut être mélangé avec des quantités égales de jambon, de bacon, de graisse de porc ou de bœuf. Économisez chaque morceau de graisse et utilisez-le pour fabriquer du savon. Cette graisse constitue un savon doux et fin pour le récurage et le nettoyage.

CURRY DE MOUTON

Faites couper le cou de mouton en escalopes par le boucher, puis essuyez-le avec un chiffon humide et placez-le dans une casserole avec

Deux oignons de taille moyenne,

Une carotte coupée en dés.

Faites revenir délicatement la viande avant d'ajouter de l'eau. Lorsque la viande est dorée, ajoutez

Deux tasses d'eau bouillante.

Cuire jusqu'à tendreté, puis assaisonner et épaissir légèrement la sauce avec de la fécule de maïs. Maintenant, ajoutez

Une demi-cuillère à café de curry en poudre.

Pour servir, disposez une bordure de nouilles cuites sur le pourtour d'une grande assiette puis soulevez le curry de mouton au centre et décorez de persil finement haché.

GOULACHE

C'est un plat caractéristique des États des Balkans. Il est préparé en coupant une demi-livre de bœuf maigre (tibia) en blocs d'un pouce d'épaisseur et trois quarts de livre de veau coupé en petits morceaux. Roulez la viande dans la farine puis placez-la dans une sauteuse. Couvrir d'eau bouillante et couvrir hermétiquement. Faites cuire la viande jusqu'à ce qu'elle soit tendre. Retirez le couvercle et faites bouillir le liquide rapidement pour réduire. Ajoutez maintenant :

Une demi-tasse de crème sure épaisse,

Une cuillère à soupe de paprika,

Trois cuillères à soupe d'oignon râpé,

Deux cuillères à soupe de persil finement haché,

Deux cuillères à café de sel.

Portez à ébullition puis laissez mijoter une dizaine de minutes. Servir avec des nouilles sautées.

Galettes de ris de veau

Pour faire les coquilles de galette, placez dans un bol deux tasses de farine, puis ajoutez

Une cuillère à café de sel,

Cinq cuillères à café de levure chimique.

Frotter entre les mains pour mélanger et couler dans la farine préparée

Une demi-tasse de shortening.

Mélanger jusqu'à obtenir une pâte avec un peu moins des deux tiers de tasse d'eau glacée. Allumez une planche à modeler farinée et roulez ou tapotez sur un pouce et quart d'épaisseur. Coupez comme pour des biscuits, en utilisant un verre d'eau pour couper. Le coupe-biscuit ne permettra pas de découper avec cette épaisseur de pâte. Maintenant, utilisez un petit emporte-pièce et découpez le centre, en laissant environ un demi-pouce d'épaisseur au fond et un mur d'un demi-pouce d'épaisseur autour de la coque de la galette. Placer sur une plaque à pâtisserie et cuire à four chaud pendant dix-huit minutes. Remplissez ensuite de ris de veau braisés.

QUEUES DE BŒUF BRAISÉES AUX POIS SECS AU FOUR

Faites tremper une tasse et demie de pois secs pendant la nuit, puis faites bouillir le matin. Placer dans un plat allant au four, avec

Une demi-tasse d'oignons hachés,

Deux poivrons verts hachés finement,

Deux queues de bœuf préparées,

Une tasse de tomates,

Deux cuillères à café de sel,

Une demi cuillère à café de poivre,

et suffisamment d'eau pour couvrir. Cuire à four modéré pendant trois heures.

Pour préparer les queues de bœuf, demandez au boucher de couper les queues en morceaux de deux pouces, puis de les laisser tremper pendant deux heures dans de l'eau tiède. Bien laver et faire bouillir pendant quinze minutes.

CHILI DE BOEUF

Coupez une livre de bifteck de flanc en blocs d'un pouce, puis roulez-les dans la farine et faites-les dorer rapidement dans la graisse chaude. Maintenant, ajoutez

Six oignons finement hachés,

Trois piments rouges finement hachés,

Une tasse de tomates,

Une tasse d'eau.

Cuire lentement jusqu'à ce que la viande soit tendre, puis assaisonner avec

Deux cuillères à café de sel,

Une cuillère à café de paprika,

et ajoutez une tasse de haricots cuits. Chauffer jusqu'à ébullition puis servir.

PAIN DE VIANDE

Deux tasses de viande crue, hachée finement,

Une tasse d'oignons finement hachés,

Deux tasses de flocons d'avoine cuits froids,

Une cuillère à café de thym,

Une cuillère à café de marjolaine douce,

Une cuillère à soupe de sel,

Une cuillère à café de poivre,

Une demi-tasse de bouillon à humidifier.

Mélangez soigneusement puis versez dans un moule à pain bien graissé et fariné. Placez ce moule dans un autre plus grand contenant de l'eau et faites cuire à four lent pendant une heure. Ce plat se conservera une semaine au réfrigérateur. Cela fait de splendides sandwichs.

Sélectionnez la coupe du cou puis utilisez la viande pour le pain

Couvrez ensuite les os d'eau froide puis ajoutez

Deux oignons,

Une carotte,

Un pédé d'herbes à soupe.

Cuire lentement pendant une heure. Utilisez ce liquide comme bouillon pour faire de la sauce.

RIS DE POLASKA

Sélectionnez des ris de veau de taille moyenne, placez-les dans l'eau froide pour les faire tremper, en ajoutant une cuillère à café de jus de citron ; laisser tremper pendant deux heures, puis laver et sécher. Retirez les tubes et les particules grasses puis placez-les dans une casserole. Couvrir d'eau bouillante et cuire une vingtaine de minutes. Blanchir sous l'eau froide courante et laisser refroidir. Séchez puis placez au réfrigérateur jusqu'à ce que vous en ayez besoin.

Préparez une pinte de sauce à la crème comme suit : placez une pinte de lait dans une casserole et ajoutez six cuillères à soupe de farine. Remuer avec une cuillère ou une fourchette en fil métallique pour dissoudre la farine, puis mettre sur le feu et porter à ébullition. Maintenant, ajoutez

Une cuillère à soupe rase de sel.

Une cuillère à café rase de paprika,

Deux cuillères à soupe de jus de citron,

Une cuillère à café de zeste de citron râpé,

Une demi cuillère à café de moutarde,

Un œuf bien battu.

Battre pour bien mélanger; puis ajouter

Une tasse de petits pois cuits,

Une cuillère à soupe d'oignon râpé,

Les ris de veau préparés, coupés en morceaux de trois quarts de pouce.

Mélangez soigneusement puis versez dans les coquilles de galettes. Saupoudrer le dessus de chapelure fine; placer et cuire à four modéré pendant vingt-cinq minutes. Maintenant, pendant que les galettes chauffent, épluchez et lavez un quart de livre de champignons, en utilisant la tige et le bouton. Faire bouillir puis égoutter. Poêler quatre minutes dans un peu de beurre puis servir en garniture avec les galettes.

BŒUF CRÉOLE

Demandez au boucher de couper deux livres de tibia de bœuf, en laissant l'os. Essuyez-le avec un chiffon humide, puis versez dans la viande une demi-tasse de farine. Faites fondre cinq cuillères à soupe de shortening dans une casserole profonde et, lorsqu'elle est chaude, ajoutez la viande. Faites dorer rapidement puis retournez de l'autre côté. Lorsque les deux côtés sont dorés, ajoutez

Deux tasses d'eau bouillante,

Une tasse d'oignons hachés,

Deux carottes coupées en dés,

Une tasse de tomates en conserve.

Porter rapidement à ébullition, couvrir étroitement et cuire très lentement jusqu'à tendreté, généralement environ deux heures. Assaisonnez et c'est prêt à servir ; ou le pot peut être placé dans un four lent pendant trois heures.

POISSON COQUILLAGE

Les crustacés comprennent les crabes, à carapace dure et molle, les homards, les crevettes, les tortues, les tortues vertes, les vivaneaux, etc.

Tous les coquillages doivent être activement vivants avant la cuisson. C'est le point essentiel et permettra d'éviter les intoxications à la ptomaïne. Ne faites jamais cuire des crustacés s'ils sont morts. N'oubliez pas qu'ils sont mortels.

Placez une chaudière d'eau sur la cuisinière et portez à ébullition. Ajoutez une cuillère à soupe de poivron rouge et une tasse de vinaigre. Pour cuire du homard, des crevettes, des crabes, etc., couvrir et cuire rapidement pendant vingt-cinq minutes pour les moyens, quinze minutes pour les petits et trente minutes pour les gros.

Une fois cuit, retirez-le de l'eau et placez-le sous l'eau froide. Laisser refroidir. Placer sur la glace jusqu'à ce que vous en ayez besoin.

Pour nettoyer les crabes, cassez les pinces puis conservez les deux grosses. Retirez ensuite les morceaux de tablier de la coquille, comme une plaque sous les yeux. Cassez la coquille et retirez les doigts spongieux, le sac de sable et les œufs, le cas échéant. Bien se laver. Vous disposez maintenant de morceaux blancs de chair de crabe de forme ovale, qu'il faut prélever dans ses cellules. Fendez-la avec un couteau en argent et utilisez une fourchette à huîtres pour prélever la viande. Il peut être utilisé pour les gratins, à la King, les ravigottes, les crabes diables, les salades, les croquettes et les beignets de crabe.

LA CHAIR DE CRABE

Le crabe doit être activement vivant avant la cuisson. Pour cuire, placez une grande chaudière d'eau sur le feu et portez à ébullition ; y ajouter

Une demi-tasse de vinaigre,

Une cuillère à café de poivre de Cayenne.

Ajoutez ensuite les crabes, couvrez bien et faites bouillir pendant vingt minutes. Comptez le temps pendant lequel l'eau bout après avoir ajouté les crabes.

CHAIR DE CRABE FRIT

Choisissez la chair des crabes cuits et hachez finement deux onces de bacon. Placez le bacon, une tasse et demie de chair de crabe et deux cuillères à soupe d'oignon râpé dans une poêle chaude et faites cuire jusqu'à ce qu'ils soient bien dorés. Servir sur du pain grillé et verser le beurre fondu sur la chair de crabe préparée.

CHAIR DE CRABE SERVIE À LA CRÈME

Placer dans une casserole

Une tasse et demie de lait,

Six cuillères à soupe rases de farine.

Remuer pour mélanger. Porter à ébullition et cuire trois minutes. Maintenant, ajoutez

Une tasse et demie de chair de crabe,

Un poivron vert finement émincé,

Un oignon, râpé,

Une cuillère à café de sel,

Une cuillère à café de paprika,

Le zeste râpé d'un quart de citron,

Le jus d'un citron,

Deux cuillères à soupe de beurre.

Remuer doucement et cuire jusqu'à ce que le tout soit bien chaud. Servir dans des ramequins individuels ou des petites coupes à crème anglaise, en saupoudrant de paprika.

CRABES FRITS

Nettoyez les crabes cuits puis coupez une fine tranche de la carapace qui contient la chair. Trempez la partie charnue dans une huile à salade et faites-la frire jusqu'à ce qu'elle soit dorée dans une poêle chaude.

SAUCE RAVIGOTTE

Une tasse de mayonnaise,

Une demi-tasse de jeunes oignons verts finement hachés,

Un quart de tasse de persil finement haché,

Un quart de tasse de poivrons verts finement hachés,

Un quart de cuillère à café de moutarde,

Une cuillère à café de paprika,

Une cuillère à café de sel.

Battre pour mélanger.

BOULETTES DE CHAISE DE CRABE

Hachez bien

Deux onces de bacon,

Deux poivrons verts,

Une demi-tasse de tomates en conserve, pressées très sèches,

Deux tomates,

Trois oignons.

Faites dorer rapidement les lardons puis ajoutez les poivrons, les tomates et les oignons finement hachés. Cuire doucement jusqu'à ce qu'il soit tendre et sec, puis ajouter

Une tasse et demie de chair de crabe,

Une cuillère à café de sel,

Une cuillère à café de paprika,

Une cuillère à soupe de sauce Worcestershire.

Mélangez bien puis formez des boules de la taille d'une galette de poisson et roulez-les dans la farine, plongez-les dans l'œuf battu et faites-les frire jusqu'à ce qu'elles soient dorées dans la graisse chaude. Servir avec une sauce tartare.

RAVIGOTTE DE CRABE

Servir la chair de crabe dans des nids de laitue croustillante avec une sauce ravigotte.

CHAIR DE CRABE À LA ROI

Placer dans une casserole ou un réchaud

Une tasse et demie de sauce à la crème épaisse.

Ajouter

Trois quarts de tasse de champignons épluchés, coupés en petits morceaux et étuvés,

Deux piments finement hachés,

Un œuf bien battu,

Une cuillère à café de sel,

Une cuillère à café de paprika,

Le jus d'un demi citron,

Deux tasses ou une demi-livre de chair de crabe.

pelé et coupé en petits morceaux et étuvé.

Mélanger avec une fourchette pour mélanger; porter à ébullition et servir avec du pain grillé.

TRIPES ET HUÎTRES

Coupez une demi-livre de tripes cuites en petits dés, placez-les dans une casserole et couvrez d'eau bouillante. Cuire une dizaine de minutes puis égoutter et ajouter

Une tasse et demie de sauce à la crème fine,

Un petit oignon râpé,

Deux cuillères à soupe de persil finement haché,

Vingt-cinq huîtres à l'étouffée.

Porter à ébullition et cuire huit minutes, puis assaisonner avec

Deux cuillères à café de sel,

Une cuillère à café de paprika.

HUÎTRE GRILLÉE SUR DEMI-COQUILLE

Prévoyez quatre grosses huîtres pour chaque service. Faites ouvrir les huîtres sur la coquille profonde et retirez les huîtres, lavez-les des morceaux de coquille puis roulez-les dans le fromage râpé. Remettez-les sur la coquille, puis tartinez chaque huître d'une demi-cuillère à café de bacon émincé. Saupoudrer de chapelure fine, puis cuire huit minutes au four ou au gril chaud.

HUÎTRES SUR DEMI-COQUILLE

Faites ouvrir les huîtres sur la coquille profonde et retirez l'huître. Recherchez attentivement les morceaux de coquille, puis préparez un mélange de

Une cuillère à soupe de raifort râpé,

Trois cuillères à soupe de ketchup,

Une demi-cuillère à café de sel,

Une cuillère à café de paprika.

Mélangez et trempez les huîtres dans la sauce, puis roulez-les dans le fromage finement râpé. Servir glacé.

COCKTAIL D'HUÎTRES

La sauce pour le cocktail peut être préparée à partir de

Une demi-tasse d'oignons finement hachés.

Placer dans une casserole et cuire jusqu'à ce que les oignons soient tendres, puis passer au tamis fin et ajouter

Une cuillère à soupe de raifort,

Une cuillère à soupe de sauce Worcestershire,

Une cuillère à café de sel,

Une cuillère à café de paprika.

Battre pour bien mélanger et ajouter cinq petites huîtres pour chaque service.

TARTE AUX HUÎTRES

Faire une pâtisserie de

Une tasse de farine,

Une demi-cuillère à café de sel,

Une cuillère à café de levure chimique.

Tamisez puis frottez avec quatre cuillères à soupe de shortening, puis mélangez jusqu'à obtenir une pâte avec cinq cuillères à soupe d'eau. Abaisser la moitié de la pâte sur un quart de pouce d'épaisseur, puis tapisser un moule à tarte profond avec la pâte. Disposez ensuite les huîtres en couches et assaisonnez avec

Sel,

Poivre,

Un quart de cuillère à café d'oignon râpé,

Une cuillère à café de persil finement haché.

Maintenant une autre couche d'huîtres et puis l'assaisonnement. Versez maintenant sur le tout une tasse de sauce à la crème très épaisse. Étalez le reste de la pâte et coupez-la en bandes d'un pouce de large. Placer un treillis sur le dessus de la tarte, laver à l'eau et cuire au four chaud pendant quarante-cinq minutes.

Chair de crabe gratinée

Placer dans un bol

Deux tasses de sauce à la crème épaisse,

Une tasse et quart de chair de crabe,

Un oignon râpé,

Trois cuillères à soupe de persil finement haché,

Une cuillère à café et demie de sel,

Une demi cuillère à café de poivre blanc,

Une demi-cuillère à café de paprika.

Mélangez à la fourchette, versez dans un plat à gratin, saupoudrez le dessus de fine chapelure, parsemez de morceaux de beurre puis saupoudrez de deux cuillères à soupe de fromage râpé et enfournez à four modéré trente-cinq minutes.

Pour préparer une sauce à la crème pour les plats à la King et les plats gratinés, utilisez quatre cuillères à soupe rases de farine pour chaque tasse de lait.

Dissoudre la farine dans le lait froid, porter à ébullition, cuire deux minutes ; il est alors prêt à l'emploi.

CRABES À COQUILLE MOLLE

Les crabes à carapace molle sont des excréteurs, c'est-à-dire que le crabe a perdu sa carapace et que la nouvelle n'est pas encore dure. Pour nettoyer, insérez le doigt sous la pièce en forme de tablier et la partie arrière de la coquille et retirez les doigts spongieux, les entrailles, etc. Lavez et égouttez bien puis roulez dans la farine, trempez dans l'œuf battu puis roulez dans la chapelure fine. et faire frire jusqu'à ce qu'ils soient dorés dans la graisse chaude. Placer à four chaud pendant dix minutes pour cuire. Servir avec une sauce tartare.

HOMARD

Le homard peut être bouilli, grillé et cuit au four et peut être servi de la même manière que la chair de crabe.

HOMARD À LA NEWBURG

Placer dans une casserole

Une tasse et demie de lait,

Cinq cuillères à soupe de farine.

Dissoudre la farine dans le lait et porter à ébullition. Cuire cinq minutes puis ajouter

Un œuf bien battu,

Chair de homard, coupée en blocs d'un pouce,

Une cuillère à café de sel,

Une cuillère à café de paprika,

Une demi-cuillère à café de sauce Worcestershire,

Pressez un demi citron.

POUR GRILLER LES HOMARDS

Divisez le homard vivant en deux. Posez-le sur le dos. Ne coupez pas la coque arrière. Retirez les entrailles et retirez la veine de la queue. Bien laver puis badigeonner d'huile de salade et placer sur le gril, coquille vers le haut, et cuire pendant quinze minutes. Retourner la chair vers le haut et arroser d'huile de salade ou de beurre fondu. Cuire pendant douze minutes, puis retirer et servir avec du beurre fondu, du chili ou de la sauce tomate.

BOUILLIR

Plongez le homard dans l'eau bouillante et laissez cuire une vingtaine de minutes, pour un homard moyen. Laisser refroidir, séparer, jeter les entrailles et la fine veine qui coule au centre de la queue. Cassez les griffes et retirez la viande. Cette viande ainsi que celle du ventre et de la queue peuvent être utilisées pour les salades, les ravigottes, les gratins, les croquettes, les escalopes, à la manière des rois et des tortues.

SAUCE À SERVIR AVEC DU POISSON—POUR LE POISSON BOUILLI

Une tasse de bouillon de poisson (Court Bouillon),

Une demi-tasse de lait,

Trois cuillères à soupe rases de fécule de maïs.

Dissoudre la fécule dans le lait puis ajouter le bouillon de poisson. Porter à ébullition et cuire lentement pendant huit minutes. Ajouter

Une cuillère à soupe de beurre,

Une cuillère à café de sel,

Une cuillère à café de paprika,

Une cuillère à café d'oignon râpé,

Un œuf bien battu.

Bien battre pour mélanger puis porter au point de chauffe. Servir.

SAUCE TARTARE POUR POISSON FRIT

Une tasse de vinaigrette mayonnaise,

Un cornichon de taille moyenne, haché finement,

Une cuillère à soupe d'oignon râpé,

Deux cuillères à soupe de persil haché,

Une cuillère à café de paprika,

Une demi cuillère à café de moutarde,

Une cuillère à café de sel.

Bien mélanger avant de servir.

SAUCE HOLLANDAISE

Une demi-tasse d'huile de salade,

Un oignon râpé,

Une cuillère à café de paprika,

Une cuillère à café de sel,

Cinq cuillères à soupe de vinaigre.

Chauffer lentement jusqu'à ce qu'il soit chaud, puis ajouter

Jaunes de deux œufs.

Remuer jusqu'à épaississement, puis ajouter une cuillère à soupe de persil finement haché. Si cela doit cailler, ajoutez deux cuillères à soupe d'eau bouillante. Battez fort.

OEUFS D'ALOSE GRILLÉS

Essuyez les œufs, puis faites-les bouillir pendant cinq minutes. Maintenant, essuyez, puis saupoudrez très légèrement de farine, puis badigeonnez de graisse de bacon. Placer sur le gril et cuire une dizaine de minutes. Dresser sur un plat chaud et tartiner de cette sauce : Disposer sur une assiette

Deux cuillères à soupe de beurre,

Une cuillère à soupe de jus de citron,

Une cuillère à soupe d'oignon râpé,

Une cuillère à soupe d'oignon finement haché,

Une cuillère à café de sel.

ALOSE AU FOUR

Sélectionnez un alose de deux livres et demie. Demandez au poissonnier de le nettoyer et de le préparer pour la cuisson. Préparez maintenant une garniture comme suit : Placer dans un bol

Une tasse de chapelure,

Deux oignons finement hachés,

Deux cuillères à soupe de persil finement haché,

Une cuillère à café et demie de sel,

Une cuillère à café de poivre,

Une demi cuillère à café de thym,

Un oeuf,

Deux cuillères à soupe d'huile de salade.

Bien mélanger puis verser dans le poisson. Cousez l'ouverture avec une ficelle solide et une aiguille à repriser. Versez la farine dans le poisson. Placer dans un plat allant au four et cuire à four chaud pendant une heure. Arrosez toutes les quinze minutes avec une tasse d'eau bouillante. Maintenant, si vous placez une bande de gaze sous le poisson, vous pourrez le soulever sans le casser. Utilisez les portions restantes pour gratiner l'alose pour le dîner du lundi soir.

ALOSE EN PLANCHE

Demandez au marchand de poisson de diviser l'alose pour le bordage. Faites tremper la planche dans l'eau froide pendant deux heures, puis placez le poisson sur la planche et badigeonnez-la de jus de citron. Placer dans la partie la plus basse du gril de la cuisinière à gaz. Commencez à arroser d'eau froide après que le poisson ait été au four pendant douze minutes. Prévoyez trente minutes pour planter un shad de deux livres et demie.

TARTE DES MER PROFONDES DE LONG ISLAND

Beurrer un plat allant au four puis saupoudrer de fine chapelure. Placez maintenant une couche de pommes de terre finement coupées en dés au fond du plat. Ensuite, une couche de poisson cuit, coupé en morceaux de la taille d'une noix. Ensuite, une couche d'oignons émincés ; puis une couche de tomates tranchées ; répétez en faisant deux couches. Assaisonnez chaque couche avec du sel, du poivre et du persil finement haché. Préparez maintenant une sauce comme suit :

Lieu

Une tasse et demie de lait dans une casserole,

Six cuillères à soupe rases de farine.

Remuer jusqu'à ce que la farine soit dissoute, puis porter à ébullition. Retirer du feu et ajouter

Deux cuillères à soupe de sauce Worcestershire,

Un œuf bien battu.

Versez sur la tarte préparée. Disposez une croûte dessus en y faisant trois ou quatre entailles pour permettre à la vapeur de s'échapper. Cuire à four lent une heure.

APÉRITIFS

L'apéritif est un petit morceau de nourriture servi en début de repas, provoque une libre circulation du suc digestif et facilite ainsi la digestion. Pendant la saison de croissance, ces canapés peuvent être des marmites, servies glacées, des radis, froids et croustillants et coupés en fins morceaux, mais toujours laissés sur la tige ; cresson bien nettoyé, croustillant et froissé;

salade de chou, au céleri; salade de chou aux poivrons verts et rouges ou aux marmites, ou encore au bacon ou au jambon bien dorés ; ou juste une tranche de tomate bien mûre, tartinée de mayonnaise et saupoudrée de fromage râpé ou de paprika.

De nombreuses ménagères ont l'impression que la préparation des délicieux accessoires du repas cosmopolite coûte cher. Eh bien, je n'ai pas besoin de vous dire que la ménagère française est réputée pour son économie et que ces friandises délicates sont souvent des portions de restes de repas, parfois des restes de casserole ou une cuillère à soupe de viande, de légumes et de sauce.

Avez-vous déjà eu juste un petit morceau de poisson, trop petit pour être servi seul ? Et plutôt que de le laisser sur une assiette ou une soucoupe pour former une accumulation, vous pensez : « Eh bien, je ne peux pas l'utiliser, alors il va à la poubelle ».

Maintenant, cette ou deux cuillères à soupe de poisson vous auraient fait quelques délicieux canapés ; en l'écaillant puis en le passant au tamis. Disposez-le sur une assiette puis ajoutez

Deux cuillères à soupe de beurre,

Une cuillère à café de paprika,

Une cuillère à soupe d'oignon râpé,

Une cuillère à soupe de persil finement haché.

Travaillez jusqu'à obtenir une pâte lisse puis étalez-la sur une étroite bande ce pain grillé. Garnir d'une tranche d'œuf dur.

Le canapé, bien qu'il porte un nom étranger, n'est pas nécessairement un ajout coûteux au menu familial, ni élaboré. Ce morceau délicieux est plutôt délicat, délicat et utilisé comme apéritif qui aide à démarrer et à stimuler les sucs digestifs et ainsi à les faire circuler librement pour la digestion des aliments.

Les canapés sont généralement servis froids, sur une assiette recouverte d'un napperon ; le canapé est posé dessus. Il n'est pas nécessaire qu'ils soient tous pareils ; le pain peut être coupé avec divers emporte-pièces ou il peut être coupé à la largeur d'un doigt, puis légèrement grillé et tartiné de la pâte préparée.

De la viande, du poulet, du fromage, des noix, des olives, etc. peuvent être utilisés à la place du poisson. Si vous n'avez qu'une cuillerée de petits pois, de haricots, d'épinards, de chou-fleur ou d'asperges, vous pouvez les utiliser à la place du poisson et réaliser ainsi un canapé aux légumes. Essayez deux piments en conserve à la place de la viande ou du poisson.

Escalopes d'oeufs

Préparez une sauce à la crème en utilisant six cuillères à café rases de farine pour une tasse de lait. Dissoudre la farine dans le lait puis porter à ébullition. Cuire cinq minutes puis laisser refroidir et placer dans un bol et ajouter deux œufs durs hachés finement et

Deux cuillères à soupe de persil finement haché,

Une cuillère à soupe d'oignon finement râpé,

Une cuillère à café et demie de sel,

Une cuillère à café de paprika,

Un quart de tasse de chapelure fine.

Mélangez puis versez sur une assiette bien beurrée. Refroidir pendant quatre heures. Pour mouler, façonner puis tremper dans la farine, puis dans l'œuf battu puis dans la chapelure fine. Faire frire jusqu'à ce qu'ils soient dorés dans de la graisse chaude ou de l'huile végétale. Servir avec de la sauce tomate.

OEUFS AU FOUR DANS DES CAS DE MAÏS

Préparez dix muffins au maïs, à partir du mélange suivant :

Une tasse et quart de lait,

Un oeuf,

Deux cuillères à soupe de sirop,

Deux cuillères à soupe de shortening.

Battre fort pour mélanger puis ajouter

Une tasse et quart de farine tamisée,

Trois quarts de tasse de semoule de maïs,

Cinq cuillères à café de levure chimique.

Bien battre pour mélanger puis verser dans des moules à muffins bien beurrés et enfourner trente-cinq minutes à four chaud. Maintenant, coupez du haut une tranche de chacun des quatre muffins et utilisez une cuillère pour retirer le centre. Cassez un œuf puis remplissez-le de sauce au fromage. Saupoudrer de chapelure, mettre dans un plat allant au four et cuire au four pendant vingt minutes à four modéré. Servir avec de la crème ou de la sauce tomate.

OMELETTE ESPAGNOLE

Battre les blancs de trois œufs jusqu'à ce qu'ils soient fermes, puis couper soigneusement et incorporer les jaunes de trois œufs. Ensuite, une fois le mélange bien mélangé, versez-le dans une poêle chaude contenant trois cuillères à soupe de shortening ; cuire lentement, en remuant fréquemment jusqu'à ce que le mélange soit sec sur le dessus. Tartinez maintenant avec une garniture préparée comme suit :

Placer dans un bol

Deux cuillères à soupe d'oignon râpé,

Une demi-tasse de tomates bien égouttées,

Quatre olives finement hachées,

Deux cuillères à soupe de persil finement haché,

Une demi-cuillère à café de paprika.

Faites cuire ce mélange dans deux cuillères à soupe de shortening jusqu'à ce qu'il soit chaud, étalez-le sur l'omelette, pliez et roulez, allumez le plat chaud, saupoudrez de paprika et décorez de persil finement haché.

OEUFS À LA GRENADIER

Faites cuire trois onces de macaroni, puis placez-les dans un bol et assaisonnez fortement. Ajouter

Un oignon finement haché,

Deux cuillères à soupe de persil finement haché.

Maintenant, remplissez cinq piments. Placer dans un plat allant au four et cuire au four une quinzaine de minutes. Retirer puis déposer sur une assiette chaude en aplatissant bien ; puis déposez un œuf poché sur chaque poivron. Napper de sauce au fromage et garnir de persil.

OEUFS COQUILLES

Placez une cuillère à café de beurre dans un verre à œufs ou une coupe à crème anglaise. Cassez deux œufs, puis ajoutez une cuillère à café de beurre et placez-les dans une tasse d'eau froide. Porter à ébullition et cuire trois minutes. Soulevez les tasses sur les soucoupes, saupoudrez légèrement les œufs de paprika et servez. Utilisez deux œufs pour chaque service.

Comment utiliser et servir les restes de nourriture afin qu'il n'y ait pas de gaspillage a rendu de nombreuses jeunes femmes au foyer perplexes, et comme une femme m'écrit : « J'essaie de réduire les restes, mais de temps en temps, ils se lèvent et me conquièrent. "

Chaque femme au foyer sait que, même si elle planifie avec soin, il reste toujours une petite quantité de restes de viande, de sauce ou de légumes. Et que faire avec eux est un problème presque quotidien. Deux éléments essentiels sont nécessaires pour utiliser avec succès les restes : premièrement, un bon assaisonnement ; deuxièmement, une apparence attrayante.

Les Français excellent dans le service des restes parce qu'ils maîtrisent parfaitement l'art d'aromatiser et d'assaisonner. La ménagère française sait très bien qu'elle n'a peut-être qu'un *pot au feu* à servir à la famille, mais la famille sait que la manière délicate et attrayante avec laquelle les aliments sont présentés sur la table séduirait le gourmet, même si la table est mais un simple plateau en frêne, récuré jusqu'à la blancheur des neiges.

COMMENT PRÉPARER UN FAGOT DE SOUPE AUX HERBES

Placer en tas séparés :

Une branche de persil,

Un quart de poireau,

Deux branches de thym,

Une demi-carotte coupée dans le sens de la longueur,

Une feuille de laurier.

Attachez-les en bottes, puis séchez-les soigneusement et placez-les dans un pot de fruits jusqu'à ce que vous en ayez besoin.

ASSAISONNEMENTS FRANÇAIS

Chaque ménagère prépare ses propres assaisonnements issus de son jardin. Vous savez, elle les cultive dans le jardin et, à mesure que les feuilles deviennent abondantes, elle les cueille chaque jour, les sèche soigneusement, puis les place dans des récipients séparés. Elle prépare les fagots d'herbes à soupe et les prépare pour une utilisation instantanée.

AIL

Peu d'Américains connaissent l'ail, mais en tant que saveur intense et piquante. Pour l'étranger, l'ail a un goût aussi sucré que l'oignon et sa saveur est délicieuse dans les aliments. Juste cet élan dont il a besoin pour lui donner du piquant. Séparez une touffe d'ail en gousses, puis épluchez-la et placez-la dans un pot à fruits. Maintenant, portez une pinte de vinaigre de vin blanc au point d'ébullition, puis versez-la sur l'ail. Placer sur le couvercle et réserver dans un endroit chaud pendant deux jours. Utilisez ce vinaigre pour assaisonner les sauces et utilisez l'ail, coupé en petits morceaux de la taille d'une tête d'épingle, pour aromatiser.

Pour le service, utilisez des ramequins individuels, des fonds de cuisson et permettez ainsi une manipulation efficace et rapide des aliments, dans laquelle les aliments eux-mêmes sont présentés de la manière la plus attrayante. Un bon mélange d'assaisonnements est le plus important, je vais donc vous confier le secret d'une ménagère française. Hachez très finement quatre oignons de taille moyenne, puis placez-les dans un bol et ajoutez

Six cuillères à soupe de sel,

Deux cuillères à café de paprika,

Une demi cuillère à café de thym,

Une demi-cuillère à café de marjolaine douce,

Un quart de cuillère à café de sauge,

Pincée de clous de girofle,

Pincée de piment de la Jamaïque.

Frottez ensemble jusqu'à ce que le tout soit bien mélangé, puis placez dans un endroit chaud et sec pendant vingt-quatre heures. Passer au tamis fin. Placer dans une bouteille et utiliser une cuillère à café de ce mélange à la place du sel.

La ménagère moyenne pense rarement à utiliser des herbes telles que le basilic, l'oseille, l'estragon, le poireau et le cerfeuil, mais elles donnent un arôme délicieux non seulement aux soupes, ragoûts, ragoûts et goulaschs, mais aussi aux plats préparés. Ils peuvent être cultivés dans le potager. Une bonne sauce est importante et non seulement augmente la portion, mais lui donne également un aspect attrayant.

Les restes de viande et de légumes peuvent être transformés en aliments savoureux avec juste un peu de temps et d'énergie. La base de toutes les croquettes doit être une bonne sauce moulée épaisse qui donnera un produit crémeux et délicieux au goût.

Étant donné que les croquettes et les côtelettes sont généralement frites dans de la graisse chaude, il n'est pas nécessaire d'ajouter du shortening ou du beurre à la sauce à la crème.

Le vrai secret d'une bonne croquette ou escalope est d'avoir un mélange riche et crémeux. Façonner en croquettes puis tremper dans la farine puis dans le mélange d'œufs et enfin rouler dans de fines miettes. Maintenant, faites frire jusqu'à ce qu'ils soient dorés dans la graisse chaude.

Comment réaliser la fondation :

Mettre dans une casserole :

Une tasse de lait,

Sept cuillères à soupe rases de farine,

Remuer pour dissoudre la farine puis porter à ébullition. Cuire lentement pendant cinq minutes, puis ajouter l'arôme et l'assaisonnement. Laisser refroidir puis mouler. Former des croquettes, les rouler dans la farine, les tremper dans l'œuf battu puis les rouler dans la chapelure fine et les faire revenir jusqu'à ce qu'elles soient dorées dans la graisse chaude.

CROQUETTES AUX NOIX ET POIVRONS

Deux poivrons verts,

Deux oignons de taille moyenne,

Hachez très finement puis faites bouillir et égouttez. Allumez un chiffon et séchez-le. Placer dans un bol et ajouter

Une tasse de sauce à la crème, préparée comme indiqué dans la méthode,

Une demi-tasse de noix finement hachées,

Une cuillère à café de sel,

Une cuillère à café de paprika,

Trois cuillères à soupe de fromage râpé.

Mélangez bien puis versez sur une grande assiette et laissez refroidir, puis terminez comme indiqué pour les croquettes au fromage.

Croquettes aux haricots de Lima

Lavez et faites tremper pendant la nuit trois quarts de tasse de petits haricots de Lima. Le matin, faites bouillir jusqu'à ce qu'ils soient tendres, puis égouttez-les jusqu'à ce qu'ils soient très secs. Maintenant, mets

Un poivron vert,

Deux oignons de taille moyenne,

Quatre morceaux de bacon,

à travers un hachoir. Placer dans une poêle et cuire jusqu'à ce que les oignons et les poivrons soient tendres. Égouttez-les sans gras, puis passez les haricots dans le hachoir et ajoutez :

Les poivrons, oignons et bacon préparés,

Une cuillère à café de paprika,

Deux cuillères à soupe de persil finement haché,

Une cuillère à café de sauce Worcestershire

Mélangez bien puis façonnez en croquettes et trempez-les dans la farine, puis dans l'œuf battu et roulez dans la chapelure fine. Faire frire jusqu'à ce qu'ils soient dorés dans la graisse chaude.

Les restes de viande peuvent être hachés finement et assaisonnés comme suit :

Mettez une quantité suffisante de viande ou de poisson cuit froid dans le hachoir pour mesurer trois quarts de tasse et

Un gros oignon,

Quatre branches de persil,

Mettez le mélange dans un bol et ajoutez

Une cuillère à café de sel,

Une cuillère à café de paprika,

Une tasse de sauce à la crème,

préparé comme indiqué dans la méthode, puis la viande finement hachée et une cuillère à café de sauce Worcestershire. Mélangez soigneusement puis réservez au moule. Formez des croquettes et roulez-les dans la farine, trempez-les dans l'œuf battu puis roulez-les dans la chapelure fine. Faire frire dans la graisse chaude.

De la viande ou du poisson froid de bœuf, d'agneau, de poulet, de veau, de jambon ou de crabe peut être utilisé pour cette délicieuse méthode de servir un plat principal. Des noix, des œufs, du fromage, cottage ou en pot, et du fromage du commerce peuvent être utilisés. Les pois secs, les haricots de Lima, les haricots blancs et les graines de soja ainsi que les niébés et les lentilles offriront une splendide variété à la ménagère économe qui doit fournir des plats protéinés bon marché.

La différence entre une croquette et une escalope réside juste dans la forme. Les croquettes ont une forme cylindrique ou conique et les escalopes ont une forme plate, ronde, triangulaire ou hachée.

Pour préparer l'œuf à tremper, ajoutez quatre cuillères à soupe de lait concentré et battez fort pour bien mélanger. Placez la croquette ou l'escalope sur une cuillère métallique et utilisez une cuillère à soupe pour verser l'œuf battu sur la croquette.

Pour préparer la chapelure, séchez soigneusement tous les morceaux de pain rassis. Aucun morceau n'est trop petit, une croûte ou même les miettes laissées par la coupe du pain. Passez le pain bien séché dans le hachoir puis passez-le dans la passoire ; soit passer les grosses miettes dans le hachoir une deuxième fois, soit les conserver pour des plats gratinés.

Servez toujours de la crème ou de la sauce tomate avec les croquettes et les escalopes et garnissez-les de persil ou de cresson.

PUDDING AUX MÛRES

Placer dans un bol à mélanger :

Une tasse de farine,

Une tasse et demie de chapelure fine,

Une demi-cuillère à café de sel,

Une cuillère à soupe de levure chimique,

Un oeuf,

Une tasse et demie d'eau,

Deux tasses de mûres bien nettoyées,

Un quart de cuillère à café de muscade.

Battre pour mélanger puis verser dans un plat à pudding et cuire quarante-cinq minutes à four lent. Servir avec une sauce aux mûres sucrées et épicées.

PUDDING À LA MARMELADE

Placer dans un bol à mélanger :

Une tasse et demie de chapelure fine,

Trois quarts de tasse de farine,

Une cuillère à soupe de levure chimique,

Une demi-tasse de suif finement haché,

Trois quarts de tasse de cassonade,

Une cuillère à café de muscade,

Deux oeufs,

Une tasse de lait.

Battre pour mélanger puis graisser et fariner un moule. Mettez quatre cuillères à soupe de marmelade au fond, puis mettez une couche de pâte de deux pouces. Tartiner de confiture puis répéter avec la pâte. Répétez ce processus jusqu'à ce que le moule soit rempli aux trois quarts. Mettez la pâte dessus. Couvrir et faire bouillir pendant une heure. Démoulez ensuite et servez chaud ou froid avec une crème fine.

PUDDING À LA CRUPE DE PÊCHE

Beurrez soigneusement un plat allant au four, puis saupoudrez-le bien de chapelure fine. Placez maintenant dans un bol à mélanger :

Jaune d'un œuf,

Une tasse de cassonade,

Crémer puis ajouter

Deux cuillères à soupe de shortening,

Deux tasses de chapelure,

Deux tasses de compote de pêches,

Une demi-tasse de farine,

Une cuillère à soupe de levure chimique,

Une demi-cuillère à café de muscade.

Mélangez bien puis versez dans le plat de cuisson préparé et faites cuire à four lent pendant trente-cinq minutes. Laisser refroidir puis démouler.

CRÈME COLONIALE

Lavez une demi-tasse de tapioca dans plusieurs eaux, puis placez-la dans une casserole et ajoutez une tasse d'eau bouillante. Cuire jusqu'à ce que le tapioca soit tendre et clair. Retirer du feu et laisser refroidir partiellement. Verser sur le blanc d'un œuf battu en neige ferme.

Maintenant, ajoutez

Une demi-tasse de sucre,

Une demi-tasse de noix de coco,

Une demi-tasse de noix finement hachées.

Battre pour bien mélanger puis verser dans des coupes à sorbet. Réfrigérer et garnir d'une cuillère à soupe de crème fouettée ou de fouet aux fruits.

BETTY AUX FRUITS DE FRAMBOISE

Faites cuire une boîte de framboises avec

Une demi-tasse d'eau,

Une demi-tasse de sucre,

Passer au tamis pour retirer les graines puis mesurer. Maintenant, placez une tasse et demie de purée de framboise dans un bol à mélanger et ajoutez

Une tasse et demie de chapelure fine,

Une demi-tasse de farine,

Deux cuillères à café de levure chimique,

Une demi-cuillère à café de sel,

Une demi-tasse de cassonade,

Une demi-cuillère à café de cannelle,

Deux cuillères à soupe de shortening fondu,

Jaune d'un œuf.

Battre pour mélanger puis verser dans un plat à pudding bien graissé et cuire à four modéré pendant trente minutes. Servir avec une sauce aux fruits à base de

Blanc d'un œuf,

Un demi-verre de gelée.

Battre jusqu'à ce que ce mélange conserve sa forme. Versez dessus le fouet aux fruits et un peu du reste de purée de framboise.

PUDDING À LA CRUMBÉE DE FRAMBOISE

Ébouillantez deux tasses de lait puis versez-le dans un bol et ajoutez :

Deux cuillères à soupe de shortening,

Trois quarts de tasse de sucre,

Une tasse de chapelure,

Une demi-cuillère à café de sel.

Battre pour mélanger puis laisser refroidir et ajouter

Une tasse de farine,

Un oeuf,

Une cuillère à soupe de levure chimique,

Une tasse et demie de framboises préparées.

Battre pour mélanger puis verser dans un plat à pudding et cuire au four pendant quarante minutes à four lent. Servir chaud ou froid avec une sauce aux framboises.

CRÈME AUX CERISES

Dénoyautez une demi-livre de cerises, puis placez-les dans une casserole et ajoutez

Une tasse de sucre,

Une demi-tasse d'eau.

Cuire lentement jusqu'à ce que les fruits soient tendres, puis mesurer et placer

Deux tasses de cerises préparées,

Une tasse de lait,

Trois oeufs,

dans un bol et battre pour bien mélanger. Verser dans des coupes à crème anglaise, puis mettre dans une casserole d'eau tiède et cuire à four modéré jusqu'à ce que le centre soit ferme.

PUDDING EN SACHET DE Babeurre

Utilisez un torchon pour cuire ce pudding. Lavez le chiffon à l'eau tiède, puis frottez-le avec du shortening et saupoudrez-le de farine. Placer maintenant dans le bol à mélanger

Une tasse de babeurre,

Deux cuillères à café rases de bicarbonate de soude,

Une demi-tasse de sirop,

Une tasse de cassonade,

Trois quarts de tasse de suif finement haché,

Trois tasses de farine,

Une cuillère à café de gingembre,

Deux cuillères à café de cannelle,

Une demi cuillère à café de muscade,

Une tasse de raisins secs épépinés ou de fruits frais bien nettoyés.

Mélangez soigneusement, puis attachez le tissu préparé et laissez de la place pour que le pudding gonfle. Plonger dans l'eau bouillante et faire bouillir pendant une heure et quart. Servir avec une sauce à la crème sucrée ou une sauce crème aux fruits.

PUDDING À LA VANILLE

Trois quarts de tasse de sucre,

Un oeuf,

Bien crémer puis ajouter

Quatre cuillères à soupe de shortening,

Une tasse de farine,

Une tasse de chapelure,

Une cuillère à café de sel,

Une cuillère à soupe de levure chimique,

Une tasse de lait.

Mélangez bien puis versez dans un moule bien graissé et faites bouillir pendant une heure et quart ou faites cuire quarante-cinq minutes à four modéré. Servir avec une sauce à la crème.

RIZ AU PUDING À LA BANANE

Lavez bien un quart de tasse de riz, puis faites cuire jusqu'à ce qu'il soit tendre et que l'eau soit absorbée par le riz, dans une tasse et quart d'eau. Placer maintenant dans un bol à mélanger

Deux tasses et demie de lait,

Deux oeufs,

Trois quarts de tasse de sucre.

Épluchez et passez deux bananes au tamis, puis battez pour mélanger. Ajoutez le riz puis versez dans un plat allant au four et saupoudrez d'une demi-cuillère à café de cannelle. Cassez en morceaux une cuillère à café de beurre puis enfournez à four lent pendant trente minutes.

FLACON À LA COUPE DE FRAMBOISE

Lavez et égouttez une boîte de framboises. Mettre dans une casserole et ajouter

Une pinte d'eau,

Une tasse de sucre.

Porter à ébullition et cuire jusqu'à ce que les baies soient tendres. Passer au tamis fin. Cool. Placez maintenant trois œufs dans un bol à mélanger, ajoutez les framboises et battez le mélange pour bien mélanger. Verser dans des coupes à crème anglaise et placer les coupes dans une casserole contenant de l'eau. Cuire au four lent jusqu'à ce que le centre soit ferme.

PUDDING AU CHOCOLAT À LA FÉCULE DE MAÏS

Deux tasses de lait,

Une demi-tasse de cacao,

Un quart de tasse de fécule de maïs.

Dissoudre la fécule dans le lait puis porter à ébullition et cuire lentement pendant cinq minutes. Maintenant, ajoutez

Une demi-tasse de sucre,

Une demi cuillère à café de vanille,

Une demi-cuillère à café de cannelle.

Bien battre puis verser dans des coupes à crème anglaise rincées à l'eau froide pour les mouler.

OLIVES

CANAPÉ AUX OLIVES

Utilisez pour cela des olives dénoyautées. Ouvrir une bouteille d'olives, puis égoutter et passer au hachoir en ajoutant

Un petit oignon,

Un poivron vert,

Trois tranches de bacon bien dorées,

Quatre cuillères à soupe de vinaigrette mayonnaise,

Une cuillère à café de sel,

Une cuillère à café de paprika.

Bien mélanger puis étaler sur des tranches de pain grillé. Garnir de blanc d'œuf finement haché.

SALADE D'OLIVES

Placer dans un bol

Une tasse de viandes d'olives,

Quatre tranches de bacon bien dorées, coupées en petits morceaux,

Un oignon, râpé,

Deux poivrons verts hachés finement,

Trois quarts de tasse de vinaigrette mayonnaise.

Mélangez bien puis déposez dans un nid de feuilles de laitue croustillantes et décorez de tranches d'œuf dur. Cette salade est délicieuse.

BOULES DE FROMAGE AUX OLIVES

Placer dans un bol

Une tasse de fromage cottage ou en pot,

Un poivron rouge émincé très finement,

Une cuillère à soupe d'oignon râpé,

Une demi-tasse d'olives finement hachées,

Une cuillère à café de sel,

Une demi-cuillère à café de paprika.

Formez des boules puis disposez-les dans un nid de laitue. Servir avec une vinaigrette française.

MACARONI, OLIVES ET FROMAGE

Ce plat est célèbre parmi les montagnards italiens et il est servi lors des jours de gala. Faites cuire quatre onces de macaronis pendant quinze minutes dans de l'eau bouillante, puis égouttez-les et blanchissez-les sous l'eau froide. Laisser refroidir, hacher finement et ajouter maintenant

Une demi-tasse d'olives au piment, hachées finement,

Une demi-tasse de fromage râpé,

Deux tasses de sauce à la crème,

Un gros oignon finement émincé,

Deux gros poivrons rouges finement émincés,

Deux cuillères à café de sel,

Une cuillère à café de paprika,

et un petit morceau d'ail. Mélangez puis versez dans un plat allant au four. Parsemer le dessus de morceaux de beurre. Mettre à four chaud pendant vingt-cinq minutes.

Garniture aux olives pour viande et volaille

Deux tasses et demie de chapelure préparée,

Une demi-tasse d'oignons finement hachés,

Un quart de tasse de persil finement haché,

Une demi-tasse d'olives finement hachées,

Une cuillère à café et demie de sel,

Une demi cuillère à café de paprika,

Un quart de cuillère à café de marjolaine douce,

Un oeuf,

Quatre cuillères à soupe de shortening.

Mélangez soigneusement puis utilisez pour garnir la viande et la volaille. Cette garniture est délicieuse.

Pour préparer le pain, faites tremper le pain rassis dans de l'eau froide jusqu'à ce qu'il soit tendre, puis placez-le dans un torchon et essorez-le. Passer au tamis puis mesurer. Utilisez une demi-tasse d'olives farcies finement hachées pour une tasse de vinaigrette mayonnaise.

Garniture pour sandwich aux olives

Passer au hachoir :

Une bouteille d'olives farcies,

Deux poivrons rouges,

Un oignon,

Quatre branches de persil,

Placer dans un bol et ajouter

Une demi-tasse de vinaigrette mayonnaise,

Une cuillère à café de sel,

Une demi-cuillère à café de paprika.

Bien mélanger puis répartir entre les fines tranches de pain.

SANDWICHS AUX OLIVES

Retirez les noyaux d'une grande bouteille d'olives reines et ajoutez

Un oignon,

Deux poivrons rouges,

Passer au hachoir puis ajouter

Trois quarts de tasse de mayonnaise,

Une cuillère à café de sel,

Une cuillère à café et demie de paprika.

Mélangez puis étalez sur le pain préparé.

SAUCE AUX OLIVES

Hachez finement, à l'aide du hachoir, une quantité suffisante d'olives, après avoir retiré les noyaux, pour mesurer une demi-tasse. Mettre dans une casserole et ajouter

Une tasse et demie de sauce à la crème,

Deux cuillères à soupe de sel,

Une demi cuillère à café de paprika,

Un quart de cuillère à café de moutarde.

Bien mélanger puis porter à ébullition et servir. Cette sauce peut être préparée, par souci de variété, avec une tasse et demie de sauce tomate pour remplacer la sauce à la crème ; puis ajoutez deux cuillères à soupe de fromage râpé. Chauffer et servir.

PAIN DE VIANDE ESPAGNOL

Placer dans un bol

Une tasse et demie de pain préparé,

Une tasse de mouton cuit à froid finement haché,

Une tasse d'olives pimentées finement hachées,

Une demi-tasse d'oignons finement émincés,

Un oeuf,

Deux cuillères à café de sel,

Une cuillère à café de paprika,

Un quart de cuillère à café de thym,

Une demi-tasse de sauce à la crème épaisse.

Mélangez soigneusement puis emballez dans le moule en forme de pain préparé. Placer dans une casserole plus grande contenant de l'eau chaude puis cuire à four modéré pendant quarante minutes. Servir avec une sauce aux olives. Pour préparer le pain, faites tremper le pain rassis dans de l'eau froide ; presser pour sécher; passer au tamis fin.

COCKTAIL D'OLIVES ET DE PALOURDES

Utilisez pour cela des viandes d'olive. Les viandes d'olives sont des morceaux d'olives découpés dans de grosses olives et conditionnés dans des bocaux. Il n'y a ni pierres ni déchets. Placer dans un petit bol

Trois cuillères à soupe de sauce chili,

Une cuillère à soupe de raifort,

Une cuillère à soupe de jus de citron,

Un quart de tasse de viandes d'olives,

Une cuillère à café de sel,

Une cuillère à café de paprika,

Une cuillère à soupe d'oignon râpé.

Mélangez soigneusement puis répartissez dans quatre verres à cocktail. Ajoutez trois noyaux de cerises ou palourdes à petit cou dans chaque verre.

SAUCES

Une formule est nécessaire si la ménagère veut que ses sauces soient uniformes, afin que

Une cuillère à soupe rase de farine et une tasse de lait font une sauce fine, comme pour les soupes.

Deux cuillères à soupe rases de farine et une tasse de lait forment une sauce fine.

Trois cuillères à soupe rases de farine et une tasse de lait donnent une sauce moyenne.

Quatre cuillères à soupe de farine et une tasse de lait donnent une sauce épaisse.

Cinq cuillères à soupe rases de farine et une tasse de lait font une sauce pour escalopes, croquettes, etc.

Utilisez une casserole bien récurée, ajoutez la farine au lait froid puis remuez pour dissoudre, à l'aide d'une fourchette ou d'un fouet pour faciliter le processus. N'utilisez jamais de cuillère à cet effet, car il est impossible de dissoudre complètement les grumeaux. Mettre sur le feu et porter à ébullition en remuant constamment. Cuire cinq minutes après avoir atteint le point d'ébullition, puis retirer du feu et ajouter l'assaisonnement. Il est alors prêt à l'emploi. Si vous désirez une saveur de beurre, ajoutez une cuillère à soupe de beurre avec l'assaisonnement et remuez jusqu'à ce qu'il soit fondu.

Une partie du lait et de l'eau, du bouillon, du bouillon de poulet, du jus d'huître ou de palourde peuvent être utilisés à la place de tout le lait avec de très bons résultats. Lors de la préparation de soupes ou de sauces pour plats de viande et de légumes, le liquide des légumes en conserve ou l'eau dans laquelle les légumes frais ont été cuits peut être combiné avec une portion égale de lait.

De nombreuses variétés de sauces peuvent être préparées à partir de la sauce à la crème nature. Pour la sauce au persil, ajoutez quatre cuillères à soupe de persil finement haché à une tasse de sauce à la crème.

SAUCE À L'OIGNON

Une demi-tasse d'oignons cuits, passés au tamis grossier, puis ajoutés à une tasse de sauce à la crème.

SAUCE À LA CRÈME AU PIMENT

Trois piments en conserve, passés au tamis fin, puis ajoutés à une tasse de sauce à la crème.

SAUCE SUPRÊME

Une tasse de sauce à la crème épaisse,

Une demi-tasse de champignons parés, coupés en morceaux et étuvés,

Jaune d'un œuf.

Bien assaisonner au goût.

SAUCE CÉLERI

Une tasse de sauce à la crème épaisse,

Une tasse de céleri finement coupé en dés, étuvé jusqu'à tendreté,

Une cuillère à café de sel,

Une demi-cuillère à café de paprika.

Bien mélanger.

SAUCE AMIRAL

Une tasse de sauce à la crème épaisse,

Le zeste râpé d'un quart de citron,

Deux cuillères à soupe de câpres,

Deux cuillères à soupe de persil finement haché,

Le jus d'un demi citron,

Deux cuillères à soupe de beurre.

Remuer jusqu'à ce que le tout soit bien mélangé, puis chauffer jusqu'à juste en dessous du point d'ébullition. Saison.

SAUCE BÉARNAISE

Une demi-tasse de sauce à la crème épaisse,

Jaunes de deux œufs,

Une cuillère à café d'oignon râpé,

Trois cuillères à soupe de beurre.

Mélangez bien et ajoutez maintenant

Une cuillère à café de sel,

Une demi cuillère à café de poivre blanc,

Une demi cuillère à café de paprika,

Jus d'un citron.

Remuer constamment jusqu'à ce qu'il soit bouillant. Cette sauce ne caillera pas si on la laisse reposer quelques minutes.

SAUCE CRÈME AU RAIFORT

Une tasse de sauce à la crème moyenne,

Deux cuillères à soupe de raifort râpé,

Deux cuillères à soupe de jus de citron,

Trois cuillères à soupe de persil finement haché,

Une demi cuillère à café de moutarde,

Une demi cuillère à café de poivre blanc,

Une cuillère à café de sel.

Bien battre pour mélanger.

SAUCE MAINTENON (pour les plats gratinés)

Une tasse de sauce à la crème moyenne,

Deux cuillères à soupe de fromage râpé,

Deux cuillères à soupe de persil finement haché,

Une cuillère à soupe d'oignon râpé,

Une cuillère à café et demie de sel,

Une cuillère à café de paprika,

Un quart de cuillère à café de moutarde,

Une cuillère à café de jus de citron.

Bien mélanger.

SAUCE AU FROMAGE

Une tasse de sauce à la crème moyenne.

Quatre cuillères à soupe de fromage râpé,

Une cuillère à café de sel,

Une demi cuillère à café de paprika,

Un quart de cuillère à café de moutarde.

Bien mélanger jusqu'à ce que le fromage soit fondu.

SAUCE MOUTARDE

Une demi-tasse de sauce à la crème moyenne,

Deux cuillères à soupe de vinaigre de vin blanc,

Jaune d'un œuf,

Une cuillère à café de moutarde,

Une cuillère à café de sel,

Une demi-cuillère à café de paprika.

Bien battre pour mélanger puis chauffer jusqu'au point d'ébullition.

Dans aucune autre partie de la cuisine, l'habileté du cuisinier ne se révèle autant que dans la manière dont les diverses sauces sont préparées et servies. Faire une sauce parfaite est un art en cuisine. De nombreux aliments simples, ainsi que l'utilisation de restes, peuvent, grâce à l'ajout d'une bonne sauce, être transformés en plats savoureux et attrayants.

Trois ou quatre tasses de sauce à la crème peuvent être préparées en même temps, puis versées dans un bol, recouvertes d'une serviette humide et placées dans la glacière jusqu'à ce que vous en ayez besoin. La sauce se conservera au frais pendant trois ou quatre jours et vous évitera de devoir préparer une sauce tous les jours.

Pour l'utiliser, mesurez trois quarts de tasse de sauce et ajoutez un quart de tasse d'eau chaude. Placer au bain-marie pour chauffer, en remuant fréquemment pour mélanger. Il est alors prêt à l'emploi. Utilisez toujours un bain-marie dans la préparation des sauces à base de cette sauce à la crème. Cela évitera les brûlures.

SAUCE AU CONCOMBRE

Une tasse de sauce à la crème épaisse,

Un petit concombre, paré et râpé,

Une cuillère à café et demie de sel,

Une cuillère à café de paprika.

Chauffer jusqu'à ébullition puis cuire cinq minutes.

SAUCE AUX HUÎTRES

Une tasse de sauce à la crème épaisse,

Huit huîtres de taille moyenne, hachées finement,

Une cuillère à café de persil finement haché,

Une cuillère à café de sel,

Une cuillère à café de poivre blanc.

Bien mélanger puis chauffer jusqu'au point d'ébullition et cuire pendant cinq minutes.

SAUCE AUX CHAMPIGNONS

Mettez une tasse et demie de lait dans une casserole et ajoutez quatre cuillères à soupe de farine. Remuer jusqu'à dissolution, puis porter à ébullition. Cuire cinq minutes puis ajouter

Une tasse de champignons coupés en dés et étuvés,

Un œuf bien battu,

Une cuillère à café de sel,

Une cuillère à café de paprika,

Trois cuillères à soupe de persil finement haché.

Battre pour mélanger puis cuire pendant deux minutes et utiliser.

SAUCE AU PERSIL

Une tasse et demie de sauce à la crème,

Une demi-tasse de persil finement haché,

Trois cuillères à soupe de beurre,

Deux cuillères à café de sel,

Une cuillère à café de poivre blanc.

Battre pour mélanger.

SAUCE CRÉOLE

Une tasse de compote de tomates,

Trois oignons,

Un poivron vert finement haché.

Placer dans une casserole et cuire lentement jusqu'à ce que l'oignon et le poivron soient tendres. Passer au tamis fin puis ajouter

Deux cuillères à soupe de fécule de maïs dissoute dans

Une demi-tasse d'eau,

Une cuillère à café de sel,

Une cuillère à café de paprika,

Un quart de cuillère à café de moutarde.

Portez à ébullition et laissez cuire lentement pendant dix minutes puis servez.

SAUCE TARTARE

Une demi-tasse de vinaigrette mayonnaise,

Un oignon râpé,

Cinq cuillères à soupe de persil finement haché,

Un cornichon aigre, haché finement,

Une cuillère à café de sel,

Une demi cuillère à café de moutarde,

Une demi-cuillère à café de paprika.

Mélangez soigneusement puis servez très froid.

SAUCE AUX HERBES

Préparez une tasse et demie de sauce à la crème, puis ajoutez

Une tasse de persil finement haché,

Une cuillère à soupe d'oignon râpé,

Un demi poivron vert finement émincé,

Une cuillère à café et demie de sel,

Une demi-cuillère à café de poivre.

Laisser mijoter lentement pendant dix minutes.

SAUCE À LA MENTHE

Râpez finement un bouquet de menthe, puis placez-le dans une casserole et ajoutez

Trois quarts de tasse d'eau,

Un quart de tasse de sucre.

Portez à ébullition et laissez cuire doucement une dizaine de minutes. Ajoutez une demi-tasse de vinaigre de vin blanc et retirez du feu. Laisser reposer une demi-heure puis filtrer. Les portions restantes peuvent être mises en bouteille et les bouteilles conservées dans un endroit frais pour une utilisation ultérieure.

SAUCE MOUTARDE ANGLAISE

Placer dans une assiette creuse

Une cuillère à café de moutarde,

Une cuillère à café de sucre,

Une demi-cuillère à café de sel,

Une demi cuillère à café de paprika,

Deux cuillères à soupe d'huile de salade.

Travaillez jusqu'à obtenir une pâte lisse, puis incorporez lentement trois cuillères à soupe de crème et une cuillère à café de jus de citron. Battre jusqu'à consistance épaisse, puis servir.

SAUCE HOLLANDAISE

Quatre cuillères à soupe d'huile de salade,

Deux cuillères à soupe de vinaigre,

Une cuillère à soupe d'eau,

Une cuillère à café de sel,

Une demi-cuillère à café de paprika.

Chauffer au bain-marie jusqu'à ébullition puis y déposer le jaune d'œuf. Remuer jusqu'à épaississement. Utiliser immédiatement. S'il doit cailler, ajoutez une cuillère à soupe d'eau bouillante et remuez constamment jusqu'à épaississement.

SAUCE RAVIGOTTE

Hachez très finement suffisamment de persil. Mesurer

Une demi-tasse,

Un gros poivron vert,

Un oignon,

Un poireau.

Placer dans un bol et ajouter

Une tasse de mayonnaise,

Une cuillère à café de sel,

Une cuillère à café de paprika,

Une demi cuillère à café de moutarde,

Deux cuillères à café de jus de citron.

Bien mélanger pour bien mélanger.

POULET GRILLÉ, GARNITURE DE BACON

Sélectionnez un gril dodu, puis flambez-le. Ensuite, divisez le dos et dessinez. Bien se laver. Retirez le sternum. Placer dans une poêle à frire, le côté fendu vers le bas, et ajouter une tasse d'eau. Couvrez bien puis faites cuire à la vapeur pendant dix minutes. Maintenant, frottez bien avec du shortening.

Saupoudrer très légèrement de farine. Faire griller pendant vingt minutes, en retournant toutes les quatre minutes ; porter sur une assiette chaude, badigeonner de beurre fondu et garnir de bacon.

ÉMINCE D'ABATTS

Cuire les abats et le cou, puis laisser refroidir. Hachez finement et ajoutez deux œufs durs et une tasse et demie de sauce à la crème, et

Deux cuillères à soupe de persil finement haché,

Une cuillère à café et demie de sel,

Une cuillère à café de paprika.

Chauffer jusqu'à ébullition puis laisser mijoter lentement pendant dix minutes.

POULET RÔTI, STYLE CREUX AU CÈDRE

Sélectionnez un gros poulet à ragoût, puis flambez-le et dessinez-le. Laver et essuyer avec un chiffon propre. Placer dans une cuisinière sans feu ou cuire jusqu'à tendreté. Frottez maintenant avec du shortening et saupoudrez de farine et faites dorer dans la graisse chaude dans une casserole profonde. Retournez fréquemment le poulet pour qu'il soit doré de tous les côtés. Lorsque le poulet est bien doré, ajoutez

Quatre cuillères à soupe de farine,

Trois tasses de bouillon de poulet,

Une demi-tasse de carotte râpée,

Deux poivrons verts hachés finement,

Une demi-tasse d'oignons finement émincés.

Laisser mijoter lentement pendant une demi-heure. Assaisonner et servir.

CURRY DE POULET ET RIZ

Lavez une demi-tasse de riz dans beaucoup d'eau tiède, puis égouttez-le. Rincez à nouveau puis placez dans une casserole et ajoutez deux tasses et demie d'eau bouillante. Cuire doucement jusqu'à ce que les grains soient tendres et que l'eau soit absorbée. Maintenant place

Une cuillère à café de bacon ou de graisse de poulet,

Trois cuillères à soupe de farine

dans une poêle en fer et faire dorer soigneusement jusqu'à ce qu'il soit brun foncé, puis ajouter

Une tasse et demie de bouillon de poulet,

Deux gros oignons hachés très finement,

Deux cuillères à soupe de ketchup,

Une cuillère à soupe de sauce Worcestershire,

Trois quarts de cuillère à café de curry en poudre,

Une cuillère à café de sel.

Cuire doucement jusqu'au point d'ébullition puis ajouter une tasse de viande de poulet râpée et le riz préparé. Chauffer lentement jusqu'à ce qu'il soit très chaud, puis allumer une assiette chaude et garnir de persil finement râpé, puis servir.

COMMENT PRÉPARER LE POULET POUR UNE SALADE DE POULET OU DE LA CHARCUTERIE

Faire chanter et étirer le poulet puis le couper comme pour une fricassée. Placez maintenant le dos de la carcasse, les abats, les cuisses et les cuisses dans une casserole et couvrez d'eau froide. Portez à ébullition puis versez dans une passoire et placez sous l'eau froide courante. Versez ensuite dans une casserole contenant de l'eau bouillante et laissez cuire une dizaine de minutes. Blanchir dans la passoire sous l'eau froide courante. Répétez cette opération trois fois, puis ajoutez le reste du poulet et faites cuire lentement jusqu'à ce qu'il soit tendre. Refroidir dans le liquide. Retirez la viande du cou et du dos de la carcasse et hachez finement les abats. Passez la peau dans le hachoir. Utilisez-le pour le pain de poulet.

PAIN DE POULET

Utilisez deux tasses de viande hachée préparée à partir de la peau, des abats et de la viande de la carcasse.

Une tasse et demie de flocons d'avoine cuits froids,

Un oignon, râpé,

Une demi-cuillère à café de thym en poudre,

Une demi cuillère à café de moutarde,

Trois cuillères à café de sel,

Une cuillère à café et demie de paprika,

Deux poivrons verts hachés finement,

Quatre cuillères à soupe de graisse de poulet,

Un oeuf,

Une demi-tasse de bouillon de poulet.

Mélangez bien puis versez dans un moule à pain bien graissé et fariné. Placez cette casserole dans une plus grande contenant de l'eau chaude. Cuire à four modéré pendant une heure et quart. Servir chaud avec une sauce à la crème, à la tomate ou brune, ou servir froid avec une garniture d'asperges et avec une sauce hollandaise, mayonnaise ou crème au raifort.

POULET RÔTI

Préparez le poulet. Remplir avec

Deux branches de céleri,

Deux oignons,

Une tasse de chapelure,

Un fagot d'herbes potagères,

Deux cuillères à soupe de beurre ou de shortening,

Un oeuf.

Passez le céleri, les oignons et les herbes potagères dans le hachoir. Mélangez la chapelure, le beurre et l'œuf battu. Remplissez le poulet puis cousez l'ouverture. Façonner et rôtir à four modéré pendant vingt minutes à la livre. Arrosez toutes les dix minutes la première demi-heure, puis toutes les vingt minutes jusqu'à ce que le poulet soit cuit.

ENCHILDAS

Lieu

Une tasse de farine,

Un quart de tasse de farine de maïs,

Une cuillère à café de sel,

Une cuillère à soupe de shortening,

dans un bol à mélanger. Tamisez pour mélanger puis ajoutez suffisamment d'eau pour faire une pâte. Cassez la pâte en morceaux de la taille d'une grosse noix, puis étalez-la très finement. Vous pouvez faire cuire les tortillas sur la plaque chauffante en fer située sur le dessus de la cuisinière ou les faire frire dans une poêle en utilisant un peu de shortening. Gardez sur une serviette propre jusqu'à ce que tous soient frits. Maintenant, placez deux onces de fromage râpé dans un bol et ajoutez deux oignons cuits jusqu'à tendreté dans deux cuillères à soupe de shortening et

Une demi-tasse de viande froide finement hachée, de préférence du poulet,

Deux cuillères à soupe de sauce chili.

Mélangez pour mélanger puis étalez les tortillas avec ce mélange. Roulez ou pliez puis versez dessus plus de sauce chili piquante.

POULET GUMBO OKRA

Nettoyez et coupez le poulet pour le ragoût. Faire dorer rapidement dans la graisse chaude. Soulever dans une casserole profonde et ajouter

Deux litres d'eau,

Quatre oignons,

Une feuille de laurier,

Deux clous de girofle.

Cuire jusqu'à ce que le poulet soit tendre. Maintenant, épaississez légèrement le liquide avec de la fécule de maïs. Assaisonner avec

Poivre rouge et sel,

Deux cuillères à soupe de persil finement haché,

Une demi cuillère à café de thym,

Une cuillère à soupe de gombo ou de lime,

Deux tasses de gombo cuit.

Servir immédiatement à table et servir avec beaucoup de riz bouilli.

REMARQUE .—Gumbo, ou lime, est une poudre fabriquée et vendue en Louisiane. Il est composé de jeunes feuilles de sassafras. Le fichier peut être acheté dans les épiceries chics.

MOUSSE DE POULET

Mettez suffisamment de poulet froid bouilli dans un hachoir pour mesurer deux tasses, à l'aide du couteau fin. Placer dans un bol et ajouter

Deux cuillères à café d'oignon râpé,

Une demi cuillère à café de paprika,

Une cuillère à café de sel.

Mélangez bien puis faites tremper une cuillère à soupe et demie de gélatine dans quatre cuillères à soupe d'eau froide pendant vingt minutes, puis ajoutez une demi-tasse de bouillon de poulet bouillant. Laisser mijoter lentement pendant cinq minutes, puis filtrer dans la viande de poulet préparée. Remuer jusqu'à ce qu'il refroidisse, puis incorporer une tasse de crème fouettée. Verser dans des petites coupes à crème anglaise rincées à l'eau froide. Mettre au frais pendant six heures pour mouler. Démouler dans un nid de feuilles de laitue croquantes.

LA VOLAILLE

Pour rôtir des jeunes poulets et des guinées : flamber, dessiner et préparer la volaille ; Maintenant, frottez bien l'oiseau entier avec beaucoup de shortening. Saupoudrer très légèrement de farine, mettre dans le moule à four chaud pendant quinze minutes ; Maintenant, retournez la poitrine de volaille dans la poêle et réduisez le feu du four à modéré. Arrosez toutes les dix minutes avec le mélange suivant :

Une pinte d'eau bouillante,

Deux cuillères à soupe de beurre.

Lorsque la volaille est tendre, retournez-la pour permettre à la poitrine de dorer, en l'arrosant toutes les cinq minutes. En plaçant la poitrine de poulet dans la poêle, la structure osseuse de la carcasse est soumise à la chaleur intense du four. L'arrosage constant permet à l'humidité de pénétrer dans la viande blanche sèche, la rendant juteuse et tendre.

Si vous le désirez, déposez quelques lardons sur la poitrine lorsque vous la faites dorer, juste avant de la sortir du four. Cela améliorera la saveur.

SANDWICHE DE SALADE AU POULET

Coupez la viande d'une volaille bouillie froide de trois livres et demie, puis passez-la au hachoir à l'aide du couteau le plus grossier. Placer dans un bol en ajoutant une tête de laitue de taille moyenne, finement râpée. Lieu

Un petit oignon râpé,

Un poivron vert finement émincé,

Une tasse et demie de mayonnaise ou de vinaigrette,

Deux cuillères à café et demie de sel,

Une cuillère à café de paprika.

Mélangez puis versez dans des pots de fruits d'un litre. Ce montant fera de quarante à cinquante sandwichs.

PIERRE AU FOUR

Fendez le pigeonneau dans le dos avec un couteau bien aiguisé, puis nettoyez-le soigneusement. Bien laver et essuyer. Placer dans un endroit frais jusqu'à ce que vous en ayez besoin.

Hachez finement les abats puis faites-les bouillir. Maintenant, faites tremper le pain rassis jusqu'à ce qu'il soit tendre. Essorez et mesurez trois quarts de tasse. Mettre dans une poêle et ajouter

Un quart de tasse de feuilles de céleri finement hachées,

Des abats hachés,

Un oignon finement émincé,

Une cuillère à café de sel,

Une cuillère à café d'assaisonnement pour volaille,

Quatre cuillères à soupe de shortening.

Cuire doucement jusqu'à ce que les oignons soient tendres, puis laisser refroidir. Remplissez le pigeonneau, puis cousez-le avec une aiguille à repriser et une ficelle solide. Frotter avec du shortening et saupoudrer de farine de maïs. Mettre à four chaud et cuire au four en arrosant d'eau bouillante.

Lorsque le dos est bien doré, réduisez le feu, retournez la volaille sur le dos et laissez-la dorer lentement en laissant cuire le pigeonneau pendant cinquante-cinq minutes. La garniture peut être placée dans du poulet ou de la guinée si vous le souhaitez.

HASCH DE DINDE DU TENNESSEE

Coupez suffisamment de dinde en blocs d'un demi-pouce pour mesurer deux tasses. Maintenant, ajoutez

Une tasse de céleri coupé en dés,

Un oignon finement émincé,

Une cuillère à soupe de beurre,

Une cuillère à soupe de fécule de maïs.

Mélangez soigneusement, puis ajoutez

Une demi-tasse d'eau bouillante.

Cuire lentement jusqu'à ce que la viande soit très tendre, puis servir garnie de persil finement haché et de gaufres chaudes à la semoule de maïs.

FILET DE POULET, POINDEXTER

Faites chanter, dessinez puis lavez soigneusement un gros poulet à l'étouffée, puis faites-le cuire jusqu'à ce qu'il soit tendre. Laisser refroidir. Maintenant, coupez les ailes et retirez les os en cassant le moins possible. Coupez le magret en tranches un peu plus grosses qu'une huître et retirez les cuisses et les cuisses. Retirez les os puis coupez la viande en filets bien nets. Si la viande se brise, pressez-la fermement puis assaisonnez, roulez-la dans la farine et trempez-la dans l'œuf battu ; puis rouler dans la chapelure fine. Appuyez fermement. Faire frire jusqu'à ce qu'ils soient dorés dans la graisse chaude. Cela peut être préparé tôt dans la journée, puis mis au four pour chauffer.

TAMALES DE POULET

Faites tremper les feuilles de maïs dans l'eau froide pendant deux heures. Placer dans une casserole

Deux tasses de bouillon de poulet,

Une cuillère à café de sel,

Trois quarts de tasse de semoule de maïs.

Cuire jusqu'à obtenir une bouillie épaisse, laisser refroidir puis placer dans un bol

Trois quarts de tasse de viande de poulet finement hachée,

Un oignon finement haché,

Deux poivrons verts hachés finement,

Six olives finement hachées,

Deux douzaines de raisins secs épépinés.

Mélangez soigneusement puis égouttez les feuilles de maïs. Étalez une couche de bouillie de maïs sur une partie, placez une cuillère à soupe de garniture au poulet, puis recouvrez avec davantage de bouillie de maïs, formant un rouleau un peu plus gros qu'une saucisse. Attachez solidement la balle de maïs et placez-la dans un cuiseur vapeur ou un bain-marie et laissez cuire pendant une heure et quart. D'autres viandes peuvent être utilisées pour remplacer le poulet et de l'eau peut être utilisée à la place du bouillon de poulet pour faire la bouillie.

RECETTES AU MIEL

PATATES DOUCES CONFITES AU MIEL

Placer dans une poêle en fer

Trois quarts de tasse de miel,

Deux cuillères à soupe de shortening,

Un quart de cuillère à café de macis,

Un quart de cuillère à café de cannelle.

Porter à ébullition et cuire jusqu'à ce que le mélange devienne épais, puis ajouter six patates douces bouillies. Retournez-les fréquemment dans le sirop en ajoutant quatre cuillères à soupe d'eau pour éviter qu'elles ne brûlent. Cuire lentement pendant vingt minutes.

REMARQUE . — Faites bouillir les pommes de terre, puis épluchez-les et attendez avant de mettre le miel dans la casserole.

RIZ AU MIEL AU MIEL

Lavez soigneusement une demi-tasse de riz, puis faites cuire jusqu'à ce qu'il soit tendre et que l'eau soit absorbée dans deux tasses et demie d'eau. Versez dans un plat allant au four et ajoutez

Une tasse de miel,

Trois tasses de lait,

Un œuf bien battu,

Une demi-cuillère à café de muscade.

Remuer pour bien mélanger puis cuire à four lent pendant trente minutes.

GLAÇAGE AU MIEL

Faites bouillir une tasse de miel jusqu'à ce qu'il forme une boule molle lorsqu'il est essayé dans l'eau froide. Versez ensuite un fin filet sur le blanc d'un œuf battu en neige ferme. Battre jusqu'à ce que le mélange épaississe puis étaler sur le gâteau.

GÂTEAU AU MIEL ET AUX NOIX

Placer dans un bol à mélanger

Une tasse de miel,

Une tasse de cassonade,

Jaunes de deux œufs,

Neuf cuillères à soupe de shortening.

Crémer ensemble puis ajouter

Trois quarts de tasse de lait aigre,

Une cuillère à café et demie de bicarbonate de soude.

Dissoudre le bicarbonate de soude dans le lait caillé, puis ajouter

Quatre tasses de farine,

Deux cuillères à café de cannelle,

Une demi-cuillère à café de piment de la Jamaïque,

Une demi cuillère à café de clous de girofle,

Une demi cuillère à café de muscade,

Une tasse de raisins secs finement hachés,

Une tasse de noix finement hachées,

Une cuillère à soupe de levure chimique.

Mélangez bien puis coupez et incorporez les blancs de deux œufs battus en neige ferme. Verser dans un moule bien beurré et fariné et cuire à four modéré pendant quarante minutes. Glacer avec un glaçage à la crème au beurre.

CRÈME AU MIEL

Mettez deux tasses de lait dans un bol à mélanger et ajoutez

Trois quarts de tasse de miel,

Un quart de cuillère à café de muscade,

Deux oeufs.

Battre pour bien mélanger puis verser dans des coupes à crème anglaise. Placer les tasses dans un plat allant au four contenant de l'eau et cuire à four lent jusqu'à ce que le centre soit ferme.

TAPIOCA AU MIEL ET AUX RAISINS

Lavez bien une tasse de tapioca, puis placez-la dans une casserole et ajoutez

Une tasse de miel,

Quatre tasses d'eau.

Porter à ébullition et cuire lentement jusqu'à ce que le tapioca soit clair et tendre, puis ajouter

Un demi-paquet de raisins secs épépinés,

Jaune d'un œuf.

Remuer pour bien mélanger puis cuire quinze minutes. Servir avec un fouet aux fruits fait de

Un demi-verre de gelée,

Blanc d'un œuf.

Battre jusqu'à ce que le mélange conserve sa forme.

COOKIES AU MIEL

Placer dans un bol à mélanger

Trois quarts de tasse de cassonade,

Trois quarts de tasse de miel,

Un oeuf,

Sept cuillères à soupe de shortening.

Battre pour mélanger puis ajouter

Trois tasses et trois quarts de farine,

Une demi-tasse de raisins secs épépinés,

Une demi-tasse de noix finement hachées,

Une cuillère à café de levure chimique,

Une cuillère à café de macis.

Rouler et couper puis cuire à four modéré pendant dix minutes.

GÂTEAUX AU MIEL

Une tasse de miel,

Une demi-tasse de cassonade,

Une demi-tasse de shortening.

Bien crémer puis ajouter

Jaunes de trois œufs,

Quatre tasses de farine tamisée,

Une cuillère à café de cannelle,

Une demi cuillère à café de muscade,

Une demi-cuillère à café de sel,

Une cuillère à café et demie de bicarbonate de soude dissoute dans,

Une tasse de lait aigre.

Battre pour bien mélanger, puis couper et incorporer les blancs de trois œufs battus en neige ferme. Verser dans un plat allant au four bien graissé et fariné, d'environ un pouce de profondeur. Cuire à four modéré et laisser refroidir. Couvrir de glaçage au miel.

CRÈME MALVERN

Placer dans une casserole

Trois quarts de tasse de miel,

Deux tasses de lait,

Six cuillères à soupe rases de fécule de maïs.

Dissoudre la fécule dans le lait froid et le miel, puis mettre sur le feu et porter à ébullition. Cuire cinq minutes. Maintenant, ajoutez

Une cuillère à café de vanille,

Un quart de cuillère à café de muscade.

Battre pour bien mélanger, puis rincer les coupes de crème anglaise à l'eau froide. Verser le pudding et réserver au moule. Au moment de servir, démoulez et servez avec des fruits concassés.

PUDDING AUX POMMES ET AU MIEL

Deux tasses de compote de pommes,

Une tasse de miel,

Une demi-tasse de cassonade,

Quatre cuillères à soupe de shortening,

Deux tasses de chapelure fine,

Une tasse et demie de farine,

Deux cuillères à soupe rases de levure chimique,

Deux cuillères à café de cannelle,

Une demi-cuillère à café de clous de girofle.

Battre pour mélanger puis mettre dans un plat allant au four et cuire à four lent pendant trente-cinq minutes. Servir avec une fine compote de pommes sucrée au miel.

ADE AU MIEL ET À LA FRAMBOISE

Placer trois paniers de framboises bien lavées dans une casserole et ajouter

Un litre d'eau,

Une tasse et demie de miel,

Un quart de cuillère à café de muscade.

Porter à ébullition et cuire lentement jusqu'à ce que les fruits soient tendres, en les écrasant fréquemment avec le presse-purée. Laisser refroidir et filtrer dans un bol à punch. Ajoutez un morceau de glace et le jus d'une orange ou d'un citron.

GRAISSES

La graisse est un aliment producteur de chaleur ou de carburant qui est très précieux par temps froid pour fournir au corps chaleur et énergie. Souvent, les aliments cuits dans la graisse sont qualifiés d'indigestes ; cela signifie que la nourriture n'est pas utilisée dans l'organisme et, en raison de certains troubles digestifs, elle fait partie des déchets. Des expériences récentes tendent à montrer que les graisses animales sont assez bien assimilées ; C'est sans aucun doute l'utilisation abusive de la graisse utilisée pour la friture qui a donné à de nombreux aliments frits leur mauvaise réputation. Toute personne normale a besoin d'une certaine quantité de graisse.

Ayez pour règle, lorsque vous servez des aliments frits, d'accompagner le plat d'un aliment acide, qu'il s'agisse d'un légume ou d'une garniture.

Voici quelques points à garder à l'esprit lorsque vous envisagez de servir des aliments frits : utilisez de très petites quantités d'aliments cuits dans la graisse pour les personnes occupant des positions sédentaires, tandis que celles qui effectuent un travail actif ou laborieux peuvent en manger une plus grande proportion. Les personnes qui effectuent des travaux manuels pénibles, à l'extérieur, pourront assimiler les portions quotidiennes de fritures sans aucune perturbation physique.

Pour le bien de la digestion, apprenez à servir :

Jus de citron au poisson frit,

Compote de pommes au porc ou à l'oie,

Gelée de canneberges ou de groseilles à la volaille, à l'agneau ou au mouton,

Raifort au bœuf.

Il est curieux que la nature exige ces combinaisons pour égaliser la teneur en matières grasses du repas. Conservez et clarifiez les différentes graisses et utilisez chaque type particulier, afin qu'il n'y ait pas de gaspillage. Hachez finement tous les morceaux de suif et placez-les au bain-marie, puis faites fondre. La graisse de poulet et de porc peut être fondue de cette manière.

Un excellent shortening qui peut être utilisé pour remplacer le beurre dans la cuisine et la pâtisserie peut être fabriqué à partir de graisse de poulet, dont il y a généralement trois onces ou plus dans un gros oiseau. Retirez le gras de la volaille et placez-la dans l'eau froide salée pendant une heure, puis égouttez-la et coupez-la en petits morceaux. Faire fondre au bain-marie. Versez dans un pot et laissez durcir. Désormais, lorsque vous utilisez cette graisse, utilisez-en un tiers de moins que la quantité demandée dans la recette. Pour faire une pâtisserie, ajoutez quatre cuillères à soupe de cette graisse de poulet à chaque tasse de farine. La graisse de poulet peut être utilisée pour remplacer le beurre pour assaisonner les légumes et la purée de pommes de terre. Il s'agit d'une graisse pure, sans humidité ni assaisonnement, qui ira plus loin que le beurre.

De manière générale, le terme « jus de cuisson » signifiait inclure les graisses provenant du rosbif, du rôti de bœuf, des soupes et du corned-beef. Cette graisse est clarifiée puis utilisée pour les sautés. Il ne peut pas être utilisé avec de bons résultats pour la confection de pâtisseries et de gâteaux.

Pour clarifier la graisse : mettez la graisse dans une casserole et ajoutez une tasse d'eau froide pour chaque livre de graisse. Ajouter

Un quart de cuillère à café de bicarbonate de soude,

Une demi cuillère à café de sel

Portez à ébullition puis laissez mijoter lentement pendant dix minutes. Versez dans une passoire recouverte d'une étamine et laissez durcir, puis coupez en morceaux. Réchauffer et verser dans des bocaux. Les graisses de bacon, de saucisse et de jambon peuvent être mélangées avec du jus de bœuf pour la friture.

La graisse de mouton ou d'agneau doit être clarifiée puis mélangée avec de la graisse de jambon et de bacon ou de saucisse. La graisse du bacon, du jambon et des saucisses peut être utilisée pour aromatiser les légumes à la place du beurre, pour cuire des omelettes, des galettes de pommes de terre, de la bouillie et des restes. C'est un excellent assaisonnement à utiliser pour les macaronis, les fèves au lard à la sauce tomate, les haricots secs et les pois dans les soupes et lors de la cuisson des haricots de Lima séchés. Il n'est vraiment pas nécessaire de gaspiller une cuillerée de ces graisses. Les graisses qui ne sont pas disponibles pour la table doivent être collectées et transformées en savon.

Ne soyez pas faussement économique en essayant de faire de la friture avec ces graisses. Non seulement ils ne maintiennent pas la température nécessaire pour une friture réussie sans brûler, mais ils pénètrent souvent dans les aliments et les rendent impropres à la consommation.

La dernière guerre a amené sur le marché de nombreuses bonnes huiles végétales qui sont idéales pour la cuisine et sont préférables aux graisses animales pour toute cuisine. Non seulement ils maintiennent une température élevée sans brûler, mais ils peuvent également être utilisés à plusieurs reprises s'ils sont égouttés à chaque fois après utilisation. Les aliments cuits dans l'huile végétale n'absorbent pas les graisses et sont plus digestes et vraiment plus économiques.

FRITURE

Il existe deux méthodes de friture :

Premièrement. —Sauter—cuire les aliments dans la poêle avec juste assez de graisse pour éviter qu'ils ne brûlent. Cette méthode est couramment utilisée, mais n'a rien de vraiment recommandable, car les aliments absorbent des quantités de graisse. Cela rend la digestion difficile.

Deuxièmement. —Friture profonde—il est d'usage de tremper les aliments à frire dans un mélange pour les enrober, puis de les rouler dans de fine chapelure et de les cuire ensuite dans suffisamment de graisse pour les couvrir. Cela forme un couvercle hermétique qui empêche la graisse de pénétrer. Quelques ustensiles essentiels sont nécessaires pour produire des résultats réussis ; premièrement, une bouilloire lourde qui ne s'incline pas, et deuxièmement, un panier à friture, afin que les aliments puissent être retirés rapidement une fois cuits.

La température correcte pour la friture est de 350 degrés Fahrenheit, pour les aliments crus, tels que les crullers, le poisson, les beignets, les pommes de terre, etc. Pour les plats cuisinés et les huîtres, les boulettes de fromage, etc., 370 degrés Fahrenheit.

N'essayez pas de cuisiner de grandes quantités à la fois. Cela va provoquer une chute brutale de la température de la graisse, lui permettant de s'infiltrer dans les aliments en cours de cuisson et ainsi donner un produit gras.

Maintenant, un mot de protection. N'utilisez pas de bouilloire trop grande. Gardez un seau de sable à portée de main dans la cuisine et si, pour une raison quelconque, la graisse prend feu, jetez-y du sable ; n'essayez pas de le retirer du poêle ; de graves brûlures peuvent en résulter. Éteignez simplement la lumière et jetez du sable sur le feu. Gardez à l'esprit que l'eau propage les flammes ; si vous n'avez pas de sable à portée de main, utilisez du sel ou de la farine.

TARTE AUX CERISES

Choisissez plus d'une tasse et demie de canneberges ; puis placez dans une casserole et ajoutez

Trois quarts de tasse de raisins secs,

Une tasse d'eau.

Cuire lentement jusqu'à ce que les baies soient tendres, puis laisser refroidir. Maintenant place

Trois quarts de tasse de sucre,

Une demi-tasse de farine.

dans un bol et frotter entre les mains pour mélanger. Ajouter le sucre et la farine et remuer jusqu'à dissolution. Portez à ébullition et laissez cuire quelques minutes. Cool. Cuire entre deux croûtes. Ce montant fera deux tartes.

ROULEAU AUX CANNEBERGES

Placer dans un bol

Deux tasses de farine tamisée,

Une demi-cuillère à café de sel,

Quatre cuillères à café de levure chimique,

Six cuillères à soupe de sucre.

Tamisez pour mélanger, puis ajoutez quatre cuillères à soupe de shortening et mélangez jusqu'à obtenir une pâte avec deux tiers de tasse d'eau ou de lait. Travaillez jusqu'à obtenir une pâte lisse, puis étalez-la sur un quart de pouce d'épaisseur. Tartiner d'une épaisse confiture de canneberges; rouler comme pour un jelly-roll, en rentrant bien les extrémités. Placer dans un plat allant au four bien graissé et cuire à four modéré pendant dix minutes. Commencez à arroser avec

Une demi-tasse de sirop,

Quatre cuillères à soupe d'eau.

Servir le rouleau avec la sauce aux canneberges.

TARTE À LA FRANÇAISE AUX FRAISE

Ce vieux bonbon anglais est délicieux. Tapisser un moule à tarte de pâte nature, puis recouvrir le fond du moule préparé de fraises. Placer ensuite dans un bol

Une tasse de lait,

Deux oeufs,

Une demi-tasse de sucre.

Battre au batteur à œufs pour bien mélanger puis verser sur les baies. Saupoudrez légèrement le dessus de muscade et faites cuire à four lent jusqu'à ce que la crème soit ferme. Laisser refroidir. Parsemer le dessus de confiture de fraises.

CONSERVE DE CANNEBERGES

Examinez attentivement et retirez toutes les baies meurtries et gâtées d'un litre de canneberges. Placer dans une casserole et ajouter une tasse d'eau. Cuire lentement jusqu'à ce qu'il soit tendre, puis passer au tamis. Remettre dans la casserole et ajouter

Deux tasses de sucre,

Une tasse de raisins secs épépinés.

Portez à ébullition et laissez cuire une dizaine de minutes. Verser dans un plat et laisser refroidir.

CHOUX À LA CRÈME

Placez une tasse d'eau dans une casserole et ajoutez une demi-tasse de shortening. Porter à ébullition, puis ajouter une tasse et quart de farine en remuant constamment. Cuire jusqu'à ce que le mélange forme une boule sur la cuillère, puis soulever dans un bol et incorporer maintenant trois œufs, un à la fois. Incorporer chaque œuf jusqu'à ce que le tout soit bien mélangé. Déposer par cuillerée sur une plaque à pâtisserie bien graissée, espacée de trois pouces. Cuire au four vingt minutes à four chaud, puis réduire le feu à modéré et cuire encore quinze minutes. N'ouvrez pas la porte du four pendant dix minutes après avoir mis les choux au four.

ROULEAU DE PÊCHE

Placer dans un bol à mélanger

Deux tasses de farine,

Une cuillère à café de sel,

Quatre cuillères à café de levure chimique,

Trois cuillères à soupe de sucre.

Tamisez pour mélanger, puis ajoutez cinq cuillères à soupe de shortening et mélangez jusqu'à obtenir une pâte avec les deux tiers d'une tasse d'eau glacée. Étalez sur une planche à pâtisserie bien farinée sur un quart de pouce d'épaisseur. Couvrez maintenant avec les pêches préparées puis tamisez

Une demi-tasse de sucre,

Une demi-cuillère à café de cannelle.

Rouler comme pour un rouleau à la gelée, en rentrant bien les extrémités. Placer dans un moule bien beurré et fariné et cuire à four modéré pendant quarante-cinq minutes. Arrosez toutes les dix minutes avec

Une demi-tasse de sirop,

Cinq cuillères à soupe d'eau,

Un quart de cuillère à café de muscade.

Remuer pour bien mélanger avant d'arroser le rouleau. Retirez le rouleau dans un grand plat une fois cuit et servez froid, avec des pêches écrasées et sucrées à la place d'une sauce.

Pour préparer les pêches pour le rouleau, sélectionnez les pêches bien mûres et coupez-les en fines tranches ; si ce sont des pierres accrochées, coupez-les en petits morceaux.

TARTE AU CHOCOLAT

Placer dans une casserole

Une tasse et demie d'eau,

Une demi-tasse de cacao,

Une demi-tasse de fécule de maïs,

Une tasse de sucre.

Remuer jusqu'à ce que la fécule de maïs soit dissoute, puis porter à ébullition et cuire pendant cinq minutes. Laisser refroidir puis verser dans un moule à tarte tapissé de pâte. Cuire à four doux pendant trente minutes.

TARTE AU CARRÉ BEURRE

Tapisser un moule à tarte de pâte nature puis le déposer dans une casserole.

Trois cuillères à soupe de beurre,

Une tasse de cassonade.

Chauffer lentement et cuire trois minutes. Ensuite, placez une tasse et demie de lait froid dans un bol et ajoutez quatre cuillères à soupe rases de fécule de maïs au lait. Remuer pour dissoudre l'amidon et ajouter au sucre cuit et remuer constamment pour bien mélanger. Porter à ébullition et cuire trois minutes. Refroidir et ajouter

Un œuf bien battu.

Versez ensuite dans l'assiette à tarte préparée. Il faut veiller à ne pas laisser le sucre caramel.

ARTICHAUTS

L'artichaut est une plante ressemblant beaucoup au chardon et il est largement cultivé pour sa sommité fleurie. La tête est rassemblée juste avant que la fleur ne se développe. La partie comestible est la partie charnue du calice, le fond ou bassin de la fleur et la véritable base des feuilles de la fleur.

La chair des artichauts correspond étroitement à celle que les anciens appellent le fromage du chardon. Sur le continent, en Europe, l'artichaut est fréquemment servi cru, en salade, avec une vinaigrette française ou parisienne. Dans des circonstances normales, les fruits préparés pour le marché se conservent plusieurs semaines. Les artichauts en conserve, qui étaient largement importés avant la guerre, étaient constitués de feuilles et de fonds. Il arrivait en grande quantité de France et d'Italie.

Les bourgeons d'artichauts sont utilisés exclusivement pour la garniture.

LE ARTICHAUT DE JERUSALEM

Cette espèce d'artichaut est un tubercule de l'espèce du tournesol ; elle ressemble un peu à la pomme de terre irlandaise. Il a une saveur sucrée et contient une grande quantité d'eau naturelle. Cette espèce d'artichaut a plus de valeur que l'artichaut commun.

Les deux principaux types de topinambours sont

Premièrement : Long avec une peau rougeâtre,

Deuxièmement : Rond, noueux et de couleur blanche.

Sur le continent, ils sont fréquemment consommés crus, avec juste un simple assaisonnement de sel, de poivre et de vinaigre ; en fait, tout comme nous mangeons le radis américain. On en fait fréquemment de la soupe.

Le mot Jérusalem est un étrange croisement de dialecte du mot italien *girasole* , qui signifie tournesol.

CUISINER

Faites tremper les fruits dans un bol d'eau froide pendant deux heures ; puis secouez librement dans l'eau pour éliminer toute trace de sable. Plonger dans l'eau bouillante et cuire jusqu'à tendreté; puis égouttez. Servir selon le choix des méthodes suivantes :

SAUCE HOLLANDAISE AUX ARTICHAUTS

Préparez l'artichaut comme indiqué ci-dessus. Couper en morceaux; puis cuire jusqu'à tendreté; égouttez et soulevez chaque portion sur une fine tranche de pain grillé. Couvrir de vinaigrette Hollandaise.

VINAIGRETTE AUX ARTICHAUTS

Coupez un artichaut bouilli froid en quartiers; puis placer dans un bol profond et couvrir de la vinaigrette suivante. Placer dans un bol

Une cuillère à café de sucre,

Une demi-cuillère à café de sel,

Une demi cuillère à café de paprika,

Une demi cuillère à café de moutarde,

Le jus d'un demi citron ou de deux cuillères à soupe de vinaigre,

Cinq cuillères à soupe d'huile de salade.

Battre pour bien mélanger. Ajoutez maintenant une cuillère à soupe d'oignon râpé et remuez jusqu'à ce que le tout soit bien mélangé. Placer l'artichaut dans le nid de laitue; verser sur la vinaigrette. Servir garni de piment finement haché.

ARTICHAUT FRIT DANS LA PÂTE

Cuire les artichauts jusqu'à ce qu'ils soient tendres; égoutter et couper en huitièmes; tremper dans la pâte; faire revenir jusqu'à ce qu'il soit doré dans la graisse chaude. Servir avec une sauce au fromage.

Casser dans un bol

Un oeuf,

Deux cuillères à soupe d'eau,

Battre pour mélanger. Ajouter

Sept cuillères à soupe rases de farine,

Une demi-cuillère à café de sel,

Un quart de cuillère à café de poivre,

Une cuillère à café de vinaigre,

Une cuillère à café d'oignon râpé.

Bien battre pour mélanger; maintenant, trempez l'artichaut dans la farine; puis secouez pour détacher l'excès de farine. Maintenant, plongez dans la pâte ; frire doré.

OIGNONS

HACHÉ D'OIGNONS ET DE POMMES DE TERRE

Parez et coupez suffisamment d'oignons pour mesurer une tasse. Faire bouillir puis égoutter. Placez maintenant quatre cuillères à soupe de graisse dans une poêle et ajoutez les oignons et une tasse et demie de purée de pommes de terre. Retourner constamment jusqu'à ce que le tout soit bien mélangé, puis former une omelette dans une poêle, retourner sur une assiette chaude et servir avec une sauce à la crème.

OIGNONS DANS LES RAMEKINS

Épluchez et faites bouillir jusqu'à tendreté une douzaine d'oignons de taille moyenne. Égoutter puis disposer dans des ramequins. Assaisonner et recouvrir de sauce à la crème. Saupoudrez le dessus de quelques chapelure puis saupoudrez d'une cuillère à café de fromage râpé. Saupoudrez légèrement de paprika puis enfournez une quinzaine de minutes à four modéré.

OIGNONS FRITS AU BEURRE

Parer et cuire une douzaine d'oignons de taille moyenne jusqu'à ce qu'ils soient tendres, en prenant soin qu'ils ne se cassent pas. Égoutter puis laisser refroidir, et au moment de préparer, tremper dans la pâte, puis faire frire dans la graisse chaude et servir avec la sauce hollandaise. Comment préparer la pâte :

Placer dans un bol

Six cuillères à soupe d'eau,

Huit cuillères à soupe de farine,

Une demi-cuillère à café de sel.

Battre pour mélanger puis rouler les oignons dans la farine puis les tremper dans une pâte et les faire frire jusqu'à ce qu'ils soient dorés dans la graisse chaude.

OIGNONS FRITS

Épluchez les gros oignons, puis coupez-les en tranches d'un demi-pouce. Faire frire jusqu'à ce qu'ils soient dorés dans la graisse chaude et servir en garniture avec des omelettes, du poisson, de la charcuterie, etc.

OIGNONS AU FOUR

Les gros oignons ou les oignons espagnols sont les meilleurs pour ce plat. Épluchez les oignons puis faites-les bouillir jusqu'à ce qu'ils soient tendres, puis veillez à ce que l'oignon ne devienne pas mou. Soulevez puis laissez refroidir et retirez délicatement les centres. Préparez maintenant ce qui suit comme garniture pour quatre gros ou huit oignons de taille moyenne.

Quatre cuillères à soupe de fromage râpé,

Six cuillères à soupe de chapelure fine,

Une cuillère à café de sel,

Une cuillère à café de paprika,

Deux cuillères à café de persil finement haché,

Un oeuf.

Mélangez soigneusement pour mélanger, puis remplissez la cavité des oignons, en formant une pointe ou un pouce au-dessus de l'oignon. Saupoudrez légèrement l'oignon de farine puis placez-le dans un plat allant au four. Arrosez maintenant les oignons de shortening fondu et faites cuire au four pendant vingt-cinq minutes à four modéré. Hachez très finement les oignons retirés du centre et ajoutez-les à une tasse de sauce à la crème avec

Une cuillère à café et demie de sel,

Une demi cuillère à café de poivre blanc,

Trois cuillères à soupe de persil,

Un œuf bien battu.

Battre pour bien mélanger puis chauffer jusqu'au point d'ébullition. Servir sur les oignons cuits. Ce plat remplacera la viande au déjeuner.

Crêpes suisses à l'oignon et aux pommes de terre

Épluchez et passez deux oignons espagnols dans le hachoir à l'aide d'un couteau fin. Placer dans un bol, puis éplucher et râper quatre pommes de terre de taille moyenne dans un bol et ajouter

Trois quarts de tasse de lait,

Un oeuf,

Une cuillère à soupe de sirop,

Une cuillère à café et demie de sel,

Une demi cuillère à café de poivre,

Sept huitièmes de tasse de farine,

Deux cuillères à café rases de levure chimique,

Deux cuillères à café rases de shortening.

Battre pour mélanger puis faire frire comme des crêpes. Servir avec du beurre persillé.

CRÈME À L'OIGNON

Hachez suffisamment d'oignons pour mesurer une demi-tasse. Faire bouillir puis égoutter. Maintenant, placez dans un bol

Une tasse et demie de lait,

Deux oeufs,

Une cuillère à café de sel,

Une cuillère à café de paprika,

Deux cuillères à soupe de persil finement haché.

Battre pour mélanger puis graisser les coupes à crème. Ajoutez une demi-tasse de chapelure fine aux oignons préparés. Mélangez bien puis répartissez dans six tasses. Versez dessus la crème anglaise préparée. Placez les tasses dans un plat allant au four, ajoutez un litre d'eau, puis placez dans un four modéré et faites cuire jusqu'à ce que le centre soit ferme, généralement environ vingt-cinq minutes. L'eau dans le plat de cuisson empêche les crèmes de cuire trop vite. Servir dans les coupelles ou laisser reposer cinq minutes avant de démouler et de déposer une tranche de pain grillé.

BEURRE DE PERSIL

Deux cuillères à soupe de beurre,

Trois cuillères à soupe de persil finement haché,

Une cuillère à café de jus de citron.

Battre jusqu'à obtenir une pâte lisse et utiliser. Ce plat remplacera les pommes de terre dans le menu du déjeuner.

PÂTISSERIE À LA BANANE DE LA HAVANE

Deux tasses de farine,

Une demi-cuillère à café de sel,

Deux cuillères à café de levure chimique,

Une cuillère à soupe de sucre.

Placer dans un bol à mélanger et tamiser pour bien mélanger. Frottez maintenant dans la farine préparée huit cuillères à soupe de shortening, puis mélangez jusqu'à obtenir une pâte avec une demi-tasse d'eau glacée. Rouler la pâte sur une planche à pâtisserie légèrement farinée d'un quart de pouce d'épaisseur; coupé en oblongs de trois pouces de large et six pouces de long. Peler la banane et la déposer sur la pâte ; saupoudrer de

Une cuillère à café de cassonade,

Une pincée de muscade,

Pincée de cannelle,

Une demi-cuillère à café de beurre.

Badigeonner les bords de la pâte d'eau froide et bien presser ensemble en enfermant la banane. Étalez-le sur une plaque à pâtisserie bien graissée et farinée, en plaçant vers le bas le côté qui a été fixé. Badigeonner d'œuf battu et cuire à four modéré pendant dix-huit minutes. Servir comme vous le feriez pour d'autres pâtisseries.

BANANES FRITES

Épluchez les bananes puis coupez-les en deux ; rouler dans la farine puis tremper dans l'œuf battu et rouler dans la chapelure fine. Faire frire jusqu'à ce qu'ils soient dorés et servir avec un steak ou des côtelettes grillées ou une fricassée de poulet.

TARTE À LA BANANE

Parer puis passer au tamis fin suffisamment de bananes pour mesurer une tasse. Placer dans un bol à mélanger et ajouter

Une demi-tasse de sucre,

Le jus d'un citron,

Un quart de cuillère à café de zeste de citron râpé.

Remuer pour mélanger puis ajouter lentement en battant pour mélanger

Une tasse de lait,

Jaune d'un œuf,

Un œuf entier,

Un quart de cuillère à café de muscade.

Battre pour mélanger puis verser dans une assiette à tarte tapissée de pâte nature. Cuire à four lent pendant vingt-cinq minutes puis laisser refroidir. Utilisez le blanc d'œuf et un demi-verre de gelée pour fouetter les fruits.

GLACE À LA BANANE

Une tasse et demie de pulpe de banane,

Une tasse de sucre,

Jus d'un citron.

Placer dans un bol à mélanger, puis couvrir et réserver. Maintenant place

Deux tasses et demie de lait,

Quatre cuillères à soupe de fécule de maïs,

dans une casserole et remuer pour dissoudre la fécule. Porter à ébullition et cuire cinq minutes. Ajoutez les jaunes de deux œufs. Battre pour bien mélanger et ajouter le mélange de bananes. Battez fort pour mélanger. Incorporez maintenant au mélange les blancs des deux œufs battus en neige ferme. Congeler de la manière habituelle, en utilisant trois parts de glace pour une part de sel. Cette quantité fera trois pintes de glace.

FARCE À LA BANANE POUR LE POULET

Parer et passer au tamis quatre bananes. Placer dans un bol et ajouter

Un demi oignon râpé,

Un poivron vert haché finement,

Trois cuillères à soupe de persil finement haché,

Quatre tranches de bacon hachées finement,

Une tasse et quart de chapelure,

Pincée de thym,

Un oeuf,

Une cuillère à café de sel.

Mélangez soigneusement, puis versez dans le poulet et faites rôtir de la manière habituelle.

BEIGNETS DE BANANE

Placer dans un bol à mélanger

Une tasse de pulpe de banane,

Un quart de tasse de sucre,

Jaunes de deux œufs,

Une cuillère à soupe de shortening.

Battre pour mélanger puis ajouter

Une tasse et demie de farine,

Une cuillère à café et demie de levure chimique.

Battre pour mélanger puis couper et incorporer au mélange les blancs de ceux œufs battus en neige ferme. Faire frire dans la graisse jusqu'à ce qu'ils soient dorés, puis servir avec une sauce à la banane.

BANANES AU FOUR

Lavez les bananes et retirez une seule bande du dessus. Placer dans un plat allant au four, ajouter une demi-tasse d'eau et cuire à four modéré pendant une demi-heure.

MUFFINS À LA BANANE

Passez un nombre suffisant de bananes au tamis pour mesurer une tasse. Placer dans un bol à mélanger et ajouter

Une tasse de cassonade,

Quatre cuillères à soupe de shortening,

Deux tasses de farine,

Cinq cuillères à café de levure chimique,

Une tasse de lait,

Une demi-cuillère à café de muscade.

Battre pour mélanger puis cuire au four dans des moules à muffins bien graissés et farinés à four modéré pendant vingt-cinq minutes. Glacez le dessus avec de l'eau glacée.

BANANES DE RIZ ET ŒUFS POCHÉS

Faites cuire un quart de tasse de riz dans une tasse et un quart d'eau jusqu'à ce que le riz soit tendre et que l'eau soit absorbée. Placer dans un plat allant au four et couvrir d'un pouce de profondeur avec des tranches de banane. Mettre au four et cuire une dizaine de minutes. Maintenant, déposez un œuf poché pour chaque service. Garnir d'une tranche de bacon et servir avec une sauce au persil.

CRÊPES À LA BANANE

Placer dans un bol à mélanger

Une tasse de bananes écrasées,

Une tasse de lait,

Une tasse et demie de farine,

Deux cuillères à soupe de sirop,

Deux cuillères à soupe de shortening,

Un oeuf,

Deux cuillères à café de levure chimique.

Battre pour mélanger puis cuire comme d'habitude sur une poêle chaude et bien graissée.

SAUCE BANANE

Une demi-tasse de banane écrasée,

Une demi-tasse de sucre,

Une cuillère à café de vanille,

Jus d'une orange.

Battre pour mélanger puis servir avec les beignets.

POISSON

Les poissons sont divisés en deux classes : ceux qui ont une colonne vertébrale, appelés vertébrés ; et ceux qui n'ont pas d'épine dorsale et sont appelés coquillages.

Les vertébrés sont classés comme poissons d'eau douce et d'eau salée et contiennent de la viande blanche et brune. Le poisson est similaire à la viande dans sa composition et sa structure et est classé parmi les aliments protéinés ou favorisant la musculation ; il peut remplacer la viande ou son équivalent au menu.

Le muscle est constitué d'un faisceau de fibres liées entre elles par un tissu conjonctif ; elle est si tendre qu'elle demande beaucoup moins de temps de cuisson que la viande. Le poisson, en règle générale, contient moins de graisse que la viande, et bien qu'il y ait une quantité considérable de déchets, on constatera qu'elle est à peu près égale à l'os de la viande.

Les méthodes de cuisson du poisson sont les suivantes : griller, bouillir, cuire au four, frire et sauter.

FAIRE BOUILLIR LE POISSON

Nettoyer et préparer le poisson. Attachez-y un morceau de gaze puis plongez-le dans une bouilloire de court-bouillon bouillant. Cuire en laissant vingt minutes par livre. Soulevez, égouttez bien puis allumez un plat chaud en posant une serviette sous le poisson pour absorber l'humidité. Servir avec de la crème, de la hollandaise, des œufs ou de la sauce tomate et garnir de tranches d'œuf dur, de betteraves et de carottes coupées en dés ou de câpres, de dés de betteraves, de tranches de citron.

POISSON CUIT

Nettoyez et préparez le poisson en laissant la tête et la queue sur le corps, mais enlevez les yeux et les nageoires. Préparez maintenant une garniture comme suit :

Une tasse de chapelure,

Trois cuillères à soupe de shortening,

Une cuillère à café de sel,

Une cuillère à café de paprika,

Un petit oignon râpé,

Un oeuf.

Mélangez puis versez sur le poisson. Fixez l'ouverture avec une ficelle ou avec des cure-dents. Placer dans un plat allant au four et frotter avec beaucoup de shortening. Saupoudrez de farine et placez dans un four chaud pour cuire. Arroser toutes les quinze minutes d'eau bouillante. Attendez dix-huit minutes pour la livre et vingt minutes pour que le poisson soit bien chaud et commencez la cuisson.

COUR BOUILLON

Placez cinq pintes d'eau dans une marmite à poisson et ajoutez

Un petit oignon tranché,

Un clou de girofle,

Trois branches de persil,

Un petit poivron rouge,

Une demi-feuille de laurier,

Une cuillère à café de paprika,

Une cuillère à café de sel de céleri,

Deux cuillères à café de sel,

Une demi-tasse de vinaigre,

Un pédé d'herbes à soupe.

Portez à ébullition et faites cuire le poisson. Filtrer et réserver pour cuire à nouveau le poisson.

SAUCE POISSON

Filtrez le liquide laissé dans la casserole après avoir retiré le poisson et ajoutez suffisamment d'eau bouillante pour faire une tasse. Mettre dans une casserole et ajouter

Deux cuillères à soupe rases de fécule de maïs, dissoutes dans trois cuillères à soupe rases d'eau,

Une cuillère à soupe de beurre,

Une cuillère à soupe de sauce Worcestershire,

Une cuillère à café de sel,

Une cuillère à café de paprika,

Jus d'un demi citron.

Porter à ébullition, cuire cinq minutes et servir avec du poisson.

POUR GRILLER LE POISSON

Nettoyez le poisson en laissant les petits poissons entiers, divisez les gros poissons, puis badigeonnez-les de shortening fondu et faites-les griller, en laissant dix minutes pour les petits poissons et dix minutes par livre pour les plus gros.

Les gros poissons auront besoin de trente à quarante-cinq minutes. Transférer sur une assiette chaude et tartiner avec

Deux cuillères à soupe de beurre,

Deux cuillères à soupe de persil,

Une cuillère à soupe de sauce Worcestershire,

Une cuillère à soupe de jus de citron.

Bien mélanger puis garnir de tranches de citron et de persil.

POISSON FRIT CRÉOLE

Le poisson frit à la créole est d'une couleur dorée et croustillante. Il se prépare comme suit : Nettoyez le poisson puis lavez-le, égouttez-le et roulez-le dans la farine. Placer dans une poêle contenant de la graisse chaude et faire revenir jusqu'à ce qu'il soit doré. Mettre au four, si le poisson est gros, jusqu'à ce que tout soit cuit et terminer la cuisson.

POISSON FRIT

Les petits poissons, comme l'éperlan, l'omble de fontaine, la perche, le poisson-beurre, etc., peuvent être bien nettoyés, séchés puis trempés dans un œuf battu et roulés en fines miettes. Les gros poissons doivent être coupés en morceaux appropriés ; des tranches de poisson peuvent également être préparées de cette manière.

SAUTER

Le poisson doit être bien nettoyé puis frit dans suffisamment de graisse pour éviter de coller.

PUDDING À LA NOIX DE COCO

Placer dans un bol à mélanger

Une tasse de chapelure,

Une tasse de farine tamisée,

Une demi-cuillère à café de sel,

Une cuillère à soupe de levure chimique,

Trois quarts de tasse de noix de coco,

Un oeuf,

Une tasse de lait.

Battre pour bien mélanger et verser dans des coupes à crème anglaise ou un moule à pudding bien graissés et cuire au four modéré pendant trente-cinq minutes. Servir avec une sauce au citron.

PUDDING DE NEIGE

Placer dans une casserole

Une tasse de lait,

Quatre cuillères à soupe rases de fécule de maïs.

Remuer pour dissoudre puis porter à ébullition et cuire lentement pendant cinq minutes. Maintenant, ajoutez

Six cuillères à soupe de sucre,

Blanc d'oeuf battu fermement,

Une cuillère à café de vanille.

Battez vigoureusement pour mélanger. Verser dans quatre coupes de crème anglaise et mettre au frais pour mouler. Servir avec une sauce à la crème anglaise.

POUDING AUX FRUITS

Placer dans un bol

Une tasse de mélasse,

Et ajouter

Une tasse de lait aigre,

Un oeuf,

Une cuillère à café de bicarbonate de soude,

Cinq cuillères à soupe de shortening,

Une cuillère à café de cannelle,

Une demi-cuillère à café de piment de la Jamaïque,

Quatre cuillères à soupe de cacao,

Une tasse et demie de chapelure grossière,

Une tasse et demie de farine de blé,

Une demi-tasse de raisins secs épépinés,

Deux cuillères à café de levure chimique.

Mélangez dans l'ordre indiqué en battant fort. Versez dans un moule bien beurré et fariné. Faire bouillir et cuire à la vapeur pendant deux heures, puis servir avec une sauce à la vanille ou à la crème.

RIZ AU LAIT

Lavez une demi-tasse de riz dans beaucoup d'eau froide. Placer dans une casserole et ajouter trois tasses d'eau bouillante. Cuire lentement jusqu'à ce que l'eau soit absorbée, puis bien graisser un plat allant au four. Versez le riz dans un bol et ajoutez

Deux tasses de lait,

Un jaune d'oeuf,

Une demi-tasse de sucre,

Une demi cuillère à café de muscade,

Une demi-cuillère à café de sel.

Bien mélanger et verser dans un plat allant au four et enfourner à four doux pendant trente-cinq minutes. Faites cuire puis placez le reste de blanc d'œuf et un demi-verre de gelée dans un bol et battez jusqu'à ce qu'il garde sa forme. Utiliser comme fouet pour le pudding.

RIZ AU CHOCOLAT

Lavez une demi-tasse de riz dans beaucoup d'eau tiède, puis placez deux tasses et demie d'eau bouillante dans une casserole et ajoutez le riz. Cuire jusqu'à ce que le riz soit tendre et que l'eau soit absorbée. Placez maintenant trois onces de chocolat coupé en fins morceaux dans un litre de lait. Portez à ébullition puis ajoutez

Trois quarts de tasse de sucre,

Une demi-cuillère à café d'extrait de cannelle,

Deux cuillères à café de vanille,

Deux cuillères à soupe de beurre,

Le riz préparé.

Bien mélanger puis verser dans un plat allant au four et enfourner pendant quarante minutes à four modéré. Remuer fréquemment.

PLUM PUDDING À LA ROMAINE

Une tasse de flocons d'avoine cuits,

Une tasse de raisins secs sans pépins,

Une tasse de pêches séchées, passées au hachoir,

Une tasse de cacahuètes passée au hachoir,

Un quart de tasse de citron passé dans un hachoir,

Deux cuillères à café de cannelle,

Une cuillère à café de piment de la Jamaïque,

Une cuillère à café de muscade,

Une tasse de sirop,

Un oeuf,

Un verre de confiture ou de gelée de pomme.

Mélangez puis emballez-le dans des moules, une boîte de café d'une livre ou attachez-le dans un tissu à pudding. Faire bouillir pendant deux heures.

BETTY MARRON

Eplucher les pommes puis les trancher finement. Beurrez maintenant un moule à pudding ou un plat allant au four. Placez une couche de pommes d'un pouce d'épaisseur, puis une couche de chapelure. Répétez jusqu'à ce que le plat soit plein, puis saupoudrez chaque couche de cassonade et de cannelle au fur et à mesure. Versez maintenant sur le plat suffisamment de compote de pommes épaisse et bien sucrée pour remplir le plat de cuisson aux deux tiers. Cuire à four modéré pendant quarante minutes.

POUDING AU CITRON

Faites chauffer trois quarts de tasse de lait jusqu'au point d'ébullition, puis ajoutez-y

Une cuillère à soupe de beurre,

Cinq cuillères à soupe de sucre.

Versez sur une demi-tasse de chapelure fine, puis laissez refroidir et ajoutez

Jaune d'un œuf,

Le jus d'un demi citron,

Le zeste râpé d'un quart de citron,

Un quart de tasse d'eau.

Bien mélanger avant de l'ajouter à la chapelure échaudée. Verser dans un petit plat allant au four et cuire à four modéré pendant vingt minutes.

Faire un fouet aux fruits

Un demi-verre de gelée de pommes,

Blanc d'un œuf.

Battre jusqu'à ce que le mélange conserve sa forme. Empilez-y le pudding et faites-le dorer au four pendant cinq minutes. Laisser refroidir.

BISCUITS À LA MIETTE

Une tasse de mélasse,

Une demi-tasse de cassonade,

Six cuillères à soupe de shortening,

Deux cuillères à café de cannelle,

Une demi cuillère à café de gingembre,

Une demi-cuillère à café de piment de la Jamaïque,

Un oeuf,

Cinq cuillères à soupe de lait aigre.

Battre pour mélanger puis ajouter

Deux tasses et demie de chapelure grossière

et suffisamment de farine pour obtenir un mélange très ferme.

Déposer par cuillerée sur une plaque à pâtisserie bien graissée, espacée de trois pouces. Cuire à four modéré pendant dix minutes.

POUDING AU CARAMEL

Faire un caramel de

Une tasse de sucre,

Quatre cuillères à soupe d'eau,

Une cuillère à soupe de beurre.

Verser dans un plat à pudding et retourner jusqu'à ce que le mélange recouvre bien le plat. Placer maintenant dans un bol à mélanger

Trois tasses de compote de pommes,

Une tasse de cassonade,

Deux tasses de chapelure,

Une demi-tasse de muscade.

Battre pour mélanger puis verser dans un plat allant au four, et cuire à four lent pendant quarante minutes, puis démouler aussitôt sur une assiette et servir avec une sauce caramel.

PUDDING AUX RAISIN

Faire tremper une demi-tasse de raisins secs dans de l'eau bouillante pendant une heure. Égouttez puis ajoutez deux onces de citron confit et suffisamment de pain rassis pour faire une tasse de chapelure. Passer le tout au hachoir. Placer dans un bol et ajouter

Une tasse de cassonade,

Une tasse de farine,

Une cuillère à soupe de levure chimique,

Le jus d'un citron,

Le zeste râpé d'un demi citron,

Jaunes de deux œufs,

Une tasse de lait,

Trois cuillères à soupe de shortening.

Battre pour bien mélanger, puis couper et incorporer les blancs de deux œufs battus en neige ferme. Verser dans un moule d'un litre bien beurré et fariné. Placez le moule au fond d'une casserole contenant suffisamment d'eau bouillante pour recouvrir le moule aux deux tiers de sa profondeur. Mettre au four et cuire une cinquantaine de minutes à four modéré. Démouler et servir avec la sauce Saboyon.

PUDDING À LA CITROUILLE

Placer dans un bol

Onze tasses et demie de citrouille cuite à la vapeur, égouttée et séchée,

Une tasse de lait,

Jaune d'un œuf,

Une demi-tasse de sucre,

Une cuillère à café de beurre fondu,

Une cuillère à café de cannelle,

Une demi cuillère à café de muscade,

Deux cuillères à café de vanille.

Bien battre pour mélanger puis verser dans des coupes à crème bien graissées. Placez les tasses dans un plat allant au four et versez suffisamment d'eau bouillante pour remplir à moitié le moule. Cuire à four modéré pendant quarante-cinq minutes puis servir froid. Garnir de fouet aux fruits ou de gelée.

SOUPE

La soupe, à moins qu'il ne s'agisse d'une crème épaisse ou d'une purée, a peu de valeur nutritive. Au contraire, il stimule l'estomac et provoque une libre circulation des sucs digestifs. Ainsi, les aliments ingérés après que la soupe a stimulé l'estomac sont rapidement absorbés et nourrissent ainsi immédiatement l'organisme sans perturber la digestion.

Les Français accordent une grande importance à deux éléments essentiels pour réussir la préparation d'une soupe. Premièrement, il ne doit pas descendre en dessous du point d'ébullition, juste un léger bouillonnement, et, deuxièmement, une fois démarré, aucune eau ne doit être ajoutée. Pour préparer la soupe, utilisez toujours de l'eau froide pour commencer. N'utilisez pas de sel ni d'assaisonnement et faites chauffer lentement, en gardant la casserole bien couverte.

Les protéines, qui constituent le principal constituant de la viande, sont aspirées dans le liquide, ce qui le rend très nutritif. Une ébullition rapide détruit les arômes fins et les huiles volatiles qui s'échappent dans la vapeur.

Les soupes sont divisées en trois classes : premièrement, le bouillon ; deuxièmement, la crème ; troisièmement, les soupes de fruits.

Les soupes à base de viande et d'os sont appelées bouillon ; celles sans bouillon sont appelées crème, comme les soupes à la crème de légumes, de palourdes et d'huîtres, et enfin celles à base de viande et d'os, cuites par une ébullition longue et lente, qui dissout les éléments solubles de la viande et des os dans l'eau et rend une soupe très riche.

LA MARMITE

Il doit s'agir d'une casserole profonde ou d'une bouilloire avec un couvercle hermétique. Ceci est important pour qu'aucune vapeur ne soit perdue par évaporation. La vapeur contient l'arôme ou l'huile fine volatile et les éléments essentiels qui passent dans l'air. Dans une famille assez nombreuse, il faut acheter peu de viande pour la marmite si la ménagère insiste pour que toutes les portions d'os et de parures soient envoyées avec la viande achetée. Les Françaises regardent avec horreur les Américaines laissant toutes les chutes et parures au boucher.

POUR FAIRE LE STOCK

Un os de soupe du tibia, le bœuf, qui regorge de nutriments, contiendra près d'une demi-livre de viande. Prenez une livre de bout de cou de veau et quatre litres d'eau. Lavez les os, ajoutez l'eau froide et portez lentement à ébullition. Écumez puis couvrez bien et laissez cuire pendant quatre heures. À ce moment-là, la viande sera tombée des os. Filtrer et laisser refroidir. Laisser reposer toute la nuit. C'est mieux.

Retirez ensuite toute la graisse du dessus. Ce bouillon est la base de toutes les soupes, sauces et sauces. Elle est riche en matières minérales et en gélatine. La viande peut être retirée des os et passée dans le hachoir et utilisée pour le pain de viande, les croquettes et les biscuits à la viande ou les saucisses, et elle fera un hachis très savoureux lorsqu'elle sera combinée avec des pommes de terre et des oignons pour le petit-déjeuner.

Vous disposez désormais d'un bouillon délicieux et nutritif, sans assaisonnement d'aucune sorte, qui se conservera au froid quatre ou cinq jours. Par temps chaud, il doit être remis dans la marmite tous les deux jours, porté à ébullition et écrémé puis laissé refroidir et enfin mis dans la glacière. De petites portions de viande, de jambon, les parures et les os accumulés peuvent être ajoutés. Les pattes de poulet, ébouillantées dans l'eau bouillante pour détacher la peau extérieure, qui doit être décollée, ainsi que les abats de volaille, peuvent être ajoutées à la marmite. L'assaisonnement et l'ajout de légumes le rendent aigre. De nombreuses variétés de soupes sont possibles avec l'utilisation de ce bouillon.

GUMBO D'HUÎTRE

Hachez très finement deux oignons de taille moyenne puis placez-les dans une casserole et ajoutez

Une pinte d'eau chaude,

Une pinte de liquide d'huître,

Une pinte de lait.

Porter à ébullition et cuire cinq minutes. Maintenant, ajoutez

Une demi-tasse de farine dissoute dans

Une demi-tasse de lait.

Bien mélanger jusqu'à ce qu'il atteigne le point d'ébullition, puis ajouter

Vingt-cinq huîtres,

Une cuillère à soupe de lime (poudre de gumbo),

Une once de beurre.

Faites cuire cinq minutes puis versez le gumbo dans une soupière et ajoutez trois cuillères à soupe de persil finement haché. La lime, ou poudre de gumbo, est fabriquée par les Indiens Choxtaw à partir de jeunes feuilles de sassafras. Les Indiens rassemblent les feuilles, les étalent sur l'écorce pour les faire sécher, puis les broient en une fine poudre, la passent au tamis fin et la conditionnent ensuite dans des sachets ou des bocaux. Il est vendu sur les marchés français de la Nouvelle-Orléans et dans toutes les épiceries importatrices haut de gamme. Les Indiens utilisent les sassafras à la fois en médecine et en cuisine, et les Créoles l'ont rapidement découvert et apprécié lors de la fabrication de leur fameux gumbo ou file.

SOUPE AUX LÉGUMES

Une pinte de bouillon, une tasse de pulpe de tomate, obtenue en brûlant la pelure des tomates ou les tomates en conserve, peuvent être utilisées, et

Une demi-tasse de pommes de terre en dés,

Une demi-tasse de légumes mélangés ; du chou, des navets et des pois peuvent être ajoutés

Une demi-carotte coupée en dés,

Une cuillère à soupe de persil,

Deux cuillères à soupe de farine,

Sel et poivre au goût,

Portion de bouquet d'herbes potagères.

Prenez un bouquet d'herbes potagères, divisez-le en petits bouquets et attachez chacun avec une ficelle, puis utilisez-en un dans la soupe aux légumes. Mettez le reste des herbes dans un pot de fruits jusqu'à ce que vous en ayez à nouveau besoin.

Mettez les herbes dans le bouillon, ajoutez les tomates et laissez mijoter. Faites cuire les légumes dans une pinte d'eau jusqu'à ce qu'ils soient tendres, puis ajoutez l'eau et le tout au bouillon, ajoutez l'assaisonnement et la farine mélangés à un peu d'eau froide et laissez cuire pendant cinq minutes.

POUR FAIRE DES NOUILLES

Un oeuf,

Une cuillère à soupe d'eau,

Une demi-cuillère à café de sel.

Battez le tout jusqu'à ce que le tout soit bien mélangé, puis ajoutez suffisamment de farine pour obtenir une pâte ferme. Pétrir jusqu'à ce qu'il soit élastique (environ deux minutes), puis étaler sur une planche à pâtisserie jusqu'à ce qu'elle soit aussi fine que du papier, en saupoudrant légèrement la planche de farine pour éviter qu'elle ne colle. Laissez-le sécher pendant quinze minutes, puis coupez-le en ficelles épaisses et fines. Pour ce faire, roulez-le sans serrer, comme un rouleau de gelée, puis coupez-le. Mettre à sécher sur un plat. Une fois bien secs, ils peuvent être conservés dans un pot à fruits. Une partie de la pâte peut être tamponnée avec de petits coupe-légumes et cuite dans la soupe de la même manière que les nouilles.

Des légumes coupés en formes fantaisies, des macaronis coupés en petites rondelles, des œufs durs en tranches, des boulettes de fromage, des tranches de citron, ainsi que du riz et de l'orge, peuvent être ajoutés à la soupe.

Pour faire une coloration brune : Une demi-tasse de sucre cuit dix minutes dans une poêle en fer jusqu'à ce qu'il soit noirci ; puis ajoutez une demi-tasse d'eau. Laisser bouillir puis filtrer et mettre en bouteille pour utilisation.

Les principaux points à garder à l'esprit lors de la préparation d'une soupe sont :

Tout d'abord, extrayez tout le jus et les arômes solubles dans l'eau.

Deuxièmement, conservez ce que nous avons retiré en utilisant une casserole avec un couvercle hermétique.

Troisièmement, utilisez de l'eau froide pour extraire les jus et les saveurs de la viande.

Quatrièmement, une cuisson longue et lente.

Cinquièmement, les arômes et les légumes ajoutés après la préparation du bouillon empêchent son acidification rapide.

Sixièmement, n'utilisez pas la marmite à des fins autres que celles prévues. Des soins, un jugement et des mesures précis donneront de bons résultats.

Si l'essentiel du travail s'effectue le matin en s'occupant des tâches de cuisine, la constitution du stock ne vous prendra que peu de temps. De délicieuses sauces peuvent être préparées en utilisant du bouillon au lieu de l'eau.

SOUPE CLAIRE

Utilisez deux cuillères à soupe de graisse et faites revenir un oignon jusqu'à ce qu'il soit doré. Ajoutez deux cuillères à soupe de farine et faites bien dorer, puis versez une pinte de bouillon et laissez cuire pendant cinq minutes, puis ajoutez l'assaisonnement, le sel et le poivre au goût. Filtrer dans une soupière et saupoudrer d'une cuillère à soupe de persil finement haché. Servir avec du pain coupé en longueurs de doigts et grillé.

PURÉE DE CÉLERI

Utilisez une pinte de céleri coupé en dés et faites cuire dans une tasse d'eau froide jusqu'à tendreté, puis passez au tamis et ajoutez une tasse de bouillon,

Une tasse de lait,

Deux cuillères à soupe de farine mélangée à un peu de lait,

Assaisonnement,

Sel et poivre,

Une cuillère à soupe de persil haché et servir.

À la soupe claire peuvent être ajoutés des macaronis, des nouilles ou des légumes. C'est une bonne façon d'utiliser les restes de légumes trop petits pour être servis seuls.

SOUPE DE POISSON

Utilisez six tranches de morue, de merlu ou de plie. Hachez très finement quatre oignons puis placez-les dans une casserole avec

Trois cuillères à soupe d'huile de cuisson.

Cuire jusqu'à tendreté, mais pas brunir; puis ajouter

Une tasse de tomates passées au tamis fin,

Un bouquet d'herbes potagères,

Trois pintes d'eau.

Portez à ébullition et laissez cuire doucement pendant vingt minutes puis ajoutez le poisson. Cuire doucement pendant trente minutes puis ajouter

Six cuillères à soupe de farine dissoute dans

Une demi-tasse d'eau,

Une cuillère à café et demie de sel,

Une cuillère à café de paprika,

Le jus d'un citron,

Le zeste râpé d'un quart de citron.

Porter à ébullition et cuire cinq minutes. Maintenant, posez le poisson sur des tranches de pain bien grillées et filtrez dessus la soupe. Garnir de persil finement haché et d'une cuillère à soupe de fromage râpé.

SOUPES DE POISSON

La bouillabaisse de France et de la Nouvelle-Orléans est des plus délicieuses et peut très bien être servie fréquemment sur nos tables. La cuisine française et méridionale, notamment les créoles, excellent dans la préparation de délicieux veloutés et purées. Ils sont entièrement fabriqués à partir de légumes. Ces bonnes gens ont conservé une coutume du vieux monde ; à savoir, l'assiette quotidienne de soupe. Les créoles ont introduit une nouvelle variété appelée gumbo.

Les légumes et le lait constituent la base de ces soupes. Les légumes sont cuits dans l'eau puis passés au tamis. Des parts égales de lait sont ajoutées puis légèrement épaissies et assaisonnées. Lorsqu'on souhaite donner une valeur alimentaire supplémentaire, des œufs peuvent être ajoutés.

BOUILLON D'HUÎTRES

Égouttez vingt-quatre huîtres en conservant le liquide. Lavez et examinez soigneusement les huîtres pour les débarrasser des morceaux de coquille. Hachez finement et placez dans une casserole et mesurez le liquide des huîtres, en ajoutant suffisamment d'eau pour faire deux tasses. Laisser mijoter doucement une quinzaine de minutes. Laissez bouillir une fois. Filtrer, assaisonner au goût avec du sel, du poivre et le bouillon est prêt à servir. Aussi bon chaud que froid.

PURÉE D'HUÎTRE

Préparez deux tasses de sauce à la crème fine et ajoutez

Vingt-cinq huîtres finement hachées,

Une tasse et demie de liquide d'huître,

Une cuillère à soupe d'oignon râpé.

Laisser mijoter lentement pendant vingt minutes puis porter à ébullition. Filtrer, assaisonner au goût avec du sel et du poivre, en ajoutant deux cuillères à soupe de persil finement haché.

Des palourdes peuvent être utilisées pour remplacer les huîtres.

POUR PRÉPARER UN RAGOÛT

Lavez et examinez soigneusement les vingt-cinq huîtres en compote pour les débarrasser des morceaux de coquille. Placer dans une petite casserole et chauffer jusqu'à ce que les bords commencent à s'enrouler. Puis ajouter

Trois tasses de lait bouillant,

Deux cuillères à soupe de beurre,

Une cuillère à café de sel,

Une demi-cuillère à café de paprika.

Laissez le mélange atteindre le point de brûlure, puis retirez-le immédiatement et servez.

Des palourdes peuvent être utilisées pour remplacer les huîtres.

SOUPE DE POISSON

Une betterave rouge,

Trois oignons de taille moyenne,

Une carotte,

Trois poireaux,

Six branches de persil,

Une tasse et demie de chou finement haché.

Hachez finement puis placez dans une casserole et ajoutez deux tasses d'eau froide. Cuire doucement jusqu'à ce que les légumes soient très tendres puis ajouter

Trois tasses de bouillon de poisson.

Bouillon obtenu en cuisant la tête, les nageoires et les arêtes d'une livre et demie de poisson. Assaisonner avec

Deux cuillères à café de sel,

Une cuillère à café de paprika,

Le jus d'un demi citron,

Deux cuillères à soupe de beurre.

Laisser mijoter doucement pendant quinze minutes puis déposer le poisson préparé dans une soupière et verser dessus le bouillon. Saupoudrer de paprika et de persil finement haché et servir immédiatement.

CRABES DIABLES

Préparez une sauce à la crème en la plaçant dans une casserole

Une tasse de lait,

Cinq cuillères à soupe rases de farine.

Remuer avec une cuillère ou une fourchette en fil métallique jusqu'à ce que la farine soit dissoute dans le lait, puis porter à ébullition. Remuer constamment et cuire pendant cinq minutes après avoir atteint le point d'ébullition. Puis ajouter

Une tasse de chair de crabe,

Une cuillère à soupe d'oignon râpé,

Une cuillère à soupe de persil finement haché,

Une cuillère à soupe de sauce Worcestershire,

Une cuillère à café et demie de sel,

Une cuillère à café de paprika,

Une demi-cuillère à café de moutarde.

Mélangez soigneusement puis remplissez les coquilles de crabe en remplissant légèrement la coquille au-dessus du niveau. Saupoudrer légèrement de farine puis badigeonner d'œuf battu et recouvrir de chapelure fine. Faire frire jusqu'à ce qu'ils soient dorés dans la graisse chaude. Les crabes peuvent être préparés plus tôt dans la journée puis réchauffés pour être servis.

SOUPE DE CÉLERI

Lavez et nettoyez soigneusement le céleri puis hachez-le finement. Placez une pinte de céleri finement haché dans une casserole et ajoutez trois tasses d'eau froide. Porter à ébullition et cuire jusqu'à ce que le céleri soit très tendre. Passer au tamis fin, puis mesurer et ajouter

Une tasse de lait,

Deux cuillères à soupe de farine.

à chaque tasse de purée de céleri. Dissoudre la farine dans le lait froid puis ajouter la purée de céleri. Portez à ébullition et laissez cuire une dizaine de minutes. Assaisonner en ajoutant une cuillère à café de beurre pour aromatiser. Un fagot d'herbes à soupe peut être ajouté au céleri si vous le souhaitez.

SOUPES À LA CRÈME

Les soupes à la crème sont une combinaison de légumes, de purée et de lait. Presque tous les légumes verts feront de délicieuses soupes. Nettoyez bien les légumes puis coupez-les en petits morceaux. Placer dans une casserole, couvrir d'eau froide et porter à ébullition. Cuire lentement jusqu'à tendreté, puis bien écraser; puis passer au tamis fin. Utilisez ce bouillon de légumes avec des parts égales de lait pour préparer la soupe.

Carottes, pois, tomates, navets, maïs, haricots, céleri, laitue, pommes de terre, betteraves, concombres, asperges, tout cela offre une splendide variété.

Laissez une cuillère à soupe rase de farine épaissir et dissolvez la farine dans l'eau froide avant de l'ajouter. Portez rapidement à ébullition puis assaisonnez. Ajoutez deux cuillères à soupe de beurre pour aromatiser puis servez.

Les Français, les Suisses et les Italiens servent du fromage râpé et du paprika avec toutes les soupes à la crème.

CRÈME D'OIGNON

Placez deux tasses d'oignons émincés dans une casserole et ajoutez une tasse d'eau froide. Cuire jusqu'à ce qu'il soit tendre, puis passer au tamis fin. Mesurez et remettez dans la casserole, et ajoutez une tasse de lait pour chaque tasse de purée d'oignons et deux cuillères à soupe rases de farine pour chaque tasse de lait. Remuer pour dissoudre la farine, puis porter à ébullition et cuire lentement pendant cinq minutes. Assaisonner avec du sel et du poivre blanc. Servir, puis ajouter une cuillère à soupe de beurre à chaque litre de soupe à la crème. Les croûtons ou les tranches de pain grillées accompagnent délicieusement les veloutés.

Comment préparer les croûtons : Coupez des tranches de pain en blocs d'un pouce et placez-les sur une plaque à pâtisserie et faites cuire au four jusqu'à ce qu'elles soient dorées. Placer dans une boîte en fer blanc ou un pot et sceller. Au moment de l'utiliser, réchauffez-le simplement pour qu'il soit croustillant, puis servez. Du pain rassis peut être utilisé à cette fin.

CRÈME DE TOMATE

Placez deux tasses de tomates cuites dans une casserole et ajoutez

Un oignon finement haché,

Un pédé d'herbes à soupe,

Pincée de clous de girofle.

Cuire doucement une dizaine de minutes puis passer au tamis fin. Maintenant, placez dans une casserole

Deux tasses de lait,

Cinq cuillères à soupe de fécule de maïs.

Remuer jusqu'à dissolution, puis porter à ébullition et cuire pendant cinq minutes. Ajouter à la tomate préparée en battant bien pour bien mélanger. Maintenant, ajoutez

Une cuillère à café de sel,

Une demi cuillère à café de poivre,

Une cuillère à soupe de beurre.

La préparation de la sauce à la crème puis l'ajout de la tomate préparée évite le caillage.

PURÉE DE TOMATES

Une pinte de compote de tomates,

Deux oignons finement hachés,

Une carotte coupée en dés,

Un pédé d'herbes à soupe,

Une pinte d'eau.

Cuire lentement jusqu'à ce que les légumes soient tendres, passer au tamis puis dissoudre

Quatre cuillères à soupe de fécule de maïs dans

Cinq cuillères à soupe d'eau froide.

Ajouter au mélange de sauce tomate avec

Deux cuillères à soupe de beurre,

Une cuillère à café et demie de sel,

Une demi-cuillère à café de poivre.

Cuire lentement pendant dix minutes.

PURÉE DE LÉGUMES

Parer et couper en dés

Six navets de taille moyenne,

Quatre carottes de taille moyenne,

Six oignons de taille moyenne.

Hacher bien

Une petite tête de chou,

Quatre branches de céleri,

Un bouquet d'herbes potagères,

Une cuillère à café de thym.

Placer dans une casserole et ajouter sept pintes d'eau froide. Portez à ébullition et laissez cuire lentement pendant deux heures. Écrasez-le au tamis fin, puis remettez-le dans la bouilloire et ajoutez

Une demi-tasse de farine dissoute dans

Une tasse de lait,

Une cuillère à soupe et demie de sel,

Une cuillère à café de poivre,

Deux œufs bien battus,

Beurre, grosseur d'une grosse noix ou une once.

Remuer pour bien mélanger, puis ajouter un quart de tasse de persil finement haché. Servir avec du pain grillé.

SOUPE AUX CHOUX

Deux litres d'eau,

Trois oignons finement hachés,

Un pédé d'herbes à soupe,

Deux tranches de porc salé coupées en dés,

Une livre et quart de viande à soupe, avec des os dedans,

Deux tasses et demie de chou finement râpé.

Placer dans une casserole et cuire lentement pendant une heure et trois quarts. Ajoutez maintenant deux cuillères à soupe de farine dissoute dans un quart de tasse d'eau et assaisonnez avec

Une cuillère à soupe de sel,

Une cuillère à café de poivre,

Une demi-cuillère à café de thym.

CRÈME DE CONCOMBRE

Épluchez et râpez un gros concombre, puis placez-le dans une casserole et ajoutez

Une tasse d'eau froide,

Une cuillère à soupe d'oignon râpé.

Portez à ébullition et laissez cuire doucement une dizaine de minutes. Passer au tamis fin et ajouter

Quatre tasses de lait,

Six cuillères à soupe de farine.

Remuer pour dissoudre la farine, puis porter à ébullition et cuire lentement pendant cinq minutes. Maintenant, ajoutez

Une cuillère à café de sel,

Une demi cuillère à café de paprika,

Un quart de poivron vert haché finement,

Une cuillère à soupe de beurre,

Battez fort pour mélanger.

CRÈME DE MAÏS, SUPRÊME

Utilisez un grattoir à maïs, puis marquez et grattez la pulpe de quatre gros épis de maïs et passez-la au tamis dans une casserole. Maintenant, ajoutez

Quatre tasses de lait,

Six cuillères à soupe de farine,

Une cuillère à soupe d'oignon râpé.

Remuer pour dissoudre puis porter à ébullition et cuire lentement pendant cinq minutes. Assaisonner au goût et ajouter

Une cuillère à soupe de beurre,

Une cuillère à soupe de persil finement haché.

PRUNEAUX AU FOUR

Lavez et faites tremper les pruneaux puis placez-les dans une cocotte et ajoutez une demi-livre de fruits,

Accompagnement de zeste de citron,

Le jus d'un demi citron,

Quatre cuillères à soupe de cassonade et juste assez d'eau pour couvrir.

Cuire au four trente minutes.

DES FRUITS

POIRES AU FOUR

Sélectionnez des poires de taille uniforme, puis épluchez-les et coupez-les en deux. Placer dans un plat allant au four et ajouter

Une demi-tasse de sirop,

Une demi-tasse d'eau,

Un quart de cuillère à café de muscade.

Cuire au four jusqu'à ce que les poires soient tendres. Arrosez fréquemment avec le sirop.

TARTELETTES AUX POIRES

Tapisser des moules à tarte ou des moules à tarte de pâte nature. Remplissez de compote de poires, puis saupoudrez de cannelle et faites cuire à four lent. Garnir de fouet aux fruits.

PUDDING AU PAIN AUX POIRES

Placez une couche de pain rassis cassé au fond d'un moule à pudding bien graissé, puis une couche de poires tranchées finement. Assaisonnez légèrement chaque couche de pain et de poires avec de la muscade et de la cannelle. Quand le plat est plein, versez dessus

Une tasse de sirop,

Une demi-tasse de cassonade,

Une tasse d'eau.

Remuer jusqu'à ce que le sucre soit dissous, puis cuire à four lent pendant une heure. Servir avec une sauce à la crème anglaise.

SAUCE POIRE

Parer puis couvrir avec juste ce qu'il faut d'eau pour cuire. Cuire jusqu'à tendreté, puis écraser et passer au tamis fin ou dans une passoire. Sucrer au goût, en ajoutant

Jus d'un citron.

Une cuillère à soupe de cannelle ou de muscade pour chaque litre de sauce aux poires. Cela peut être utilisé et servi avec du canard rôti, du poulet ou comme plat d'accompagnement, dans un shortcake aux poires et comme tartinade pour le pain et les gâteaux chauds.

POIRES ET CANNEBERGES AU FOUR

Eplucher huit poires puis les couper en deux en enlevant les tiges et les pépins. Placer dans un plat allant au four, côté coupé vers le haut. Triez et lavez une tasse de canneberges, puis ajoutez les baies aux poires et

Une demi-tasse de raisins secs,

Une tasse de sirop,

Une demi-tasse de cassonade,

Une tasse d'eau,

Un quart de cuillère à café de muscade.

Cuire à four lent jusqu'à ce que les poires soient tendres.

REMARQUE .—Ce plat peut être cuit sur le dessus de la cuisinière dans une casserole.

FRUIT SEC

Les oranges et les pamplemousses sont chers et les fruits secs peuvent être remplacés avec avantage. Si ces fruits sont bien préparés, la famille pourra difficilement les distinguer des fruits frais.

Souvent, les fruits secs sont préparés de telle manière qu'ils sont tout sauf invitants. Beaucoup dépendra de la sélection de ces fruits. Achetez uniquement la meilleure qualité. Ce fruit doit être brillant et cireux et pas trop sec. Faire tremper pendant quinze minutes dans de l'eau tiède ; cela détache la saleté avant le lavage. Maintenant, lavez abondamment à l'eau. Couvrir d'eau et laisser reposer jusqu'à ce que les fruits soient repulpés ; chaque morceau de fruit n'absorbera que la quantité d'humidité qu'il contenait à l'origine.

Cela prendra de six à douze heures, en fonction entièrement de la sécheresse du fruit. Assurez-vous que l'eau recouvre le fruit d'au moins un pouce. Maintenant, lorsque les fruits sont prêts, ajoutez du sucre pour les adoucir et placez-les sur le feu pour cuire. Plus ce fruit est cuit lentement, mieux c'est. N'oubliez pas qu'une cuisson dure et rapide gâte non seulement les fruits secs, mais aussi les fruits frais.

Une fois cuits tendres, égouttez le liquide des fruits et mesurez. Comptez une demi-tasse de sucre pour trois tasses de jus. Mettez ce jus et le sucre dans une casserole à part et faites bouillir jusqu'à épaississement ; puis versez sur les fruits.

Les fruits secs préparés de cette façon se révéleront délicieux. Les abricots nécessiteront très peu de cuisson, alors égouttez-les du liquide dans lequel ils sont trempés et ajoutez le sucre. Faites bouillir le sirop jusqu'à ce qu'il soit épais puis versez-le sur les abricots et laissez cuire doucement une dizaine de minutes.

Retirez la peau des pêches, après les avoir trempées, et avant la cuisson, ajoutez un petit morceau de zeste d'orange pour plus de saveur.

Pour préparer les poires séchées, faites-les tremper pendant douze heures, puis placez-les dans une cocotte et ajoutez-les à une demi-livre de fruits.

Une tasse de cassonade.

Le jus d'un citron,

Une tasse de raisins secs.

Couvrir la cocotte et cuire lentement.

Compote de poires

Trois quarts de tasse de sirop,

Une demi-tasse d'eau,

Six clous de girofle,

Morceau de cannelle et morceau de zeste de citron,

Peler puis cuire lentement jusqu'à tendreté, réfrigérer et servir.

SANDWICHS AU POULET ET POIVRON VERT

Retirez les graines de deux poivrons verts, ajoutez un petit oignon et hachez-le très finement. Hachez finement une tasse de viande de poulet et ajoutez-la aux poivrons verts et aux oignons, puis assaisonnez avec

Une cuillère à café de sel,

Un quart de cuillère à café de moutarde,

Une demi cuillère à café de paprika,

Deux cuillères à soupe de beurre fondu.

Bien mélanger puis étaler entre de fines tranches de pain beurrées.

POULET GRILLÉ, STYLE VIRGINIA

Sélectionnez un poulet de chair dodu, pesant entre un livre et demi et deux livres. Chanter puis fendre avec un couteau bien aiguisé dans le dos. Dessiner. Retirez la tête et les pieds, puis lavez et faites bouillir pendant huit minutes. Aplatissez maintenant bien avec un rouleau à pâtisserie. Frotter avec du shortening et faire griller pendant dix minutes. Garnir de bacon. La graisse de bacon ou de jambon donnera à l'oiseau une saveur délicieuse.

POULET ROYAL

Coupez la poitrine de poulet cuite en morceaux d'un pouce, puis placez une tasse et demie de sauce épaisse dans une casserole et ajoutez une tasse de champignons pelés et coupés en morceaux puis étuvés pendant six minutes dans de l'eau bouillante, et aussi

Un poivron vert coupé en petits dés et étuvé,

Ajouter

Jaunes de deux œufs,

Le jus d'un demi citron,

Un quart de cuillère à café de moutarde,

Une cuillère à café et demie de sel,

Une cuillère à café de paprika,

dans la sauce à la crème. Ajoutez également le poulet préparé, les champignons puis le poivron vert. Chauffer jusqu'à ébullition puis laisser mijoter lentement pendant dix minutes et servir sur des toasts.

POITRINE DE GUINÉE, FAÇON TERRAPIN

Coupez les poitrines de deux pintades cuites en blocs d'un pouce et placez-les dans un réchaud et ajoutez

Trois tasses de sauce à la crème épaisse,

Un œuf bien battu,

Une demi cuillère à café de moutarde,

Une cuillère à café de sel,

Une cuillère à café de paprika,

Un gros oignon haché très fin,

Trois cuillères à soupe de persil finement haché,

Le jus d'un gros citron,

Le zeste râpé d'un demi citron.

Remuer pour bien mélanger et ajouter les poitrines de pintades préparées et chauffer lentement jusqu'à ce qu'elles soient très chaudes. Servir sur des gaufres grillées.

POULE DE GUINÉE – TARTE AU POT

Dessinez et flambez le couple de pintades en enlevant les ailes, les cuisses et les pattes et en laissant la poitrine entière. Cassez le dos de la carcasse, puis placez-la dans une casserole profonde, ajoutez sept tasses d'eau bouillante et faites cuire lentement à la vapeur jusqu'à ce qu'elle soit tendre. Ajouter

Un morceau de carotte,

Un petit oignon,

Une branche de céleri

pour aromatiser, puis soulevez et mettez les cuisses et la poitrine de côté pour une utilisation future. Retirez la viande du dos de la carcasse et ajoutez-la à deux tasses et demie de bouillon. Assaisonner et épaissir légèrement. Placez maintenant les cuisses et les ailes dans une cocotte et ajoutez

Une tasse de petits pois,

La sauce préparée,

Quatre oignons bouillis.

Couvrir d'une croûte de pâte nature et enfourner à four modéré pendant trente minutes.

FRICASSÉE DE POULET

Dessinez, flambez et coupez le poulet. Lavez et placez dans une casserole profonde et couvrez d'eau bouillante. Porter à ébullition et ajouter

Un oignon,

Une petite carotte,

Deux branches de céleri.

Cuire lentement jusqu'à tendreté, puis épaissir la sauce. Des boulettes peuvent être ajoutées si vous le souhaitez.

POULET RÔTI, STYLE FENDU

Préparez le poulet comme pour le rôtissage. Ne remplissez pas. Frottez bien avec du shortening, puis ajoutez beaucoup de farine. Placer dans une rôtissoire et rôtir jusqu'à tendreté; arroser fréquemment avec de l'eau chaude.

CANARD RÔTI

Faites chanter et dessinez le canard, puis retirez le cou, ajoutez-le aux abats et faites cuire jusqu'à ce qu'il soit tendre. Lavez puis égouttez le canard. Préparez maintenant une garniture en trempant suffisamment de pain rassis dans de l'eau froide. Une fois pressé à sec, il mesurera deux tasses et demie. Passer au tamis. Maintenant, placez cinq cuillères à soupe de shortening dans une casserole et ajoutez

Une tasse d'oignon haché,

Un poivron vert haché finement,

Le pain préparé,

Trois cuillères à soupe de persil finement haché,

Une cuillère à café rase de thym.

Cuire lentement, en retournant fréquemment jusqu'à ce que les oignons soient tendres, en ajoutant plus de shortening si nécessaire pour éviter que le mélange ne colle à la poêle. Assaisonnez ensuite avec du sel et du poivre. Cuire puis verser sur le canard. Saupoudrer de farine puis rôtir à four modéré en laissant trente minutes pour que le canard commence à cuire et vingt minutes pour le livre.

MACARONI

Pour le cuisinier italien, les macaronis représentent la teneur en féculents du repas ; tout comme les irlandais et la patate douce sont nos féculents courants. Les ménagères économes italiennes et françaises ont découvert qu'en ajoutant de la viande, du fromage et des œufs pour aromatiser, elles peuvent servir à leurs familles des aliments substantiels et attrayants à un coût minimum.

Le consommateur américain moyen de pâtes et de macaronis n'a aucune idée du nombre de styles ou de formes – il en existe plus d'une centaine – dans lesquels ce produit à base de blé est transformé. Ils vont des lasagnes, qui sont des morceaux courts et plats d'un ou deux pouces de large, coupés et fréquemment moulés à la main, aux fidelines, qui sont des fils longs et fins, dont les plus fins sont plusieurs fois plus petits que les vermicelles. Entre ces deux extrêmes, il existe une grande variété, qui comprend l'alphabet et de nombreux motifs fantaisistes.

MACARONI MILIEUSE

Essuyez avec un chiffon humide et coupez en blocs d'un pouce une livre de tibia de bœuf. Rouler dans la farine et faire dorer rapidement dans la graisse chaude. Placer dans une casserole profonde et ajouter

Trois pintes d'eau froide,

Deux oignons bien coupés,

Une carotte de taille moyenne coupée en dés.

Porter à ébullition et cuire doucement jusqu'à ce que la viande soit tendre. Maintenant, ajoutez

Une demi-tasse de tomate aux fines herbes,

Deux cuillères à café de sel,

Une cuillère à café et demie de paprika,

Six onces de macaronis préparés.

Portez ce mélange à ébullition puis laissez cuire jusqu'à ce que les macaronis soient bien chauds. Verser sur une grande assiette et garnir de persil finement haché.

POUR PRÉPARER LES MACARONI

Les macaronis peuvent être brisés en morceaux d'un pouce et demi de long ou cuits entiers. Dans toutes les recettes, les macaronis doivent d'abord être préparés comme suit :

Beurrer le fond d'une casserole profonde puis ajouter deux litres d'eau bouillante. Laissez bouillir deux minutes puis ajoutez les macaronis. Remuer quelques minutes puis cuire une quinzaine de minutes. Transférer dans une passoire et égoutter. Blanchissez ensuite sous l'eau froide courante pendant trois minutes. Laissez égoutter. Il est désormais prêt à être utilisé de nombreuses manières. Graisser la casserole évite que les macaronis collent au fond pendant la cuisson.

L'Italien prépare un assaisonnement comme suit :

Lavez deux poireaux,

Six branches de persil,

Deux poivrons verts ou rouges,

Quatre branches de céleri.

Rogner

Six oignons,

Un petit peu d'ail.

Placer dans un bol à découper et hacher très finement. Mettez maintenant une demi-tasse d'huile de cuisson végétale dans une casserole et ajoutez les légumes. Cuire lentement jusqu'à ce qu'il soit tendre, puis ajouter une petite boîte de concentré de tomate. Mélangez bien puis versez dans un bol ou un pot et réservez au frais. Ce mélange se conserve au réfrigérateur ou au frais une semaine en été et de dix à douze jours en hiver. Ce mélange s'appelle tomate aux fines herbes.

De petites portions de viande qui ne suffiraient pas à être servies seules peuvent être utilisées pour préparer ces plats. Lorsque vous préparez une sauce, préparez-en suffisamment pour qu'une tasse ou plus puisse être réservée pour les plats de macaronis. Les os, cartilages et morceaux de viande laissés sur le plateau de service peuvent tous être transformés en bouillon, à partir duquel les différentes sauces peuvent être préparées. Le cuisinier italien utilise un petit morceau de viande pour aromatiser, le coupant généralement en petits morceaux.

FRANÇAIS MACARONIS

Placer dans une casserole

Deux tasses de lait,

Une tasse et demie d'eau,

Six cuillères à soupe rases de fécule de maïs.

Dissoudre la fécule dans l'eau et ajouter le lait. Porter à ébullition et cuire cinq minutes. Retirer du feu et ajouter

Jaunes de deux œufs,

Une tasse de sucre,

Une cuillère à café et demie de vanille.

Battre pour mélanger puis verser sur six onces de macaroni préparés comme indiqué dans la méthode de préparation. Ajoutez une demi-tasse de raisins secs puis faites cuire à four modéré pendant vingt-cinq minutes. Mettez les blancs de deux œufs dans un bol et ajoutez un verre de gelée. Battre jusqu'à ce que le mélange conserve sa forme; puis empilez-les sur le pudding.

MACARONIS AU GRATIN

Faites cuire une demi-livre de macaroni comme indiqué dans la méthode de préparation. Placer dans un plat allant au four, puis préparer trois tasses de sauce à la crème, en utilisant

Une tasse et demie de lait,

Une tasse et demie de bouillon clair,

Une demi-tasse de farine.

Mélangez bien puis versez sur les macaronis. Saupoudrer le dessus de chapelure fine et de fromage râpé et cuire à four modéré pendant vingt-cinq minutes.

PATATES

On dit que ce tubercule nutritif a sauvé le peuple irlandais de la famine, et il est tout à fait approprié que cette variété de pomme de terre porte ce nom. La pomme de terre était inconnue en Europe avant l'aventure aventureuse du XVe siècle vers les Amériques, où l'on découvrit qu'elle était utilisée librement par les indigènes des deux continents.

On a souvent dit que la pomme de terre rivalisait avec le pain en tant que bâton de vie, parce que son usage est presque universel. Il existe plus de trente-cinq variétés de pomme de terre et, bien qu'elles soient affectées par le sol et le climat, le sol sableux nécessaire à sa croissance réussie se trouve dans presque tous les pays.

La ménagère doit comprendre sa valeur alimentaire. L'analyse moyenne de la pomme de terre blanche est la suivante :

Soixante-deux pour cent. eau, 2 pour cent. protéines, 1 pour cent. graisse, 4 pour cent. glucides (amidon et sucre), 20 pour cent. déchets et 1 pour cent. cendre minérale.

La proportion d'eau présente dans la pomme de terre dépend en grande partie du sol dans lequel elle est cultivée. La faible teneur en protéines est compensée par sa forte teneur en glucides (amidon et sucre).

GÂTEAUX DE POMMES DE TERRE

Faites cuire trois grosses pommes de terre, puis épluchez-les et écrasez-les finement. Mesurez et placez deux tasses de purée de pommes de terre dans un bol à mélanger et ajoutez

Deux tasses de farine,

Une cuillère à café de sel,

Quatre cuillères à café de levure chimique,

Un oeuf,

Quatre cuillères à soupe de lait.

Mélangez jusqu'à obtenir une pâte lisse, puis étalez-la sur un demi-pouce d'épaisseur, coupez et badigeonnez le dessus de lait. Cuire à four chaud pendant dix-huit minutes.

PLATS DE POMMES DE TERRE

L'une des meilleures façons de servir ce tubercule est de rôtir la pomme de terre dans la cendre. Rares sont ceux qui réalisent à quel point cela peut être délicieux. Enveloppez la pomme de terre dans du papier ciré, puis couvrez-la de charbon et faites-la rôtir environ une heure.

A côté de cette méthode vient la pomme de terre au four. Lavez et séchez les pommes de terre de taille moyenne, puis frottez-les bien avec du shortening, placez-les au four et faites cuire au four pendant trente-cinq minutes pour les petites pommes de terre et cinquante minutes à une heure pour les grosses. Bien graisser la pomme de terre avant la cuisson évite la formation d'une croûte dure et permet de manger tout le contenu du sac farineux. Faire bouillir des pommes de terre dans leur enveloppe fait perdre environ 2 pour cent à la pomme de terre. de sa valeur nutritive, tandis que le peler avant la cuisson entraîne une perte de 14 pour cent. Si nécessaire pour peler, utilisez un couteau bien aiguisé et retirez la partie la plus fine de la peau ; Il vaut mieux gratter les pommes de terre nouvelles que les éplucher.

POMMES DE TERRE O'BRIEN

Eplucher puis couper en fines tranches cinq pommes de terre bouillies dans leur veste. Hachez suffisamment d'oignons, bien, pour mesurer trois quarts de tasse. Hachez finement deux poivrons verts. Faire bouillir les oignons et les poivrons jusqu'à ce qu'ils soient tendres, puis bien égoutter. Faites maintenant chauffer trois cuillères à soupe de shortening dans une poêle jusqu'à ce qu'elle soit très chaude, puis ajoutez les pommes de terre et laissez dorer. Repliez et faites dorer à nouveau. Continuez à retourner jusqu'à ce que les pommes de terre soient bien dorées, puis ajoutez les oignons et les poivrons préparés. Cuire lentement pendant cinq minutes, puis allumer une assiette chaude et garnir de persil finement haché.

POMMES DE TERRE BOUILLIES

Pour cuire les pommes de terre, en veste ou parées : Couvrir d'eau bouillante, cuire jusqu'à tendreté. Saison; couvrez maintenant étroitement avec un chiffon propre pour absorber l'humidité et la pomme de terre sera farineuse.

POMMES DE TERRE GRILLÉES

Lavez et épluchez les grosses pommes de terre vieilles, puis coupez-les en fines tranches en coupant toute la largeur de la pomme de terre. Cela signifie que vous devez couper une fine tranche de pomme de terre crue qui couvrira votre main. Placer sur un plat allant au four peu profond et badigeonner de shortening. Placer sur le gril et faire griller jusqu'à ce qu'il soit bien doré, puis mettre au four pendant cinq minutes.

MUFFINS DE SEIGLE AU BEURRE DE MONTAGNE

Placer dans un bol à mélanger

Une tasse et demie de babeurre,

Une cuillère à café de bicarbonate de soude,

Quatre cuillères à soupe de shortening,

Six cuillères à soupe de sirop,

Un oeuf.

Battre pour mélanger puis ajouter

Deux tasses et demie de farine de seigle,

Une cuillère à café de levure chimique.

Battre pour bien mélanger puis verser dans des moules à muffins bien graissés et farinés et cuire au four trente minutes à four modéré. Une fois froids, les restes de muffins peuvent être fendus et grillés puis tartinés de confiture de montagne aux épices douces.

SI NÉCESSAIRE CONSERVER LA VIANDE TROIS OU QUATRE JOURS

La plupart des maladies décrites comme une intoxication à la ptomaïne sont généralement causées par la négligence. Si, pour une raison quelconque, la viande doit être conservée plusieurs jours après son achat, elle peut être soignée de la manière suivante :

Lieu

Trois quarts de tasse de sel dans une casserole

Et ajouter

Trois tasses et demie d'eau,

Une feuille de laurier,

Une demi-cuillère à café de salpêtre.

Porter à ébullition et laisser refroidir. Placez la viande dans un bol en porcelaine ou un seau en bois et versez la saumure dessus. Placez maintenant une assiette sur la viande et alourdissez-la avec un vieux fer plat et une lourde pierre. Retournez la viande tous les deux jours.

Cette viande se conservera une semaine. Cette méthode convient au mouton, au bœuf ou au porc. Pour l'agneau ou le poulet, mettre dans une casserole et ajouter

Une demi-carotte,

Un oignon,

Suffisamment d'eau bouillante pour la recouvrir partiellement.

Cuire, en gardant la poêle bien couverte, pendant dix minutes par livre. Laisser refroidir avant de placer dans la glacière. S'il est nécessaire de conserver la viande seulement jusqu'au lendemain, émincez finement deux oignons et ajoutez-y

Quatre cuillères à soupe de sel,

Une cuillère à soupe de poivre.

Mélangez soigneusement puis frottez soigneusement la viande avec ce mélange. La viande peut être conservée dans une glacière ordinaire contenant soixante-quinze livres de glace pendant deux jours par temps le plus chaud de la manière suivante : Essuyez la viande avec un chiffon sec et recouvrez-la d'une cire ou de papier sulfurisé, puis suspendez-la à un crochet dans la partie inférieure du réfrigérateur, si possible directement sous la chambre à glace. Les crochets ont la forme de la lettre S, sont pointus aux deux extrémités et peuvent être achetés ou fabriqués par n'importe quel quincaillier.

La viande laissée sur un plateau perd rapidement ses qualités nutritives avec la fuite des jus.

FILET DE BOEUF

Demandez au boucher de découper le filet puis de le larder de porc salé. Saupoudrez légèrement de farine, puis placez sur une grille dans la rôtissoire et placez dans un four chaud en arrosant toutes les dix minutes. Cuire en laissant la viande chauffer pendant une demi-heure et commencer la cuisson ;

puis prévoyez douze minutes pour chaque livre. Cette coupe est la meilleure de tout le bétail et ne contient aucune once de déchet. C'est délicieux aussi bien chaud que froid.

PUDDING AU FROMAGE GALOIS

Cinq onces de fromage râpé,

Une tasse de chapelure,

Une tasse de farine,

Une cuillère à café et demie de sel,

Une cuillère à café de poivre blanc,

Une cuillère à café de paprika,

Une cuillère à soupe de sauce Worcestershire,

Une cuillère à soupe de levure chimique,

Quatre cuillères à soupe d'oignons râpés,

Un oeuf,

Une tasse de lait.

Battre pour bien mélanger, puis verser dans des moules ou dans un torchon préparé et faire bouillir pendant une heure et trois quarts. Servir chaud ou froid. Pour servir chaud, utilisez la sauce suivante :

Placer dans une casserole

Une tasse de lait,

Deux cuillères à soupe de fécule de maïs.

Dissoudre la fécule dans le lait et porter à ébullition. Cuire cinq minutes puis ajouter

Un œuf bien battu,

Une cuillère à café de sel,

Deux cuillères à café de paprika,

Jus d'un demi citron.

Battez fort pour mélanger puis servez. Ce plat remplacera la viande et suffira pour une famille de quatre ou cinq personnes.

POUDING REPAS

Mettre un litre de lait dans une casserole et porter à ébullition ; puis ajoutez les trois quarts de tasse de semoule de maïs fine. Remuer jusqu'à épaississement et cuire lentement pendant dix minutes, puis ajouter

Une tasse de confiture épicée sucrée,

Une tasse de sirop,

Une demi-tasse de sucre,

Une demi-cuillère à café de muscade.

Battre pour mélanger puis verser dans un plat allant au four et cuire lentement pendant trois quarts d'heure. Refroidissez puis servez avec de la crème nature.

COMMENT CUIRE DU BOEUF DE MAÏS

Lavez le bœuf à l'eau froide puis placez-le dans une casserole et couvrez d'eau froide. Portez à ébullition, versez dans une passoire et laissez couler de l'eau froide sur la viande. Placez une casserole sur le feu, remplissez-la d'eau bouillante et ajoutez

Une carotte coupée en dés,

Deux oignons, avec une gousse coincée dans chaque oignon,

Une feuille de laurier et,

La viande.

Porter à ébullition et cuire lentement, en laissant cuire la viande trente minutes pour commencer, puis vingt minutes par livre, poids brut. Retirez ensuite la casserole du feu lorsque la viande est cuite et laissez-la refroidir dans le liquide, couvercle retiré. Une fois refroidi, retirez-le et placez-le immédiatement dans la glacière. Servir froid.

Le mouton peut être salé comme le bœuf. L'épaule constitue une délicieuse coupe économique. Demandez au boucher de désosser la viande, mais ne la roulez pas. Mettez dans un cornichon pendant six jours. Retirer et laver puis attacher solidement et cuire de la même manière que pour le corned-beef.

Ragoût de rein cuit à la vieille Philadelphie

Lavez et séchez le rein et coupez-le en morceaux de 1 cm ; mettre à ébullition dans une casserole d'eau froide; dès que le point d'ébullition est atteint, retirer du feu, passer dans une passoire et égoutter, rincer à l'eau froide et sécher. Saupoudrer légèrement de farine; mettez trois cuillères à soupe de shortening dans une casserole; une fois chaud, incorporer les rognons en les faisant dorer soigneusement; puis ajoutez deux tasses d'eau qui doit être bouillante et faites cuire jusqu'à ce que le rognon soit tendre. Assaisonnez ensuite avec du sel et du poivre, cinq cuillères à soupe de ketchup, trois cuillères à soupe de vinaigre ; ajoutez une cuillère à soupe d'oignon râpé et de persil finement haché. Servir sur des toasts au petit-déjeuner.

PUDINGS À LA VIANDE

Mettez suffisamment de viande froide dans le hachoir pour mesurer trois quarts de tasse. Placer dans un bol à mélanger et ajouter

Une tasse de riz bouilli froid,

Un petit oignon râpé,

Un poivron vert haché finement,

Deux cuillères à café de sel,

Une cuillère à café de paprika,

Deux cuillères à café de vinaigre d'ail,

Une demi cuillère à café de thym,

Un oeuf,

Cinq cuillères à soupe de bouillon froid, d'eau ou de sauce.

Mélangez soigneusement, puis graissez et farinez les coupes à crème anglaise et remplissez-les un peu mieux qu'à moitié. Étalez délicatement le dessus et placez-le dans une casserole contenant de l'eau, puis enfournez pendant quarante minutes à four modéré. Démouler et recouvrir de sauce crème ou brune.

PUDDING DE MAÏS

Placer dans un bol à mélanger

Une boîte de maïs concassé,

Une tasse de pain préparé,

Deux oeufs,

Une demi-tasse de lait,

Un oignon, râpé,

Quatre cuillères à soupe de persil finement haché,

Deux cuillères à café de sel,

Une cuillère à café de paprika.

Mélangez bien puis versez les coupes de crème anglaise préparées. Placer les tasses dans une casserole d'eau tiède et cuire au four pendant trente-cinq minutes à four modéré.

Pour préparer le pain :

Faites tremper le pain rassis dans l'eau chaude, placez-le dans un chiffon et essorez-le.

Pour préparer les tasses :

Bien graisser puis saupoudrer de chapelure.

CHAUDRÉE DE SEL

Hachez finement quatre onces de porc salé ou de bacon. Placer dans une bouilloire profonde et ajouter

Une tasse d'oignons hachés,

Une demi-tasse de poivrons rouges hachés,

Une tasse de tomates hachées.

Cuire lentement pendant dix minutes, puis ajouter une livre de poisson, arêtes et peau retirées, poisson coupé en blocs d'un pouce.

Six grosses palourdes coupées en morceaux,

Deux tasses d'eau.

Couvrez bien puis faites bouillir pendant vingt minutes. Maintenant, ajoutez

Une cuillère à café de marjolaine douce,

Un quart de cuillère à café de thym,

Deux tasses et demie de sauce à la crème,

Une tasse de petits pois cuits,

Une tasse de haricots de Lima cuits,

Une demi-tasse de persil finement haché,

Deux cuillères à soupe de beurre,

Une cuillère à soupe de sel,

Une cuillère à café et demie de poivre.

Chauffer jusqu'à ébullition puis servir.

HUÎTRES OU PALOURDES SELÉES À LA VAPEUR

Placez les huîtres salées ou les palourdes dans une grande casserole et couvrez abondamment d'eau froide. Frotter avec une brosse dure. Placez maintenant une passoire dans une casserole profonde et ajoutez un litre d'eau bouillante. Remplissez la passoire d'huîtres ou de palourdes salées et faites cuire à la vapeur jusqu'à ce qu'elles ouvrent la bouche. Placez une douzaine d'huîtres ou de palourdes salées cuites à la vapeur dans une assiette creuse et servez avec une petite soucoupe de beurre fondu. Servir avec eux une petite tasse du liquide salé d'huîtres ou de palourdes, laissé dans la casserole après avoir cuit les bivalves à la vapeur.

Beignets de palourdes — façon hangar à bateaux de la rivière Rouge

Hachez finement une douzaine de grosses palourdes, puis égouttez-les du liquide. Mesurez le liquide et ajoutez suffisamment de lait pour mesurer une tasse et demie. Placer dans un bol et ajouter

Un oeuf,

Deux cuillères à café de sel,

Une cuillère à café de paprika,

Deux cuillères à soupe d'oignon râpé,

Quatre cuillères à soupe de persil finement haché,

Une cuillère à soupe de shortening,

Une cuillère à café de sucre,

Les palourdes hachées,

Deux tasses de farine tamisée,

Quatre cuillères à café rases de levure chimique.

Battez fort puis faites revenir dans de la graisse très chaude dans une poêle peu profonde.

PALOURDES DIABLES

Placer dans une casserole

Une demi-tasse de jus de palourde,

Une demi-tasse de lait,

Cinq cuillères à soupe de farine.

Remuer pour dissoudre puis porter à ébullition et cuire pendant cinq minutes. Maintenant, ajoutez

Six palourdes finement hachées,

Une cuillère à soupe d'oignon râpé,

Quatre cuillères à soupe de persil finement haché,

Un quart de cuillère à café de moutarde,

Une demi cuillère à café de paprika,

Une cuillère à café de sel,

Six cuillères à soupe de chapelure.

Mélangez soigneusement puis versez dans des coquilles de palourdes bien nettoyées, en arrondissant sur le dessus. Saupoudrer de farine puis enrober d'oeuf battu puis recouvrir en tapotant bien de fine chapelure. Faire frire jusqu'à ce qu'ils soient dorés dans la graisse chaude.

Beignets de palourdes

Hachez finement six palourdes, puis placez-les dans un bol et ajoutez suffisamment de lait au jus de palourdes pour obtenir une tasse et demie. Verser sur les palourdes hachées et ajouter

Deux tasses et quart de farine,

Une cuillère à café et demie de sel,

Une demi cuillère à café de poivre,

Un œuf bien battu,

Deux cuillères à soupe de levure chimique (niveau),

Une cuillère à soupe d'oignon râpé,

Trois cuillères à soupe de persil finement haché.

Battre jusqu'à obtenir une pâte lisse, puis faire frire dans la graisse profonde.

COCKTAIL DE PALOURDES

Utilisez quatre palourdes à noyaux de cerise pour chaque service. Préparez une sauce cocktail comme suit :

Une tasse de tomates en conserve,

Un poireau finement haché,

Un oignon finement haché,

Pincée de thym,

Pincée de clous de girofle,

Une demi cuillère à café de moutarde,

Une demi-tasse d'eau.

Cuire quinze minutes, laisser refroidir puis passer au tamis et ajouter

Une cuillère à café et demie de sel,

Une cuillère à café de paprika,

Une cuillère à soupe de sauce Worcestershire.

Mélangez puis divisez en quatre portions.

PALOURDES

Les palourdes peuvent être servies et cuites de la même manière que les huîtres.

JAMBON CUIT

Placez une coupe de quatre livres et demie à cinq livres du bout du jambon dans la cuisinière sans feu pendant la nuit. Le matin, retirez la peau puis tapotez la partie grasse du jambon.

Cinq cuillères à soupe de cassonade,

Une cuillère à café de cannelle,

Trois quarts de cuillère à café de piment de la Jamaïque.

Placer à four chaud et cuire au four pendant quarante minutes. Arrosez toutes les dix minutes avec

Six cuillères à soupe de vinaigre,

Trois quarts de cuillère à soupe d'eau bouillante.

Utilisez le liquide dans la poêle, après avoir cuit le jambon pour faire la sauce, en faisant dorer trois cuillères à soupe de farine, puis en ajoutant le liquide laissé dans la poêle et suffisamment d'eau bouillante pour faire une tasse et quart de sauce. Saison.

PAIN DE JAMBON

Hachez très finement les restes de jambon. Mesurer et ajouter à une tasse et demie

Une tasse et demie de flocons d'avoine cuits froids,

Deux oignons râpés,

Une cuillère à café de paprika,

Une demi-tasse de chapelure,

Une tasse de sauce à la crème,

Une cuillère à soupe de sauce Worcestershire.

Mélangez puis versez dans un moule en forme de pain bien beurré puis placez ce moule dans un plus grand contenant de l'eau tiède. Cuire au four quarante minutes à four modéré. Servir avec une sauce tomate piquante.

TARTE AU JAMBON ANGLAISE

Coupez le reste du jambon frais en morceaux bien nets, en mettant de côté tous les petits morceaux. Parer et couper en dés suffisamment de pommes de terre pour mesurer un litre. Hachez finement suffisamment d'oignons pour mesurer une tasse. Placez les pommes de terre et les oignons dans une casserole et ajoutez suffisamment d'eau bouillante pour couvrir. Cuire jusqu'à tendreté, puis égoutter. Préparez maintenant une pâtisserie comme suit : Placez

Deux tasses de farine,

Une cuillère à café de sel,

Deux cuillères à café de levure chimique.

dans un bol. Tamisez puis frottez avec six cuillères à soupe de shortening. Mélanger avec une demi-tasse d'eau glacée. Étalez puis tapissez un moule peu profond de pâte. Déposez une couche de pommes de terre et d'oignons puis une couche de viande. Assaisonnez bien et recouvrez la viande d'une deuxième couche de pommes de terre. Assaisonnez puis ajoutez deux tasses de sauce très assaisonnée. Placez la croûte supérieure en place et fixez fermement les bords en les pinçant fermement. Badigeonner la pâte d'eau froide puis enfourner une heure à four doux.

PAIN DE FROMAGE

Trois tasses de chapelure fine,

Une tasse et demie de fromage cottage,

Une tasse et demie de sauce à la crème très épaisse,

Un gros oignon finement émincé,

Une cuillère à café et demie de sel,

Une cuillère à café de paprika,

Une cuillère à café de sauce Worcestershire.

Mélangez soigneusement puis façonnez. Emballez dans un moule bien graissé et placez ce moule dans un grand plat allant au four, avec de l'eau chaude jusqu'au quart de la profondeur du plat allant au four. Cuire à four modéré pendant cinquante minutes.

BARBECUE DE JAMBON BOUILLI

Coupez le jambon cuit froid en tranches très fines puis placez-le dans un réchaud et ajoutez

Un demi-verre de gelée de groseilles,

Trois cuillères à soupe de vinaigre,

Quatre cuillères à soupe d'eau,

Une demi-cuillère à café de sauce Worcestershire,

Un quart de cuillère à café de paprika.

Chauffer jusqu'à ce qu'il soit très chaud, puis servir sur des toasts.

FROMAGE DE TÊTE

Demandez au boucher de nettoyer et de casser la tête d'un jeune cochon. Bien laver et mettre à cuire dans une casserole suffisamment grande pour que l'eau recouvre complètement la tête. Cuire jusqu'à ce que la viande quitte les os, en écumant soigneusement. Une fois cuite, retirez la marmite du feu et retirez la viande de la marmite. Hacher finement, assaisonner avec du sel et du poivre et une cuillère à soupe d'assaisonnement pour volaille ; bien mélanger; mettez un chiffon propre dans la passoire et mettez-y le fromage ; couvrir avec un autre tissu; placez une assiette dessus et alourdissez-la avec un fer plat.

CANAPE ITALIEN

Hachez bien

Un poivron vert,

Un oignon de taille moyenne,

Un poireau,

Quatre branches de persil,

Une tomate.

Placez maintenant quatre cuillères à soupe de shortening dans une casserole et ajoutez les légumes. Cuire lentement jusqu'à tendreté, puis ajouter

Cinq cuillères à soupe de fromage râpé,

Une cuillère à café de sel,

Une cuillère à café de paprika.

Mélangez soigneusement puis étalez sur de fines tranches de pain grillé. Garnir de tranches d'olives farcies et saupoudrer de paprika.

SAUCE AU FROMAGE

Une tasse d'eau,

Une tasse de lait,

Cinq cuillères à soupe rases de farine.

Dissoudre la farine dans le lait et l'eau ; porter à ébullition; cuire lentement pendant dix minutes; maintenant ajouter

Une cuillère à café de sel,

Une cuillère à café de poivre,

Un œuf bien battu,

Une demi-tasse de fromage râpé.

RAREBIT GALAIS

Coupez très finement une demi-livre de fromage, puis placez-le dans une casserole et ajoutez

Une demi cuillère à café de moutarde,

Une cuillère à café d'oignon râpé,

Deux œufs bien battus,

Une cuillère à soupe de sauce Worcestershire.

Remuer jusqu'à ce que le mélange soit bien crémeux et exempt de grumeaux, puis verser sur des tranches de pain grillé. Saupoudrer légèrement de paprika et servir.

LAPIN DE CHELSEA

Coupez une livre de fromage en petits morceaux, puis placez deux cuillères à soupe de beurre dans un réchaud et ajoutez

Un oignon bien coupé,

Une tasse de pulpe de tomate épaisse, pressée au tamis fin,

Une cuillère à soupe de sauce Worcestershire,

Une cuillère à café et demie de sel,

Une cuillère à café et demie de paprika.

Cuire jusqu'à ce que l'oignon soit tendre, puis ajouter le fromage et remuer jusqu'à ce que le fromage soit fondu et que le mélange soit bien mélangé. Cela servira de six à huit personnes.

CANAPES AU FROMAGE

Placer dans un bol

Trois cuillères à soupe de fromage râpé,

Une cuillère à soupe de persil haché,

Un quart de cuillère à café de sel,

Une demi cuillère à café de paprika,

Une cuillère à soupe de beurre.

Mélangez jusqu'à obtenir une pâte puis étalez-la sur un fin triangle de pain. Saupoudrez légèrement de paprika.

CANAPÉ DE TOMATE

Coupez les tomates en tranches très fines puis disposez-les sur une assiette et assaisonnez de sel et de poivre. Maintenant, placez sur une assiette

Une cuillère à soupe de beurre,

Une demi cuillère à café de moutarde,

Un quart de cuillère à café de paprika,

Une cuillère à soupe de persil.

Travaillez jusqu'à obtenir une belle pâte lisse puis étalez-la légèrement sur les tomates. Déposer sur un petit cracker rond et garnir d'une tranche d'œuf dur.

CANAPE LA BRETE

Retirez le poisson de l'épine dorsale d'un maquereau cuit, en ajoutant les restes. Il n'en faut qu'environ deux cuillères à soupe. Passer le poisson au tamis et ajouter

Un petit oignon râpé,

Une demi cuillère à café de moutarde,

Une demi cuillère à café de paprika,

Une cuillère à soupe et demie de beurre.

Travaillez jusqu'à obtenir une pâte puis étalez-la sur de fines lanières de pain grillées.

Savoureuse bohème

Placer sur une assiette de pain et de beurre

Deux tranches de salomi,

Un radis,

Une cuillère à soupe d'oignons verts préparés,

Une fine tranche de tomate.

Pour préparer les oignons verts, hachez-les finement et ajoutez-les

Six cuillères à soupe de vinaigrette mayonnaise,

Une cuillère à soupe de vinaigre.

Mélangez soigneusement puis servez.

CANAPE ITALIEN

Deux branches de persil,

Un petit oignon,

Un demi poivron vert.

Hachez finement puis faites cuire jusqu'à ce qu'ils soient tendres, en prenant soin de ne pas brunir, dans deux cuillères à soupe d'huile à salade. Maintenant, faites griller légèrement de fines tranches de pain de maïs et tartinez-les de ce mélange. Saupoudrer de fromage râpé et de paprika.

CANAPE À LA MODE

Écailler en morceaux deux cuillères à soupe de maquereau restant du petit-déjeuner, puis disposer sur un plat et ajouter

Trois cuillères à soupe de vinaigrette mayonnaise,

Une cuillère à café de paprika,

Une cuillère à soupe de persil finement haché.

Mélangez jusqu'à obtenir une pâte lisse puis étalez-la sur des triangles de pain grillé. Garnir de persil.

PIEDS DE PORC FRITS

Demandez au boucher de lui casser les pieds ; laver et mettre dans une casserole d'eau bouillante pour cuire. Cuire doucement jusqu'à ce qu'ils se séparent facilement des joints ; sortir de l'eau et laisser refroidir. Une fois froid, divisez-le en portions, trempez-le dans l'œuf et la poussière de craquelins et faites-le frire dans du saindoux bouillant. Servir avec une salade de chou ou un chow-chow.

VIANDE HACHÉE

Pendant les vacances de Noël, des journées portes ouvertes étaient organisées par les barons et les chevaliers des premiers temps. De grandes festivités et des réjouissances étaient à l'ordre du jour. La grande fête avait lieu le jour de Noël. Ce jour-là, les maîtresses de maison rivalisaient amicalement avec leurs plats de tourte au mouton.

Le pâté au mouton, comme on l'appelait en 1596, est le pâté en croûte d'aujourd'hui. Il était également connu sous le nom de tarte de Noël ou de lambeaux. À l'époque de Herrick, il était considéré comme d'une importance vitale de mettre une garde armée pour surveiller les tartes de Noël, de peur qu'un coquin gourmand ne les vole et qu'il n'y ait alors plus de tartes pour orner le festin. Comme toujours dans les pays en guerre, les produits alimentaires étaient rares et chers et étaient donc considérés comme un grand luxe.

VIANDE HACHÉE

De la viande hachée peut désormais être préparée pour les vacances ; et s'il est conservé dans un endroit frais, il aura suffisamment de temps pour se mélanger et mûrir. Voici quelques recettes pas chères :

Une demi-tasse de suif,

Une demi-tasse de carotte râpée,

Six tasses de pommes finement hachées,

Deux tasses de raisins secs hachés,

Une demi-tasse de viande cuite, hachée finement,

Une demi-tasse de citron haché finement,

Une demi-tasse de zeste d'orange haché finement,

Deux cuillères à soupe de cannelle,

Une demi-cuillère à soupe de muscade,

Une demi-cuillère à soupe de clous de girofle,

Une tasse et demie de mélasse,

Une tasse de cidre bouilli.

Mélangez dans l'ordre indiqué. Emballez dans un bol ou un pot. Couvrir hermétiquement puis mettre dans un endroit frais pour mûrir. Des restes de viande froide peuvent être utilisés.

HACHÉ DE NOUVELLE-ANGLETERRE

Placez une demi-livre de steak de Hambourg dans une casserole et ajoutez une tasse de cidre. Cuire quinze minutes; puis retirer de la casserole et placer dans un grand bol et ajouter

Six onces de suif râpé,

Une demi-livre de groseilles,

Une demi-livre de raisins secs,

Deux livres de pommes hachées,

Quatre onces de citron émincé,

Quatre onces de zeste d'orange émincé,

Quatre onces de zeste de citron émincé,

Deux cuillères à soupe de cannelle,

Une cuillère à soupe de piment de la Jamaïque,

Trois quarts de cuillère à soupe de clous de girofle,

Deux tasses et demie de sirop,

Une tasse de cidre bouilli.

Mélangez dans l'ordre indiqué, puis conditionnez dans un verre ou un pot. Couvrir hermétiquement puis mettre dans un endroit frais pour mûrir.

HACHÉ À L'ORANGE

Pressez le jus de trois oranges. Mettez la peau dans une casserole d'eau froide. Cuire jusqu'à tendreté. Égouttez puis versez dans le hachoir. Placer dans un bol et ajouter

Six tasses de pommes, hachées moyennement fines,

Une tasse de suif finement haché,

Une tasse de raisins secs, hachés finement,

Une tasse de pêches évaporées, hachées finement,

Une tasse d'abricots évaporés, hachés finement,

Une demi-tasse de citron haché finement,

Une tasse de carotte râpée,

Deux cuillères à soupe de cannelle,

Une demi-cuillère à soupe de piment de la Jamaïque,

Une demi-cuillère à soupe de macis,

Une demi-cuillère à soupe de gingembre,

Une demi-cuillère à soupe de clous de girofle,

Deux tasses de mélasse,

Une tasse de cidre bouilli.

Mélangez dans l'ordre indiqué puis emballez dans un grand bol, une cocotte ou un pot en pierre. Couvrir hermétiquement puis mettre au frais une dizaine de jours pour mûrir.

HACHAGE DE TOMATE VERTE ET POMME

Placez un litre de tomates vertes hachées finement dans une passoire. Couvrir de deux cuillères à soupe de sel. Laissez égoutter pendant deux heures. Mettre dans une casserole et ajouter

Une tasse de sirop,

Une tasse de cidre.

Cuire doucement pendant une demi-heure; maintenant versez dans un bol et ajoutez

Les trois quarts d'une tasse de suif râpé,

Cinq tasses de pommes hachées,

Une carotte bien râpée,

Deux tasses de raisins secs finement hachés,

Deux tasses de dattes finement hachées,

Une demi-tasse de figues hachées finement,

Une demi-tasse de cacahuètes hachées finement,

Une cuillère à soupe et demie de cannelle,

Une demi-cuillère à soupe de clous de girofle,

Une demi-cuillère à soupe de muscade,

Une demi-cuillère à soupe de gingembre,

Une tasse et demie de mélasse,

Une tasse de cidre bouilli.

Mélanger dans l'ordre indiqué ; puis conservez comme indiqué dans les recettes précédentes. Ne pelez pas les pommes. Lorsque vous passez le suif, les raisins secs et les fruits secs dans le hachoir, ajoutez une croûte de pain séchée pour éviter le colmatage.

ŒUFS

La similitude dans la proportion de coquille, de jaune et de blanc des œufs dans les œufs de poule est que la coquille représente en moyenne environ un dixième, le jaune environ les trois quarts et le blanc environ quatre dixièmes. Seule la coquille est considérée comme un déchet. Le blanc contient environ six huitièmes d'eau, les solides du blanc sont pratiquement tous des matières azotées ou des protéines. Le jaune contient environ la moitié d'eau et un tiers de matières grasses, le reste étant constitué de matières azotées ou de protéines.

Les œufs nouvellement pondus ou frais ont une teinte rosâtre pâle uniforme et semi-transparente; la coquille contient une très petite chambre à air qui sépare la peau et la coquille de l'œuf et est remplie d'air. Cette chambre augmente avec l'âge de l'œuf.

Les œufs cuits à basse température sont délicats et faciles à digérer, et peuvent être utilisés pour les invalides et les personnes ayant une digestion délicate.

COMMENT CUIRE DES OEUFS

Les œufs bouillis sont des œufs gâtés ; les médecins nous disent que les œufs durs nécessitent trois heures et demie pour être digérés. Gardez cela à l'esprit lorsque vous cuisinez des œufs. L'eau bout à une température de 212 degrés Fahrenheit. Les œufs doivent être cuits à une température comprise entre 165 et 185 degrés Fahrenheit.

Mettre l'eau dans une casserole et porter à ébullition ; faire bouillir pendant trois minutes et ajouter les œufs. Placez-les au dos de la cuisinière et laissez reposer les œufs pendant huit minutes pour une ébullition très douce et vingt-cinq minutes pour une cuisson dure. L'eau doit être maintenue chaude, c'est-à-dire juste en dessous du point d'ébullition.

OEUFS AU FRITS

Placez la graisse dans la poêle et faites chauffer jusqu'à ce qu'elle soit très chaude, puis placez-la là où la poêle maintiendra cette chaleur sans devenir plus chaude ; si vous utilisez le gaz, baissez le brûleur. Ajoutez les œufs. Laissez-les cuire très lentement jusqu'à ce qu'ils soient pris, puis retournez-les si vous le souhaitez. Les œufs cuits de cette manière n'absorberont pas la graisse et seront tendres et délicats, et n'auront pas de croûte d'œuf croustillant sur le pourtour.

OEUFS CARTHÉOTH

Les tomates, les poivrons et les piments sont généralement utilisés pour ce plat. Préparez les tomates ou les poivrons en coupant une tranche par le haut puis en évidant le centre. Cassez un œuf puis assaisonnez avec du sel, du poivre et un peu de persil finement haché. Couvrir de deux cuillères à soupe de sauce à la crème. Mettre au four et cuire une dizaine de minutes. Du jambon ou du bacon finement haché peuvent être saupoudrés sur l'œuf avant d'ajouter la sauce à la crème.

Des légumes cuits froids ou des restes, comme du maïs, des pois, des asperges, des oignons ou du chou-fleur, peuvent également être utilisés. Des pommes de terre bouillies à froid, des betteraves, des navets, etc., peuvent être utilisées à la place des tomates, des poivrons ou des piments par souci de variété. Servir avec une sauce épaisse et très assaisonnée.

ŒUFS POCHÉS

Pour préparer des œufs pochés, placez de l'eau dans une casserole et ajoutez une cuillère à soupe de vinaigre à chaque pinte d'eau. Portez à ébullition puis ouvrez l'œuf sur une soucoupe et glissez-le dans l'eau bouillante, laissez mijoter lentement jusqu'à ce qu'il se forme puis soulevez avec une écumoire sur une serviette pour l'égoutter. Roulez ensuite délicatement sur une tranche de pain grillé beurrée.

Si vous avez des cercles à muffins à l'ancienne, placez-les à plat au fond de la casserole puis versez les œufs dedans et pochez-les. Ou vous pouvez utiliser n'importe lequel des braconniers vendus dans n'importe quel magasin d'ameublement.

OMELETTE

Les omelettes nature et moelleuses sont cuites de la même manière que les œufs au plat.

OMELETTE NATURE

Mettez trois cuillères à soupe de shortening dans une poêle puis, tout en chauffant, placez les trois œufs dans un bol et ajoutez

Une cuillère à soupe de lait,

Une cuillère à soupe d'eau.

Battre à la fourchette pour bien mélanger puis, lorsque la poêle est bien chaude, verser le mélange. Placez ensuite là où l'omelette va cuire très lentement. Assaisonner puis retourner, plier et rouler en allumant sur une assiette chaude.

OMELETTE ESPAGNOLE

Utilisez la recette d'omelette moelleuse, puis hachez finement deux tomates de taille moyenne, égouttez-les de l'humidité et ajoutez un oignon de taille moyenne et quatre grosses olives hachées finement. Placer dans une petite casserole avec une cuillère à soupe de beurre à chauffer. Lorsqu'elle est chaude, étalez-la sur l'omelette, puis pliez-la et roulez-la ou placez-la dans un four chaud et faites cuire au four.

OMELETTE MOELLEUSE

Séparez les jaunes et les blancs de trois œufs. Mettez les jaunes dans un bol et ajoutez trois cuillères à soupe de lait. Battre pour bien mélanger puis battre les blancs jusqu'à ce qu'ils soient très fermes. Coupez et incorporez les jaunes aux blancs préparés, puis versez dans une casserole et faites cuire lentement. Pliez, roulez et allumez un plat chaud.

Les œufs au plat et les omelettes peuvent être garnis de jambon, de bacon, de persil finement hachés ; piments et poivrons verts.

Pour réaliser des omelettes aux saveurs variées, préparez l'omelette comme pour une omelette nature puis, juste avant de la retourner et de la rouler, ajoutez l'arôme souhaité. Puis roulez et pliez l'omelette et démoulez-la sur un plat chaud. Faites chauffer la garniture avant de l'étaler sur l'omelette. Les restes de légumes et les morceaux de viande peuvent ainsi être utilisés pour des plats attrayants.

SANDWICHS AUX ŒILS DE TIGRE

Utilisez pour cela des œufs strictement frais. Séparez le blanc et le jaune et conservez le jaune dans la coquille jusqu'au moment de l'utiliser. Ajoutez une pincée de sel au blanc et battez jusqu'à ce qu'il soit très ferme. Empilez-les en pyramide sur une tranche carrée de pain grillé. Faites un puits au centre du blanc d'œuf puis déposez-y le jaune. Saupoudrez légèrement de paprika puis enfournez pendant sept minutes à four chaud.

DES MESURES

De nombreuses femmes connaissent l'importance de mesures précises lors de la préparation des aliments. D'autres se plaignent souvent des difficultés qu'ils ont avec les recettes, mais ce qu'ils ont en réalité besoin de savoir, c'est que nous ne vivons plus à l'époque de vingt-cinq cents la douzaine pour les œufs frais et que l'époque de trente cents la livre pour le beurre de crémerie de l'excellente qualité est passée.

Il est révolu le temps d'abondance où le cuisinier extravagant était le meilleur cuisinier. Bannissez toutes les recettes qui nécessitent des tasses de beurre.

Pour des raisons de réelle économie pratique, on utilise désormais des mesures de niveau ; cela signifie que vous tamisez d'abord votre farine dans un bol, puis remplissez la mesure à l'aide d'une cuillère, puis nivelez le haut de la mesure avec un couteau. La mesure du niveau désigne tout ce qui se trouve sous le bord de la tasse ou de la cuillère.

Le cuisinier expérimenté et soucieux des mesures peut évaluer les quantités, très souvent, avec précision. Même si elle peut parfois avoir un échec, elle ne l'attribuera jamais à sa mesure ou à la méthode de composition des ingrédients ; souvent, elle blâmera la farine, la levure chimique ou même le four.

Une femme m'a écrit qu'elle souhaitait savoir quel était le problème avec ses gâteaux. Je lui ai demandé de donner la recette et elle m'a répondu qu'elle utilisait généralement un bol pour mesurer et qu'ensuite elle utilisait du sucre, des œufs, du beurre, de la farine et suffisamment de lait ou d'eau pour faire une pâte – il n'y avait pas de quantités vraiment définies. Lorsque j'ai répondu, je lui ai dit que ce sont les mesures et les méthodes qu'elle utilisait qui provoquaient fréquemment des échecs. Mais elle était sûre que ce n'était pas le cas, car son gâteau était généralement bon, et ce n'était que de temps en temps qu'elle échouait. J'ai donc eu du mal à la convaincre que des mesures précises donneraient toujours les mêmes résultats et un succès assuré et qu'elle pouvait faire le même gâteau 365 jours par an sans avoir un seul échec.

Aujourd'hui, cette femme ne voulait pas revenir à l'ancienne façon de cuisiner, et récemment j'ai reçu un petit mot d'elle me disant de faire savoir aussi aux autres femmes au foyer d'âge moyen et jeunes combien il est nécessaire d'être précis.

Vous savez que cela ne prend que quelques minutes de plus pour mesurer avec précision, et vous êtes alors en mesure de préparer ce délicieux gâteau sans échec. Pas d'échec, pas de gaspillage. En vérité, les mots « faire confiance à la chance » devraient être tabous dans la cuisine d'une femme efficace.

La tentation d'ajouter juste un peu plus de sucre, de farine ou de shortening à une recette dans le but de l'améliorer doit être éliminée si vous souhaitez cuisiner avec succès. Lorsque vous utilisez de l'huile végétale à la place du beurre dans la préparation de gâteaux, réduisez la quantité de graisse d'un tiers. De nombreuses recettes de gâteaux contiennent trop de matières grasses.

Lorsque les quantités sont inférieures à une tasse, il est souvent plus facile de mesurer avec une cuillère. N'oubliez pas que toutes les mesures sont de niveau :

Seize cuillères à soupe	1 tasse
Huit cuillères à soupe	½ tasse
Quatre cuillères à soupe	¼ tasse

Cinq cuillères à soupe plus une cuillère à café ⅓ tasse

Tamisez la farine une fois avant de mesurer. Les tasses à mesurer standard contenant une demi-pinte sont divisées d'un côté en quarts et de l'autre côté en tiers, et on les trouve généralement dans tous les magasins d'ameublement, et il existe un choix d'aluminium, de verre ou d'étain.

Des ensembles de cuillères à mesurer permettront d'économiser du temps et des ennuis. Les cuillères passent d'un quart de cuillère à café à une cuillère à soupe, permettant ainsi d'effectuer des mesures précises pour l'assaisonnement et l'arôme.

Une spatule remboursera son coût plusieurs fois au cours du premier mois d'utilisation. Il est possible avec ce couteau de retirer chaque particule d'aliment d'un bol mixeur.

Comment entretenir une maison sans une balance fiable ? Savez-vous combien pesait le poulet que vous avez acheté samedi et quelle quantité de déchets il y avait ? ou le poids de l'os dans la viande que vous avez achetée mercredi ? Est-ce qu'il vous arrive de peser vos achats ? Réfléchissez-y, puis achetez une bonne paire de balances et conservez-les dans un endroit pratique.

Liste des mesures équivalentes :—

1 cuillère à sel	¼ cuillère à café
3 cuillères à café	1 cuillerée à soupe
3 cuillères à soupe	1 cuillère de cuisine
4 cuillères à soupe	¼ tasse
8 cuillères à soupe	½ tasse

12 cuillères à soupe	¾ tasse
16 cuillères à soupe	1 tasse
2 tasses	1 pinte
2 pintes	1 litre
4 quarts	1 gallon

MESURE À SEC

8 quarts	1 picorer
2 quarts	¼ picorer
4 quarts	½ picorer
2 tasses de sucre cristallisé	1 livre
2¾ tasses de cassonade	1 livre
3½ tasses de café moulu	1 livre
3 tasses de fécule de maïs	1 livre
2 tasses de beurre	1 livre
2 tasses de saindoux	1 livre
3 tasses de semoule de maïs granulée	1 livre
3¾ tasses de farine de seigle	1 livre
3¾ tasses de farine Graham	1 livre
3¾ tasses de farine de blé non tamisée	1 livre
4 tasses de farine tamisée	1 livre
3½ tasses de farine de blé entier	1 livre
9 tasses de farine de son	1 livre
2 tasses de farine de riz	1 livre

VINAIGRETTE ITALIENNE

Une demi-tasse d'huile de salade,

Quatre cuillères à soupe de vinaigre,

Une cuillère à café de sel,

Une cuillère à café de paprika,

Trois cuillères à soupe de fromage râpé.

Placer dans un pot à fruits puis secouer pour mélanger.

VINAIGRETTE À LA CRÈME SURE ET AU CONCOMBRE

Épluchez et râpez un concombre de taille moyenne, puis saupoudrez d'une cuillère à café de sel. Laisser reposer une heure, puis égoutter et placer une tasse de crème sure dans un bol. Battre jusqu'à consistance ferme et ajouter le concombre préparé et

Une cuillère à café de moutarde,

Une cuillère à café de poivre,

Deux cuillères à soupe d'oignon finement haché,

Deux cuillères à soupe de persil finement haché,

Jus d'un demi citron.

Bien mélanger avant de servir.

CRÈME DE CHOU

Coupez finement le chou puis placez-le dans de l'eau froide salée pour le rendre croustillant. Bien égoutter puis ajouter

Un poivron vert ou rouge, haché finement pour chaque litre de

chou,

Une cuillère à soupe de graines de moutarde

puis préparez une vinaigrette comme suit :

Placer dans une assiette creuse le jaune d'un œuf, puis ajouter

Une cuillère à café de vinaigre,

Une cuillère à café de moutarde,

Une cuillère à café de sucre,

Une cuillère à café de paprika.

Travaillez avec une fourchette pour obtenir une pâte lisse et épaisse, puis ajoutez lentement une demi-tasse d'huile de salade. Lorsqu'il est très épais, réduire à la consistance désirée avec quatre cuillères à soupe de lait concentré et six à huit cuillères à soupe de vinaigre. Battre avec un batteur à œufs Dover puis verser sur le chou.

SALADES

Lavez et égouttez la laitue puis râpez-la finement à l'aide d'une paire de ciseaux bien aiguisés. Placer dans un bol puis hacher finement un bouquet d'oignons verts et une branche de céleri et ajouter à la laitue. Couvrir de vinaigrette mayonnaise et servir au déjeuner avec une assiette de velouté. Des toasts et un dessert léger compléteront ce repas.

SALADE ANGLAISE DE CCRESSE

Coupez cinq lanières de lard en dés puis faites-les revenir joliment dans une poêle. Soulevez le bacon cuit, égouttez le gras en ne laissant que cinq cuillères à soupe environ dans la poêle. Maintenant, placez dans une tasse

Une demi cuillère à café de moutarde,

Une demi cuillère à café de sucre,

Une cuillère à café de sel,

Une demi cuillère à café de paprika,

Quatre cuillères à soupe de vinaigre.

Dissoudre et verser dans la graisse chaude, porter à ébullition puis ajouter les lardons cuits. Placez maintenant le cresson préparé dans un bol et versez dessus le bacon avec la vinaigrette préparée. Mélanger délicatement pour mélanger puis garnir d'œufs durs (tranchés).

La salade de maïs, les salades de chou, de laitue, de romaine et d'escarolle peuvent être utilisées à la place du cresson pour plus de variété.

Les radis doivent être bien lavés puis laissés croustillants dans l'eau froide. Divisé de la pointe à l'extrémité de la tige en quatre. Les gros radis peuvent être pelés et cuits jusqu'à tendreté dans de l'eau bouillante, puis égouttés et servis avec une sauce à la crème, hollandaise ou au beurre nature pour varier.

VIEILLISSEMENT À LA MOUTARDE ANGLAISE

Une cuillère à soupe de lait concentré,

Une cuillère à café de moutarde.

Placer dans une assiette creuse et mélanger, puis ajouter une cuillère à soupe d'huile. Puis déposez le vinaigre, puis à nouveau l'huile jusqu'à avoir utilisé

Huit cuillères à soupe d'huile de salade,

Une cuillère à soupe de vinaigre.

Servir sur de la laitue, des concombres, de la viande ou du poisson.

RICHE SALADE BOUILLIE

Une demi-tasse d'eau,

Trois quarts de tasse de vinaigre,

Cinq cuillères à soupe de fécule de maïs.

Dissoudre la fécule dans l'eau et porter à ébullition. Cuire trois minutes puis ajouter

Un œuf bien battu,

Une demi-tasse de crème épaisse,

Une cuillère à soupe de sucre,

Une cuillère à café de sel,

Une cuillère à café de paprika.

Mélanger le sucre et l'assaisonnement avec la crème et ajouter l'œuf ; ajoutez ensuite au mélange bouillant et retirez immédiatement du feu. Incorporer lentement six cuillères à soupe d'huile de salade. Celui-ci se conservera au frais pendant six semaines.

VINAIGRETTE D'ASPERGES

Lavez et grattez les asperges et prévoyez quatre tiges pour chaque service. Coupez pour retirer l'extrémité lapidaire de la tige, puis faites cuire dans l'eau bouillante jusqu'à tendreté. Soulever et bien égoutter, puis disposer dans un plat et napper de la sauce suivante :

Quatre cuillères à soupe d'huile de salade,

Deux cuillères à soupe de vinaigre,

Une demi-cuillère à soupe d'oignon râpé,

Une demi-cuillère à soupe de poivron vert finement haché,

Une cuillère à café de sel,

Une cuillère à café de paprika,

Un quart de cuillère à café de moutarde.

Battre pour mélanger puis mettre sur la glace pour refroidir. Servir glacé sur des feuilles de laitue croustillantes.

VÊTEMENTS OTTAWA

Une demi-tasse de ketchup,

Deux gros oignons râpés,

Un gros poivron vert haché finement,

Une demi-tasse d'huile de salade,

Six cuillères à soupe de vinaigre,

Une cuillère à café de sucre,

Une cuillère à café de sel,

Une cuillère à café de moutarde,

Une cuillère à café de paprika.

Mélangez les épices dans le vinaigre, puis battez fort pour mélanger.

VÊTEMENTS BALTIMORE

Une tasse de mayonnaise,

Une demi-tasse de tomates en conserve bien égouttées,

Deux oignons bien râpés,

Une cuillère à soupe de sauce Worcestershire,

Deux cuillères à café de sel,

Une cuillère à café de moutarde,

Une cuillère à café de paprika.

Mélangez soigneusement puis servez glacé.

SALADE D'ASPERGES ET CÉLERI

Hachez suffisamment de céleri très finement pour mesurer une tasse. Placer dans un bol et ajouter

Un oignon de taille moyenne,

Un poivron vert.

Hachez très finement puis ajoutez

Une demi-tasse de mayonnaise,

Une cuillère à soupe de vinaigre,

Une cuillère à café de sel,

Une demi-cuillère à café de paprika.

Mélangez puis remplissez un nid de feuilles de laitue croustillantes et décorez avec les pointes d'asperges en conserve.

VINAIGRETTE AU FROMAGE

Quatre cuillères à soupe de fromage râpé,

Une cuillère à café de moutarde,

Une cuillère à café de paprika,

Une cuillère à café de sel,

Huit cuillères à soupe d'huile,

Quatre cuillères à soupe de vinaigre.

Placer dans un bol et bien mélanger.

SALADE D'OEUFS DIABLES

Faites bouillir deux œufs durs, puis retirez les coquilles et coupez l'œuf sur toute la longueur. Retirez les jaunes, puis passez-les au tamis fin et ajoutez

Une demi cuillère à café de moutarde,

Un quart de cuillère à café de paprika,

Une cuillère à café d'oignon râpé,

Une cuillère à café de persil finement haché,

Une demi-cuillère à café de sel,

Trois cuillères à soupe de mayonnaise.

Bien mélanger puis former des boules en plaçant une boule à la place du blanc de l'œuf laissé par le jaune. Placez maintenant chaque blanc ou un demi-œuf dans le nid de laitue et placez-le autour de l'œuf.

Six haricots verts cuits,

Une tranche de tomate coupée en deux,

Deux fines tranches d'oignon,

et garnir de deux cuillères à soupe de vinaigrette russe.

VEAU

Le veau est la carcasse habillée du veau. La chair doit être ferme, blanc rosé et bien cuite pour développer ses qualités gustatives et nutritives. Les coupes sont le cou, les épaules, le carré, la poitrine, la longe et la cuisse. Les épaules, la poitrine et la longe sont utilisées pour le rôtissage, le cou et le bout du gigot pour le ragoût, le gigot pour les escalopes et la grille pour les côtelettes. Le jarret de veau peut être utilisé pour les ragoûts, les soupes, le bouillon ou la poivrière.

Les autres produits du veau sont la tête, la cervelle, le cœur, le ris de veau, les pieds, le foie, les tripes, les rognons et la langue du veau. Les reins sont généralement laissés dans la longe.

CUISINER

L'épaule peut être désossée et roulée ou laissée nature ou simplement retirer l'os de la lame et ensuite utiliser une garniture. Les os du sein peuvent être retirés, puis une poche réalisée et remplie.

Rôtir la parure de longe et l'attacher en forme, puis la rôtir.

La viande du cou, de la poitrine et du jarret est fréquemment utilisée avec le poulet et, si elle est correctement préparée, elle est délicieuse. Le fond d'os de veau est riche en gélatine et peut être utilisé pour les pains de viande, les moules et les aspics.

POUR PRÉPARER DES ESCALOPES PANÉES

Coupez les escalopes en morceaux adaptés puis roulez-les dans la farine et trempez-les dans l'œuf battu, puis trempez-les à nouveau dans la chapelure fine en tapotant fermement. Faire frire rapidement jusqu'à ce qu'ils soient dorés. Placer à four chaud pour terminer la cuisson. La côtelette peut être servie avec une sauce brune ou une sauce tomate.

CROQUETTES DE VEAU

Une tasse de lait,

Cinq cuillères à soupe rases de fécule de maïs.

Placer dans une casserole puis dissoudre la fécule dans le lait. Porter à ébullition et cuire cinq minutes. Maintenant, ajoutez

Une tasse et demie de veau cuit, haché finement,

Une cuillère à soupe d'oignon râpé,

Deux cuillères à soupe de persil finement haché,

Une cuillère à café et demie de sel,

Une cuillère à café de poivre,

Une cuillère à soupe de sauce Worcestershire.

Battre pour bien mélanger, puis verser sur une assiette graissée et laisser reposer au frais pendant quatre heures pour mouler. Former des croquettes puis tremper dans l'œuf battu, puis dans la chapelure fine ; faire frire dans la graisse chaude. Servir avec de la sauce tomate.

CUISINER LES COUPES FANTAISIES

POUR PRÉPARER LES CERVEAU

Faire tremper pendant une heure dans de l'eau froide en ajoutant le jus d'un demi citron. Égouttez puis faites bouillir pendant dix minutes. Égouttez puis coupez pour éliminer l'excès de tissu. Placer sous un poids pour aplatir et raffermir si désiré, ou couper en deux et tremper dans la farine puis dans l'œuf et enfin dans la chapelure fine. Faire revenir dans la graisse chaude jusqu'à ce qu'il soit doré. Servir avec de la sauce hollandaise.

ÉPAULE DE VEAU RÔTI

Demandez au boucher de faire une poche dans le veau pour la garniture. Faites maintenant tremper suffisamment de pain rassis dans de l'eau froide pour qu'une fois pressé à sec, il mesure deux tasses. Mettez le pain dans une casserole et ajoutez

Une tasse d'oignons finement hachés,

Trois cuillères à soupe de persil finement haché,

Un poivron vert haché finement,

Une demi-tasse de shortening.

Mélangez bien puis faites cuire lentement pour que l'oignon ne brunisse pas. Lorsqu'il est tendre, ajouter

Une cuillère à café de paprika,

Deux cuillères à café de sel,

Une cuillère à café de poivre.

Bien mélanger puis laisser refroidir et verser sur le veau. Cousez l'ouverture avec une aiguille à repriser et une ficelle solide ou fixez-la avec des cure-dents. Saupoudrez bien la viande de farine puis placez-la dans un four chaud pour la faire dorer. Réduisez ensuite le feu du four à modéré et faites rôtir, en laissant trente minutes pour que la viande commence à cuire et vingt-cinq minutes pour la livre. Arrosez toutes les dix minutes avec :

Une demi-tasse d'huile de salade végétale dans

Une tasse et demie d'eau bouillante.

COEUR DE VEAU À LA MODE

Lavez et faites tremper le cœur quelques minutes dans l'eau puis retirez les tubes, les veines et coupez le cœur en dés. Faire bouillir jusqu'à tendreté. Ajoutez ensuite, en utilisant suffisamment d'eau pour couvrir

Une demi-tasse de vinaigre,

Quatre oignons finement hachés,

Deux carottes coupées en dés,

Une cuillère à café de marjolaine douce,

Deux cuillères à café de sel,

Une cuillère à café de poivre blanc.

Épaissir la sauce et servir avec des tranches de pain grillées.

Le cœur de veau peut être coupé en fines tranches, trempé dans la farine puis frit. Le foie de veau est le plus délicat et doit être cuit rapidement, soit à la poêle, soit au gril. La tête est utilisée pour la soupe de fausse-tortue ou cuite et servie avec une sauce brune ou transformée en fromage de tête de veau. La langue peut être cuite jusqu'à tendreté puis marinée dans du vinaigre.

Les pieds peuvent être utilisés à la place de la tête pour la soupe de fausse tortue et à la place des jointures pour préparer une poivrière.

TRIPES FRITES DANS LA PÂTE

Coupez les tripes en morceaux de la taille d'une huître puis assaisonnez et trempez-les dans une pâte. Faire frire jusqu'à ce qu'ils soient dorés dans la graisse chaude, puis servir avec de la sauce hollandaise.

LA PÂTE

Cassez un œuf dans une tasse et remplissez de lait. Placer dans un bol et ajouter

Une tasse et quart de farine,

Une cuillère à café de sel,

Une demi-cuillère à café de poivre.

Bien battre pour éliminer les grumeaux.

TRIPES CRÉOLE

Hachez finement quatre oignons, puis placez dans une casserole quatre cuillères à soupe de shortening ; ajouter les oignons et cuire jusqu'à ce qu'ils soient tendres, mais pas dorés. Ajoutez maintenant quatre cuillères à soupe de farine. Remuer pour bien mélanger puis ajouter :

Deux tasses de tomates égouttées,

Un poivron vert finement émincé,

Une demi-livre de champignons préparés,

Une livre de tripes coupées en blocs de pouces.

Cuire doucement une vingtaine de minutes puis assaisonner et servir.

TRIPES MARINÉES

Coupez les tripes préparées en lanières d'un pouce de large et deux pouces de long, puis placez-les dans un bol en porcelaine et ajoutez

Quatre oignons coupés en rondelles et étuvés,

Deux feuilles de laurier,

Une douzaine de clous de girofle,

Une demi-douzaine de piment de la Jamaïque

et suffisamment de vinaigre pour couvrir. Laisser reposer deux jours avant utilisation.

TORTUE ET VIVANEAU

Couchez la tortue sur le dos et coupez la tête. Laissez la tortue saigner pendant vingt minutes. Séparez le corps de la coquille et retirez les entrailles. Séparez soigneusement le foie et le cœur. Maintenant, avec un couteau bien aiguisé, retirez la viande de la coquille et mettez-la dans l'eau bouillante pendant deux minutes. Vidange. Frottez les cuisses et toute la chair contenant la peau externe jusqu'à ce que la peau soit retirée, avec une serviette grossière. Maintenant, avec un couperet, coupez la coquille en cinq morceaux et placez-la dans l'eau bouillante pendant cinq minutes. Retirer de l'eau chaude. Utilisez le couteau pour décoller la peau et les poils de la coquille. Mettez maintenant la viande et la coquille dans l'eau froide pendant une heure et demie. Vous avez maintenant de la viande de tortue blanche et verte prête à cuire.

CUISINER

Mettez la viande et la coquille dans une grande marmite à confiture avec suffisamment d'eau froide pour couvrir, en ajoutant

Un pot d'une pinte de compote de tomates,

Une branche de céleri,

Un bouquet d'herbes potagères,

Un bouquet de persil,

Trois clous de girofle,

Quatre piment de la Jamaïque,

Quatre gros oignons,

Deux feuilles de laurier,

Une carotte de taille moyenne,

Le zeste d'un demi citron,

Trois cuillères à soupe de sauce Worcestershire.

Attachez les épices et les légumes dans un morceau de gaze et portez à ébullition. Cuire lentement jusqu'à ce que la viande soit tendre puis retirer la viande blanche. Faites cuire la viande verte, dont la majeure partie est dans la coquille, jusqu'à ce qu'elle soit tendre. Placer la viande, lorsqu'elle est tendre, dans l'eau froide pour la blanchir. Utilisez le liquide pour la soupe. Égoutter et ajouter une partie de la viande de tortue, l'œuf dur, le zeste de citron râpé et le jus de citron. Préparez le vivaneau comme la tortue verte. Saignez seulement dix minutes.

SALADE DE CREVETTES

Ouvrez deux grandes boîtes de crevettes, puis égouttez-les et lavez-les sous l'eau froide. Maintenant, râpez très finement les grosses feuilles vertes extérieures de la laitue. Mesurez deux tasses et placez-les dans un bol et ajoutez

Un poivron vert,

Un oignon haché très fin,

Une demi-tasse de vinaigrette mayonnaise.

Mélangez bien puis remplissez un nid de feuilles de laitue croustillantes. Disposez les crevettes dessus et masquez avec de la mayonnaise. Garnir de deux œufs durs en quartiers.

CREVETTE

Les crevettes sont généralement cuites, mais pour cuire les crevettes : Plongez les crevettes dans une chaudière préparée comme pour les crabes. Faire bouillir une dizaine de minutes, puis égoutter et laisser refroidir. Retirez les coquilles et elles pourront ensuite être utilisées pour les salades, les croquettes et les crevettes frites.

TERRAPINE

Le dos en diamant ou la tortue d'eau salée sont les meilleurs. La tortue d'eau douce peut être utilisée pour les croquettes et la purée. Nettoyez la tortue en la plaçant dans de l'eau douce pendant six heures. Lavez-les à l'eau tiède puis placez-les vivants dans l'eau bouillante. Cuire cinq minutes. Retirez puis frottez avec un chiffon grossier le cou, les pattes et la queue pour enlever la peau. Lavez à nouveau. Retournez dans la marmite. Cuire jusqu'à ce que les cuisses quittent facilement le corps. Généralement environ trente-cinq minutes pour les petites tortues et soixante-quinze minutes pour les grandes. L'âge et l'état déterminent le temps de cuisson. Cool. Maintenant, avant qu'elle ne soit complètement froide, séparez la tortue de la coquille, jetez les intestins grêles, la coquille, le fiel, etc. Coupez la viande en morceaux.

Cuire dans une sauce à la crème à la Maryland ; dans une sauce brune à la mode ou une compote de tortues de mer.

VIvaneau à l'étouffée

Ouvrez une boîte de vivaneau dans un bol en porcelaine et laissez reposer une heure ; mettre dans une casserole.

Deux tasses d'eau,

Quatre cuillères à soupe de fécule de maïs dissoute dans l'eau,

Fagot d'herbes à soupe,

Deux clous de girofle,

Deux cuillères à soupe de beurre,

Une cuillère à café et demie de sel,

Une cuillère à café de paprika,

Le jus d'un citron,

Le zeste râpé d'un quart de citron.

Porter à ébullition et cuire lentement pendant quinze minutes ; puis ajoutez la viande de vivaneau, faites chauffer doucement 10 minutes, servez.

STEAKS

Le choix du steak dépend entièrement du nombre de personnes à servir. Un steak ne peut pas être considéré comme une viande bon marché ; les portions d'os et de parures font de cette viande un luxe rare en ces temps de prix élevés.

Pourtant, il arrive des moments où les hommes veulent du steak – et il faut bien qu'il en soit ainsi. Il existe trois sortes de viandes découpées en steaks : à savoir la longe, la croupe et la ronde. Tous les trois constitueront un repas délicieux s'ils sont correctement préparés.

Le steak rond est celui qui contient le moins de déchets, et si les steaks sont issus des trois premières coupes, ils doivent être tendres et juteux, à condition qu'ils soient coupés suffisamment épais et correctement cuits.

Le rumsteck est tout aussi tendre et savoureux que la longe et contient environ un tiers de déchets en moins. Le surlonge est la coupe la plus raffinée de toute la carcasse et contient une quantité proportionnellement importante de déchets.

Demandez au boucher de couper le steak rond d'un demi-pouce d'épaisseur, puis de l'écraser avec une hache à viande pour briser les tissus durs. Placer sur une assiette, badigeonner d'huile de salade et laisser reposer une demi-heure. Faites maintenant griller de la manière habituelle, en retournant toutes les quatre minutes. Soulever sur un plat chaud et tartiner avec les beurres de viande de choix indiqués ci-dessous.

Le rumsteck doit être coupé de deux pouces d'épaisseur et les os et le gras doivent être parés. Maintenant, coupez et marquez le bord de la graisse et badigeonnez d'huile de salade, puis faites griller comme pour un steak rond.

Le steak de surlonge doit être coupé à deux pouces d'épaisseur. Demandez au boucher de retirer l'os de l'échine puis le bout du flanc. Qu'il ajoute un morceau de suif au bout du flanc ; puis passez-le dans le hachoir pour le steak de Hambourg. C'est une erreur de cuire le flanc avec le surlonge. Badigeonner le steak d'huile de salade puis faire griller. Soulever sur un plat chaud.

Placez un litre d'eau et une cuillère à soupe de sel au fond de la lèchefrite pour éviter que les gouttes de graisse ne prennent feu. Retournez la viande toutes les quatre minutes pour que la cuisson soit homogène. Pour tester la viande lors de la cuisson au gril, appuyez avec un couteau ; s'il est mou et spongieux, il est cru. Surveillez attentivement et lorsqu'il commence tout juste à devenir ferme, c'est rare. Comptez quatre minutes pour une cuisson moyenne et six minutes pour une cuisson bien cuite.

Ne retournez pas la viande avec une fourchette. La chaleur intense a scellé ou saisi la surface et a permis à la viande de retenir son jus, et si vous utilisez une fourchette pour la retourner, vous percerez ou ferez une ouverture pour que ces jus s'échappent.

Un steak de deux livres sera cuit saignant en douze minutes, moyen en quinze minutes et bien cuit en dix-huit minutes. Soulevez toujours sur un plat chaud.

BEURRE FRANÇAIS

Deux cuillères à soupe de ciboulette finement hachée,

Une cuillère à soupe de poireaux finement hachés,

Une cuillère à soupe d'estragon finement haché,

Le jus d'un demi citron,

Deux cuillères à soupe de beurre fondu,

Une demi-cuillère à café de sel,

Une demi-cuillère à café de paprika.

Travailler jusqu'à obtenir une pâte lisse.

Les cuisiniers français, italiens et suisses servent fréquemment une garniture de légumes avec les steaks. Il est préparé comme suit :

Un poivron vert haché finement,

Deux poireaux finement hachés,

Huit branches de persil finement hachées,

Deux oignons finement hachés,

Dix branches d'estragon finement hachées,

Une demi-tasse de ciboulette finement hachée.

Placez quatre cuillères à soupe de shortening ou d'huile végétale dans une poêle, ajoutez les herbes et faites cuire très lentement jusqu'à ce qu'elles soient tendres, en prenant soin de ne pas brunir. Assaisonnez maintenant avec du sel, du poivre et dressez sur une assiette chaude en un petit monticule au fond du steak. Garnir d'une tranche de citron.

BEURRE ANGLAIS

Une cuillère à soupe de beurre,

Un quart de cuillère à café de poivre blanc,

Un quart de cuillère à café de moutarde,

Une demi-cuillère à café de sel.

Travaillez jusqu'à obtenir une pâte puis étalez-la sur un steak dès que vous le déposez sur le plateau.

BEURRE DE LONDRES

Une cuillère à soupe de beurre fondu,

Une cuillère à soupe de sauce Worcestershire,

Une demi-cuillère à café de sel,

Une demi cuillère à café de poivre,

Une cuillère à soupe de jus de citron.

Mélangez puis versez sur le steak.

BEURRE SUISSE

Une cuillère à soupe d'oignon râpé,

Une cuillère à soupe de persil finement haché,

Une demi-cuillère à café de sel,

Un quart de cuillère à café de paprika,

Une cuillère à soupe et demie de beurre.

Travailler jusqu'à obtenir une pâte lisse.

BEURRE ITALIEN

Un poivron vert haché très fin,

Une cuillère à café de paprika,

Une demi-cuillère à café de sel,

Deux cuillères à soupe de beurre.

Travaillez jusqu'à obtenir une pâte lisse puis étalez-la sur la viande.

GARNITURE DE LÉGUMES

Les carottes, les navets et les panais peuvent être coupés en cubes puis façonnés en forme de bouchon. Cuire jusqu'à tendreté dans l'eau bouillante puis dorer rapidement dans un peu de graisse chaude. Les betteraves et les navets peuvent être cuits jusqu'à ce qu'ils soient tendres, puis retirer le centre et remplir d'oignons ou de mayonnaise au concombre.

STEAK DE HAMBOURG GRILLÉ

Ne faites pas frire ni poêler un steak de hambourg fait à partir de flanc de surlonge. Placer la viande dans un bol et ajouter

Trois quarts de tasse de chapelure moelleuse,

Un oignon finement émincé,

Deux cuillères à soupe de persil,

Une cuillère à café de sel,

Une demi cuillère à café de paprika,

Un oeuf.

Mélanger, former des galettes, badigeonner d'huile de salade ; déposer sur un plat allant au four. Faire griller au gril à gaz pendant huit minutes, puis placer au four chaud pendant sept minutes de plus. Tartiner avec le beurre désiré et servir dans un plat allant au four. Cela donnera une viande délicieusement parfumée à la place du gâteau sec et insipide habituel qui est fréquemment servi.

SALADES

Les salades sont un plat d'été populaire. Ils doivent être fabriqués à partir de légumes frais qui contiennent les éléments bénéfiques pour la santé qui sont essentiels à notre bien-être physique. Il existe également des sels minéraux qui aident à purifier la circulation sanguine et ainsi à nous maintenir en bonne forme physique.

Les œufs, etc., qui sont utilisés dans la préparation des vinaigrettes, ont une valeur alimentaire qui peut être prise en compte dans notre ration quotidienne. Il est préférable d'éliminer les salades lourdes, composées de viande, en cas de fortes chaleurs. Remplacez-les par des salades légères, délicates et attrayantes, non seulement appétissantes mais aussi faciles à digérer.

Réaliser une salade réussie est tout un art. Le mélange approprié des différents ingrédients, puis l'utilisation d'une vinaigrette et d'une garniture bien mélangées, de sorte qu'elles satisfassent non seulement les yeux mais tentent également le palais ; c'est une vraie salade.

Les bonnes combinaisons sont très importantes ; l'harmonie doit prévaloir. Par exemple, une combinaison de betteraves, de tomates et de carottes serait non seulement peu artistique, mais aussi une mauvaise combinaison d'aliments. Des précautions doivent être prises lors de la préparation de la laitue ou des autres légumes verts utilisés. Toutes les plantes qui forment des têtes doivent être lavées séparément et soigneusement afin de les débarrasser de la saleté et des insectes, puis elles doivent être lavées une dernière fois dans de l'eau contenant une cuillère à soupe de sel pour deux litres, puis rincées à l'eau glacée. Le bain d'eau salée éliminera les minuscules acariens et limaces presque invisibles qui s'accrochent à ces légumes verts.

De nombreuses variétés de vinaigrette peuvent être préparées à partir de mayonnaise ou de vinaigrette achetée en bouteilles. Lorsque la ménagère ne parvient pas à préparer une bonne vinaigrette mayonnaise ou que la famille est petite, une bonne vinaigrette standard déjà préparée peut être achetée et utilisée dans les recettes suivantes :

vinaigrette russe

Une tasse de vinaigrette ou de mayonnaise,

Une betterave crue,

Une carotte crue,

Un oignon cru.

Eplucher puis râper les légumes dans la vinaigrette puis ajouter :

Une cuillère à café de sel,

Une cuillère à café de paprika,

Une cuillère à soupe de sucre,

Une demi-cuillère à café de moutarde.

Battre pour mélanger puis utiliser. Ce pansement se conserve une semaine s'il est placé dans un flacon et conservé au frais.

VÊTEMENTS FRANÇAIS

Placer dans une bouteille :

Une demi-tasse d'huile de salade,

Trois cuillères à soupe de vinaigre ou de jus de citron,

Une cuillère à café de sel,

Une demi cuillère à café de moutarde,

Une demi-cuillère à café de poivre.

Agiter jusqu'à consistance crémeuse puis conserver dans un endroit frais. Cela se conservera bien jusqu'à son utilisation.

VINAIGRETTE AU ROQUEFORT

Une demi-cuillère à café de sel,

Une demi cuillère à café de paprika,

Une cuillère à soupe de Roquefort,

Une cuillère à soupe de jus de citron,

Deux cuillères à soupe d'huile de salade.

Mélangez doucement et servez.

VINAIGRETTE BOUILLIE

Une tasse de vinaigre,

Trois quarts de tasse d'eau,

Trois cuillères à soupe rases de fécule de maïs.

Dissoudre la fécule dans l'eau et porter à ébullition. Cuire cinq minutes puis ajouter :

Un œuf bien battu,

Quatre cuillères à soupe d'huile de salade,

Une cuillère à café de moutarde,

Une cuillère à café et demie de sel,

Une cuillère à café de paprika,

Deux cuillères à café de sucre.

Battre jusqu'à ce que le tout soit bien mélangé, puis cuire lentement pendant trois minutes. Verser dans des bocaux ou des verres à gelée et diluer avec de la crème ou du lait concentré au moment de l'utilisation.

VINAIGRETTE AU PIMENT

Ajoutez quatre piments finement hachés à une demi-tasse de vinaigrette préparée.

VINAIGRETTE AU PAPRIKA

Ajoutez une cuillère à café et demie de paprika à la vinaigrette française. Bien agiter pour mélanger. Le paprika est un poivron rouge doux et doux qui ne mord pas la langue.

Par temps chaud, utilisez des salades deux fois par jour, en commençant la journée avec du cresson, des radis ou de jeunes oignons croquants ou des feuilles de laitue, pour le bien de votre santé.

DRESSING BLOND FRANÇAIS

Placer dans une bouteille à large goulot,

Une cuillère à café de sucre,

Une cuillère à café de moutarde,

Une demi-cuillère à café de sel,

Quatre cuillères à soupe de vinaigre de vin blanc,

Une demi-tasse d'huile de salade végétale.

Agiter jusqu'à consistance crémeuse.

L'utilisation du paprika est décidément meilleure que celle du piment piquant. Ce poivre est une épice légèrement sucrée qui n'irrite pas la muqueuse délicate de la gorge ou de l'estomac. Désormais, les salades délicates, la laitue, la salade de maïs, l'endive, la romaine, les tomates, les oignons, les concombres, le chou et les légumes cuits, comme les haricots de Lima, les pois, les haricots verts, les betteraves, etc., sont tout aussi importants que les entrées vertes.

Le succès des salades dépend entièrement des vinaigrettes utilisées avec elles. C'est donc dans cet esprit que nous allons maintenant préparer de délicieuses vinaigrettes. Placez-les dans un pot de fruits puis mettez-les dans la glacière, où ils pourront être consommés en une minute.

Vous savez que souvent, lorsque vous rentrez à la maison épuisé, lorsque vous n'avez peut-être pas pris le temps de déjeuner, une salade fraîche et croustillante, du pain beurré finement tranché et une tasse de thé non seulement vous satisferont et vous rafraîchiront, mais vous rafraîchiront également. prévient également les maux de tête.

À LA MODE CANADIENNE

Râpez finement les grosses feuilles vertes de laitue puis placez-les dans un saladier et ajoutez :

Deux carottes cuites,

Deux betteraves cuites, coupées en dés,

Deux oignons finement hachés.

Mélangez délicatement pour mélanger puis préparez la vinaigrette suivante :

Placer dans un pot de fruits,

Une demi-tasse d'huile de salade végétale,

Deux cuillères à soupe d'oignon râpé,

Quatre cuillères à soupe de vinaigre,

Trois cuillères à soupe de poivron vert ou rouge finement haché,

Une cuillère à café de paprika,

Une cuillère à café et demie de sel,

Trois quarts de cuillère à café de moutarde,

Une demi-tasse de sauce ketchup ou chili.

Secouez jusqu'à ce que le tout soit bien mélangé, puis versez sur la salade au fur et à mesure que vous la servez.

ESSAYEZ CETTE VINAIGRETTE SUR DE LA LAITUE NATURE

Lavez et enlevez toutes les imperfections d'un bouquet d'oignons verts ; puis hachez finement et ajoutez :

Une demi-tasse de mayonnaise,

Deux cuillères à soupe de vinaigre,

Une cuillère à café et demie de sel,

Une cuillère à café de paprika,

Une demi-cuillère à café de moutarde.

Mélangez les épices et l'assaisonnement avec le vinaigre et ajoutez-les à la mayonnaise. Ajoutez ensuite les oignons verts finement hachés. Servir sur de la laitue nature.

CÉLERI PARISIEN

Remplissez les rainures du céleri avec du fromage très assaisonné.

ÉJOUETTES À L'ITALIENNE

Lavez puis éliminez les imperfections de deux bottes d'oignons verts, hachez-les finement puis faites bouillir et égouttez-les. Maintenant, faites cuire quatre onces de macaronis dans de l'eau bouillante jusqu'à ce qu'ils soient tendres. Égoutter, blanchir sous l'eau froide puis égoutter à nouveau. Placez maintenant les macaronis cuits et les oignons verts préparés dans une casserole et ajoutez :

Une tasse de sauce brune,

Une tasse de sauce à la crème épaisse,

Une once de fromage râpé,

Deux cuillères à café de sel,

Une cuillère à café de paprika.

Remuer doucement jusqu'à ce qu'il soit chaud, puis servir avec des gaufres à la place de la viande pour le déjeuner.

TARTE AUX POIS

Bien graisser un moule à pudding profond. Coupez n'importe quelle variété de poisson souhaitée en morceaux pesant environ deux onces. Débarrassez-vous des os et de la peau, puis roulez-les dans la farine et placez une couche de poisson, puis une couche de tomates tranchées finement, une couche de pommes de terre tranchées finement et enfin une couche de poisson préparé. Assaisonnez chaque couche avec du sel, du poivre et des poivrons verts finement hachés. Versez dessus deux tasses de sauce à la crème épaisse avec

Une demi-douzaine de palourdes,

Une tasse de petits pois cuits,

Deux cuillères à café de sel,

Une cuillère à café de paprika,

Deux cuillères à soupe de persil finement haché.

Couvrir d'une croûte roulée d'un demi-pouce d'épaisseur. Cuire à four modéré pendant une heure et quart. Badigeonnez la pâte de lait et dès qu'elle est dorée, recouvrez-la légèrement d'un plat à tarte pour éviter qu'elle ne prenne une couleur trop foncée.

SOUFFLE DE POISSON

Ce plat délicat est préparé en frottant une demi-tasse de poisson bouilli froid à travers un tamis fin. Puis ajouter

Une tasse de sauce à la crème froide,

Une cuillère à soupe de sel,

Une cuillère à café de paprika,

Une demi cuillère à café de moutarde,

Trois cuillères à soupe de persil finement haché,

Une cuillère à soupe de sauce Worcestershire,

Jaune de deux œufs.

Battez fort pour mélanger, puis incorporez délicatement les blancs de deux œufs battus en neige ferme. Versez dans des coupes à crème bien graissées, puis placez les coupes dans une casserole contenant de l'eau tiède et faites cuire à four modéré jusqu'à ce que le centre soit ferme, généralement environ vingt minutes.

PAIN DE POISSON

Deux tasses de poisson bouilli froid,

Une tasse de chapelure préparée,

Une tasse de sauce à la crème épaisse,

Une cuillère à café et demie de sel,

Une cuillère à café de paprika,

Deux cuillères à café d'oignons râpés,

Un poivron vert finement émincé,

Un œuf bien battu.

Mélangez puis emballez dans le moule en forme de pain préparé. Placez cette casserole dans une plus grande contenant de l'eau chaude. Cuire à four modéré pendant cinquante minutes. Retirer du four et laisser reposer quelques minutes. Démoulez ensuite sur une assiette chaude et servez avec une sauce créole.

Pour préparer la chapelure, faites tremper le pain rassis dans de l'eau froide ; puis placez-le dans un chiffon et essorez-le. Passer au tamis fin puis mesurer.

Pour préparer le moule, graissez le moule puis tapissez-le d'un papier graissé et fariné.

MORUE AU SEL BOUILLI

Faire tremper une livre et quart de morue salée désossée pendant quatre heures, puis égoutter et essuyer dans un morceau de toile à fromage et plonger dans une casserole profonde contenant suffisamment d'eau bouillante pour couvrir le poisson. Portez à ébullition puis laissez cuire trente-cinq minutes. Soulevez et égouttez bien et placez sur une assiette chaude. Couvrir de deux tasses de sauce à la crème et garnir d'un quart de tasse de persil finement haché puis saupoudrer de deux cuillères à soupe de fromage râpé.

CHAUDRÉE DE POISSON DU CONNECTICUT

N'importe quel poisson frais bon marché fera l'affaire pour ce plat, ou il peut être préparé à partir de la tête, des nageoires et de la colonne vertébrale du poisson, utilisé pour les filets ou le grillage. Placez les têtes, les nageoires et la colonne vertébrale de trois poissons de taille moyenne dans une casserole profonde et ajoutez

Deux litres d'eau froide,

Deux oignons bien coupés,

Une carotte coupée en petits dés,

Une demi-feuille de laurier,

Une demi-cuillère à café de thym.

Couvrir et porter à ébullition. Cuire lentement pendant une heure. Retirez maintenant les têtes, les nageoires et les vertèbres, retirez la viande des têtes et des vertèbres et remettez-la dans le bouillon.

Passez maintenant une tasse de tomates cuites au tamis et ajoutez cinq cuillères à soupe de fécule de maïs. Remuer jusqu'à ce que l'amidon soit dissous, puis ajouter au bouillon. Portez rapidement à ébullition et ajoutez :

Deux tasses de pommes de terre coupées en dés et précuites,

Sel et poivre au goût,

Deux cuillères à soupe de beurre,

Deux cuillères à soupe de persil finement haché.

Laisser bouillir une fois puis servir. C'est délicieux. Une livre de poisson peut être utilisée à la place des têtes, des nageoires et des vertèbres.

Escalope de poisson

Placer dans un bol à mélanger

Deux tasses de poisson froid en flocons,

Une tasse et demie de pain rassis préparé,

Deux oignons râpés,

Quatre cuillères à soupe de persil finement haché,

Une cuillère à soupe de sel,

Une cuillère à café de paprika,

Une cuillère à soupe de sauce Worcestershire,

Une demi cuillère à café de moutarde,

Un œuf bien battu.

Mélangez soigneusement puis façonnez des escalopes. Rouler dans la farine puis tremper dans l'œuf battu, puis dans la chapelure fine. Faire frire dans la graisse chaude.

Pour préparer le pain, faites tremper le pain rassis dans de l'eau tiède jusqu'à ce qu'il soit tendre. Placer dans un torchon puis essorer jusqu'à ce qu'il soit très sec ; puis passez-le dans une passoire pour éliminer les grumeaux. Les côtelettes de poisson sont servies avec un menu comme suit :

CHARTREUSE DE SAUMON

Ouvrez une boîte de saumon puis égouttez-la. Retirez la peau et les os et émiettez-les à la fourchette. Faire tremper trois cuillères à soupe de gélatine dans une demi-tasse d'eau froide puis placer dans une casserole

Deux cuillères à soupe d'oignon finement haché,

Deux cuillères à soupe de persil finement haché,

Deux cuillères à soupe de carottes,

Fagot d'herbes à soupe,

Deux tasses d'eau.

Portez à ébullition et laissez cuire doucement une dizaine de minutes. Filtrer puis ajouter

Le jus d'un demi citron,

Une cuillère à café et quart de sel,

Une cuillère à café de paprika,

et la gélatine dissoute.

Mélangez bien puis laissez refroidir et ajoutez le saumon préparé.

Une cuillère à soupe d'oignon râpé,

Trois cuillères à soupe de persil finement haché.

Verser dans un moule rincé à l'eau froide et refroidi sur de la glace. Mettre au frais pour mouler. Au moment de servir, démouler sur un lit de laitue et servir avec une vinaigrette russe. Cela peut être préparé samedi après-midi.

MAQUEREAU GRILLÉ AU SEL, À LA FLAMANDE

Faire tremper le maquereau toute la nuit dans beaucoup d'eau froide pour le couvrir, en gardant la peau vers le haut. Le matin, retirez la tête, puis lavez et faites bouillir. Égoutter puis déposer sur un plat allant au four et tartiner légèrement de bacon ou de graisse de jambon et saupoudrer légèrement de farine. Placer sur le gril de la cuisinière à gaz et faire griller jusqu'à ce qu'il soit bien doré. Maintenant, pendant que le maquereau cuit, préparez une sauce flamande comme suit :

Un oignon,

Un poivron vert,

Deux branches de persil.

Hachez très finement puis placez dans une casserole avec trois cuillères à soupe de beurre. Couvrir hermétiquement et cuire à la vapeur jusqu'à ce que les légumes soient tendres. Ajoutez maintenant :

Une cuillère à soupe de vinaigre,

Une cuillère à café de sucre,

Une demi cuillère à café de moutarde,

Une cuillère à café de potiron,

Deux cuillères à soupe d'eau bouillante.

Portez à ébullition et versez sur le poisson. Garnir de cresson.

MORUE SALÉE, VERMONT

Sélectionnez un centre épais ; couper et laisser tremper pendant une heure dans de l'eau tiède. Envelopper dans un morceau de gaze et plonger dans l'eau bouillante. Faire bouillir une quinzaine de minutes puis égoutter. Répartir dans quatre plats allant au four individuels et recouvrir de sauce à la crème. Saupoudrer de chapelure fine et d'un peu d'oignon râpé, et enfourner une dizaine de minutes à four chaud.

VIANDES

Pour acheter des viandes de manière intelligente et obtenir le meilleur rapport qualité-prix, il est nécessaire de connaître la nature des coupes, et surtout les quantités proportionnelles de viande maigre, de graisse et d'os qu'elles contiennent ; ainsi que les valeurs alimentaires approximatives de la viande obtenue à partir de diverses parties de la carcasse.

MEMBRES ARRIÈRES

Le steak de longe est en moyenne de 57 pour cent. maigre, 33 pour cent. graisse visible, 10 pour cent. os. Les steaks de surlonge contiennent généralement un pourcentage plus élevé de viande maigre et une plus petite quantité de graisse que les steaks de porterhouse ou de club.

Les coupes de côtes en contiennent 52 pour cent. viande maigre, 31 pour cent. graisse, 17 pour cent. os. Le plus grand pourcentage de viande maigre se trouve dans la sixième côte et le plus faible dans les onzième et douzième côtes.

Les steaks ronds sont de la viande coupée en rond. Ils sont en moyenne de 67 pour cent. viande maigre, 20 pour cent. graisse et 16 pour cent. os. Les steaks ronds en contiennent 73 pour cent. à 84 pour cent. viande maigre.

La croupe en contient 49 pour cent. viande maigre, la ronde sous forme de rôti en contient environ 86 pour cent. viande maigre; le plus grand pourcentage de graisse se trouve dans le rôti de croupe. Les os à soupe en contiennent 8 pour cent. à 60 pour cent. viande maigre.

LES MEMBRES ANTERIEURS

Les quartiers avant de bœuf contiennent le paleron, l'épaule, la motte, le cou et le jarret. Le mandrin en contient 67 pour cent. viande maigre, 20 pour cent. graisse et 12 pour cent. os. Le steak de paleron varie de 60 pour cent. à 80 pour cent. maigre et de 8 pour cent à 24 pour cent. graisse.

La motte ou coupe bolaire en contient 82 pour cent. viande maigre et 5 pour cent. os.

On trouve relativement plus de viande maigre et moins grasse dans le rôti de côtes de paleron que dans la coupe du rôti de côtes de bœuf.

Le nombril, la poitrine et les extrémités des côtes représentent en moyenne 52 pour cent. viande maigre, 40 pour cent. graisse et 8 pour cent. os. Les coupes de poitrine et de nombril sont similaires en proportion, tandis que les côtes se terminent légèrement plus haut en pourcentage d'os et moins maigre.

La bavette en contient 85 pour cent. viande maigre et 15 pour cent. graisse. Les coupes de jarret ou les os à soupe du jarret varient de 15 pour cent. à 67 pour cent. viande maigre et à partir de 25 pour cent. à 76 pour cent. l'os, tandis que le jarret désossé, utilisé pour les ragoûts, les goulaschs, les hachis et les viandes hachées, en contient 85 pour cent. viande maigre et 15 pour cent. graisse.

Les parures de longe contenues dans les steaks réduisent leur poids d'environ 13 pour cent. et ces parures sont en moyenne de 4,6 pour cent. graisse et 2 pour cent. os. Le steak rond est réduit d'environ 7 pour cent. en poids en parures, principalement en graisse ; steaks de paleron environ 6½ pour cent, principalement des os.

La croupe, l'épaule, le rôti et le cou sont tous considérablement réduits en poids par les parures de graisse et d'os, la taille et l'état de l'animal déterminant les quantités réelles. La proportion réelle de viande maigre, de graisse et d'os dans les différentes coupes, leurs valeurs économiques relatives, fixent les prix pour le consommateur.

En prenant les morceaux de viande dans le bon ordre nous avons :

Tout d'abord, le cou pour la soupe, les ragoûts et les cornings. Le coût est très faible et le gaspillage est considérable.

Deuxièmement, le mandrin. Cela comprend toute l'épaule et contient cinq côtes. Les deux premières côtes sont généralement vendues sous forme d'épaule, de rôti et de steak, et bien qu'elles soient à peu près de la même qualité que la n°9, elles coûtent considérablement moins cher.

Troisièmement, la motte d'épaule. Cela fait partie du mandrin et peut être acheté sur presque tous les marchés. Le prix est bas et il n'y a pas de gaspillage. Il est principalement utilisé pour les steaks et les rôtis. Lorsqu'il est utilisé pour les steaks, marquez bien la viande.

Quatrièmement, la tige. Selon le prix du marché, c'est la partie la moins chère du bœuf. Cependant, il en contient 54 pour cent. à 57 pour cent. gaspillage et nécessite une longue cuisson. Il est utilisé pour les soupes et les ragoûts.

Cinquièmement, les côtes. Contient huit côtes ; cinq d'entre eux sont les meilleurs morceaux et sont utilisés exclusivement pour le rôtissage.

Sixièmement, le surlonge. La longe, certaines coupes, contiennent aussi peu que 3 pour cent de déchets. Le surlonge est tendre ; par conséquent, une cuisson rapide et facile. Pour cette raison, c'est l'une des coupes les plus populaires.

Septièmement, le portier. Cette portion de longe contient les steaks les plus raffinés, excellents, nutritifs et faciles à cuire. Le filet ou le filet fait partie de la longe et représente en moyenne environ 13 pour cent. déchets.

Huitièmement, la croupe. Cette coupe est très nutritive, mais nécessite une cuisson soignée pour la rendre tendre ; il contient un peu plus de déchets que le rond. De bons steaks sont obtenus à partir de la croupe ; il est également utilisé pour braiser et venir des rôtis en pot.

Neuvièmement, l'épingle, la partie médiane de la longe. Il est d'excellente qualité, tendre et savoureux et tout aussi apprécié que la longe. C'est la coupe faciale de la croupe.

Dixième, rond. Une coupe peu coûteuse, contenant seulement 7 pour cent de déchets. Il est nutritif comme un filet, mais pas aussi tendre. Le premier élément essentiel en cuisine est de saisir l'extérieur afin de conserver les jus puis de cuire lentement jusqu'à tendreté.

Le steak et le rôti sont coupés dans la ronde et dans le dos ou le talon et sont utilisés pour les rôtis et les ragoûts.

L'un des facteurs qui contribuent à maintenir les prix élevés des denrées alimentaires est que la femme moyenne, *lorsqu'elle se rend au marché, pense à* des prix fantaisistes et à des coupes de choix pour les rôtis, les steaks et les côtelettes. Les coupes de choix représentent environ 26 pour cent. de la carcasse entière, laissant environ 74 pour cent. à éliminer. Or, si cela devient difficile, les coupes sophistiquées doivent supporter le coût supplémentaire et devenir ainsi proportionnellement plus chères.

Prenez une coupe transversale de bœuf pesant environ six livres et essuyez-la avec un chiffon humide, et une demi-tasse de farine y est tapotée, puis faites-la dorer rapidement des deux côtés dans une poêle, puis placez-la dans une cuisinière sans feu ou un four modéré. ensemble avec

Deux oignons de taille moyenne,

Une carotte coupée en quartiers,

Une tasse et demie d'eau bouillante,

et faites cuire lentement, en laissant une demi-heure pour que la viande commence à cuire, puis vingt-cinq minutes par livre. Arrosez fréquemment. S'il est cuit dans la cuisinière, il devrait donner un rôti délicieux et bien parfumé, qui fournira aux familles les plus capricieuses une bonne nourriture substantielle.

La bolaire coupée de l'épaule peut être préparée de la même manière.

La viande du cou et du tibia peut être utilisée pour les ragoûts, les goulaschs et les pains de viande.

Rôti de bœuf tibia, à l'anglaise

Demandez au boucher de couper un morceau de bœuf dans la partie supérieure du tibia, avec l'os à l'intérieur. Essuyez avec un chiffon humide, puis ajoutez une demi-tasse de farine. Faire dorer rapidement des deux côtés, puis soulever dans une casserole profonde et ajouter

Un gros navet coupé en quartiers,

Une grosse carotte, coupée en quartiers,

Un pédé d'herbes à soupe,

Une demi-cuillère à café de marjolaine douce,

Deux tasses d'eau bouillante.

Couvrez bien et faites cuire lentement jusqu'à ce que la viande soit tendre, en laissant une demi-heure pour que la viande commence à cuire et vingt-cinq minutes par livre, en comptant le temps où elle est mise dans la bouilloire.

L'assiette et la poitrine peuvent être utilisées pour les soupes, les ragoûts, les goulaschs et pour le corning. La poitrine fait un splendide rôti lorsqu'elle est désossée et roulée. L'assiette ou la poitrine peuvent également être utilisées à la mode.

Le bifteck de flanc est un morceau de viande maigre et désossé de choix qui se trouve près des côtes et pèse entre un livre et trois quarts et deux livres et demie. Il peut être utilisé pour les steaks, s'il est coupé en tranches obliques, pour le faux filet ou roulé ou pour le steak de hambourg.

Lorsque vous faites bouillir ou mijoter de la viande, gardez ceci à l'esprit : pour être savoureuse et juteuse, la viande doit contenir des nutriments ; il faut le plonger dans l'eau bouillante pour sceller la surface, en coagulant l'albumine de la viande ; puis il doit être cuit juste en dessous du point d'ébullition jusqu'à ce qu'il soit tendre, en laissant la viande chauffer une demi-heure et commencer la cuisson, puis vingt-cinq minutes par livre. Ajoutez du sel juste avant de retirer du feu.

Gardez à l'esprit que le sel, s'il est ajouté lorsque la viande commence tout juste à cuire, en extraira le jus.

Pour les rôtis braisés, etc., il est nécessaire de saisir rapidement la surface de la viande pour la même raison que la viande a été plongée dans l'eau bouillante, puis de cuire lentement, en accordant la même proportion de temps que pour bouillir ou ragoût.

Le véritable objectif de la cuisson de la viande est de retenir les jus et de la rendre suffisamment comestible pour en augmenter la saveur.

RAGOÛT DE BŒUF

Coupez deux livres et demie de bœuf à ragoût en morceaux de deux pouces, puis roulez-le dans la farine et faites-le dorer dans la graisse chaude ; puis ajoutez trois pintes d'eau bouillante. Porter à ébullition et cuire lentement pendant une heure ; puis mettre dans une casserole

Deux tasses de farine,

Une demi cuillère à café de poivre,

Une cuillère à café de sel,

Une cuillère à soupe de levure chimique.

Frotter entre les mains pour mélanger puis ajouter trois quarts de tasse d'eau froide pour former une pâte. Formez des boules entre les mains puis déposez-les dans le ragoût. Couvrir hermétiquement et faire bouillir rapidement pendant douze minutes. Retirez maintenant le couvercle et laissez cuire encore trois minutes. Assaisonnez ensuite et servez.

POUR PRÉPARER LE POISSON À LA FRITURE

Retirez la tête, les nageoires et les os et utilisez-les pour le bouillon de poisson. Disposer les filets dans un plat et laisser mariner une heure dans

Trois cuillères à soupe de jus de citron ou de vinaigre,

Deux cuillères à soupe d'huile de salade,

Deux cuillères à soupe d'oignon râpé,

Une cuillère à café de sel,

Une cuillère à café de paprika.

Rouler ensuite légèrement dans la farine et tremper dans l'œuf battu, puis dans la chapelure fine et faire revenir jusqu'à ce qu'il soit doré dans la graisse chaude.

POISSON GRILLÉ

De la truite de mer, du bar rayé ou d'autres poissons peuvent être utilisés. Nettoyez et désossez le poisson, puis placez-le dans un plat allant au four et tartinez-le généreusement d'huile à salade. Faire griller pendant douze minutes au gril de la cuisinière à gaz ou cuire au four pendant quinze minutes à four chaud. Servir avec une sauce de poisson préparée comme suit :

Hacher bien

Quatre oignons,

Trois grosses tomates,

Deux poivrons verts.

Maintenant, hachez très finement deux onces de porc salé ou de bacon gras, placez-les dans une poêle et faites cuire jusqu'à ce qu'ils soient bien dorés. Ajouter les oignons et les tomates finement hachés ainsi que le poivron vert et cuire lentement jusqu'à ce que les légumes soient tendres. Assaisonner ensuite avec

Une demi cuillère à café de sucre,

Une cuillère à café de sel,

Une demi cuillère à café de poivre blanc,

Jus d'un demi citron.

Mélangez bien et servez avec le poisson.

PAIN DE POISSON

Préparez une sauce comme suit :

Placer dans une casserole

Une tasse de lait,

Cinq cuillères à soupe de farine.

Remuer avec une fourchette jusqu'à ce que la farine soit dissoute puis porter rapidement à ébullition. Cuire trois minutes, puis retirer et verser dans un bol à mélanger et ajouter

Deux tasses de poisson bouilli froid,

Une tasse de riz bouilli froid,

Une tasse de pain rassis, préparé comme une escalope de poisson,

Quatre cuillères à soupe de shortening (porc salé finement haché si désiré),

Un gros oignon,

Un gros poivron vert,

Six branches de persil hachées très finement,

Une cuillère à soupe de paprika,

Une demi cuillère à café de moutarde,

Une cuillère à soupe de sauce Worcestershire,

Une demi-cuillère à café de marjolaine douce,

Un oeuf.

Battre fort pour bien mélanger puis verser dans un moule en forme de pain bien graissé et fariné. Placez cette casserole dans une plus grande contenant de l'eau chaude. Cuire à four modéré pendant une heure. Servir avec une sauce composée comme suit :

Deux tasses de compote de tomates,

Quatre oignons finement hachés,

Un poivron vert finement haché.

Cuire jusqu'à ce que les oignons et les poivrons soient tendres, puis passer au tamis grossier. Maintenant, ajoutez

Une demi-tasse d'eau,

Trois cuillères à soupe de fécule de maïs,

Deux cuillères à café de sel,

Une cuillère à café de sucre,

Une demi cuillère à café de poivre,

Pincée de clous de girofle.

Bien mélanger puis verser dans le mélange de tomates. Bien mélanger jusqu'à ce que le point d'ébullition soit atteint, puis cuire trois minutes. Ajoutez deux cuillères à soupe de beurre et servez.

BAR GRILLÉ

Demandez au poissonnier de diviser le bar pour le faire griller, puis de le laver et de le sécher avec une serviette en papier et de couvrir la surface coupée du poisson avec de l'huile de salade. Placer sur une plaque à pâtisserie et faire griller dans le gril de la cuisinière à gaz jusqu'à ce qu'il soit bien doré ; puis mettre au four pendant cinq minutes pour terminer la cuisson.

CRÈME FINNAN HADDIE

Couvrir le poisson d'eau froide puis porter à ébullition. Égoutter et recouvrir de sauce à la crème. Ajoutez maintenant :

Un poivron vert haché finement,

Un oignon râpé,

Cinq cuillères à soupe de persil finement haché,

Deux cuillères à soupe de beurre.

Laisser mijoter doucement une dizaine de minutes pour cuire les herbes ; puis portez-le au pain grillé.

COCKTAIL SONORE DE LONG ISLAND

Placer dans un bol

Une demi-bouteille de ketchup aux tomates,

Une cuillère à soupe d'oignon râpé,

Deux cuillères à soupe de persil finement haché,

Une cuillère à soupe de poivron vert finement haché,

Une cuillère à soupe de sauce Worcestershire,

Une demi-cuillère à café de moutarde.

Mélangez bien, puis prenez les coquilles de palourdes et frottez-les. Remplissez d'un mélange comme suit :

Une tasse de poisson bouilli froid,

Un oignon finement haché,

Un poivron vert finement haché.

Bien mélanger. Faire un puits au centre et remplir de sauce. Saupoudrer de paprika et servir glacé.

FILET DE POISSON, FAÇON DU SUD

Nettoyer, laver et égoutter le poisson. Ne pas sécher. Avoir de la graisse qui fume à chaud. Placer le poisson dans la poêle, réduire le feu et cuire lentement jusqu'à ce qu'il soit doré et croustillant.

GÂTEAUX DE POISSON

Faire bouillir quinze grosses pommes de terre puis les écraser finement et ajouter

Une demi-livre de morue râpée préparée,

Un oeuf,

Un morceau de beurre de la taille d'un œuf,

Une cuillère à café de paprika.

Mélangez soigneusement puis formez des boules. Rouler dans la farine et faire revenir jusqu'à ce qu'il soit doré dans la graisse chaude.

LANGUE D'ÉPICES FROIDE

Sélectionnez une langue de taille moyenne sans l'œsophage et lavez-la bien ; puis tremper pendant quatre heures dans de l'eau tiède. Placer dans une casserole profonde, couvrir d'eau tiède et ajouter

Une carotte coupée en dés,

Deux oignons émincés,

Un pédé d'herbes à soupe,

Deux feuilles de laurier,

Deux piment de la Jamaïque,

Quatre clous de girofle,

Une tasse de vinaigre de cidre fort.

Couvrir hermétiquement et porter à ébullition; puis laissez mijoter et maintenez juste en dessous du point d'ébullition pendant trois heures. Laisser refroidir dans le liquide puis, une fois froid, mettre au réfrigérateur avant de trancher.

Les parties grossières de la langue peuvent être utilisées pour faire du pain de viande, des croquettes ou du hachis.

TRIPES MARINÉES

Coupez une livre de tripes en nid d'abeille cuites en morceaux d'un pouce sur trois pouces. Placer dans une cocotte et ajouter

Une tasse de vinaigre,

Une demi-tasse d'eau,

Un oignon bien coupé,

Une cuillère à café de sel,

Une demi cuillère à café de poivre blanc,

Un pain de laurier,

Huit clous de girofle,

Dix piments de la Jamaïque,

Une petite gousse de poivron rouge.

Couvrir et cuire à four chaud pendant trente minutes puis laisser refroidir.

JAMBON AU FOUR, VIRGINIE

Frottez un petit jambon et faites-le cuire jusqu'à ce qu'il soit tendre. La cuisinière sans feu empêchera le jambon de se perdre pendant la cuisson. Lorsqu'elle est tendre, soulevez et retirez la peau. Couper selon la forme puis placer dans un bol

Trois quarts de tasse de cassonade,

Un quart de tasse de cannelle,

Une cuillère à café de muscade,

Une cuillère à café de clous de girofle,

Une cuillère à café de piment de la Jamaïque.

Mélangez soigneusement, puis tapotez et frottez le jambon. Placer dans un four chaud et cuire au four pendant quarante minutes, en arrosant fréquemment avec une demi-tasse d'eau et une demi-tasse de vinaigre.

HASHIS DE BOEUF DE MAÏS

Coupez la viande cuite en cubes d'un demi-pouce, placez-la dans une casserole et ajoutez-la à chaque tasse de viande.

Une tasse et demie de pommes de terre épluchées et coupées en dés,

Une demi-tasse d'oignons finement hachés,

Une tasse d'eau bouillante.

Couvrir hermétiquement et cuire à la vapeur jusqu'à ce que la viande et les pommes de terre soient tendres et que l'eau soit évaporée. puis assaisonner. Faites maintenant fondre trois cuillères à soupe de shortening dans une poêle en fer et, lorsqu'elle est chaude, ajoutez le hachis, en formant une forme d'omelette dans la moitié de la poêle. Lorsqu'il est bien doré, retournez le hachis avec un tourne-gâteau en gardant toujours la forme de l'omelette et faites dorer. Allumez une assiette chaude et décorez de persil finement haché.

Rôti de bœuf brun en pot

Essuyez la viande avec un chiffon humide, puis versez-y une demi-tasse de farine. Faites maintenant chauffer la graisse de bacon résultant de la cuisson du bacon pour le petit-déjeuner dans une casserole et placez-la dans la viande. Faire dorer rapidement, en retournant fréquemment jusqu'à ce que chaque partie soit bien dorée; puis ajoutez deux tasses d'eau, couvrez bien et laissez cuire lentement pendant une heure. Maintenant, ajoutez

Quatre carottes de taille moyenne,

Quatre oignons de taille moyenne.

Assaisonner, couvrir à nouveau et cuire lentement jusqu'à ce que la viande et les légumes soient tendres, généralement environ trente-cinq minutes. Ajoutez maintenant suffisamment d'eau pour faire une tasse et trois quarts de sauce.

Préparez la boulette comme suit : placez un litre d'eau bouillante dans une casserole et ajoutez une cuillère à café de sel. Placer dans un bol à mélanger

Une tasse et demie de farine,

Une cuillère à café de sel,

Un quart de cuillère à café de poivre,

Deux cuillères à café de levure chimique,

Un oignon, râpé,

Une cuillère à café de shortening.

Mélangez soigneusement puis ajoutez une demi-tasse d'eau. Formez une pâte et déposez-la par cuillerée à café dans l'eau bouillante. Couvrez bien la casserole et laissez cuire quinze minutes; puis soulevez sur un plat chaud et placez la boulette en bordure autour du plat. Soulevez la viande et les légumes au centre et versez la sauce sur le tout.

SAUCE VIRGINIE

Filtrez le liquide de la poêle dans laquelle le jambon a été cuit et ajoutez une demi-tasse de farine. Bien dorer puis ajouter

Deux tasses et demie du liquide de la poêle,

Une tasse de vinaigre,

Une demi-tasse de sirop,

Deux cuillères à café de sel,

Une cuillère à café de paprika,

Une demi-cuillère à café de muscade.

Portez à ébullition et laissez cuire une dizaine de minutes. Filtrez maintenant dans un bol à sauce et servez.

FILET DE PORC

Une livre et demie de filets de porc donneront huit filets de bonne taille. Disposer sur une assiette et arroser de

Un petit oignon finement émincé,

Trois cuillères à soupe de jus de citron,

Deux cuillères à soupe d'huile de salade,

Une cuillère à café de sel,

Une cuillère à café de paprika.

Retourner le filet pour le faire mariner et au moment de cuire, le lever et le rouler légèrement dans la farine puis le tremper dans l'œuf battu puis dans la chapelure fine. Cuire jusqu'à ce qu'ils soient dorés dans la graisse chaude.

JAMBON FRAIS RÔTI

Sélectionnez un petit jambon de cochon et disposez l'os de boucher puis laissez de la place pour la garniture. Essuyez avec un chiffon humide, puis préparez et remplissez de chapelure très assaisonnée. Attachez en forme puis saupoudrez de farine et placez dans un plat allant au four et mettez à four chaud pour dorer. Ensuite, réduisez le feu et arrosez fréquemment avec de l'eau chaude, en laissant le jambon commencer trente minutes et la viande cuire trente minutes par livre ensuite. Au moment de servir, déposer dans une assiette chaude, garnir de persil ou de cresson et servir avec la sauce Virginia. Placez une pomme de taille moyenne avec le jambon à cuire.

Bavette roulée braisée

Demandez au boucher de découper et de couper le steak. Faites maintenant tremper suffisamment de pain rassis dans de l'eau froide pour le ramollir. Presser pour sécher puis passer au tamis fin. Mesurez et placez deux tasses dans le bol à mélanger et ajoutez

Quatre cuillères à soupe de shortening,

Une tasse d'oignons finement hachés,

Un bouquet d'herbes potagères, hachées finement,

Une cuillère à soupe rase de sel,

Une cuillère à café rase de poivre.

Bien mélanger puis étaler sur un steak et rouler. Attachez solidement avec une ficelle solide, puis versez trois quarts de tasse de farine dans la viande. Faites fondre quatre cuillères à soupe de shortening dans une casserole profonde et, lorsque vous fumez, ajoutez la viande préparée. Faites dorer la viande en la retournant fréquemment, puis, lorsqu'elle est bien dorée, ajoutez une tasse d'eau bouillante et laissez mijoter lentement, en laissant la viande commencer à cuire une demi-heure et trente minutes par livre. Ajoutez quatre gros oignons et, lorsque vous êtes prêt, versez une tasse d'eau bouillante pour la sauce. Habituellement, cette sauce ne nécessite aucun épaississement.

STEAK SUR PLAQUE

Demandez au boucher de couper le steak en épaisseurs de deux pouces et demi à partir de la grande extrémité du surlonge. Retirez le bout du flanc puis le filet mignon en retirant également les os. Le boucher le fera pour vous. Maintenant, au moment de préparer le steak, faites tremper la planche dans l'eau froide pendant une heure. Faites chauffer le gril puis placez la planche au four. Faites cuire le steak jusqu'à ce qu'il soit assez saignant dans le gril, puis placez-le sur une planche chaude. Préparez une bordure de purée et mettez-la dans une poche à douille en forçant sur le pourtour de la planche.

Garnir et étouffer d'oignons et de poivrons verts émincés. Placer à four chaud pendant une dizaine de minutes. Utilisez le filet pour des steaks minute. Hambourg le flanc et servir les steaks de Hambourg.

FOIE ET BACON, CRÉOLE

Demandez au boucher de couper le foie en fines tranches. Essuyez avec un chiffon propre et humide puis roulez dans la farine et faites dorer dans la graisse chaude. Maintenant, ajoutez

Une tasse de compote de tomates,

Une tasse et demie d'oignons émincés,

Deux poivrons verts hachés finement.

Couvrez bien et laissez cuire cinq minutes, puis ajoutez

Deux cuillères à soupe de fécule de maïs,

Une cuillère à café et demie de sel,

Une cuillère à café de paprika,

Un quart de cuillère à café de moutarde,

Une demi-tasse d'eau froide.

Bien dissoudre la fécule et les épices puis porter le mélange à ébullition et cuire lentement pendant quinze minutes. Placez maintenant la purée de pommes de terre sur une grande assiette, en les façonnant à plat sur le dessus. Déposez dessus les tranches de foie puis versez dessus la sauce et décorez de lanières de lard bien dorées. Saupoudrer de persil finement haché et servir.

CHOP SUEY

Coupez suffisamment de viande du rôti de porc froid. Maintenant, coupez en blocs d'un demi-pouce et placez-les dans une poêle et ajoutez

Une tasse de céleri coupé en dés,

Un poivron vert finement émincé,

Quatre oignons finement émincés,

Une tasse de chou finement râpé,

Une tasse et demie de sauce brune épaisse,

Deux cuillères à café de sel,

Une cuillère à café de poivre,

Une cuillère à café de sauce Worcestershire.

Chauffer lentement jusqu'au point d'ébullition et cuire jusqu'à ce que le céleri et le chou soient tendres, puis faire une bordure autour d'un grand plat chaud de nouilles cuites et soulever sur le chop suey. Garnir de persil finement haché et servir.

REMARQUE .—Préparez la sauce brune à partir des restes de sauce et des os pour former un bouillon.

RÔTI DE BOEUF DELMONICO

Demandez au boucher de couper la septième et la huitième côte d'un rôti, en retirant l'os de l'échine. Demandez-lui maintenant de retirer la lame et la viande entre celle-ci et la peau, en coupant le dessus des côtes. Cela vous donne un morceau de bœuf très tendre en forme de cœur. C'est bien l'oeil de ces deux côtes. Placer le rôti dans une poêle et saupoudrer légèrement de farine, puis enfourner à four chaud pendant trente minutes pour démarrer la cuisson. Maintenant, réduisez le feu et faites cuire en laissant vingt minutes par livre, en comptant le temps à partir de la minute où vous réduisez le feu.

Utilisez le dessus des côtes et le morceau de viande de la lame pour le rôti braisé ou un bœuf à la mode. Demandez au boucher de retirer la lame et d'enrouler le morceau en forme de rabat autour des côtes, en le fixant avec une brochette, sinon le morceau entier peut être désossé et roulé.

TRANCHE DE JAMBON AU FOUR

Demandez au boucher de couper le jambon en tranches d'un pouce d'épaisseur. Coupez puis coupez sur les bords tous les deux pouces pour éviter le curling. Disposer sur un plat allant au four et verser sur le jambon

Une tasse d'eau,

Deux cuillères à soupe de sirop.

Cuire à four lent 25 minutes.

ÉPAULE D'AGNEAU RÔTI

Disposez l'os de boucher et roulez l'épaule puis au moment de l'utiliser essuyez avec un chiffon humide et emballez avec le mélange suivant : Hachez très finement

Trois oignons,

Quatre branches de persil,

Un poireau.

Fariner puis rôtir au four en laissant trente minutes pour commencer la cuisson et vingt minutes par livre, poids brut. Arroser la viande une fois qu'elle commence à dorer avec une tasse et demie d'eau bouillante.

La saison de l'agneau de printemps s'étend de janvier à juillet. La viande est délicate et bien que moins nutritive que le mouton, elle est délicieuse.

Le Yearling est un excellent choix pour l'agneau. Il est aussi nutritif que le mouton, sans l'excès de graisse du mouton. Le gros mouton n'est souvent pas d'accord avec les personnes à la digestion délicate et doit donc être écarté du menu et remplacé par le mouton d'un an.

Le mouton de choix est élevé en Virginie, en Pennsylvanie et en Caroline du Nord, tandis que celui qui vient du Wisconsin est d'une qualité splendide. Le Canada nous envoie aussi de la bonne viande.

Le mouton de première qualité est gros et lourd, la graisse est ferme et blanche et la chair est de couleur rouge foncé et à grain très fin. Cette viande contient autant de nutriments que le bœuf.

Les soupes et les bouillons à base de mouton débarrassé de la graisse sont très sains et sont fréquemment prescrits dans les régimes alimentaires par les médecins. Le mouton doit être suspendu pendant une courte période pour mûrir, mais l'agneau doit être utilisé peu de temps après avoir été habillé.

Les coupes du flanc de l'agneau ou du mouton sont généralement au nombre de six : (1) le cou, (2) le paleron, qui comprend une partie des côtes jusqu'à l'omoplate, (3) l'épaule, (4) le flanc ou poitrine, (5) le rein et (6) la cuisse.

Dans certaines régions du pays, le boucher effectue une coupe, en utilisant le bout carré de la longe et le mandrin pour faire la côte ou les côtelettes françaises. Le terme côtelettes est destiné à désigner la viande coupée du carré ou de la longe en côtelettes, de préférence d'un pouce et quart d'épaisseur. Lorsque la viande est coupée avec neuf côtes sur la longe, l'épaule et le reste du paleron sont coupés en côtelettes pour être panées ou braisées. Ces côtelettes nécessitent un temps de cuisson plus long que celles coupées sur le carré ou la longe.

ACCOMPAGNEMENTS POUR L'AGNEAU ET LE MOUTON

Servir avec une épaule ou un gigot d'agneau rôti, une sauce à la menthe, une gelée de raisin vert, des petits pois ou des asperges et des pommes de terre au four. Avec des côtelettes de mouton ou d'agneau, servez de la gelée de raisin vert, de la gelée de menthe ou de groseille.

Le mouton peut être bouilli et servi avec des sauces aux câpres ou aux soubis (oignons), une sauce à la gelée de groseilles, des pommes de terre bouillies ou en purée, des pois, des haricots verts, des asperges, des tomates farcies et de la salade de chou.

COMMENT DISTINGUER L'AGNEAU ET LE MOUTON

Regardez d'abord l'articulation au-dessus du sabot. Chez l'agneau, cette articulation est dentelée ou en forme de dent lorsqu'elle est cassée, tandis que chez le yearling et le mouton, il s'agit d'une articulation à rotule ovale et lisse. Chez l'agneau, les os sont de couleur rosée ; chez le mouton, les os sont de couleur bleu-blanc. La peau de couleur rosée doit être retirée de l'agneau et du yearling avant la cuisson. Cette peau contient la saveur laineuse.

OS ET ÉPAULE D'AGNEAU FARCIE

Demandez au boucher de désosser l'épaule d'agneau puis de l'essuyer avec un chiffon humide. Préparez maintenant une garniture comme suit : Hachez finement suffisamment de persil pour mesurer une demi-tasse. Placer dans un bol et ajouter

Un poivron vert finement émincé,

Deux oignons finement émincés,

Une tasse de chapelure fine,

Deux cuillères à café de sel,

Une cuillère à café de poivre,

Une demi-cuillère à café de marjolaine douce.

Mélangez puis étalez la garniture et roulez en nouant solidement. Maintenant, versez juste assez de farine dans la viande pour la couvrir. Placer sur une grille dans le plat de cuisson et mettre à four chaud. Dès que la viande devient brune, commencez à l'arroser avec une tasse d'eau bouillante. Réduisez le feu à un four modéré.

Le temps de cuisson : Laisser chauffer la viande trente minutes, de manière à démarrer la cuisson, puis vingt minutes à la livre, en comptant le poids brut.

Gardez à l'esprit que la viande roulée et farcie nécessite plus de temps que la simple épaule.

Pour rôtir l'épaule désossée, comptez une demi-heure pour commencer la cuisson, puis quinze minutes pour la livre.

Le gigot d'agneau peut être désossé et roulé ou roulé et fourré, puis cuit comme l'épaule.

CURRY D'AGNEAU DU BENGALE

Utilisez les morceaux de viande cassés et grossiers de l'agneau rôti. Hachez finement puis placez dans une casserole et ajoutez juste assez d'eau pour couvrir à peine. Maintenant, ajoutez

Un oignon finement émincé,

Un poivron vert finement émincé,

Quatre branches de persil.

Cuire lentement jusqu'à ce que la viande soit très tendre. Maintenant, épaississez la sauce avec de la fécule de maïs et assaisonnez avec

Une cuillère à café de sauce Worcestershire,

Quatre cuillères à soupe de ketchup,

Deux cuillères à café de sel,

Une cuillère à café de paprika,

Une demi-cuillère à café de curry en poudre.

Réalisez une bordure de riz cuit sur une assiette chaude. Soulevez le curry au centre de l'assiette et décorez d'un œuf dur haché finement.

ÉMINCE D'AGNEAU AU FOUR AUX POIVRONS VERTS

Hachez finement le reste de l'agneau rôti, puis mesurez et ajoutez le reste de la garniture. Placer dans une casserole et ajouter juste assez d'eau bouillante pour couvrir. Cuire lentement jusqu'à tendreté, puis épaissir la sauce. Maintenant, à une tasse de viande froide, ajoutez

Une tasse de riz bouilli,

Une tasse de tomates en conserve,

Trois oignons finement hachés,

Une cuillère à soupe de sel,

Une cuillère à café de paprika.

Mélangez puis incorporez les poivrons préparés. Mettre dans un plat allant au four et ajouter une tasse d'eau bouillante. Cuire à four modéré pendant trente-cinq minutes. Servir avec une sauce au fromage. Du mouton ou de l'agneau bouilli peut être utilisé dans ces plats pour remplacer la viande rôtie.

COMMENT UTILISER LES RESTES D'AGNEAU

Coupez des tranches d'agneau rôti, puis tapissez une grande assiette de feuilles de laitue croustillantes. Disposez sur le plat les tranches de viande. Servir avec de la gelée de menthe ou de groseille. Utilisez les morceaux inégaux pour un curry d'agneau ou un émince d'agneau au four, avec des poivrons verts et une salade de légumes.

AGNEAU BOUILLI AUX RAVOLIS

Faites couper par le boucher une livre de cou d'agneau pour le ragoût. Lavez et mettez dans une casserole et ajoutez

Trois pintes d'eau froide,

Un pédé d'herbes à soupe,

Une carotte coupée très finement,

Deux oignons finement hachés.

Cuire très lentement jusqu'à ce que la viande soit tendre, puis filtrer le bouillon. Laisser refroidir, puis retirer la viande des os. Hachez très finement la viande et ajoutez

Une cuillère à café et demie de sel,

Une cuillère à café de paprika,

Deux oignons râpés,

Un poivron vert haché finement,

Un oeuf.

Mélangez bien puis préparez une pâte comme suit : Placer dans un bol à mélanger

Deux tasses de farine,

Une cuillère à café de sel,

Une cuillère à café de paprika,

Trois cuillères à soupe de persil finement haché.

Mélangez en frottant entre les mains puis utilisez un gros œuf et cinq cuillères à soupe d'eau pour faire une pâte. Pétrir jusqu'à obtenir une consistance très lisse, puis étaler aussi finement que du papier. Couper en carrés de quatre pouces et badigeonner les bords avec de l'eau. Placez une cuillerée de viande préparée sur la pâte, puis repliez et pressez fermement les bords humides de la pâte. Quand tout est prêt, plongez-le dans une grande casserole d'eau bouillante. Cuire une quinzaine de minutes puis soulever avec une écumoire : disposer dans un plat et verser dessus le bouillon d'agneau chauffé et assaisonné ; puis saupoudrez-les de quatre cuillères à soupe de fromage râpé et de deux cuillères à soupe de persil finement haché.

HARICOT D'AGNEAU

Faites tremper une pinte de haricots de Lima pendant la nuit, puis examinez-les attentivement le matin. Faire bouillir puis placer dans un plat allant au four avec

Une demi-tasse d'oignons coupés en dés,

Une livre de cou de mouton coupé en escalopes,

Une tasse de tomates en conserve.

Assaisonner de sel et de poivre et ajouter suffisamment d'eau bouillante pour couvrir le tout. Placer à four modéré et cuire au four pendant trois heures.

POTPIES D'AGNEAU INDIVIDUELS

Hachez la viande restante sur le gigot d'agneau. Mettre dans une casserole et couvrir d'eau froide en ajoutant

Une carotte coupée en dés,

Quatre oignons,

Quatre pommes de terre coupées en deux.

Cuire lentement jusqu'à ce que les légumes soient tendres; soulever les oignons et les pommes de terre, épaissir la sauce et assaisonner avec

Deux cuillères à café de sel,

Une cuillère à café de poivre,

Un poivron vert haché finement,

Une cuillère à soupe de sauce Worcestershire.

Placer une partie de la viande, deux pommes de terre, un oignon et un peu de sauce dans des plats individuels allant au four. Couvrir d'une croûte de pâte et cuire à four modéré pendant vingt minutes.

MACARONIS ESPAGNOL

Hachez bien

Trois poivrons verts,

Quatre oignons,

Deux tomates.

Maintenant, placez cinq cuillères à soupe de graisse dans une poêle et ajoutez les légumes préparés et faites cuire lentement jusqu'à ce qu'ils soient tendres sans brunir, puis ajoutez un demi-paquet de macaronis cuits et

Deux cuillères à café de sel,

Une cuillère à café de poivre,

Une demi-tasse de sauce du ragoût de rognons.

Cuire lentement pendant quinze minutes.

MENU D'AUTOMNE

PETIT-DÉJEUNER

Des oranges

Céréales et crème

Bœuf à la crème dans des caissettes popover

Café

DÎNER

Des radis   Concombres tranchés

Tourte au foie

Macaroni espagnol   Betteraves au Beurre

Salade De Chou

Pouding à l'Orange   Café

SOUPER

Croquettes de Riz à la Crème de Bœuf

sauce

Salade De Chou

Shortcake à l'Orange   Thé

COMMENT PRÉPARER DES RECETTES

POPOVERS

Placez les moules à popover au four pour les réchauffer. Cassez un œuf dans une tasse à mesurer puis remplissez de lait et mettez-le dans le bol à mélanger et ajoutez

Une demi-cuillère à café de sel,

Une tasse de farine tamisée.

Battre avec un batteur à œufs Dover pendant cinq minutes, puis retirer les moules à popover chauds et fumants du four et bien graisser. Versez la pâte et enfournez aussitôt à four chaud et enfournez pendant trente-cinq minutes. N'ouvrez pas la porte du four pendant dix minutes après que les popovers soient placés dans le four. Lorsque les popovers sont au four depuis vingt-cinq minutes, baissez le feu, puis faites cuire lentement pour qu'ils sèchent complètement pendant le reste du temps imparti pour la cuisson.

Ce montant fera huit petits ou six grands popovers. Maintenant, pendant que les popovers cuisent, le bœuf à la crème peut être préparé. Coupez finement un quart de livre de bœuf séché à l'aide d'une paire de ciseaux. Placer dans une casserole, couvrir d'eau bouillante et laisser reposer cinq minutes. Égoutter puis réaliser une sauce à la crème comme suit :

Mettez une tasse et demie de lait dans une casserole et ajoutez six cuillères à soupe de farine et remuez pour dissoudre, puis portez à ébullition et laissez cuire pendant trois minutes. Ajoutez le bœuf séché préparé et deux cuillères à soupe de persil finement haché et laissez mijoter lentement jusqu'à ce que les popovers soient prêts.

Coupez une tranche sur le dessus des popovers et remplissez-les de bœuf à la crème préparé. Placez un petit point de beurre sur chaque popover et saupoudrez légèrement de paprika.

TOURTE AU FOIE

La tourte à la viande peut être transformée en un plat économique. Ces tartes sont servies au Chelsea Coffee House à Londres.

Retirez la graisse et les tubes d'un gros rognon de bœuf, puis coupez-le en morceaux de la taille d'une noix. Placer dans une casserole et ajouter trois tasses d'eau bouillante et laisser mijoter lentement pendant dix minutes. Versez dans une passoire et laissez couler l'eau froide sur le rein pendant cinq minutes. Maintenant, remettez le rein dans la casserole et ajoutez

Une demi cuillère à café de thym,

Une demi-cuillère à café de marjolaine douce,

Quatre oignons coupés en morceaux.

Cuire lentement jusqu'à tendreté, puis ajouter suffisamment d'eau bouillante pour couvrir. Ajoutez les boulettes, préparées comme suit : Filtrez la sauce des rognons et ajoutez suffisamment d'eau pour mesurer trois tasses et demie. Placer dans une casserole et à ébullition ajouter les raviolis réalisés comme suit. Placer dans un bol à mélanger

Une tasse de purée de pommes de terre,

Une tasse de farine,

Une cuillère à soupe de levure chimique,

Une cuillère à café de sel,

Une cuillère à café de paprika,

Trois cuillères à soupe d'oignon râpé,

Deux cuillères à soupe de persil finement haché,

Un oeuf.

Travaillez jusqu'à obtenir une pâte lisse, puis formez des boules de la taille d'une grosse noix, déposez-les dans le bouillon préparé et laissez cuire dix minutes. Soulevez et épaississez légèrement la sauce. Réalisez maintenant une pâtisserie comme suit :

Trois tasses de farine,

Une cuillère à café de sel,

Deux cuillères à café de levure chimique.

Tamisez puis ajoutez la demi-livre de suif finement haché et frottez-le bien dans la farine. Mélangez jusqu'à obtenir une pâte avec deux tiers de tasse d'eau et étalez-la sur un quart de pouce d'épaisseur sur une planche à pâtisserie farinée. Tapisser un grand plat allant au four ou des coupes de crème anglaise individuelles. Mettez maintenant une couche de rognons au fond et assaisonnez avec du sel, du poivre et de l'oignon finement émincé. Déposez dessus une boulette puis une couche d'œuf dur tranché finement. Couvrir de sauce bien assaisonnée puis d'une croûte en badigeonnant bien les bords de la croûte avec de l'eau. Maintenant, coupez deux entailles sur le dessus de la croûte pour permettre à la vapeur de s'échapper, puis badigeonnez le dessus avec de l'eau. S'il s'agit d'une grosse tarte, faites cuire au four pendant une heure ; s'il s'agit de plats individuels, cuire à four modéré pendant trente-cinq minutes. Utilisez trois œufs dans la tarte aux reins.

POUDING À L'ORANGE

Placer dans un bol à mélanger

Une demi-tasse de sucre,

Jaune d'un œuf,

Quatre cuillères à soupe de shortening.

Bien crémer puis ajouter le jus et la pulpe de deux oranges, qui doivent mesurer trois quarts de tasse, et

Une tasse et quart de farine,

Trois cuillères à café de levure chimique.

Battre pour mélanger puis verser dans un moule bien beurré et fariné et couvrir le moule. Faire bouillir pendant une heure puis servir avec la sauce suivante :

Trois quarts de tasse de sucre,

Une demi-tasse d'eau,

Le jus d'une orange,

Le zeste râpé d'une orange,

Deux cuillères à soupe de fécule de maïs.

Remuer pour dissoudre le sucre et la fécule, puis porter à ébullition, cuire pendant trois minutes et servir.

CROQUETTES DE RIZ À LA CRÈME DE BOEUF

Mouler du riz cuit bien assaisonné en croquettes ; puis tremper, fariner et faire dorer dans la graisse chaude.

Réalisez une sauce à la crème comme suit : Placez dans une casserole

Deux tasses de lait,

Une demi-tasse de farine.

Remuer pour dissoudre la farine puis porter à ébullition et cuire lentement pendant cinq minutes. Ajoutez une demi-livre de bœuf séché, préparé comme au petit-déjeuner, et servez avec les croquettes.

GÂTEAU COURT À L'ORANGE

Placer dans un bol à mélanger

Une tasse de farine,

Une demi-cuillère à café de sel,

Deux cuillères à café de levure chimique,

Cinq cuillères à soupe de sucre,

Une demi-tasse d'eau.

Battre jusqu'à obtenir une pâte ferme, puis étaler sur un moule à gâteau en couches bien graissé et fariné, en faisant en sorte que la pâte soit plus haute sur les côtés qu'au milieu du moule. Couvrir d'oranges tranchées, coupées en petits morceaux avec un couteau bien aiguisé. Placez maintenant dans un bol :

Six cuillères à soupe de cassonade,

Deux cuillères à soupe de farine,

Une demi-cuillère à café de muscade.

Bien mélanger puis étaler sur le shortcake et enfourner à four modéré pendant trente minutes. Une grande partie de la préparation du menu peut être effectuée le samedi.

Utilisez le jaune d'un œuf pour préparer la vinaigrette pour la salade de chou. Pour le gâteau à l'orange

Blanc d'un œuf,

Un demi-verre de gelée.

Placer dans un bol et battre jusqu'à ce que le mélange conserve sa forme. Empilez du shortcake à l'orange.

HALLOWEEN

À Halloween, les bonnes fées sont autorisées à se rendre visibles à leurs nombreux amis – c'est ce que nous disent les traditions irlandaises. Et les petits, comme les appelle la nation irlandaise romantique et enjouée, jouent cette nuit de nombreux tours à leurs ennemis et récompensent leurs vrais amis avec de nombreuses bénédictions.

C'est vraiment une nuit merveilleuse pour la jeune fille romantique de se plonger dans l'avenir et de trouver, ou d'essayer de trouver, sa chance en recherchant la connaissance de son futur partenaire de vie. En ce bon vieux temps, le garçon et la fille passaient une agréable soirée à tenter tous les sorts qui leur assureraient la réussite de leurs amours pour l'année à venir.

Et au milieu de tant d'hilarité, de nombreux jeux sont joués ; il y a des sauts et des esquives pour les pommes, des rotations dans l'assiette, la poste, du lourd, du lourd, ce qui pèse et perd. Telles étaient quelques-unes des façons traditionnelles dont les garçons et les filles d'antan passaient une joyeuse soirée.

D'autres vieilles légendes racontaient qu'une nuit de l'année, les fantômes étaient autorisés à parcourir la terre, de sorte que, pour échapper à leur attention, tous devaient se masquer. C'est pourquoi nos jeunes gens se déguisaient et erraient de maison en maison, cherchant divertissement; car de nombreuses fêtes informelles ont eu lieu cette veille et personne ne s'est vu refuser l'entrée ; chaque visiteur avait droit à des pommes et des noix, puis il continuait son chemin.

Laissez vos jeunes divertir leurs amis avec une bonne fête d'Halloween à l'ancienne ; laissez-les jouer aux vieux jeux d'autrefois, puis, vers l'heure magique de minuit, servez un véritable dîner d'Halloween à l'ancienne.

QUELQUES MENUS SUGGESTIFS

N°1.

Cidre

Noix Salées   Olives

Salade de sardines et pommes de terre

Gâteaux Jack o' Lantern   Café

N°2.

Coupe de cidre

Des radis   Céleri

Morue de Gloucester à la King

Sandwichs au fromage

Gâteaux aux fruits   Café

Des noisettes   Raisins secs   Pommes

N ° 3.

Céleri   Noix Salées

Jambon de Virginie au four

Salade de pommes de terre et poivrons

Rouleaux   Beurre

Glace   Café

Numéro 4.

Des radis   Cornichons faits maison

huîtres frites

Salade de pommes de terre et céleri

Petits pains et beurre

Pain d'épices aux fruits   Café

Ayez des coques de maïs et des citrouilles pour les décorations ; utilisez des feuilles d'automne, enchaînées ensemble, pour les décorations murales. Couvrez la table d'une nappe de silence puis d'une nappe en lin, et placez au centre de la table un nouveau seau en bois rempli de cidre. Remplissez les côtés du seau de cosses de maïs, d'épis de maïs dorés et de feuilles d'automne.

Câblez maintenant la poignée de manière à ce qu'elle soit en position verticale. Enveloppez le manche avec du papier de soie jaune et fixez une petite citrouille-lanterne fabriquée à partir d'une petite citrouille sur le manche, de manière à ce qu'elle pende dans le puits du seau. Disposez la table de la manière habituelle. Servez le cidre de ce puits pendant le souper.

Évidez une citrouille de taille moyenne et coupez-y une citrouille d'Halloween et placez des bols dans les citrouilles pour contenir les radis, les cornichons et les sandwichs, le sucre, etc., et faites de petites citrouilles avec du papier crépon jaune, en les remplissant de pâte dure. bonbons pour souvenirs.

COMMENT FAIRE LA COUPE DE CIDRE

Mettez dans un grand bol de la glace pilée et

Un gallon de cidre,

Trois bananes coupées en fines tranches,

Deux oranges coupées en fines tranches,

Trois pommes au four, coupées en morceaux.

Mélangez puis servez.

SALADE DE SARDINES ET POMMES DE TERRE

(Vingt-cinq personnes)

Lavez puis faites cuire huit livres de pommes de terre jusqu'à ce qu'elles soient tendres, puis, une fois refroidies, épluchez-les et coupez-les en fines tranches dans un grand bol à mélanger. Maintenant, ajoutez

Une tasse d'oignons finement hachés,

Une demi-tasse de persil finement haché,

Une tasse de poivrons verts finement hachés,

Deux tasses de céleri finement haché,

Deux tasses de mayonnaise ou de vinaigrette cuite,

Une demi-tasse de vinaigre,

Une cuillère à soupe de sel,

Une cuillère à café de poivre,

Une cuillère à café et demie de moutarde.

Mélangez bien, puis préparez des nids individuels de laitue et placez trois quarts de tasse de salade de pommes de terre dans chaque nid. Façonnez-le en cornet puis déposez quatre sardines, queue vers le haut, contre la salade. Garnir de persil finement haché et servir.

GÂTEAUX JACK O'LANTERN

Cuire une génoise dans des moules individuels ou à muffins puis glacer avec un glaçage à l'eau chocolatée et réaliser le visage de la lanterne avec un glaçage blanc.

MORUE DE GLOUCESTER A LA KING

(douze personnes)

Sélectionnez un morceau de trois livres de morue salée désossée dans la coupe centrale ; laisser tremper pendant trois heures, puis placer dans un morceau de gaze et nouer sans serrer, plonger dans l'eau bouillante et faire bouillir pendant trente minutes. Vidange. Mettez deux litres de lait dans une casserole et ajoutez une tasse et demie de farine. Remuer avec une cuillère métallique pour dissoudre la farine puis porter à ébullition et cuire lentement pendant dix minutes. Maintenant, ajoutez

Deux œufs bien battus,

Le poisson préparé, brisé en flocons à la fourchette,

Le jus d'un citron,

Deux poivrons verts coupés en morceaux et étuvés,

Une cuillère à soupe d'oignon râpé,

Une cuillère à café de paprika.

Chauffer lentement jusqu'à ce qu'il soit très chaud, puis servir sur des toasts.

GÂTEAU AUX FRUITS

Placer dans un bol à mélanger

Deux tasses et demie de sirop,

Une tasse de shortening.

Bien crémer puis ajouter

Huit tasses de farine,

Quatre cuillères à soupe rases de levure chimique,

Une tasse de lait,

Une demi-tasse de cacao,

Une cuillère à soupe de cannelle,

Une cuillère à café de clous de girofle,

Une cuillère à café de piment de la Jamaïque,

Deux oeufs,

Deux tasses de cacahuètes finement hachées.

Battre pour bien mélanger, puis graisser et fariner un moule à pâtisserie et incorporer la pâte. Placez les raisins secs un à un sur le dessus de la pâte et pressez-les délicatement dans la pâte. Cuire une cinquantaine de minutes à four lent. Refroidissez puis glacez et décorez avec des figurines d'Halloween puis coupez en blocs.

MENU D'AUTOMNE

PETIT-DÉJEUNER

Raisins

Céréales et crème

Butterfish frit, créole

Pommes de terre rissolées Cresson

Rouleaux   Café

DÎNER

Cocktail de jus de raisin

Rôti de bœuf braisé, espagnol

Pommes de terre brunes Haricots verts

Salade de tomates

Rouleaux   Café

SOUPER

Tomates Frites   Sauce à la crème

Salade de pommes de terre

Pain au maïs   Compote de pommes

Thé

PAPILLON, CRÉOLE

Nettoyez le poisson, lavez-le bien puis égouttez-le. Maintenant, roulez légèrement dans la farine et faites dorer rapidement dans la graisse chaude. Placer dans un plat allant au four et ajouter la sauce suivante :

Une tasse de compote de tomates,

Quatre oignons finement hachés,

Une cuillère à café de sel,

Une cuillère à café de paprika,

Une demi-cuillère à café de thym.

Cuire au four une vingtaine de minutes puis servir dans le plat. D'autres poissons peuvent être utilisés à la place du poisson-beurre.

MENU D'HIVER

PETIT-DÉJEUNER

Raisins

Céréales et crème

Gâteaux de Virginie Sirop

Café

DÎNER

Chow-chow fait maison   Piccalilli

Ye Olde-Tyme Pye aux huîtres anglaises

Purée de pomme de terre Betteraves beurrées et épicées

Salade De Chou

Raisin Tapioca Blanc Mange

Café

SOUPER

Saucisses aux haricots Sauce à la crème

Salade de pommes de terre

Gâteau Aux Raisins   Thé

Un bon changement pour la famille est de leur donner des muffins au maïs et des petits pains ou des biscuits nature à la place du pain. Habituellement, pressée de faire partir les gens d'affaires à temps le matin et de préparer ensuite les enfants pour l'école, la ménagère n'a pas le temps de préparer ces pains intimes et démodés pour le petit-déjeuner.

Le prix du beurre rend presque prohibitif son utilisation comme pâte à tartiner pour les petits pains chauds, pourtant nous aimons tous la saveur du beurre. Suivons donc l'exemple de la femme économe de la Nouvelle-Angleterre, qui met le sirop dans un pichet de bonne taille puis ajoute deux cuillères à soupe de beurre à une tasse et demie de sirop. Placez le pichet dans une casserole d'eau tiède puis faites chauffer. Remuez fréquemment pour que le beurre fonde et se mélange bien au sirop. Juste avant de l'envoyer à table, battez soigneusement. Cela constitue non seulement une délicieuse pâte à tartiner pour les gâteaux chauds, les gaufres, etc., mais c'est également une véritable économie et une économie de beurre.

COCKTAIL DE JUS DE RAISIN

Placez une livre de raisins dans une casserole et ajoutez trois tasses d'eau. Porter à ébullition et cuire jusqu'à ce qu'il soit tendre. Passer au tamis fin, puis sucrer et réfrigérer. Versez dans des verres à cocktail et servez.

Rôti de bœuf en pot, espagnol

Placer dans un bol à mélanger et hacher finement

Deux tomates,

Quatre oignons,

Trois poivrons verts,

Quatre branches de persil.

Maintenant, ajoutez

Une cuillère à café de paprika.

Mélanger et emballer dans la viande en poussant bien dans le rouleau. Roulez la viande dans la farine puis faites fondre le suif dans une casserole profonde et ajoutez la viande. Faites bien dorer et ajoutez une demi-tasse de farine. Remuer jusqu'à ce qu'il soit bien doré, puis ajouter un litre d'eau bouillante. Couvrir hermétiquement puis cuire, en prévoyant une demi-heure pour chaque livre de viande, poids brut. Une heure avant la cuisson ajoutez six petits oignons et une carotte coupée en quartiers.

Au moment de servir, ajoutez un litre d'eau bouillante et assaisonnez au goût. Cela fournira suffisamment de sauce pour deux repas.

RAISIN TAPIOCA BLANC MANGE

Placer dans une casserole

Une tasse d'eau,

Deux tasses de jus de raisin,

Trois quarts de tasse de tapioca finement granulé.

Portez à ébullition puis laissez cuire lentement pendant trente minutes puis ajoutez

Trois quarts de tasse de sucre,

Une demi-cuillère à café de sel.

Cuire cinq minutes de plus. Rincez maintenant les coupes de crème anglaise à l'eau froide et versez le blanc mange. Laisser refroidir puis allumer une soucoupe et empiler avec le fouet aux fruits à base de

Blanc d'oeuf,

Un demi-verre de gelée.

Battre jusqu'à ce qu'il conserve sa forme.

SAUCISSE AUX HARICOTS

Ouvrez une boîte de haricots et égouttez-les bien, puis écrasez-les et passez-les au tamis dans un bol à mélanger. Ajouter

Deux oignons râpés,

Deux cuillères à soupe de persil finement haché,

Un quart de cuillère à café de moutarde,

Une demi-cuillère à café de paprika.

Bien mélanger puis façonner en saucisses. Roulez-les dans la farine et faites-les dorer dans la graisse chaude. Utilisez le liquide égoutté des haricots et suffisamment de lait pour mesurer une tasse et demie. Placer dans une casserole et ajouter cinq cuillères à soupe de farine. Remuer pour dissoudre puis porter à ébullition et cuire pendant cinq minutes. Ajouter

Trois quarts de cuillère à café de sel,

Un quart de cuillère à café de poivre,

Deux cuillères à soupe de persil finement haché.

GÂTEAUX VIRGINIA GRILL

Placer une tasse de semoule de maïs dans un bol à mélanger et ajouter

Une cuillère à café de sel,

Trois cuillères à soupe de shortening,

Trois cuillères à soupe de sirop,

Une tasse d'eau bouillante.

Battre pour mélanger puis ajouter

Deux tasses d'eau froide,

Un oeuf,

Deux tasses et demie de farine,

Deux cuillères à soupe rases de levure chimique.

Battez fort pour mélanger puis faites cuire sur une plaque chauffante.

Betteraves beurrées et épicées

Faites cuire les betteraves jusqu'à ce qu'elles soient tendres, puis égouttez-les et coupez-les en tranches. Maintenant, placez dans une petite casserole

Une cuillère à soupe de beurre,

Deux cuillères à soupe de vinaigre,

Deux cuillères à soupe d'eau chaude,

Une cuillère à café de sel,

Une cuillère à café de paprika,

Un huitième de cuillère à café de moutarde,

Petite pincée de clous de girofle.

Lorsqu'elle est chaude, versez-la sur les betteraves tranchées.

Utilisez le jaune d'œuf pour faire la vinaigrette pour la salade de chou et le blanc d'œuf et un demi-verre de gelée pour faire la meringue pour le tapioca blanc mange aux raisins.

VOUS, PYE D'HUÎTRES À L'ANCIENNE

Pour préparer la croûte, placez-la dans un bol à mélanger

Deux tasses de farine tamisée,

Une cuillère à café de sel,

Deux cuillères à café de levure chimique.

Tamisez pour mélanger, puis passez un quart de livre de suif dans le hachoir. Passez ensuite le suif finement haché au tamis fin pour éliminer les parties filandreuses. Maintenant, frottez le suif dans la farine et mélangez-le pour obtenir une pâte avec une demi-tasse d'eau froide. Puis hachez et pliez pendant deux minutes. Allumez une planche à pâtisserie farinée et divisez-la en deux morceaux. Abaisser la moitié de la pâte jusqu'à obtenir un quart de pouce d'épaisseur, puis retourner une grande assiette sur cette pâte et découper le pourtour de l'assiette. Assurez-vous que l'assiette est au moins deux pouces plus grande que le dessus du plat allant au four ou de la cocotte.

Maintenant, égouttez les huîtres et recherchez attentivement les morceaux de coquille. Placez les huîtres dans une cocotte ou un plat allant au four et ajoutez la branche de céleri grattée puis coupée en dés et cuite jusqu'à tendreté, également

Un oignon râpé,

Trois cuillères à soupe de persil,

Trois tasses de sauce à la crème épaisse,

Une cuillère à café et demie de sel,

Une cuillère à café de poivre blanc,

Un huitième cuillère à café de thym.

Mélangez bien puis faites deux ou trois petites entailles sur le dessus de la croûte et recouvrez-en les huîtres en pressant bien la croûte contre les bords du plat. Badigeonner le dessus de la croûte d'eau et cuire à four modéré pendant trente-cinq minutes.

Utilisez des parts égales de liqueur d'huître et de lait pour préparer la sauce à la crème. Hachez les feuilles de céleri ainsi que la branche.

Étalez maintenant le reste de la pâte et coupez-la en carrés de trois pouces. Entaillez légèrement le dessus avec un couteau ou piquez avec une fourchette, placez-le sur une plaque à pâtisserie et faites cuire un brun clair délicat. Envelopper dans une serviette pour garder au chaud. Au moment de servir la tarte aux huîtres, disposer deux des carrés de pâte sur une assiette puis soulever sur la tarte aux huîtres, puis déposer un deuxième morceau directement sur le fond de tarte. Versez sur ce dessus de pâte deux cuillères à soupe de la sauce de la tarte aux huîtres.

GÂTEAU AUX RAISIN

Placer dans un bol à mélanger

Trois quarts de tasse de sucre,

Un oeuf,

Quatre cuillères à soupe de shortening,

Deux tasses de farine,

Quatre cuillères à café de levure chimique,

Trois quarts de tasse d'eau.

Battre pour bien mélanger puis verser dans un moule en forme de pain bien graissé et fariné. Étalez maintenant un demi-paquet de raisins secs dessus et pressez-les doucement avec le dos de la cuillère jusqu'à ce que la pâte les recouvre. Cuire à four modéré pendant trente-cinq minutes.

DINDE

Une méthode créole pour rôtir de la dinde, du poulet, du canard ou du gibier ou pour griller de la volaille, des oiseaux ou du gibier est donnée ci-dessous. Nettoyez et préparez l'oiseau selon votre goût, et lorsqu'il est prêt à cuire, que ce soit au gril, au rôtissage ou au four, graissez la poitrine avec de nombreuses lanières de porc salé ou de bacon, ou fixez-la avec des cure-dents. Placer à four chaud pour saisir, puis retourner la volaille, qu'elle soit grande ou petite, sur sa poitrine. Rôtir, cuire au four ou griller les trois quarts du temps sur la poitrine, en arrosant toutes les dix minutes. Saupoudrez de temps en temps de farine. Ne pas assaisonner en début de cuisson, mais retarder celle-ci jusqu'au dernier quart du temps imparti à la cuisson de la volaille, puis la retourner sur sa poitrine pour la faire dorer.

Terminez la cuisson en arrosant toutes les dix minutes. Cette méthode permet à la chaleur de cuire lentement la partie la plus lourde de l'oiseau, de sorte qu'en tournant sur sa poitrine, la structure osseuse puisse recevoir la chaleur intense.

Les oiseaux ou les volailles âgées doivent être cuits à la vapeur avant de les rôtir. Cette méthode les rendra tendres et juteux.

REMPLISSAGE ET SAUCE

REMPLISSAGE À SEC

Une pinte de chapelure rassis,

Un gros oignon finement émincé,

Une cuillère à café d'assaisonnement pour volaille,

Une cuillère à café de sel,

Deux cuillères à soupe de graisse de bacon ou de bon jus de bœuf.

Frottez le tout pour obtenir une masse friable, puis incorporez-le à la volaille.

REMPLISSAGE DE GIBIER SAUVAGE

Passer dans le hachoir suffisamment de branches de céleri, avec les feuilles, pour faire une tasse, également :

Un oignon de taille moyenne,

Une cuillère à café rase de marjolaine douce,

Une cuillère à café rase de sauge,

Deux cuillères à café de persil finement haché,

Un quart de cuillère à café de poivre,

Une tasse de chapelure bien séchée.

Bien mélanger, puis garnir de canard ou d'oie sauvage.

POULET ET NOUILLES AU FOUR

Préparez le poulet pour la fricassée, faites-le cuire jusqu'à ce qu'il soit tendre puis soulevez-le. Maintenant, faites cuire les nouilles dans le bouillon et assaisonnez. Soulevez les nouilles cuites dans un plat allant au four ou une cocotte. Faites maintenant revenir rapidement le poulet d'un côté dans une poêle, en utilisant juste assez de shortening pour éviter de brûler. Disposez le poulet sur les nouilles puis épaississez légèrement le bouillon en ajoutant

Une cuillère à soupe de persil haché,

Une cuillère à soupe d'oignon émincé.

Verser sur le poulet et les nouilles et cuire à four chaud pendant vingt-cinq minutes.

GARNITURE AUX POMMES ET RAISIN POUR CANARD

Hachez suffisamment de pommes pour mesurer une pinte. Ajouter

Une demi-tasse de raisins secs épépinés,

Une tasse et demie de chapelure.

Assaisonner avec du sel, du poivre et de la marjolaine douce. Mélangez le tout avec deux cuillères à soupe de beurre fondu. Emballez dans le canard.

GIBLET GRAVY

Hachez bien les abats. Faire dorer dans deux cuillères à soupe de graisse de bacon, en ajoutant deux cuillères à soupe de farine. Faites bien dorer, puis ajoutez un litre d'eau. Cuire lentement pendant que la volaille rôtit pendant une heure et demie. Passer au tamis, puis remettre sur le feu et porter à ébullition. Il est alors prêt à servir.

ABATS HACHÉS SUR TOASTS

Faites cuire les abats pendant une heure dans un litre d'eau. Passer au hachoir en ajoutant

Un oignon,

Un œuf dur,

Un quart de tasse de tomates en conserve.

Assaisonner avec

Un huitième de cuillère à café de moutarde, sel et poivre au goût.

Servir sur des tranches de pain grillées pour le déjeuner.

BISCUITS À LA VIANDE DE DINDE

Préparez la pâte comme pour des biscuits. Démoulez sur une planche à pâtisserie et tapotez ou étalez sur un quart de pouce d'épaisseur. Étalez la moitié de la pâte avec la viande de dinde préparée. Replier le reste de la pâte, presser fermement. Coupez avec un couteau bien aiguisé en carrés et badigeonnez le dessus des biscuits de lait. Cuire une vingtaine de minutes à four chaud.

NOTE. —Ces biscuits peuvent être préparés la veille, placés dans un endroit froid et cuits le matin.

RESTES DE DINDE

UTILISER LES RESTES DE DINDE

Retirez la viande de la carcasse en séparant la viande blanche de la viande brune. Ramassez la carcasse propre puis cassez les os et placez-la dans une marmite à soupe et couvrez d'eau froide et ajoutez

Une demi-tasse d'oignons hachés,

Une demi-tasse de carottes coupées en dés,

Un pédé d'herbes à soupe.

Portez à ébullition et laissez cuire lentement pendant deux heures. Filtrez dans un bol et ce bouillon peut être utilisé pour les soupes, les sauces et les sauces.

CROQUETTES DE DINDE

Une tasse et demie de sauce à la crème très épaisse,

Une tasse de chapelure fine,

Une tasse et demie de viande de dinde,

Trois cuillères à soupe de persil finement haché,

Deux cuillères à soupe d'oignons râpés,

Deux cuillères à café de sel,

Une cuillère à café de paprika.

Mélangez bien puis façonnez en croquettes et trempez-les dans l'œuf battu puis dans la chapelure fine. Faire frire jusqu'à ce qu'ils soient dorés dans la graisse chaude.

GRATIN DE DINDE

Deux tasses de sauce à la crème épaisse,

Une tasse et demie de viande de dinde,

Une cuillère à soupe d'oignon râpé,

Trois cuillères à soupe de persil finement haché,

Deux œufs durs hachés finement,

Une cuillère à café et demie de sel,

Une demi-cuillère à café de poivre.

Mélangez puis versez dans un plat allant au four. Couvrir le dessus de chapelure fine et de deux cuillères à soupe de fromage râpé et enfourner trente-cinq minutes à four modéré.

DINDE, STYLE TERRAPIN

Utilisez la viande brune. Préparez une tasse et demie de sauce à la crème puis ajoutez

Une tasse et demie de viande de dinde préparée,

Deux œufs durs, coupés en huit,

Une pincée de muscade,

Une cuillère à café de sel,

Une demi cuillère à café de poivre blanc,

Jus d'un citron.

Chauffer lentement jusqu'au point d'ébullition, puis ajouter une demi-tasse de sauce brune à base de bouillon de dinde. Ajoutez une cuillère à café de zeste de citron râpé et servez.

ROULEAU DE VIANDE

Utilisez des mesures de niveau. C'est un très bon plat pour un déjeuner. Placer dans un bol

Deux tasses de farine tamisée,

Une cuillère à café et demie de sel,

Un quart de cuillère à café de paprika,

Quatre cuillères à café de levure chimique.

Tamisez deux fois, puis ajoutez trois cuillères à soupe de shortening, puis mélangez à la pâte avec deux tiers de tasse d'eau. Étaler sur une planche légèrement farinée d'un quart de pouce d'épaisseur et tartiner de viande de dinde finement hachée, assaisonnée de

Une cuillère à soupe d'oignon râpé,

Un poivron vert ou rouge finement émincé,

Une cuillère à café de sel,

Une demi-cuillère à café de paprika.

Rouler pour le jelly-roll et bien pincer les bords. Placer dans un plat allant au four bien graissé et cuire au four pendant quarante-cinq minutes à four chaud. Commencez à arroser avec une tasse de bouillon de dinde après que le rouleau ait été au four pendant dix minutes. Servir en coupant en tranches puis napper de sauce à la crème.

TARTE À LA DINDE

Disposez dans un plat allant au four une couche de pommes de terre étuvées et coupées en dés. Assaisonner avec de l'oignon et du persil finement émincés et du poivron vert ou rouge haché finement. Ajoutez maintenant une couche de viande de dinde. Répétez cette opération jusqu'à ce que le plat soit plein, puis ajoutez une sauce à base de

Une tasse de lait,

Une tasse de bouillon de dinde,

Cinq cuillères à soupe de farine.

Remuer jusqu'à ce que la farine soit dissoute dans le lait et le bouillon et porter à ébullition. Assaisonnez puis versez sur la dinde dans le plat allant au four. Couvrir le dessus du plat de bandes de pâte en treillis. Badigeonner de lait ou d'eau et cuire quarante-cinq minutes à four chaud.

QUELQUES SOUPES AU FOND DE DINDE

Fabriqué en faisant mijoter les os et la carcasse de dinde dans suffisamment d'eau pour les couvrir.

SOUPE DE DINDE, ITALIENNE

Faites cuire trois onces de macaronis dans un litre d'eau bouillante pendant vingt minutes, puis égouttez-les et blanchissez-les sous l'eau courante. Mettre dans une casserole et ajouter

Deux pintes et demie de bouillon de dinde,

Deux oignons bien coupés,

Un petit peu d'ail.

Cuire lentement pendant quinze minutes puis servir avec du fromage râpé.

MULLIGATAWNEY

Mettez quatre tasses de bouillon de dinde dans une casserole et ajoutez

Trois pommes finement hachées.

Une carotte,

Un petit oignon.

Porter à ébullition et cuire lentement jusqu'à ce que les légumes soient tendres, puis placer trois cuillères à soupe de shortening dans une casserole et ajouter une demi-tasse de farine. Remuer jusqu'à ce que le tout soit bien doré, puis ajouter deux tasses de bouillon de dinde. Cuire une dizaine de minutes et ajouter à la soupe. Portez à ébullition, puis égouttez et assaisonnez avec

Une cuillère à soupe rase de sel,

Une cuillère à café et demie de paprika,

Un quart de cuillère à café de muscade,

Trois pintes de bouillon de dinde,

Une demi-tasse de céleri finement haché,

Une carotte coupée en dés,

Quatre cuillères à soupe de riz lavé.

Portez à ébullition et laissez cuire trente-cinq minutes très lentement puis assaisonnez.

PUDDING AU CHOU

Hachez finement une tête de chou de taille moyenne et faites-la bouillir jusqu'à ce qu'elle soit tendre. Puis égouttez et placez dans un bol et ajoutez

Deux oignons râpés,

Une tasse de restes de viande froide, hachée finement.

Assaisonnez bien puis déposez une couche de chou préparé dans un plat allant au four puis une couche de chapelure. Versez deux tasses de sauce à la crème épaisse sur le tout et déposez une fine couche de chapelure dessus. Cuire à four modéré pendant trente minutes.

DÎNER DE MERCI EN FAMILLE POUR SIX PERSONNES, DANS UNE FERME DE LA NOUVELLE-ANGLETERRE

Soupe aux huîtres

Oignons marinés maison

Chow Chow   Sauce chili

Pain brun Boston

Boulettes de poisson

Dinde rôtie   Sauce brune

Garniture aux huîtres   Sauce à la canneberge

Banniques

Pommes de terre cuites   Purée de navets

Oignons à la crème   Panais au Beurre

Salade De Chou

Hachis au poivre   Relish de maïs

Confitures, gelées et conserves

Tartes à la viande hachée et à la citrouille   Café

Fondant à l'érable   Prunes en conserve

La bonne soupe aux huîtres à l'ancienne, réalisée à partir de la fameuse recette familiale depuis tant d'années, était servie dans deux immenses soupières anciennes en porcelaine blanche. Grand-père Perkins, assis au bout de la table, servait la soupe à la louche, et après qu'elle ait été placée et que tout le monde soit assis, grand-père frappait la table avec le manche en corne du couteau à découper et chaque tête était inclinée en prière silencieuse pendant que son La voix s'est élevée dans un éloge reconnaissant pour Thanksgiving, auquel nous avons tous répondu par un amen solennel.

ROULEAU DE POULET

Placer dans un bol à mélanger

Trois tasses de farine tamisée.

Une cuillère à café de sel,

Trois cuillères à soupe rases de levure chimique.

Tamisez pour mélanger, ajoutez cinq cuillères à soupe de shortening et mélangez à la pâte avec une tasse d'eau. Rouler sur une planche à pâtisserie d'un quart de pouce d'épaisseur et tartiner de la garniture préparée. Rouler comme pour un jelly-roll, placer dans un plat allant au four bien graissé et fariné et cuire à four modéré pendant trente-cinq minutes. Servir avec une sauce tomate ou créole.

REMPLISSAGE PRÉPARÉ

Hachez finement les abats et prélevez la viande du cou et de la carcasse en passant la peau dans le hachoir. Placer dans un bol et ajouter

Deux oignons râpés,

Un poivron vert finement émincé,

Quatre cuillères à soupe de persil finement haché,

Une demi-tasse de bacon, coupé en dés et bien doré,

Une cuillère à café de sel,

Une demi-cuillère à café de poivre blanc.

Bien mélanger et étaler comme indiqué sur la pâte.

PAIN BRUN BOSTON

Placer dans un bol à mélanger

Une demi-tasse de semoule de maïs,

Une demi-tasse de farine d'orge,

Une demi-tasse de farine de riz,

Une cuillère à café de sel,

Une demi-tasse de mélasse,

Une cuillère à café rase de soda,

Une tasse et quart de lait aigre.

Battez pour mélanger, puis versez dans des boîtes de café vides d'une livre bien graissées et remplissez-les aux trois quarts. Couvrir et placer dans une casserole profonde. Remplissez la casserole aux deux tiers d'eau bouillante.

Faire bouillir régulièrement pendant une heure et trois quarts; retirez ensuite le couvercle de la boîte de café et placez-la dans un four chaud pendant trois quarts d'heure pour qu'elle sèche.

Viennent ensuite les boulettes de poisson – non pas les grosses boulettes rondes et imbibées de graisse du commerce, mais les boulettes dorées les plus délicates de la taille d'œufs bantam, frites dans de la graisse chaude et fumante et déposées en tas sur des serviettes blanches comme neige, avec des brins de poisson. du persil coincé entre eux.

GÂTEAU À UN ŒUF DE TANTE POLLY RIVES

Un oeuf,

Une tasse de cassonade,

Cinq cuillères à soupe de shortening,

Bien crémer puis ajouter

Une tasse et trois quarts de farine,

Quatre cuillères à café de levure chimique,

Une tasse de lait.

Battre pour bien mélanger. Ajoutez une tasse de raisins secs épépinés; verser dans un moule à pain bien graissé et fariné et cuire quarante minutes à four modéré.

VRAIE SOUPE AUX HUÎTRES DU VERMONT

Pour six personnes.

Égouttez une douzaine d'huîtres débarrassées du liquide, puis filtrez le liquide dans une casserole. Lavez et examinez attentivement les huîtres pour retirer tous les morceaux de coquille. Hachez très finement les huîtres puis remettez-les dans le liquide des huîtres. Ajoutez une cuillère à soupe de beurre et une petite pincée de thym ; puis chauffez jusqu'au point d'ébullition et ajoutez deux tasses et demie de lait bouillant. Portez à ébullition, retirez du feu et servez. Ébouillanter le lait au bain-marie.

BOULETTES DE POISSON DE COUSIN HETTY

"Il fut un temps", dit la cousine Hetty, "quand nous écaillons le poisson, mais depuis que mon frère et le vieil Amos se sont lancés dans le commerce du poisson, nous utilisons généralement le poisson déchiqueté."

Recette pour six personnes. Ouvrez un paquet de morue râpée préparée, puis transformez-la en un morceau de gaze et plongez-la quatre ou cinq fois dans un grand bol d'eau chaude. Essorez-le. Faites cuire puis écrasez suffisamment de pommes de terre pour mesurer trois tasses, puis ajoutez le poisson préparé et

Deux cuillères à soupe d'oignon râpé,

Quatre cuillères à soupe de persil finement haché,

Une cuillère à café de paprika,

Un quart de tasse de lait,

Deux cuillères à soupe de beurre.

Battre fort pour bien mélanger puis façonner en petites boules ; rouler dans la farine; tremper dans l'œuf battu et le lait, puis rouler dans de fines miettes et faire frire jusqu'à ce qu'ils soient dorés dans la graisse chaude.

BANQUES

Pour six personnes. Placer dans une casserole

Deux tasses d'eau bouillante,

Une demi-cuillère à café de sel,

Deux cuillères à soupe de sucre d'érable,

Quatre cuillères à soupe de sirop,

Trois quarts de tasse de semoule de maïs.

Cuire jusqu'à obtenir une bouillie de semoule de maïs épaisse, puis laisser refroidir. Étaler très finement sur une plaque à pâtisserie bien graissée; badigeonner de shortening fondu et cuire au four chaud. Autrefois, ces banniques étaient généralement cuites devant le feu ouvert.

La particularité du dîner, trois grosses dindes, étaient cuites jusqu'à ce qu'elles soient dorées et juteuses. Vers le premier octobre, grand-mère donne des ordres stricts pour que chaque morceau de chapelure, même s'il ne s'agisse que du pain de guerre, soit conservé. Car vous savez, il faut beaucoup de chapelure pour les galettes de poisson puis pour garnir les oiseaux. Ce pain rassis est soigneusement séché puis passé au hachoir, puis tamisé. Les miettes grossières sont utilisées pour remplir la dinde.

Au bon vieux temps d'antan, où une grande majorité d'entre nous estimait que Thanksgiving serait incomplet sans la dinde, il fallait une planification minutieuse pour utiliser les restes sans gaspillage, car la famille se lassait vite de trop de dinde lorsqu'elle était servie pour trois ou trois personnes. quatre repas.

Cependant, les restes de poulet ou de dinde peuvent être servis dans les plats suivants :

POULEAU ÉMINCE BRUN

Récupérez la viande du dos, de la carcasse et du cou et hachez finement les abats. Placer dans une casserole et ajouter à une tasse et demie de viande préparée

Un oignon,

Un poivron vert finement émincé,

Trois quarts de tasse d'eau bouillante.

Faites cuire doucement pendant vingt-cinq minutes, puis placez dans une casserole deux cuillères à soupe de shortening et quatre cuillères à soupe de farine. Remuer pour bien mélanger, puis faire dorer jusqu'à obtenir un riche brun doré. Incorporer l'émincé préparé et remuer pour mélanger et assaisonner avec

Sel,

Poivre blanc,

Petite pincée de moutarde,

Petite pincée d'assaisonnement pour volaille.

Réalisez une bordure de purée de pommes de terre sur une assiette chaude et remplissez l'émincé au centre de l'assiette et décorez de persil finement haché.

DUMPLINGS DE POULET

Retirez toute la viande de la carcasse restante et cassez les os. Mettez les os dans une marmite et ajoutez

Trois pintes d'eau froide,

Deux oignons,

Un fagot d'herbes potagères,

Une tasse de tomates bien écrasées.

Porter à ébullition et laisser mijoter lentement pendant deux heures et demie. Égoutter le bouillon et assaisonner avec

Sel,

Poivre blanc,

Trois cuillères à soupe de persil finement haché.

Placez maintenant suffisamment de viande prélevée sur la carcasse dans la nourriture hachée pour mesurer, une fois hachée finement, une tasse ; mettre dans un bol et ajouter

Un gros oignon, râpé,

Quatre cuillères à soupe de persil haché finement,

Une cuillère à café de sel,

Une demi cuillère à café de poivre blanc,

Deux tasses de farine tamisée,

Trois cuillères à café rases de levure chimique,

Une cuillère à soupe de shortening,

Un œuf bien battu,

Sept cuillères à soupe d'eau.

Travaillez jusqu'à obtenir une pâte lisse, puis déposez-la de la cuillère à soupe dans le bouillon bouillant. Couvrez bien et laissez cuire une quinzaine de minutes. Déposer une tranche de pain grillé puis l'ajouter rapidement au bouillon

Une tasse de poulet haché.

Puis dissoudre

Une demi-tasse de farine,

Une demi-tasse d'eau,

et remuez pour bien mélanger. Ajouter au bouillon puis porter à ébullition; cuire cinq minutes et verser sur les raviolis. Saupoudrer de persil finement haché et servir immédiatement.

PAIN DE POULET

Ce délicieux vieux plat du sud est toujours bien accueilli par la famille. Passez la viande prélevée sur la carcasse et le cou, avec les abats, dans le hachoir, environ une tasse et demie. Hachez finement une demi-tasse de bacon et suffisamment d'oignons pour mesurer une tasse. Faire dorer le bacon et laisser mijoter les oignons dans la graisse de bacon jusqu'à ce qu'ils soient tendres, en prenant soin de ne pas les faire dorer. Maintenant, ajoutez

Deux tasses et demie de riz cuit froid,

Une tasse de sauce à la crème très épaisse,

Une tasse de chapelure fine,

Une cuillère à soupe de sauce Worcestershire,

Une cuillère à café et demie de sel,

Une cuillère à café de poivre blanc,

Un œuf bien battu.

Bien mélanger, puis mettre dans un moule en forme de pain bien graissé et fariné. Placez le moule dans un grand récipient contenant de l'eau tiède et faites cuire une heure à four lent. Retirez la casserole contenant l'eau et laissez le pain reposer à four modéré pendant quinze minutes. Servir chaud avec du persil, de la crème ou de la sauce tomate; couper le reste à froid et servir avec de la mayonnaise ou une sauce tartare.

DÎNER DE NOËL

Soupe aux tomates claires

Relish à l'oignon   Céleri frisé

Poulet au four

Garniture épicée   Sauce brune

Gelée De Canneberge

Pone à la patate douce Purée de navets

Salade De Chou

Tarte hachée   Café

Savoureuse à l'oignon

Hachez finement suffisamment d'oignons pour mesurer une tasse, puis placez deux cuillères à soupe de graisse dans une poêle. Lorsqu'ils sont chauds, ajoutez les oignons, couvrez bien et laissez mijoter lentement jusqu'à ce qu'ils soient tendres. Assaisonner avec du sel, du paprika et trois cuillères à soupe de vinaigre. Laisser refroidir et servir comme condiment.

CÉLERI FRISÉ

Grattez et nettoyez soigneusement deux branches de céleri et retirez une partie du dessus vert et les morceaux extérieurs meurtris. Coupez chaque tige en deux de la racine à la tige, puis fendez-la à nouveau. Placer dans l'eau froide et laisser croustillant et refroidir.

GARNITURE ÉPICÉE DE GRAND-MÈRE PERKINS

Mettez les parties extérieures vertes et rugueuses du céleri

Quatre oignons,

Un bouquet d'herbes potagères,

dans le hachoir et hachez-le finement ; puis ajouter

Trois tasses de chapelure rassis,

Une cuillère à café et demie de sel,

Cinq cuillères à soupe de shortening,

Une cuillère à café de poivre,

Trois quarts de tasse de bouillon de poulet.

Mélangez puis versez dans le poulet préparé. Cousez l'ouverture avec une grosse aiguille à repriser et une ficelle. Maintenant, frottez soigneusement le poulet avec du shortening et recouvrez-le de farine. Mettre au four et laisser dorer légèrement; puis retournez la poitrine de poulet et arrosez toutes les dix minutes. En retournant le poulet avec la poitrine vers le bas, le jus imprègne la viande blanche et la rend ainsi tendre et juteuse.

Retournez le poulet et laissez la poitrine dorer une vingtaine de minutes avant de la sortir du four.

POULET AU FOUR

Sélectionnez un poulet à ragoût dodu d'environ cinq livres, puis flambez-le, étirez-le et lavez-le soigneusement. Couvrir lentement et cuire à la vapeur jusqu'à tendreté; puis remplissez d'une garniture épicée et placez à four modéré pour rôtir pendant une heure et trois quarts, en arrosant toutes les dix minutes.

Afin d'être sûr que la volaille sera suffisamment fondante, pensez à la cuire à la vapeur au préalable.

GELÉE DE CANNEBERGES

Lavez une pinte de canneberges ; puis égouttez-le et placez-le dans une casserole. Ajoutez trois quarts de tasse d'eau. Couvrir et cuire jusqu'à tendreté; puis passer au tamis fin. Ajoutez deux tasses de cassonade et portez à ébullition. Cuire une dizaine de minutes puis verser dans des petits moules à crème anglaise pour les mouler.

PONE DE PATATE DOUCE

Lavez puis faites bouillir un quart de patate douce. Refroidissez et retirez les peaux. Placer dans un bol et écraser en assaisonnant avec

Une demi cuillère à café de muscade,

Une cuillère à café et demie de sel,

Une demi cuillère à café de poivre,

Deux cuillères à soupe de beurre.

Bien graisser un plat allant au four; puis saupoudrez de farine et étalez les patates douces préparées dans la poêle sur environ un pouce d'épaisseur. Saupoudrez abondamment le dessus de muscade et placez une cuillère à soupe de beurre dessus en petits points. Cuire à four modéré pendant vingt-cinq minutes. Retirer du four et laisser reposer cinq minutes. Couper en carrés et soulever avec un tourne-gâteau sur une plaque chauffante.

SALADE DE CHOU

Râpez finement le chou puis hachez un poivron vert. Placer dans l'eau pour rendre croustillant. Préparez une vinaigrette mayonnaise en la plaçant sur une assiette

Jaune d'un œuf,

Une cuillère à café de moutarde,

Une demi cuillère à café de paprika,

Une cuillère à café de sucre,

Une cuillère à café de vinaigre.

Travaillez jusqu'à obtenir une pâte lisse, puis ajoutez l'huile lentement d'abord, puis plus rapidement jusqu'à ce que toute l'huile soit bien incorporée, en la battant assez fort. Ajoutez du sel au goût. Ajoutez maintenant le vinaigre pour réduire à la consistance désirée ; puis égouttez le chou, allumez un torchon et laissez sécher avant de verser sur la vinaigrette. Utilisez trois quarts de tasse d'huile à salade.

TARTE HACHÉE

Deux tasses de farine,

Une demi-cuillère à café de sel,

Une cuillère à café de levure chimique,

Deux cuillères à café de sucre.

Placer dans un bol à mélanger puis tamiser. Frottez maintenant trois quarts de tasse de shortening et mélangez-le pour obtenir une pâte avec environ six cuillères à soupe d'eau. Divisez la pâte, puis étalez-la et recouvrez-en une assiette à tarte. Utilisez une livre et demie de viande hachée pour remplir. Couvrir d'une croûte puis laver avec l'oeuf battu. Cuire à four modéré pendant quarante-cinq minutes.

REMARQUE.—Pour laver la tarte, utilisez la moitié de l'œuf battu, en utilisant le reste de la garniture au poulet.

Vous savez qu'il y a une super petite histoire racontée sur les amateurs de tarte de la Nouvelle-Angleterre, et comme le raconte l'histoire, il n'y a que deux sortes de tarte, à savoir « Tis mince et "tain't mince ». Ainsi, comme le dit grand-mère Perkins : « Tout cela n'est que de la viande hachée ».

COMMENT PRÉPARER LE HACHÉ

Douze pommes de taille moyenne,

Une demi-livre de citron confit,

Un demi-paquet de raisins secs épépinés,

Une livre de cacahuètes décortiquées,

Trois quarts de livre de suif,

Une livre de pêches séchées,

Un citron.

Passer le tout au hachoir puis placer

Un litre de sirop,

Une livre de cassonade,

dans une marmite et porter à ébullition. Cuire une dizaine de minutes puis ajouter les fruits préparés et le suif passés au hachoir et ajouter

Un paquet de raisins secs épépinés,

Une cuillère à soupe de cannelle,

Une cuillère à café de gingembre,

Une cuillère à café de clous de girofle,

Une demi-cuillère à café de piment de la Jamaïque,

Une demi cuillère à café de muscade,

Une demi-cuillère à café de sel,

Trois quarts de tasse de vinaigre de cidre fort.

Remuer pour bien mélanger, puis cuire une dizaine de minutes. Laisser refroidir puis verser dans des pots de fruits. Versez dessus une cuillère à soupe d'huile de salade; ajustez le caoutchouc, le couvercle et le joint. Traiter au bain-marie chaud pendant vingt minutes, puis laisser refroidir et conserver.

Ce hachis s'avérera très délicieux et se conservera jusqu'à son utilisation. Le grand-père de grand-mère Perkins était un Hiram Teesdale, de Gloucester, en Angleterre, et cette recette a plus de 400 ans. La recette originale s'appelait Christmas Mynce Pye, et pendant les vacances, un grand pye de Gloucester mynce, préparé par la bonne dame Teesdale, était toujours envoyé comme dîme du comté à la bonne reine Elizabeth, et de cette manière la faveur royale était conférée. sur cette famille par la reine, qui était ravie de cette merveilleuse concoction.

Des noix noires et des noisettes ont été utilisées dans la recette originale, mais comme ces noix sont assez chères, les cacahuètes feront tout aussi bien l'affaire.

GODYS DE NOËL

Autrefois, avant l'époque des appartements chauffés et des maisons chauffées à l'eau, la ménagère utilisait la cave comme chambre froide. Aujourd'hui, c'est impossible. Pour le propriétaire qui possède une buanderie extérieure fermée ou une cuisine d'été, le problème de la conservation des délices des fêtes est assez simple. Mais pour ceux d'entre nous qui vivent dans des appartements, il faut trouver un autre moyen.

Voici deux nouvelles idées qui valent la peine d'être essayées : Premièrement, une jardinière du côté ombragé de la maison. Cette boîte doit être recouverte de papier d'amiante à l'intérieur, puis recouverte du même papier et d'une couverture supplémentaire de toile cirée à l'extérieur.

En recouvrant ainsi la boîte, la ménagère est assurée d'un espace de stockage plus petit et d'une température uniforme. Ni le froid ni la chaleur extrême n'affecteront cette boîte. Une épaisse couche de journaux peut être utilisée comme doublure, entre le revêtement intérieur en amiante et le revêtement en toile cirée à l'extérieur de la boîte.

La viande hachée doit être conservée dans un endroit frais et sec pour être mélangée et mûrie, sans risque de gel. C'est aussi le moment idéal pour la mère d'envisager de se faire aider par la famille et en même temps de tisser très étroitement les liens du foyer. La maison où la famille se retrouve le soir pour préparer les délices de saison est très joyeuse. Laissez les enfants inviter certains de leurs amis pour les aider dans les préparatifs.

FRANÇAIS AU POULET

Placez une pinte de bouillon de poulet dans un bol à mélanger et ajoutez

Un petit oignon râpé,

Une cuillère à café et demie de sel,

Une demi cuillère à café de paprika,

Quatre œufs.

Battre jusqu'à ce que le tout soit bien mélangé, puis verser dans des coupes à crème en verre bien beurrées, placer les coupes dans un plat allant au four et remplir le moule à moitié d'eau tiède. Placer à four lent pour cuire jusqu'à consistance ferme. Retirer du four et laisser reposer cinq minutes, puis détacher les bords de la crème anglaise des tasses avec un couteau, allumer une tranche de pain grillé et servir avec une sauce au persil. C'est un délicieux plat de déjeuner.

VIANDE HACHÉE SANS VIANDE

Placer dans un bol à mélanger

Quatre livres de pommes finement hachées,

Une livre de cacahuètes finement hachées,

Une livre d'abricots secs finement hachés,

Une livre de pêches séchées, hachées finement,

Une livre de suif finement haché,

Deux paquets de raisins secs épépinés,

Un paquet de groseilles,

Un quart de livre de citron confit haché finement,

Un quart de livre d'écorces d'orange confites, hachées finement,

Un quart de livre de zeste de citron confit, haché finement,

Deux cuillères à soupe de cannelle,

Une cuillère à café de macis,

Une cuillère à café de gingembre,

Une cuillère à café de piment de la Jamaïque,

Une cuillère à café de clous de girofle,

Une cuillère à café de sel,

Un pot d'une pinte de raisin ou d'autres conserves,

Un litre de mélasse,

Un litre de cidre bouilli pendant quinze minutes.

Mélangez soigneusement puis conservez de la même manière que pour la viande hachée à l'ancienne.

VIEUX HACHÉ À L'ANCIENNE

Achetez une livre de tibia de bœuf et une demi-livre de bons os à soupe, de préférence des os de chinne ou de côte. Essuyez la viande, placez-la ainsi que les os dans une casserole et ajoutez trois tasses d'eau bouillante. Cuire lentement sans assaisonnement jusqu'à ce que la viande soit tendre. Laisser refroidir puis retirer la viande des os et passer toute la viande dans le hachoir dans un grand bol et ajouter

Une livre de suif, finement râpé,

Cinq livres de pommes finement hachées,

Le zeste râpé de trois citrons,

Jus de trois citrons,

Une demi-livre d'écorces d'orange confites, finement râpées,

Une demi-livre de zeste de citron, finement râpé,

Une demi-livre de zeste de citron, finement râpé,

Une livre de pêches séchées ou évaporées, râpées finement,

Une livre de cacahuètes décortiquées, hachées finement,

Deux paquets de raisins secs épépinés,

Un paquet de groseilles,

Trois cuillères à soupe rases de cannelle,

Deux cuillères à café rases de macis,

Deux cuillères à café rases de piment de la Jamaïque,

Une cuillère à café rase de clous de girofle,

Une cuillère à café rase de gingembre,

Deux cuillères à café rases de sel.

Mélangez bien, puis placez dans une casserole profonde

Un litre de sirop,

Une livre de cassonade,

Une tasse et demie de bouillon de viande,

Un litre de cidre,

Un quart de tasse de vinaigre.

Porter à ébullition et cuire une vingtaine de minutes. Verser sur la viande hachée et bien mélanger. Versez dans des pots ou des bocaux; couvrez hermétiquement et placez dans un endroit frais, ou remplissez-le dans des bocaux entièrement en verre et ajustez le caoutchouc et le couvercle. Sceller puis placer dans un bain d'eau chaude. Traitez pendant une demi-heure, à une température de 185 degrés Fahrenheit. Retirer et conserver dans un endroit frais. La viande hachée stérilisée se conserve jusqu'à son utilisation.

HACHAGE DE TOMATES VERTES

Placez un litre de tomates vertes tranchées finement dans un bol et saupoudrez de quatre cuillères à soupe de sel. Laisser reposer quatre heures, puis égoutter et essorer. Remettre dans le bol et ajouter

Une demi-livre de suif finement haché,

Deux livres et demi de pommes finement hachées,

Une tasse d'abricots secs finement hachés,

Une tasse de raisins secs épépinés finement hachés,

Une tasse de cacahuètes finement hachées,

Une tasse de confiture de prunes,

Deux tasses de mélasse,

Une tasse et demie de cidre bouilli,

Une cuillère à soupe de cannelle,

Une demi cuillère à café de muscade,

Une demi cuillère à café de clous de girofle,

Un quart de cuillère à café de piment de la Jamaïque,

Une demi-cuillère à café de gingembre.

Mélangez soigneusement puis conservez de la même manière que pour la viande hachée d'antan.

VIANDE HACHÉE POUR DEUX

Une demi-tasse de viande cuite froide finement hachée,

Trois quarts de tasse de suif finement haché,

Six tasses de pommes finement hachées,

Une tasse d'écorces d'orange et de citron confites finement hachées, mélangées,

Une tasse de raisins secs épépinés,

Une tasse de groseilles,

Une tasse de cacahuètes hachées,

Une tasse d'abricots hachés,

Une tasse et demie de mélasse,

Une tasse de cidre,

Quatre cuillères à soupe de vinaigre,

Une cuillère à soupe de cannelle,

Une cuillère à café de muscade,

Une cuillère à café de piment de la Jamaïque,

Une demi cuillère à café de gingembre,

Une demi-cuillère à café de sel.

Mélangez puis conservez de la même manière que pour la viande hachée à l'ancienne.

HACHEME JUIVE OU CACHER

Hachez finement suffisamment de restes de bœuf ou d'agneau cuit froid, exempts de tout gras, pour mesurer deux tasses. Placer dans un grand bol et ajouter

Deux litres de pommes finement hachées,

Une tasse d'écorces d'orange confites finement hachées,

Une tasse de zeste de citron confit finement haché,

Une tasse de citron finement haché,

Une tasse d'abricots finement hachés,

Deux tasses chacune de raisins secs et de groseilles sans pépins,

Une tasse d'amandes décortiquées finement hachées,

Une tasse d'huile de maïs,

Une cuillère à soupe et demie de cannelle,

Une cuillère à café de clous de girofle,

Une cuillère à café de muscade,

Une cuillère à café de piment de la Jamaïque,

Une demi cuillère à café de gingembre,

Une cuillère à café de sel.

Maintenant, placez dans une casserole

Un litre de cidre.

Une livre de cassonade,

Une tasse de mélasse.

Remuer pour dissoudre, puis porter à ébullition et cuire une quinzaine de minutes. Verser sur la viande hachée et bien mélanger. Remplissez-le dans des pots ou des bocaux et conservez-le comme pour la viande hachée à l'ancienne.

Lorsque vous conservez la viande hachée dans des pots ou des bocaux, couvrez-la d'huile à salade, à environ un quart de pouce de profondeur, pour exclure l'air. Utilisez une bonne qualité d'huile à salade. Cela rend inutile l'utilisation d'alcool pour conserver la viande hachée.

La femme au foyer qui planifie un dîner de Thanksgiving pour « juste nous deux » se retrouve souvent face à un dilemme. La dinde est beaucoup trop grosse pour elle et le poulet ne lui plaît guère pour cette journée. Cependant, vous trouverez ci-dessous quelques menus suggestifs pour un dîner de Thanksgiving pour deux.

N°1.

Céleri   Des radis

Huîtres en demi-coquille

Pigeonneau sur planche Confiture De Raisin Épicée

patates douces cuites

Oignons à la crème

Salade d'endives   Vinaigrette russe

Tartelettes hachées individuelles

Café

Fromage et biscuits salés   Noix et raisins secs

N°2.

huîtres grillées

Céleri

Filets de plie, Piémont

Poule de Guinée, Gelée de Canneberges Marie

Patates douces confites   Chou-fleur

Salade De Chou

Tartelettes à la citrouille   Café

Fromage   Noix et raisins secs

N ° 3.

Cocktail de crevettes

Céleri   Olives

Canette de Pigeonneau Rôtie, Gelée de Groseilles

Purée de pommes de terre à la crème   Petits pois

Laitue   Vinaigrette au piment

Chiffre d'affaires haché   Café

Fromage et biscuits salés

Noix et raisins secs

COMMENT PRÉPARER LE MENU

Placez les huîtres dans la glacière, près de la glace, jusqu'au moment de servir. Grattez et nettoyez le céleri, coupez la racine en pointe, puis divisez-la en deux de la racine à la pointe.

Placer dans l'eau froide et parer, puis nettoyer les radis. Divisez les radis en quatre parties, de la pointe jusqu'à l'extrémité de la tige ; utilisez pour cela un couteau bien aiguisé, cela fait huit coupes dans les radis. Placer dans l'eau froide.

Lavez les coquilles d'huîtres et réservez-les jusqu'à ce que vous en ayez besoin pour servir les huîtres.

Pigeonneau en planches

Fendez le pigeonneau dans le dos, puis dessinez. Bien laver à l'eau froide et retirer le sternum. Placer dans un plat allant au four, frotter avec du shortening et saupoudrer très légèrement de farine. Placer à four chaud pour cuire pendant trente-cinq minutes. Arrosez fréquemment avec de l'eau chaude. Soulevez maintenant sur une planche chaude et recouvrez de lanières de bacon. Fendez les patates douces et placez-les dans chaque coin. Badigeonner légèrement de beurre, saupoudrer de cannelle et de cassonade. Mettre à four chaud pendant douze minutes.

POULE DE GUINÉE MARIE

Demandez au boucher de fendre la poule dans le dos et de retirer le sternum. Lavez et essuyez, puis frottez bien avec du shortening et saupoudrez de farine. Disposez dans un plat allant au four et placez dans un four chaud. Arroser toutes les dix minutes d'eau bouillante. Cuire quarante minutes à four modéré et dix minutes seulement avant de sortir du four recouvrir la poule de lanières de lard et

Trois oignons finement émincés,

Un poivron vert finement émincé,

HUÎTRES GRILLÉES

Examinez attentivement l'huître et retirez tous les morceaux de coquille. Lavez puis roulez dans la mayonnaise, trempez dans la chapelure. Remettre dans la coque profonde et faire griller ou cuire au four chaud pendant dix minutes.

PÂTISSERIE POUR DEUX

Placer dans un bol à mélanger

Une tasse de farine,

Une cuillère à café de levure chimique,

Une demi-cuillère à café de sel.

Tamisez pour mélanger, puis ajoutez trois cuillères à soupe de shortening et mélangez jusqu'à obtenir une pâte avec trois cuillères à soupe d'eau. Hachez l'eau dans la farine, puis allumez la planche à pâtisserie et étalez-la sur un quart de pouce d'épaisseur. Utiliser pour les tartes et les chaussons. Badigeonner de lait ou de sirop et d'eau et cuire à four modéré.

GÂTEAU POUR DEUX

Placer dans un bol à mélanger

Trois quarts de tasse de sirop de maïs blanc,

Jaune d'un œuf,

Quatre cuillères à soupe d'eau,

Une tasse de farine tamisée,

Trois cuillères à café rases de levure chimique,

Une cuillère à café rase d'arôme.

Battez pour bien mélanger, puis ajoutez deux cuillères à soupe de shortening fondu, en incorporant soigneusement. Une fois bien mélangé, coupez et incorporez le blanc d'œuf à la pâte. Verser dans un moule bien graissé et fariné muni d'un tube au centre et cuire à four modéré pendant vingt-cinq minutes.

**MENU SUGGESTIF POUR MARIAGE FAMILIAL
25 PERSONNES, DÎNER À 7 HEURES**

Noix Salées   Cornichons sucrés

Céleri

Cocktail d'huîtres

Saumon frais grillé   Sauce ravigote

Dinde rôtie, sauce brune

Gelée De Canneberge

Patates douces confites

Salade d'asperges Vinaigrette au piment

Glace   Gâteau de mariage

Café

Matériel nécessaire pour vingt-cinq personnes :

Une demi-livre d'amandes,

Deux petits pots de cornichons mélangés sucrés,

Vingt-cinq huîtres à l'étouffée,

Coupe de six livres de saumon frais,

Un bouquet de persil,

Trois bottes de cresson,

Une botte de poireaux,

Un bouquet de thym,

Deux dindes de quinze livres,

Un litre de canneberges,

Boîte de trois livres de sirop de maïs blanc,

Trois quarts de bouchée de patates douces,

Trois grosses boîtes d'asperges,

Trois têtes de laitue fermes,

Une boîte de piments,

Deux grandes bouteilles de ketchup,

Une petite bouteille de sauce Worcestershire,

Un verre de raifort,

Six litres de glace, coupés en cinq blocs par litre,

Un gâteau de mariage de dix ou douze livres,

Une livre de café,

Une pinte de crème,

Une livre de sucre,

Une livre de beurre,

Cinquante rouleaux.

SAUCE COCKTAIL D'HUÎTRES

Ouvrez le ketchup, la sauce Worcestershire et le raifort et mélangez bien. Ajoutez une demi-tasse de vinaigre, mélangez à nouveau et utilisez pour un cocktail d'huîtres, en prévoyant cinq huîtres par personne.

Ne mettez aucune garniture dans la dinde. Elle ressemblera alors à la dinde grillée de la Nouvelle-Orléans.

GELÉE DE CANNEBERGES, AU SIROP

Achetez le sirop de maïs blanc, placez-le dans une casserole et ajoutez les canneberges. Portez à ébullition et laissez cuire doucement pendant vingt minutes, puis versez dans un bol pour mouler. Si vous souhaitez filtrer les graines et la peau, passez-les au tamis grossier.

Si vous souhaitez retourner les canneberges du bol, rincez le bol à l'eau froide avant d'y verser la gelée.

SOUPER BUFFET

N°1

Noix Salées   Céleri

Thon à la King

Salade d'asperges Vinaigrette russe

Glace   Gâteau

Café

N ° 2

Olives   Cornichons

Salade de poulet   Gelée de pomme

Croquettes de Riz

Glace   Gâteau   Café

n ° 3

Olives   Des radis

Sandwichs au jambon cuit au four

Salade de pommes de terre et céleri

Glace   Gâteau   Café

POUR LE MENU N°. 1

Matériaux nécessaires:

Livre d'amandes,

Six branches de céleri,

Huit grandes boîtes de thon,

Une boîte de piments,

Une demi-livre de champignons,

Six litres de lait,

Trois grosses boîtes d'asperges,

Six litres de glace, coupés en cinq blocs par litre,

Un gâteau de mariage de huit livres,

Une livre de café,

Une livre de sucre,

Une boîte de lait,

Vingt-cinq rouleaux,

Une livre de beurre.

THON À LA ROI

Ouvrez les boîtes de poisson et transformez-les dans un grand bol. Préparez la sauce comme suit. Placer dans une casserole

Six litres de lait,

Cinq tasses rases de farine.

Remuer pour bien mélanger, puis porter à ébullition et cuire lentement pendant cinq minutes. Maintenant, ajoutez

Une boîte de piments hachés,

Les champignons préparés,

Trois cuillères à soupe rases de sel,

Deux cuillères à soupe rases de paprika,

Une cuillère à café de poivre.

Le thon doit être cassé en gros morceaux. Chauffer lentement et lorsqu'il est chaud, servir sur de fines tranches de pain grillé.

POUR PRÉPARER LES CHAMPIGNONS

Épluchez les champignons puis coupez les chapeaux et les tiges en petits morceaux. Faire bouillir pendant cinq minutes dans de l'eau bouillante, puis égoutter et utiliser.

Une forme de cœur peut être aménagée pour la table carrée ou ronde. Faites réaliser la forme par un menuisier en fixant des petits tasseaux en dessous pour éviter qu'il ne glisse du plateau. Les taquets doivent être disposés de manière à ce qu'ils accrochent le bord de la table.

SOUPER POUR UNE AFFAIRE DU SOIR

Sandwichs au fromage grillé

pain d'épice   Thé

Sandwichs au fromage et au poivre ou

Sandwich au bacon et à l'oignon

Thé

Lapin écossais

Pain et beurre

Thé

Poêle à Huîtres Sèches

Griller   Cacao

Sandwichs au fromage et aux omelettes

Thé

SANDWICHS AU FROMAGE GRILLÉ

Retirez la croûte d'une miche de pain, puis coupez-la en tranches d'un pouce d'épaisseur. Faites griller puis coupez le fromage américain en tranches d'un quart de pouce d'épaisseur. Placer sur du pain grillé et tartiner légèrement d'oignon râpé. Placer dans la poêle à four chaud pour faire griller le fromage.

PAIN D'ÉPICE

Ce gâteau peut être préparé et cuit en quarante-cinq minutes. Placer dans un bol

Une tasse et demie de mélasse,

Une demi-tasse de shortening,

Une tasse d'eau,

Quatre tasses de farine tamisée,

Trois cuillères à soupe rases de levure chimique,

Une cuillère à café et demie de cannelle,

Une cuillère à café de muscade,

Une cuillère à café de gingembre,

Une demi-cuillère à café de piment de la Jamaïque,

Un quart de cuillère à café de clous de girofle.

Battez juste assez pour mélanger puis versez dans un moule bien graissé et fariné et enfournez pendant quarante minutes à four modéré. Il peut être coupé et mangé chaud si vous le souhaitez.

SANDWICHS AU FROMAGE ET POIVRON

Placer dans un bol

Une tasse de fromage cottage,

Un oignon finement émincé,

Deux poivrons finement hachés,

Une demi-tasse de mayonnaise,

Une cuillère à café de sel,

Une cuillère à café de paprika.

Battre pour mélanger puis beurrer le pain et le couper en fines tranches. Déposez une couche de mélange de fromage puis couvrez et coupez en deux.

SANDWICHS AU BACON ET OIGNONS

Hachez finement une tasse et demie d'oignons. Faire bouillir jusqu'à tendreté, puis émincer quatre onces de bacon. Couper en dés. Mélanger légèrement dans une poêle chaude et ajouter les oignons. Remuer jusqu'à ce que les oignons soient bien dorés et tendres. Répartir entre des tranches de pain de seigle beurrées.

FILET DE BOEUF A LA RIGA

Des steaks de jupe ronde, de flanc ou de paleron peuvent être utilisés pour ce plat. Coupez une livre et quart de steak rond mince en quatre morceaux. Maintenant, hachez très finement

Deux onces de porc salé,

Deux oignons,

Quatre branches de persil.

Ajouter

Une tasse et demie de pain préparé,

Deux cuillères à café de sel,

Une cuillère à café de paprika,

Une cuillère à café de sauce Worcestershire.

Mélangez soigneusement, puis formez une saucisse et déposez-la sur le steak et le rouleau préparés, en les attachant solidement à trois endroits avec une ficelle blanche. Roulez le steak dans la farine, puis placez quatre cuillères à soupe de shortening dans une casserole profonde, ajoutez les filets préparés et faites bien dorer. Lorsque les filets sont bien dorés, incorporez bien deux cuillères à soupe de farine et ajoutez

Deux tasses d'eau bouillante,

Une carotte coupée en quartiers,

Quatre petits oignons.

Couvrez bien et laissez cuire une heure puis ajoutez

Deux cuillères à café de sel,

Une demi cuillère à café de poivre,

Le jus d'un demi citron,

Une tasse de petits pois.

Chauffer jusqu'à ébullition puis cuire une dizaine de minutes. Disposez maintenant une tranche de pain grillé pour chaque filet sur une assiette chaude et soulevez le filet. Retirez les ficelles, puis soulevez la carotte et les oignons et déposez-les sur une assiette. Filtrer la sauce puis disposer les petits pois en bordure autour du plat et garnir de fines tranches de tomate.

LAPIN ÉCOSSAIS

Placez une demi-livre de fromage râpé dans une casserole ou un réchaud et ajoutez

Un oignon, râpé,

Trois quarts de tasse de tomates en conserve bien égouttées,

Une cuillère à soupe de sauce Worcestershire,

Un œuf bien battu,

Une cuillère à café de sel,

Une cuillère à café de paprika.

Mélanger et chauffer jusqu'à ce que le fromage fonde. Servir sur les toasts.

POÊLE À HUÎTRES SÈCHES

Prévoyez une demi-douzaine d'huîtres pour chaque personne. Examinez attentivement les huîtres et lavez-les pour enlever les morceaux de coquille.

Mettez les huîtres bien égouttées dans une casserole et placez-les sur le feu. Secouez continuellement jusqu'à ce qu'il soit cuit, généralement environ quatre ou cinq minutes. Assaisonner avec du sel, du poivre et une cuillère à soupe de sauce Worcestershire. Soulevez une épaisse tranche de pain grillé et versez une cuillère à soupe de beurre fondu sur les huîtres puis répartissez le liquide dans la poêle et versez sur le pain grillé. Saupoudrer de persil finement haché et servir.

MUFFINS AU RIZ

Passer une tasse de riz bouilli froid au tamis fin dans un bol à mélanger et ajouter

Un oeuf,

Une tasse de lait,

Une cuillère à café de sel,

Quatre cuillères à soupe de sirop,

Trois cuillères à soupe de shortening,

Une tasse et trois quarts de farine,

Quatre cuillères à café de levure chimique.

Battez fort pour mélanger puis versez dans des moules à muffins bien graissés et farinés et enfournez à four chaud pendant vingt minutes.

PAIN ESPAGNOL

Une tasse et demie de sucre,

Trois quarts de tasse de shortening,

Jaunes de cinq œufs.

Crémer jusqu'à ce qu'elle soit légèrement citronnée, puis ajouter

Trois cuillères à café de levure chimique,

Cinq tasses de farine,

Une tasse de lait,

Un paquet de petits raisins secs ou groseilles sans pépins,

Une demi-cuillère à café de sel.

Battez juste assez pour mélanger, puis coupez et incorporez les blancs de cinq œufs battus en neige ferme. Verser dans un moule carré recouvert de papier puis beurré et fariné. Cuire à four modéré pendant une heure. Glacer avec de l'eau glacée et découper des tranches avec un couteau pendant que le glaçage est mou.

LÉGUMES À LA JARDINIÈRE

Parer et couper en dés

Deux carottes,

Une tasse de céleri,

Une tasse d'oignons émincés.

Placer dans une casserole, couvrir d'eau bouillante et cuire jusqu'à tendreté; puis égouttez-les, puis émincez finement trois tranches de bacon. Faire dorer le bacon, puis soulever et ajouter les légumes à la graisse laissée par le brunissement du bacon. Ajouter

Une tasse de pois en conserve,

Une cuillère à café et demie de sel,

Une cuillère à café de paprika,

Une cuillère à soupe de vinaigre.

Cuire lentement pendant quinze minutes.

QUEUES DE BŒUF BRAISÉES

Les grandes articulations de queue de bœuf ou la queue de bœuf habituelle peuvent être utilisées à cet effet. Faites tremper deux livres et demi de queues dans de l'eau tiède pendant quinze minutes, puis lavez-les bien, égouttez-les et essuyez-les. Rouler dans la farine puis faire dorer rapidement dans la graisse chaude. Maintenant, mettez-le dans une casserole profonde et ajoutez

Trois tasses d'eau bouillante,

Deux tasses d'oignons émincés,

Deux carottes coupées en dés.

Cuire lentement pendant une heure et quart puis assaisonner avec

Deux cuillères à café de sel,

Une cuillère à café de poivre,

Quatre cuillères à soupe de persil finement haché.

Maintenant, pour servir, faites cuire trois quarts de livre de macaroni dans de l'eau bouillante pendant vingt minutes, puis égouttez-les, assaisonnez et placez-les sur un plat chaud. Déposez sur les macaronis les queues de bœuf cuites et versez dessus le jus contenant les oignons et les carottes. Garnir de persil finement haché et servir.

CRÊPES DE POMMES DE TERRE

Placer dans un bol à mélanger trois tranches de bacon finement émincées et cuites jusqu'à ce qu'elles soient bien dorées.

Trois cuillères à soupe de graisse de bacon,

Un oeuf,

Trois quarts de tasse de lait,

Une tasse et demie de farine,

Trois quarts de tasse de pommes de terre passées au tamis fin,

Quatre cuillères à café de levure chimique.

Battez fort pour bien mélanger, puis faites cuire sur une plaque chauffante ou faites frire dans de la graisse chaude.

BANANES À LA JAMIQUE

Épluchez trois bananes puis coupez-les en deux. Placer dans un bol et arroser du jus d'un citron. Laisser mariner une heure, puis tremper dans une pâte et faire frire jusqu'à ce qu'ils soient dorés. Déposez une fine tranche de génoise et tartinez le gâteau de gelée ou de confiture d'ananas. Empilez avec le fouet aux fruits et décorez de gingembre confit finement haché.

FÈVES AU LARD CUITES À LA BOSTONNAISE

Faites tremper une pinte de haricots dans beaucoup d'eau froide pendant la nuit et le matin, lavez-les soigneusement et placez-les dans une casserole et recouvrez à nouveau d'eau. Portez à ébullition et laissez cuire une dizaine de minutes, puis égouttez et placez dans une cocotte ou un plat allant au four, et ajoutez

Une demi-livre de porc salé, coupé en blocs de deux pouces,

Une tasse de tomates cuites passées au tamis,

Quatre cuillères à soupe de mélasse,

Une cuillère à café de sel,

Un oignon finement haché,

Une demi cuillère à café de poivre,

Un quart de cuillère à café de moutarde.

Bien mélanger puis ajouter suffisamment d'eau pour couvrir. Cuire à four modéré pendant trois heures.

MUFFINS DE BLÉ ENTIER

Placer dans un bol à mélanger

Deux tasses de babeurre,

Une cuillère à café de bicarbonate de soude,

Une cuillère à café de sel,

Trois cuillères à soupe de sucre,

Quatre cuillères à soupe de shortening,

Un oeuf,

Trois tasses de farine de blé entier,

Deux cuillères à café de levure chimique.

Battre fort pour mélanger puis verser dans des moules à muffins bien beurrés et enfourner une vingtaine de minutes à four chaud.

PAIN AU SON D'HIER

Placer dans un bol à mélanger

Trois tasses de babeurre,

Une cuillère à café et demie de sel,

Deux cuillères à café de bicarbonate de soude,

Trois quarts de tasse de sirop,

Une demi-tasse de shortening.

Battre pour bien mélanger puis ajouter

Quatre tasses de farine de blé entier,

Trois tasses de son,

Une tasse et demie de farine blanche,

Deux cuillères à café de levure chimique.

Battre fort pour mélanger puis verser dans deux moules en forme de pain bien graissés et farinés et étaler uniformément. Laisser reposer une dizaine de minutes puis cuire à four modéré pendant quarante minutes. Un demi-paquet de raisins secs épépinés ou trois quarts de tasse de noix finement hachées peuvent être ajoutés à un pain pour plus de variété. Utiliser dès l'âge d'un jour.

Flan au babeurre

Placer dans un bol à mélanger

Jaune d'un œuf,

Deux oeufs,

Une tasse et quart de babeurre,

Une cuillère à café d'extrait de vanille,

Une demi-tasse de sucre,

Trois cuillères à soupe de farine.

Battre jusqu'à obtenir une pâte lisse, puis verser dans des coupes de crème anglaise, placer les coupes dans une casserole d'eau tiède et cuire au four lent jusqu'à ce que le centre soit ferme. Retirer, laisser refroidir puis monter un fouet avec

Blanc d'un œuf,

Un demi-verre de gelée.

Battre jusqu'à obtenir une meringue ferme, puis empiler sur chaque crème anglaise. Servir glacé, saupoudré de cannelle.

CRÊPES YANKÉES

Placer dans un bol à mélanger

Une tasse et demie de babeurre,

Deux cuillères à soupe de sirop,

Une cuillère à soupe de shortening,

Une cuillère à café de bicarbonate de soude,

Une cuillère à café de sel.

Battre pour mélanger puis ajouter

Une tasse de farine de blé entier,

Une demi-tasse de semoule de maïs,

Une cuillère à café de levure chimique.

Battre pour mélanger puis enfourner sur une plaque chaude.

PAIN AU Babeurre

Ébouillantez deux tasses de babeurre, puis laissez refroidir. Passer au tamis pour briser le gros caillé, puis verser dans un bol à mélanger et ajouter

Quatre cuillères à soupe de sucre,

Une cuillère à soupe de sel,

Quatre cuillères à soupe de shortening,

Un gâteau de levure dissous dans une demi-tasse d'eau.

Battez fort pour mélanger, puis ajoutez huit tasses de farine et travaillez jusqu'à obtenir une pâte lisse ; graisser le bol et y déposer la pâte. Retourner la pâte pour bien l'enrober de shortening. Couvrir et laisser lever toute la nuit, puis tôt le matin, bien tasser et retourner pendant une heure. Placer sur une planche à modeler et diviser en pains. Former le pain puis placer dans des moules bien graissés et laisser lever pendant une heure. Cuire à four modéré pendant quarante minutes.

Il est important que la température du babeurre échaudé et refroidi soit d'environ 70 degrés Fahrenheit. Lorsque vous préparez le pain pendant la nuit, assurez-vous qu'il se trouve dans un endroit où la température moyenne sera de 65 degrés Fahrenheit en été et de 70 degrés Fahrenheit en hiver, et qui est exempt de courants d'air.

Beignets au babeurre

Placer dans un bol à mélanger

Une tasse de babeurre,

Deux cuillères à soupe de shortening,

Un oeuf,

Une tasse de sucre,

Une cuillère à café de bicarbonate de soude,

Une cuillère à café de muscade,

Une demi-cuillère à café de gingembre.

Battre pour mélanger. Maintenant, ajoutez

Cinq tasses de farine tamisée,

Deux cuillères à café de levure chimique,

et travaillez jusqu'à obtenir une pâte lisse. Abaisser un demi-pouce d'épaisseur sur une planche à pâtisserie bien farinée, couper et faire frire jusqu'à ce qu'il soit doré dans la graisse chaude.

TARTE AU FROMAGE ET AU Babeurre

Placez un litre de babeurre dans une casserole et faites chauffer doucement à environ 110 degrés Fahrenheit. Laisser refroidir puis transformer en un morceau de gaze et laisser égoutter pendant deux heures. Mesurez maintenant une tasse et demie de lactosérum, placez-la dans une casserole et ajoutez six cuillères à soupe de fécule de maïs. Remuer pour dissoudre puis porter à ébullition et cuire pendant cinq minutes. Maintenant, ajoutez

Une tasse de sucre,

Jaunes de deux œufs,

Le zeste râpé d'un demi citron,

Une cuillère à café de muscade,

Une demi-cuillère à café de vanille.

Et le fromage préparé qui s'est égoutté dans l'étamine. Battre très fort avec le batteur à œufs pour bien mélanger. Verser dans des moules tapissés de pâte nature et enfourner pendant quarante-cinq minutes à four modéré.

Saupoudrez le dessus de la tarte avant de la mettre au four avec de la muscade ou de la cannelle, et une demi-tasse de raisins secs épépinés ou de noix finement hachées peuvent être ajoutées pour varier, si vous le souhaitez.

Utiliser les restes de blancs d'œufs

Un pour le fouet aux fruits ;

Un pour tremper les croquettes, les huîtres et autres à frire dans la graisse profonde.

SAUCES

SAUCE AU CIDRE (SAUCE AU CHAMPAGNE)

Faites fondre trois cuillères à soupe de graisse de jambon dans la poêle et ajoutez quatre cuillères à soupe de farine, et faites cuire jusqu'à ce qu'elles soient bien dorées, puis ajoutez deux tasses de cidre. Remuer jusqu'à ce que le tout soit bien mélangé, puis porter à ébullition. Cuire lentement pendant cinq minutes puis assaisonner avec du sel, du poivre blanc et un peu de muscade.

MOCK HOLLANDAISE

À une tasse de sauce à la crème, ajoutez

Jaune d'un œuf,

Deux cuillères à soupe de jus de citron,

Une cuillère à café de sel,

Une cuillère à café de paprika,

Une cuillère à café d'oignon râpé.

SAUCE BATARDI

Une tasse de sauce à la crème épaisse,

Jaune d'un œuf,

Une cuillère à café de paprika,

Une cuillère à café de sel,

Une cuillère à café d'oignon râpé,

Le jus d'un demi citron,

Une demi-tasse de compote de tomates,

Une cuillère à soupe de persil finement haché.

Chauffer lentement en battant vigoureusement pour mélanger. Passer au tamis fin puis servir froid.

SAUCE TOMATE

Une tasse de tomates en conserve passées au tamis,

Une tasse et demie d'eau froide,

Quatre oignons finement émincés,

Une carotte bien coupée,

Un pédé d'herbes à soupe.

Cuire lentement pendant vingt minutes puis ajouter

Trois cuillères à soupe de fécule de maïs,

Une cuillère à soupe de sucre,

Deux cuillères à café de sel,

Une cuillère à café de poivre,

Un quart de cuillère à café de moutarde dissoute dans une demi-tasse d'eau froide.

Portez à ébullition puis laissez cuire une dizaine de minutes. Passer au tamis fin et utiliser.

SAUCE BRUNE

Pour faire une sauce brune, mettez quatre cuillères à soupe de graisse dans une poêle et ajoutez trois cuillères à soupe de farine. Remuer jusqu'à ce qu'il soit doré. Faire revenir jusqu'à obtenir une couleur très foncée, puis ajouter une tasse de bouillon ou d'eau. Remuer jusqu'à ce que le mélange soit parfaitement lisse et à ébullition pendant trois minutes. Assaisonner selon vos envies.

SAUCE AMÉRICAINE

Pour faire une sauce américaine, prenez

Une demi-tasse de sauce à la crème épaisse,

Une demi-tasse de compote de tomates,

Une cuillère à soupe d'oignon râpé,

Une cuillère à café de sel,

Une cuillère à café de paprika,

Une cuillère à soupe de fromage râpé.

Mixez et passez au tamis fin. Servir chaud.

SAUCE À LA CRÈME

Mettez une tasse de lait dans une casserole et ajoutez trois cuillères à soupe rases de farine. Remuer avec une fourchette ou un batteur à œufs jusqu'à ce que le tout soit bien mélangé, puis porter à ébullition. Laisser refroidir pendant trois minutes puis remuer constamment. Retirer du feu et utiliser.

SAUCE BOHÈME

Une tasse de sauce à la crème épaisse,

Le jus d'un demi citron,

Une cuillère à café de paprika,

Une cuillère à café de sel,

Une cuillère à soupe de raifort frais râpé.

Battre pour mélanger puis servir chaud ou froid.

SAUCE CANADIENNE

Placer dans une casserole

Deux oignons râpés,

Un poivron vert,

Deux tomates hachées très finement.

Cuire lentement jusqu'à ce qu'il soit tendre, puis laisser refroidir et ajouter

Six cuillères à soupe d'huile de salade,

Trois cuillères à soupe de vinaigre,

Un quart de cuillère à café de moutarde,

Une demi cuillère à café de poivre,

Une cuillère à café de sel,

Un quart de cuillère à café de sucre.

Mélangez bien et servez froid sur le poisson.

SAUCE AU RAIFORT

Ajoutez deux cuillères à soupe de raifort râpé et une cuillère à soupe de sauce Worcestershire à la sauce à la crème ou à la sauce brune.

SAUCE CHILI MEXICAINE

Ouvrez puis retirez les graines d'une douzaine de piments (poivrons verts). Grattez maintenant les trois ou quatre nervures pour éliminer les graines qui traversent le poivron dans le sens de la longueur. Maintenant, plongez-les dans l'eau bouillante pendant quinze minutes. Retirez la peau et hachez-la finement. Placez quatre cuillères à soupe d'huile dans une poêle en fer et ajoutez une demi-tasse d'oignons finement hachés. Cuire lentement jusqu'à tendreté, en prenant soin de ne pas brunir. Ajoutez maintenant deux cuillères à soupe de farine. Mélangez bien puis ajoutez les piments et

Deux tasses de pulpe de tomate passées au tamis fin,

Une tasse d'eau bouillante.

Laisser mijoter lentement jusqu'à obtenir une sauce épaisse et lisse. Assaisonner avec du sel au goût. Frottez-vous les mains avec de l'huile à salade avant de préparer les poivrons pour éviter les brûlures.

BREUVAGES

Pour préparer du chocolat comme boisson, il est nécessaire de le faire bouillir ou de le cuire soigneusement. Le simple fait de verser de l'eau bouillante ou du lait sur le cacao ne le cuira pas suffisamment.

COMMENT PRÉPARER LE CHOCOLAT

L'épicurien mexicain a découvert il y a longtemps que pour réussir à faire du chocolat, il faut le battre continuellement et il a ainsi mis au point un fouet à chocolat qui est un batteur en bois auquel sont fixés un certain nombre d'anneaux en bois ; lorsque celui-ci est utilisé pour remuer le chocolat, il fait mousser le mélange.

Les Français utilisent un certain nombre d'interrupteurs, reliés en fouet. La ménagère américaine utilise à cet effet un fouet en fil plat.

Cacao.—Placer dans une casserole les trois quarts de tasse d'eau et deux cuillères à café rases de cacao pour chaque tasse de cacao souhaitée. Portez à ébullition puis laissez cuire cinq minutes. Battez continuellement, puis ajoutez un quart de tasse de lait échaudé pour chaque tasse de cacao. Portez à nouveau à ébullition puis servez.

Chocolat.—Utilisez trois onces de chocolat pour un litre d'eau. Coupez finement le chocolat puis ajoutez de l'eau et remuez constamment. Portez à ébullition et laissez cuire une dizaine de minutes. Ajoutez une tasse de crème ébouillantée puis portez à nouveau au point d'ébullition et servez. Une cuillère à soupe de crème fouettée peut être ajoutée à chaque tasse juste avant de servir.

COMMENT PRÉPARER UNE TASSE DE THÉ

D'un vieux marchand de thé de Londres, j'ai reçu mes instructions pour préparer une tasse de thé parfaite. Rincez d'abord la théière à l'eau froide, puis remplissez-la d'eau bouillante et laissez reposer pendant que vous portez à ébullition l'eau destinée au thé. Juste avant que l'eau bout, videz l'eau de la théière et essuyez-la. Ajoutez ensuite les feuilles de thé et versez l'eau fraîchement bouillie. Couvrez la théière avec un couvre-théière ou enveloppez-la dans une serviette et laissez reposer exactement sept minutes. Le thé est maintenant prêt à être bu. Vous obtiendrez ainsi une délicieuse boisson d'ambroisie qui ravira le cœur des vrais amateurs d'une bonne tasse de thé.

L'utilisation d'un cosy pour la théière est de retenir la chaleur dans la théière et ainsi d'éviter un refroidissement rapide. Utilisez une cuillère à café rase de thé pour chaque demi-pinte d'eau. Mesurez l'eau avant de la faire bouillir.

L'eau doit être versée sur le thé dès qu'elle atteint le point d'ébullition. Après avoir bouilli pendant deux minutes ou plus, l'eau perd rapidement ses gaz naturels.

CAFÉ

De nombreuses variétés abondent sur le marché. Parmi les meilleurs se trouve l'Arabe, suivi de près par le Libérien et le Maragogipo. Une fois le café récolté, la qualité et la valeur dépendent du soin apporté au séchage et au conditionnement. Le Brésil fournit aux Etats-Unis environ 80 pour cent de tout le café consommé. Le Mexique et l'Amérique centrale fournissent ensemble environ 17 pour cent, ce qui laisse environ 3 pour cent. provenant de pays étrangers.

Différentes marques de café connues de la ménagère sont :

Moka,

Java,

Rio,

Père Noël Bourbon,

Père Noël,

Maracaïbo,

Bogotá,

Peaberry.

Les premiers nommés sont les plus chers, les derniers les moins chers. Le mot « mélange », lorsqu'il est utilisé avec le café, désigne un mélange de deux variétés ou plus, produisant un café de différentes forces et d'une saveur douce et moelleuse.

Une fois torréfié, le café doit être conservé dans des boîtes hermétiques. Le broyage est la prochaine étape importante, et il doit être parfait pour obtenir toute la force. Le café moulu grossièrement n'est pas souhaitable, car il nécessite beaucoup de temps pour infuser et constitue donc un gaspillage. Une mouture moyennement fine sera pratique pour ceux qui utilisent la cafetière à l'ancienne. Pour filtrer, à l'aide du percolateur, le café doit être assez fin. L'eau tombe continuellement sur le café et produit une tasse uniforme.

Comment préparer du bon café avec la cafetière à l'ancienne : placez une cuillère à soupe rase de café moyennement finement moulu dans la cafetière pour chaque tasse souhaitée ; ajouter l'eau et porter rapidement à ébullition. Remuez avec une cuillère puis ajoutez une petite pincée de sel et quatre cuillères à soupe d'eau froide pour décanter le marc. Laissez-le reposer dans un endroit chaud pendant cinq minutes ; puis servez.

Méthode au percolateur : placez les trois quarts d'une cuillère à soupe rase de café finement moulu dans un percolateur pour chaque tasse souhaitée. Ajoutez l'eau puis placez la marmite sur le feu. Laissez le filtre à café seulement quatre minutes après le premier pompage de l'eau dans le dessus en verre qui montre une couleur café. Cela produira une tasse uniforme et uniforme de boisson stimulante.

CAFÉ AU LAIT

Café du petit-déjeuner français : Préparez le café selon la méthode souhaitée, en ne préparant que la moitié de la quantité habituelle. Chauffez maintenant jusqu'au point d'ébullition suffisamment de lait pour remplir chaque tasse à moitié. Au moment de servir, versez le lait chaud dans la tasse puis remplissez-la de café.

CAFÉ NOIR

Ce café se boit généralement sous forme de demi-tasse. Par conséquent, il doit être d'une force supérieure, généralement une cuillère à soupe et quart de café très finement moulu est autorisée pour deux tasses. Il est percolé jusqu'à ce que le liquide soit très fort et soit d'une riche couleur noire ; cela prend généralement huit à dix minutes après que le café montre pour la première fois sa couleur dans le dessus en verre du percolateur.

CAFÉ CRÉOLE ÉPICURIEN

De nombreux grands anciens espagnols et français, qui étaient les ancêtres de la nouvelle ville franco-espagnole du nouveau monde, la Nouvelle-Orléans, ont apporté avec eux la belle cafetière en porcelaine d'antan. La préparation du café après le dîner était un véritable art.

La cafetière était remplie d'eau chaude puis placée dans un seau d'eau bouillante pour rester au chaud pendant que le café était moulu. Généralement, il était rôti frais tous les jours. Il était moulu en une farine fine, puis noué dans un morceau de mousseline fine et fine. L'eau était évacuée de la marmite chauffée et le café y était placé. Ensuite, de l'eau bouillante fraîche a été versée. Le bec et le dessus ont été étroitement recouverts d'une serviette et la marmite a été remise dans le seau, contenant suffisamment d'eau bouillante pour garder la marmite chaude. On le plaçait devant le feu pour le brasser ; cela prenait généralement de dix à quinze minutes. Le café était prêt et son arôme et sa saveur délicieux récompensaient largement le temps et les efforts nécessaires pour le préparer.

CAFÉ À LA CRÈME

Café préparé de la manière habituelle puis servi avec de la crème nature et chantilly.

CAFÉ TURC

Le café de ce style est moulu en une farine fine, puis recouvert d'eau froide, porté à ébullition, sucré et servi sans filtrer ni filtrer. Le café russe est lourd et noir et est fréquemment servi avec une tranche de citron.

BOISSONS D'ÉTÉ

Une boisson fraîche, avec beaucoup de glace tintant dans le verre, rafraîchit et revigore à la fin d'une journée chaude. La ménagère peut préparer sans difficulté de nombreuses saveurs fruitées délicieuses à partir de fruits frais qui peuvent être rapidement transformées en boissons désaltérantes, en ajoutant de la glace et un peu d'eau gazeuse.

L'eau gazeuse ordinaire peut être achetée en bouteilles d'une pinte ou d'un quart ; et si un bon bouchon est utilisé pour arrêter l'ouverture des bouteilles, après avoir retiré les bouchons, on peut l'utiliser de temps en temps, pourvu qu'il soit conservé sur la glace.

THÉ PARISIEN

Placez deux cuillères à café de thé dans un pichet et versez dessus une tasse d'eau bouillante. Couvrir hermétiquement et laisser reposer une demi-heure. Égoutter puis placer dans la glacière jusqu'à ce que vous en ayez besoin.

Pour servir : placez quatre cuillères à soupe d'infusion de thé dans un grand verre et ajoutez

Le jus d'un demi citron,

Une demi-tasse de glace pilée,

Trois feuilles de menthe,

et remplissez d'eau gazeuse.

Utilisez du sucre pulvérisé pour sucrer si vous le souhaitez.

ÉLINGUE DE CASSIS

Placez une boîte de groseilles dans une casserole et ajoutez trois tasses d'eau. Porter à ébullition en écrasant avec un presse-purée. Cuire une quinzaine de minutes puis égoutter. Ajoutez deux tasses de sucre et portez à ébullition.

Cuire cinq minutes puis laisser refroidir. Versez la moitié du sirop de groseille dans un grand verre et ajoutez

Une demi-tasse de glace pilée,

Une cuillère à soupe de jus de citron,

Six feuilles de menthe,

et remplissez d'eau gazeuse.

PADE D'ANANAS

Épluchez et râpez un ananas. Mettre dans une casserole et ajouter

Deux tasses de sucre,

Deux tasses d'eau.

Portez à ébullition puis laissez mijoter doucement une quinzaine de minutes. Laisser refroidir puis ajouter

Une pinte de glace pilée,

Une tasse d'eau gazeuse,

Jus de deux citrons.

LIMONADE AUX ŒUFS

Mettez le jaune d'œuf dans un petit bol et ajoutez

Trois cuillères à soupe de sucre pulvérisé,

Deux cuillères à soupe de jus de citron,

Une demi-tasse d'eau glacée.

Battre pour mélanger, puis verser dans de grands verres fins et ajouter le blanc d'œuf bien battu en incorporant soigneusement. Ajoutez quatre cuillères à soupe de glace pilée et remplissez le verre d'eau gazeuse. Le jus d'orange peut être utilisé à la place du jus de citron.

TASSE À LA MENTHE

Mettez trois brins de menthe dans une tasse, ajoutez deux cuillères à soupe de sucre et écrasez. Maintenant, ajoutez

Une goutte d'essence de menthe poivrée,

Une goutte d'essence de clou de girofle,

Une demi-tasse de glace pilée,

et remplissez d'eau gazeuse.

COUPE DE GINGER ALE

Placer dans une casserole

Le jus d'un citron,

Le zeste râpé d'un quart de citron,

Une tasse de sucre.

Laisser mijoter lentement jusqu'à ce que le sucre fonde dans le sirop. Pour utiliser : Placez trois cuillères à soupe de ce sirop préparé dans un grand verre fin et ajoutez

Une demi-tasse de glace pilée,

Un brin de menthe,

Une demi-tasse de soda au gingembre,

et remplissez d'eau gazeuse.

SHAKE À LA CRÈME AU CAFÉ

Après le petit-déjeuner, égouttez les restes de café dans un pichet et réservez. Pour servir : Placer dans un grand verre

Deux cuillères à soupe de sucre,

Deux cuillères à soupe de crème,

Une demi-tasse de café froid,

Quatre cuillères à soupe de glace pilée.

Remuer pour mélanger, puis remplir d'eau gazeuse et placer une cuillère à soupe de fouet à guimauve dessus.

PUNCH À LA FRAMBOISE

Mettez une boîte de framboises dans une casserole et ajoutez

Une demi-tasse d'eau,

Une tasse et demie de sucre.

Porter à ébullition et cuire lentement jusqu'à ce que les fruits soient tendres. Passer au tamis fin et ajouter une demi-tasse de cerises au marasquin coupées en petits morceaux et le liquide de la bouteille de cerises.

Pour utiliser : Placez une demi-tasse de sirop de framboise préparé dans un grand verre fin et ajoutez

Une cuillère à soupe de jus de citron,

Une demi-tasse de glace pilée.

Remplissez d'eau gazeuse.

COUPE DE PÊCHE

Placez un litre de pêches pelées et tranchées dans une casserole et ajoutez

Une livre de sucre,

Une tasse d'eau.

Cuire jusqu'à ce que les fruits soient tendres, puis passer au tamis fin et ajouter le jus d'un citron.

Pour utiliser : Placez une demi-tasse du mélange de pêches dans un verre et ajoutez

Deux cuillères à soupe de crème,

Une demi-tasse de glace pilée,

et remplissez d'eau gazeuse.

Une boîte de pailles à utiliser pour servir ces boissons glacées les rend doublement attrayantes.

COMMENT PRÉPARER LA GLACE

Préparez le mélange pour le congeler tôt le matin, pendant que vous travaillez dans la cuisine, puis, lorsqu'il est frais, placez-le dans la glacière pour qu'il soit complètement refroidi jusqu'à ce que vous en ayez besoin. Ébouillanter et refroidir la boîte puis placer au réfrigérateur. Au moment de préparer la crème à congeler, placez la glace dans un sac et avec un maillet en bois, pilez-la finement. Versez maintenant le mélange préparé dans la boîte froide et placez le dasher en position. Placez la boîte au congélateur et ajustez la manivelle, et faites quelques tours de poignée pour voir que tout fonctionne facilement. Utilisez maintenant un bol d'une pinte pour mesurer et versez trois mesures de glace, puis une de sel. Répétez cette opération jusqu'à ce que la glace et le sel soient au-dessus du mélange à l'intérieur de la boîte. Il est nécessaire d'être précis si l'on souhaite obtenir de bons résultats.

Une mesure aléatoire ne signifie qu'un échec. Tournez le congélateur jusqu'à ce qu'il commence à devenir difficile à tourner, puis retirez le dasher en utilisant une cuillère en bois pour gratter et emballer. Il faut travailler vite, car il est important de ne pas laisser la boîte ouverte plus longtemps que nécessaire. Placez du liège dans l'ouverture du couvercle de la boîte et couvrez le dessus de la boîte avec un morceau de papier ciré, puis mettez le couvercle.

Maintenant, égouttez toute l'eau. Remballez en utilisant quatre parts de glace pour une part de sel. Couvrir hermétiquement et laisser mûrir pendant une heure et demie.

Si toutes les préparations sont faites plus tôt dans la journée, il faudra environ une demi-heure pour assembler le mélange et réaliser la crème.

Les desserts glacés sont divisés en deux classes, les glaces et les crèmes glacées. Les glaces comprennent des sorbets, des glaces à l'eau, des frappés et des sorbets. Les glaces comprennent la crème Philadelphia, les crèmes américaines et françaises, les parfaits et les mousses. Les sorbets contiennent de la gélatine ou des blancs d'œufs et un mélange eau-glace. Les glaces à l'eau sont des jus de fruits sucrés et dilués avec de l'eau. Les frappes sont des glaces d'eau partiellement gelées. Le sorbet est un mélange de saveurs préparé comme pour des glaces à l'eau ou un punch glacé.

GLACE

La glace Philadelphia est fabriquée à partir de crème fine et sucrée. La glace américaine est un mélange de crème fine et d'une crème anglaise bien parfumée, qui est ensuite congelée. Des préparations de junket sont fréquemment utilisées dans cette crème. La crème glacée française est une crème anglaise nature, glacée et riche. Les parfaits sont des crèmes composées d'un sirop épais, de jaunes d'œufs et de chantilly, conditionnées dans un moule et congelées.

Les mousses sont des crèmes épaisses aromatisées et sucrées puis fouettées, conditionnées dans un moule et congelées.

Il est important de noter que la canette ne doit pas être pleine aux deux tiers. Toutes les crèmes en cours de fabrication augmentent de volume et doivent donc disposer de suffisamment d'espace pour être barattées. Assurez-vous que toutes les pièces du congélateur fonctionnent librement avant de démarrer. S'il est rouillé ou raide, utilisez une ou deux gouttes d'huile à salade, puis tournez-le jusqu'à ce qu'il fonctionne librement.

RECETTES

1 GAL.—GLACE À LA PÊCHE

Épluchez et coupez en fines tranches un litre de pêches, puis ajoutez une tasse et demie de sucre et laissez reposer une heure. Maintenant, placez dans une casserole

Trois pintes de lait,

Un quart de tasse de fécule de maïs.

Remuer pour dissoudre la fécule puis porter à ébullition. Cuire une dizaine de minutes puis retirer et ajouter

Deux œufs bien battus,

Une pinte de lait,

Une tasse de sucre.

Battez fort puis laissez refroidir. Maintenant, écrasez et passez les pêches au tamis fin, ajoutez-les à la crème anglaise préparée et congelez-les de la manière habituelle.

GLACE À LA FRAISE

Lavez et équeutez une pinte de baies. Écrasez-les à l'aide d'un presse-purée. Couvrir d'une tasse de sucre puis laisser reposer une demi-heure. Passer au tamis dans un bol et placer dans la glacière jusqu'à ce que vous en ayez besoin. Placez maintenant dans une casserole.

Un litre et demi de lait,

Un quart de tasse de fécule de maïs.

Dissoudre la fécule dans le lait puis porter à ébullition. Cuire cinq minutes puis retirer du feu et ajouter

Un oeuf,

Trois quarts de tasse de sucre,

Une cuillère à café de vanille.

Battez fort puis laissez refroidir. Mettre dans la glacière jusqu'à ce que vous en ayez besoin. Au moment de l'utiliser, battre pendant trois minutes avec un batteur à œufs Dover. Ajoutez les fraises petit à petit et battez à nouveau. Verser dans la canette et congeler. Ce montant fera deux portions pour une famille de quatre ou cinq personnes. Des pêches, des framboises, etc. peuvent être utilisées pour remplacer les fraises.

GLACE À L'ORANGE

Trois tasses de lait.

Six cuillères à soupe de fécule de maïs.

Placer dans une casserole et remuer jusqu'à ce que l'amidon soit dissous, puis porter à ébullition et cuire lentement pendant cinq minutes, puis retirer et laisser refroidir. Lorsque le mélange est refroidi, ajoutez

Une tasse de jus d'orange filtré,

Jaunes de deux œufs,

Une tasse de sucre,

Une cuillère à café d'extrait d'orange,

Une cuillère à café d'extrait de vanille.

Mélangez soigneusement puis versez au congélateur et commencez à congeler ; au moment de retirer le dasher, ajoutez les blancs de deux œufs battus en neige. Donnez quelques tours supplémentaires au congélateur pour bien mélanger, puis retirez le Dasher. Fixez la boîte pour que le sel ne pénètre pas dans la crème. Emballez-le dans du sel et de la glace pour qu'il mûrisse pendant une heure et demie. Utilisez un mélange d'une pinte de sel et de trois pintes de glace finement pilée pour la congélation.

GLACE À LA VANILLE

Mettez trois tasses de lait dans une casserole et ajoutez quatre cuillères à soupe de fécule de maïs. Dissoudre la fécule et porter à ébullition. Cuire pendant cinq minutes, puis laisser refroidir partiellement et ajouter

Une tasse de sucre,

Une cuillère à café de vanille,

Une tasse de crème.

Battre pour mélanger puis réfrigérer. Puis congeler.

CRÈME AUX FRAISES SURGELÉE

Un petit congélateur de deux litres suffira à une famille ordinaire pour un très petit investissement. Il faudra environ dix livres de glace et une livre et quart de sel. Cassez la glace très finement et utilisez un bol pour mesurer. Prévoyez trois parties de glace pour une partie de sel pour le mélange de congélation et quatre parties de glace pour une partie de sel pour le mélange d'emballage.

Préparez une crème anglaise en plaçant trois tasses de lait dans une casserole et en ajoutant une demi-tasse de fécule de maïs. Dissoudre la fécule dans le lait froid puis porter à ébullition. Cuire cinq minutes, puis retirer et ajouter

Deux œufs bien battus,

Une tasse et quart de sucre,

Une cuillère à café de vanille.

Battre pour bien mélanger, puis ajouter une pinte de fraises écrasées. Congeler puis emballer et laisser mûrir pendant deux heures. Ne remplissez pas la boîte contenant le mélange de crème à plus des trois quarts. Cela permet à la crème de se dilater.

CRÈME AUX CERISES SURGELÉE

Dénoyautez un litre de cerises. Placer dans une casserole et ajouter une tasse de sucre. Cuire dans leur jus et leur sucre jusqu'à ce qu'ils soient tendres. Maintenant, placez dans une casserole

Trois tasses de lait,

Un quart de tasse de fécule de maïs.

Dissoudre la fécule et porter à ébullition. Cuire lentement pendant cinq minutes, puis ajouter

Trois quarts de tasse de sucre,

Deux œufs bien battus,

Les cerises préparées.

Battre pour mélanger, puis réfrigérer et congeler.

CRÈME À L'ANANAS SURGELÉE

Épluchez et râpez un ananas de taille moyenne, puis placez-le dans un bol et ajoutez une tasse et trois quarts de sucre. Maintenant, placez dans une casserole

Trois tasses de lait,

Un quart de tasse de fécule de maïs.

Remuer pour dissoudre l'amidon puis la saumure; porter à ébullition et cuire une dizaine de minutes. Ajoutez maintenant deux œufs bien battus. Battre pour bien mélanger et retirer du feu. Ajoutez l'ananas préparé. Battez à nouveau pour bien mélanger, puis congelez de la manière habituelle, en utilisant environ trois parts de glace pour une part de sel. Emballez-le pour mûrir pendant deux heures.

EAU GLACÉE

Faites tremper trois cuillères à soupe de gélatine dans une tasse d'eau froide pendant une demi-heure, puis placez-la dans un bain d'eau chaude pour la faire fondre. Filtrez puis ajoutez une pinte de jus de fruits, comme des fraises, des cerises, des groseilles, du jus de raisin ou des pêches, ou une tasse et demie de jus d'orange ou sept huitièmes de tasse de jus de citron. Maintenant, placez deux tasses de sucre dans une casserole et ajoutez un litre d'eau. Porter à ébullition et cuire cinq minutes. Ajoutez la gélatine et le jus de fruit puis laissez refroidir et congelez.

Ces recettes de bouillon permettront à la ménagère de proposer sans problème de la variété sous forme de desserts délicieux et peu coûteux. Un congélateur de deux litres nécessitera environ dix livres de glace et environ une livre et demie de sel.

PUDDING À LA GUIMAUVE SURGELÉ

Placer dans une casserole

Deux tasses et demie de lait,

quatre cuillères à soupe de fécule de maïs.

Remuer jusqu'à dissolution, puis porter à ébullition et cuire lentement pendant cinq minutes. Maintenant, ajoutez

Deux œufs bien battus,

Une tasse de sucre,

Une tasse de fouet à la guimauve.

Remuer jusqu'à ce que le tout soit bien mélangé, puis laisser refroidir. Congeler en utilisant un mélange de trois parts de glace pour une part de sel. Laisser reposer une heure et demie pour mûrir.

PARFAIT FRAISE

Placez un demi-verre de huit onces de gelée de pomme dans un bol et ajoutez le blanc d'un œuf. Battre avec un batteur à œufs Dover jusqu'à ce que le mélange conserve fermement sa forme. Placer dans un bol directement sur la glace. Prenez une tasse de fraises fermes, puis lavez-les soigneusement pour enlever le sable, puis décortiquez-les. Allumez un chiffon pour égoutter. Placer sur la glace pour refroidir.

Pour servir, incorporez délicatement les baies à la crème puis versez dans des verres à parfait. Saupoudrer de noix de coco finement râpée et servir.

PARAFAIT AU CHOCOLAT

Placer dans un bol à mélanger

Blanc d'un œuf,

Un demi-verre de gelée de pommes.

Battre jusqu'à ce que le mélange conserve sa forme, puis incorporer une tasse de crème fouettée puis le chocolat préparé. Versez dans un moule et remplissez de glace et de sel pendant deux heures et demie.

Pour préparer le chocolat : Mettez une tasse de sucre dans une casserole et ajoutez cinq cuillères à soupe d'eau. Chauffer lentement jusqu'au point d'ébullition, puis faire bouillir pendant une minute, puis ajouter deux onces de chocolat coupé en petits morceaux. Remuer jusqu'à ce que le chocolat soit fondu en prenant soin que le mélange ne bout pas, puis ajouter

Un quart de cuillère à café de cannelle,

Une cuillère à café de vanille.

Battre pour mélanger. Laisser refroidir et ajouter à la crème préparée.

RÉGIME POUR RÉDUIRE LE POIDS

Une alimentation correcte est essentielle à la santé et, de ce fait, une bonne cuisson et un bon service des aliments jouent un rôle important, soit dans l'accumulation, soit dans la réduction du poids jusqu'à la moyenne souhaitée.

En règle générale, les personnes obèses se rendent rarement compte qu'elles mangent des aliments qui ne leur conviennent absolument pas ; et non seulement ils aiment les féculents et les aliments trop riches, mais ils consomment également fréquemment une généreuse portion de sucreries.

Or, une alimentation imprudente produit rarement ses effets immédiatement. Lorsqu'on le remarque, le corps est déjà chargé de lourdes couches de graisse, qui non seulement provoquent de la détresse et de l'inconfort chez son porteur, mais provoquent également des maladies.

Nous ne pouvons pas tous manger tous les aliments qui nous sont proposés, mais nous pouvons organiser nos menus de manière à pouvoir équilibrer notre alimentation et ainsi fournir au corps exactement ce dont il a besoin.

La consommation de portions trop importantes de desserts riches, d'aliments gras et de féculents entraîne la transformation de ces aliments en tissu adipeux, puis leur stockage dans l'organisme sous forme de tissu adipeux. Ainsi, pour obtenir de bons résultats, la personne qui souhaite réduire sa consommation doit apprendre à bien mastiquer tous les aliments. J'entends par là mâcher la nourriture très finement, afin qu'elle soit bien mélangée à la salive et qu'elle s'écoule ensuite sans trop d'effort vers l'estomac.

Vous savez que tous les féculents sont transformés par l'action de la salive en sucres invertis ; ils vont ensuite dans l'estomac où ils sont soigneusement dilués avec les sucs gastriques et finalement passés dans les intestins, où se déroulent les derniers processus de digestion.

Cette forme d'amidon est stockée par le foie et les reins et est ainsi transmise aux différents tissus pour être retenue dans l'organisme sous forme de graisse.

Pour réduire ce tissu charnu, il est nécessaire d'empêcher le stockage de davantage de sucres, d'amidons et de graisses dans l'organisme, et de faire en sorte que ce qui y est déjà stocké soit progressivement consommé pour éviter de mourir de faim.

De nombreuses personnes qui suivent un régime pour réduire la chair en quelques jours se plaignent de grande lassitude, d'épuisement et d'une faim lancinante au creux de l'estomac. Un régime qui réduit l'apport alimentaire dans le but de le réduire est extrêmement dangereux à moins qu'il ne soit supervisé par un médecin. Mais les personnes qui souhaitent obtenir une réduction visible de la chair dans un délai allant de cinq à six semaines peuvent le faire, si elles apprennent les aliments qui provoquent et nourrissent ces tissus formateurs de chair et apprennent à les remplacer par des aliments non gras. nourriture.

Et l'été est une période idéale pour réaliser une réduction de chair pour ceux qui souhaitent la tester.

UNE SÉRIE DE MENUS POUR UNE SEMAINE – PETITS-DÉJEUNERS

(1)

Mûres, environ une demi-tasse (sans sucre ni crème)

Œuf à la coque ou poché

Deux tranches de pain grillé (sans beurre)

Quatre feuilles de laitue

Café noir

(2)

Un demi-cantaloup

Morceau de jambon grillé de trois pouces

Deux tranches de pain grillé (sans beurre)

Quatre feuilles de laitue

Café noir ou thé au citron

(3)

Jus d'un demi-raisin (sans sucre)

Morceau de poisson grillé

Deux tranches de pain grillé (sans beurre)

Café noir

(4)

Jus d'une orange

Tomates Grillées

Trois morceaux de bacon

Deux tranches de pain grillé (sans beurre)

Café noir

(5)

Compote de myrtilles (sans sucre)

Steak de Hambourg (grillé)

Deux tranches de pain grillé (sans beurre)

Café noir

(6)

Compote de pêches (sans sucre)

Omelette

Pain de blé entier grillé (deux tranches)

Café noir

(7)

Pruneaux au four (sans sucre)

Bœuf à la crème, environ une demi-tasse

Deux tranches de pain grillé

Café noir

CE QUE CES PETITS DÉJEUNERS ÉLIMINENT

Le sucre et la crème des fruits et du café et le beurre des toasts, qui sont tous des aliments gras. Griller le pain dextérise l'amidon et facilite ainsi la digestion de ce féculent.

Le petit-déjeuner peut être pris de 7h à 8h30 ET est si équilibré que ceux qui logent ou prennent leurs repas au restaurant peuvent facilement suivre le régime. Maintenant, par temps chaud, il est très important de manger léger pendant la période de midi, c'est pourquoi un déjeuner léger sera prévu. Ceux qui exercent des professions sédentaires devraient prendre un shake au lait et *aux œufs*, ou un œuf au chocolat et au lait ; et cela suffira jusqu'au repas du soir, ou pour le déjeuner, vous pourrez

(1)

Assiette de laitue

Sandwich au fromage grillé

Une petite tranche de pain grillée (sans beurre)

Compote de fruits, une demi-tasse

Thé ou café (clair)

(2)

Cresson

Salade de tomates

Une tranche de pain grillé (sans beurre)

Pomme au four

Thé ou café (clair)

(3)

Des radis

Salade de cresson

Avec trois tranches de bacon

Betty Brune

Thé ou café

(4)

Soupe aux tomates claires

Oeuf à la diable

Tranche de pain grillé (sans beurre)

Compote de pêches

Thé ou café

(5)

Salade de haricots verts

Toasts (sans beurre)

Tasse de crème anglaise

Thé

(6)

Oeuf poché sur tranche de pain grillé

Cantaloup

Thé

(7)

Poisson Grillé

Laitue

Framboises

Thé

Le beurre et les pommes de terre sont éliminés de ce repas. Utilisez du lait écrémé, dont la teneur en matières grasses a été éliminée dans la crème, mais qui contient toujours toute la valeur nutritive du lait.

(1)

DÎNER

Un radis   Cresson

Steak Grillé

Épinard   Haricots verts

Une tranche de pain grillé (sans beurre)

Compote de fruits frais

Café

(2)

Olives   Des radis

Poisson Grillé

Petits pois   Courge cuite à la vapeur

Laitue

Une tranche de pain grillé (sans beurre)

Pêches tranchées

Café

(3)

Bouillon de palourdes

Poivrons au four

Sauce à la crème au lait écrémé

Maïs concassé Compote de concombres

Laitue

Une tranche de pain grillé (sans beurre)

Pastèque   Café

(4)

Jeunes oignons

Côtelettes d'agneau

Tomate au four

Laitue

Une tranche de pain grillé (sans beurre)

Cantaloup   Café

(5)

Canapé aux tomates

Poulet Grillé

Petits pois   Chou cuit à la vapeur

Laitue

Compote de pêches   Café

(6)

Palourdes hachées sur pain grillé

Aubergine   Haricots verts

Laitue

Tasse de crème anglaise   Café

(7)

Cresson

Rôti de Bœuf Poté

Tomates étuvées   Haricots de Lima

Salade de concombre

Une tranche de pain grillé (sans beurre)

Compote d'abricots   Café

Ce repas élimine les pommes de terre, le beurre et les desserts riches et lourds. Les portions doivent être d'environ trois onces de viande maigre et une demi-tasse de chaque légume, trois feuilles de laitue. Utilisez de la vinaigrette française sur toutes les salades et une demi-tasse de fruits pour le dessert.

Cette quantité de nourriture non seulement satisfera, mais donnera également, si on y persiste, des résultats satisfaisants en termes de réduction de chair. Cela signifie que vous ne pouvez pas manger de bonbons et autres sucreries entre les repas, et si vous sentez que vous devez manger quelque chose de sucré, essayez un morceau de chewing-gum. Si les fruits sont trop acides, essayez le sirop de maïs pour les sucrer ; environ une demi-tasse pour chaque litre de fruit préparé. Les fruits frais développent leur propre douceur naturelle s'ils sont cuits au four plutôt que cuits dans une casserole. Placez-les simplement dans une cocotte avec cette quantité de sirop ou d'eau claire et faites cuire à four modéré pendant trente-cinq minutes.

TOAST À LA CANELLE

Placer deux onces de beurre dans un bol et bien crémer. Ajouter

Cinq cuillères à soupe de sucre,

Une cuillère à café d'extrait de cannelle ou de cannelle en poudre.

Crémer puis étaler sur du pain bien grillé.

HUÎTRES FRITES

À moins que l'huître ne soit d'apparence attrayante, trempée et frite d'un brun attrayant, c'est un échec en tant qu'huître frite ; peu de ménagères semblent capables de produire un produit parfait.

Utilisez de grosses huîtres et examinez-les attentivement à la recherche de morceaux de coquille. Lavez puis roulez dans de la farine de maïs très assaisonnée. Laisser sécher une dizaine de minutes puis tremper dans l'œuf préparé, puis rouler dans la chapelure fine. Laissez sécher pendant dix minutes. Faites-en frire seulement trois ou quatre à la fois dans de la graisse chaude. Il faut veiller à ce que la graisse soit suffisamment chaude. Habituellement, environ 370 degrés Fahrenheit suffiront.

Si vous n'utilisez pas de thermomètre à graisse pour tester la graisse, essayez-le avec un morceau de pain de la manière suivante : Placez une croûte de pain dans la graisse et commencez à compter 101, 102, 103, 104, etc., jusqu'à ce que vous atteigniez 110 : le pain doit alors être d'une couleur bien dorée. Procédez ensuite à la friture des huîtres, en gardant à l'esprit que plus de trois ou quatre pouces à la fois réduiront la température de la graisse et permettront ainsi à l'huître d'absorber la graisse.

POUR PRÉPARER LA FARINE DE MAÏS

Une tasse de farine de maïs,

Deux cuillères à café de sel,

Une cuillère à café et demie de paprika.

Tamisez trois fois. Pour préparer la trempette aux œufs :

Un oeuf,

Six cuillères à soupe de liquide d'huître,

Une cuillère à soupe de sauce Worcestershire,

Une cuillère à café de sel,

Une cuillère à café de paprika,

Une cuillère à soupe d'oignon préparé.

Bien battre pour mélanger puis utiliser. Pour préparer la chapelure, passez le pain séché dans le hachoir, puis tamisez et conservez jusqu'à ce que vous en ayez besoin.

HUÎTRES AU GRATIN, ITALIENNE

Hachez finement deux poivrons verts et placez-les dans un bol, et ajoutez suffisamment de céleri émincé finement pour mesurer une tasse, et

Un oignon, râpé,

Deux tasses de sauce à la crème épaisse,

Deux cuillères à café de sel,

Une cuillère à café de paprika,

Vingt-cinq huîtres préparées,

Deux tasses de macaronis cuits.

Mélangez puis versez dans un plat à gratin. Couvrir de chapelure fine puis de trois cuillères à soupe de fromage râpé. Cuire au four quarante minutes à four modéré.

PAIN D'HUÎTRES

Coupez une tranche sur le dessus des petits pains et retirez les miettes. Badigeonner l'intérieur du pain de beurre fondu, mettre au four et faire dorer. Maintenant place

Une tasse de sauce à la crème épaisse dans une casserole et ajouter

Une demi-tasse de céleri étuvé finement coupé en dés,

Deux œufs durs hachés finement,

Deux cuillères à soupe de céleri finement haché,

Une cuillère à soupe d'oignon râpé,

Vingt-cinq huîtres.

Lavez et examinez soigneusement les huîtres à la recherche de morceaux de coquille. Égouttez et séchez puis coupez en deux et ajoutez

Deux cuillères à soupe de jus de citron,

Une cuillère à café et demie de sel,

Trois quarts de cuillère à café de poivre blanc.

Mélanger puis porter à ébullition, répartir en quatre rouleaux et servir garni de persil.

HUÎTRES ÉPICÉES

Examinez vingt-cinq huîtres, puis placez-les dans leur propre liquide sur le feu et portez à ébullition. Laissez ébouillanter pendant deux minutes puis égouttez. Laver à l'eau froide. Remettez le liquide d'huître dans la casserole après avoir mesuré. Aux trois quarts de tasse de liquide d'huître, ajoutez

Une demi-tasse de vinaigre,

Un oignon, râpé,

Un poivron vert haché finement,

Une feuille de laurier,

Une cuillère à café de sel,

Une cuillère à café et demie de paprika,

Trois clous de girofle,

Deux piment de la Jamaïque,

Une cuillère à soupe de sauce Worcestershire.

Portez à ébullition et laissez cuire une dizaine de minutes. Versez sur les huîtres dans tous les bocaux en verre puis fermez et réservez au frais.

HUÎTRES en BROCHETTE

Coupez le bacon en fines tranches en morceaux de la taille d'une huître. Lavez et examinez soigneusement les huîtres à la recherche de morceaux de coquille, puis séchez-les sur une serviette. Enfilez maintenant une tranche de bacon sur une brochette de viande puis une huître et ainsi de suite jusqu'à ce que la brochette soit pleine, en plaçant le bacon en premier et en dernier sur la brochette. Fixez les extrémités de la brochette avec une petite noix de pomme de terre ou de navet. Saupoudrez soigneusement les huîtres et le bacon de farine, déposez-les sur une plaque à pâtisserie et faites cuire à four chaud pendant dix minutes. Servir avec de la sauce chili.

TARTE AUX HUÎTRES YANKEE

Deux tasses de pommes de terre en dés, étuvées,

Trois oignons de taille moyenne, coupés en dés et étuvés.

Beurrer un plat allant au four puis déposer au fond une couche d'oignons et de pommes de terre puis une couche d'huîtres. Saupoudrer l'huître d'une demi-tasse de céleri finement coupé. Assaisonner chaque couche d'huîtres : recouvrir d'une tasse et demie de sauce à la crème épaisse puis d'une croûte de pâte nature. Lavez le dessus de la pâte à l'eau froide et enfournez pendant quarante-cinq minutes à four modéré.

HUÎTRES DIABLES

Wash. Regardez et hachez finement vingt-cinq œufs. Placer dans un bol puis ajouter

Une tasse de sauce à la crème très épaisse,

Une cuillère à soupe d'oignon râpé,

Deux cuillères à soupe de persil finement haché,

Une cuillère à café de sel,

Une cuillère à café de paprika,

Une demi cuillère à café de moutarde,

Une cuillère à soupe de sauce Worcestershire,

Deux œufs durs hachés finement,

Une demi-tasse de chapelure fine.

Mélangez bien puis versez sur une assiette et réservez au frais. Maintenant, nettoyez une douzaine de coquilles profondes. Remplissez avec le mélange préparé puis badigeonnez d'œuf battu et recouvrez de fine chapelure. Faire frire jusqu'à ce qu'ils soient dorés dans la graisse chaude.

L'huître est l'un de nos luxes les plus démocratiques ; il est très apprécié dans nos restaurants les plus luxueux, et pourtant il est tenu en égale estime dans nos salles à manger les plus modestes. Les huîtres sont vendues avec ou sans coquille, fraîches ou en conserve, et elles peuvent être consommées et cuites de presque toutes les manières imaginables.

Parmi les variétés les plus connues figurent Blue Point, Buzzard Bays, Cape Cods, Lynnhavens, Maurice Rivers, Rockaways, Saddle Rocks, Sea Tags, Shrewsberrys et Coruits et Oak Creeks. Beaucoup de ces titres ont réellement perdu leur véritable signification à cause d'abus commerciaux. Les points bleus, par exemple, sont souvent, quoique incorrectement, appliqués à toutes les petites huîtres, quelle que soit leur origine.

La saison des huîtres s'ouvre en septembre et se poursuit jusqu'en mai. Trois tailles sont généralement reconnues par le commerce : les demi-coquilles, les plus petites réformes, la taille moyenne et la boîte, qui est la plus grande. Les vrais amateurs d'huîtres préfèrent vraiment les grandes Lynnhavens et autres à coquille profonde.

L'épicurien se plaît à manger des huîtres crues ; et bien que cela satisfasse son appétit, il est également entendu que l'huître crue est virtuellement assimilée sans solliciter la digestion.

Les huîtres peuvent être trouvées dans presque toutes les régions du monde civilisé, chaque localité ayant sa propre espèce particulière.

C'est une coutume universelle d'omettre l'huître de la carte pendant les mois de mai, juin, juillet et août. Nous avons à leur place l'huître salée et la palourde.

Les huîtres peuvent être servies sur une coquille profonde ou plate, sur un lit de glace finement pilée avec une tranche de citron, de la sauce Worcestershire, du catsup, du raifort ou de la sauce tabasco. Un bon céleri croustillant et des craquelins grillés accompagnent généralement les huîtres crues. Ne recouvrez en aucun cas l'huître de glace. Les huîtres peuvent être préparées en cocktails ou congelées.

POUR FAIRE UN COCKTAIL

Une demi-tasse de ketchup,

Une cuillère à soupe de sauce Worcestershire,

Une cuillère à soupe d'oignon râpé,

Deux gouttes de sauce tabasco,

Jus d'un demi citron.

Bien mélanger et utiliser pour quatre cocktails d'huîtres, en prévoyant cinq petites huîtres par personne.

HUÎTRES FRAPPÉES

Placez les huîtres au congélateur et congelez-les jusqu'à ce qu'elles soient tendres, puis servez-les dans des verres à cocktail ou à sorbet avec une garniture de citron et de persil finement haché.

Les huîtres peuvent également être préparées de nombreuses façons : les ragoûts, les poêles, les grillades, les cuites au four, les frites et les rôtis sont parmi les façons les plus populaires de les préparer.

POÊLE À HUÎTRES SÈCHES

Lavez et examinez une douzaine de grosses huîtres pour les débarrasser des morceaux de coquille. Poser sur un torchon pour égoutter. Mettez maintenant deux cuillères à soupe de beurre dans une casserole propre et ajoutez les huîtres et

Une demi-cuillère à café de sel de céleri,

Une demi-cuillère à café de paprika.

Portez à ébullition, laissez cuire trois minutes puis retournez dans un plat chaud et servez aussitôt.

Pour préparer une poêle humide, ajoutez une demi-tasse de jus d'huître égoutté dans la poêle sèche.

PAN À LA CROUTON

Préparez une poêle sèche puis déposez-y une tranche de pain grillé bien dorée et beurrée.

PAN À LA SUISSE

Trempez les biscuits soda dans l'eau chaude, puis placez-les dans un four chaud pour les faire griller. Préparez une poêle sèche en ajoutant

Une cuillère à soupe d'oignon râpé,

Une cuillère à soupe de persil finement haché,

Trois cuillères à soupe de céleri finement émincé.

Cuire lentement pendant huit minutes, puis répartir sur les craquelins préparés et garnir d'une tranche de citron.

HUÎTRES GRILLÉES

Faites ouvrir les huîtres dans la coquille profonde, puis retirez les huîtres, lavez-les et examinez attentivement les morceaux de coquille. Rouler dans la mayonnaise bien assaisonnée puis dans la chapelure fine et remettre dans la coque. Saupoudrer de morceaux de bacon finement haché et faire griller ou cuire au gril ou au four chaud pendant huit minutes. Servir en coquille avec une garniture de citron.

HUÎTRES GRILLÉES, VIRGINIE

Faites chauffer la plaque très chaude puis séchez les huîtres, placez-les sur la plaque et laissez-les dorer légèrement ; tournez de l'autre côté. Soulevez-le lorsqu'il est légèrement doré et déposez-le sur un morceau de pain grillé. Arroser d'une cuillère à soupe de beurre fondu et garnir de persil finement haché et d'une tranche de citron.

HUÎTRES GRILLÉES À LA MARYLAND

Placer les huîtres dans une poêle bien chaude et les faire dorer légèrement des deux côtés. Soulever sur un morceau de pain grillé et recouvrir de sauce à la crème et garnir de persil finement émincé et d'une tranche de bacon.

HUÎTRE FARCI

Dix-huit petites huîtres,

Un œuf dur,

Un ris de veau étuvé,

Six champignons, parés et étuvés.

Hachez finement et placez dans un bol et ajoutez

Une tasse de sauce à la crème épaisse,

Une cuillère à soupe de persil finement haché,

Une cuillère à soupe d'oignon râpé,

Quatre cuillères à soupe de céleri finement haché,

Deux cuillères à café rases de sel,

Une cuillère à café rase de paprika,

Une demi-cuillère à café rase de moutarde,

Trois quarts de tasse de chapelure fine,

Trois cuillères à soupe de beurre fondu.

Mélangez soigneusement puis versez dans des coquilles d'huîtres profondes bien nettoyées, remplissez légèrement sur le bord de la coquille. Badigeonner d'oeuf battu puis de chapelure fine. Faire frire jusqu'à ce qu'ils soient dorés dans la graisse chaude ou cuire au four chaud pendant vingt minutes.

BEIGNETS D'HUÎTRES

Hachez finement vingt-cinq petites huîtres, puis mesurez le liquide et ajoutez suffisamment de lait pour obtenir une tasse et quart. Placer dans un bol et ajouter

Deux tasses de farine,

Deux cuillères à café de levure chimique,

Une cuillère à café et demie de sel,

Une cuillère à café de paprika,

Trois cuillères à soupe de persil finement haché,

Une cuillère à soupe d'oignon râpé,

Les huîtres préparées,

Un œuf bien battu.

Battre pour mélanger; puis faites-les frire comme des beignets dans de la graisse chaude. Pour les crêpes aux huîtres, utilisez le mélange huîtres-beignets et enfournez comme des galettes sur une plaque chauffante bien chaude.

HUÎTRES OMELETTE

Mettez les jaunes de trois œufs dans un bol et ajoutez quatre cuillères à soupe de sauce à la crème. Égouttez et séchez une douzaine d'huîtres. Hacher finement et ajouter aux jaunes d'œufs avec

Une cuillère à café de sel,

Une demi cuillère à café de poivre blanc,

Deux cuillères à soupe de chapelure.

Mélanger et incorporer les blancs de trois œufs battus en neige ferme. Verser dans une poêle à omelette contenant trois cuillères à soupe de graisse de bacon et cuire jusqu'à consistance ferme ; retourner, plier et rouler, puis garnir de bacon.

TIMBALE D'HUÎTRES

Parez les coquilles de timbale d'après les recettes données avec les fers. Faites chauffer les coquilles puis remplissez-les d'huîtres à la Newburg.

HUÎTRES À LA NEWBURG

Une tasse et demie de sauce à la crème épaisse,

Jaunes de deux œufs,

Le jus d'un citron,

Une cuillère à café et demie de sel,

Une cuillère à café de paprika.

Maintenant, égouttez et séchez vingt-cinq huîtres. Ajouter à la sauce et chauffer lentement jusqu'à ce que le point d'ébullition soit atteint. Cuire pendant cinq minutes, puis remplir les coquilles et servir aussitôt.

HUÎTRES À LA VAPEUR

Frottez les huîtres dans leur coquille et placez-les dans une passoire au-dessus d'une casserole d'eau bouillante. Couvrez hermétiquement jusqu'à ce que la coquille s'ouvre et que l'huître commence à s'enrouler. Retirer du cuiseur vapeur et soulever la coque plate, servir dans la coque profonde avec du beurre fondu légèrement assaisonné, du céleri et une tranche de citron.

PATATES DOUCES

Les patates douces sont les racines ou les tubes d'une plante ressemblant à une vigne ; il est originaire du climat tropical, mais il est cultivé dans des États aussi au nord que New York. Les délicieuses ignames des États du Sud et des Antilles sont transformées en de nombreux aliments attrayants. La valeur alimentaire de la patate douce est étroitement voisine de celle de la pomme de terre blanche, mais elle en contient de 4 à 10 pour cent. sucre, là où la pomme de terre blanche ordinaire ne contient pas de sucre. Et puis, ce légume commun fournira une variété de plats délicieux.

CROQUETTES DE PATATE DOUCE

Lavez et faites cuire les pommes de terre jusqu'à ce qu'elles soient tendres. Utilisez six grosses patates douces. Égouttez, laissez refroidir et pelez. Écrasez finement puis placez dans un bol et ajoutez

Une cuillère à soupe de beurre,

Deux cuillères à soupe de persil finement haché,

Une cuillère à café de sel,

Une demi-cuillère à café de poivre.

Façonner en croquettes puis tremper dans l'œuf battu puis dans la chapelure fine et faire revenir dorées dans la graisse chaude. Servir avec une sauce au fromage.

NIDS DE PATATE DOUCE

Faites cuire les patates douces, épluchez-les et écrasez-les, puis formez des nids. Placez les nids sur un plat allant au four bien graissé et remplissez-les de bœuf séché à la crème. Mettre au four une dizaine de minutes et chauffer. Saupoudrer de fromage râpé.

Les patates douces peuvent être utilisées en bordure de ragoûts, pour les goulaschs, etc. Essayez cette méthode de cuisson de la pomme de terre : Lavez bien en frottant avec une brosse à légumes. Sécher puis graisser soigneusement et mettre au four pour cuire. Cette méthode empêche la formation d'une peau épaisse et grossière avec la pulpe qui y est attachée.

PATATES DOUCES FRITES

Eplucher et couper les pommes de terre comme pour une friture puis les cuire dans la graisse chaude jusqu'à ce qu'elles soient dorées.

PATATES DOUCES GRILLÉES

Parer les pommes de terre bouillies froides puis les couper en fines tranches. Tremper dans la graisse de bacon et faire griller au gril jusqu'à ce qu'ils soient dorés.

COOKIES AUX PATATES DOUCES

Une tasse de cassonade,

Quatre cuillères à soupe de shortening.

Bien crémer puis ajouter

Une tasse de purée de patates douces,

Une tasse et demie de farine,

Une cuillère à café de levure chimique,

Une demi cuillère à café de muscade,

Trois quarts de tasse de raisins secs,

Un oeuf.

Travaillez jusqu'à obtenir une pâte lisse, puis étalez-la sur une planche à pâtisserie farinée, coupez-la sur un quart de pouce d'épaisseur, puis faites cuire au four pendant huit minutes à four chaud.

PUDDING DE PATATE DOUCE DES ANTILLES

Une tasse de cassonade,

Trois cuillères à soupe de shortening.

Bien crémer puis ajouter

Deux tasses de patates douces passées au tamis fin,

Une tasse et quart de lait,

Un œuf bien battu,

Un quart de cuillère à café de sel,

Une demi-cuillère à café de cannelle.

Battre pour bien mélanger puis verser dans un plat allant au four et cuire à four modéré pendant trente-cinq minutes.

BISCUIT DE PATATE DOUCE

Deux tasses de purée de patates douces,

Une tasse de lait,

Quatre cuillères à soupe de shortening,

Un oeuf,

Quatre cuillères à soupe de sucre.

Battre pour mélanger puis tamiser ensemble

Un litre de farine,

Trois cuillères à soupe de levure chimique,

Une cuillère à café et demie de sel.

Ajouter au mélange de pommes de terre et travailler jusqu'à obtenir une pâte lisse. Étalez-le sur une planche à pâtisserie légèrement farinée et coupez-le au couteau en carré. Placer sur une plaque à pâtisserie et bien laver avec du lait, puis cuire à four chaud pendant quinze minutes.

PUDDING DE PATATE DOUCE, STYLE KENTUCKY

Épluchez quatre grosses patates douces, puis coupez-les en fines tranches semblables à du papier. Maintenant, graissez bien un plat allant au four et placez une couche de patates douces préparées, puis saupoudrez légèrement de cannelle et recouvrez de quatre cuillères à soupe de cassonade. Répétez jusqu'à ce que le plat soit plein, puis placez-le.

Une tasse et demie de lait dans un bol

Et ajouter

Un œuf entier,

Jaune d'un œuf,

Une demi-tasse de sucre.

Bien battre pour mélanger puis ajouter

Deux cuillères à café de vanille.

Versez sur les pommes de terre et enfournez une cinquantaine de minutes à four doux. Ajoutez-le au blanc d'oeuf resté à cet effet et ajoutez un demi-verre de gelée de groseille. Battre jusqu'à ce que le mélange conserve sa forme, puis empiler sur le pudding froid et servir.

PATATE DOUCE ANANAS

Lavez et faites cuire jusqu'à tendreté six grosses patates douces, puis parez-les et écrasez-les bien, puis ajoutez-les

Une cuillère à soupe de beurre,

Une cuillère à café de sel,

Une demi-cuillère à café de poivre.

Empilez-le sur un plat allant au four et façonnez-le en forme d'ananas. Réalisez les yeux d'ananas avec le manche d'une cuillère puis badigeonnez d'œuf battu et saupoudrez de fine chapelure puis de deux cuillères à soupe de fromage râpé. Cuire à four chaud pendant vingt minutes.

GÂTEAUX DE PATATE DOUCE, À LA GÉORGIENNE

Faites cuire puis épluchez et écrasez suffisamment de patates douces pour mesurer deux tasses. Placer dans un bol puis ajouter

Deux cuillères à soupe de beurre,

Deux cuillères à soupe de persil finement haché,

Deux cuillères à soupe de poivron rouge finement haché,

Six tranches de bacon, hachées finement et bien dorées.

Façonner en galettes, rouler dans la farine et faire dorer dans la graisse de bacon chaude.

PATATES DOUCES CONFITES

Lavez et faites cuire les pommes de terre dans leur peau jusqu'à ce qu'elles soient tendres, puis égouttez-les et épluchez-les. Placer maintenant dans une poêle

Trois quarts de tasse de sirop,

Morceau de beurre de la taille d'une noix,

Une demi-cuillère à café de cannelle,

Un quart de cuillère à café de muscade.

Portez à ébullition puis ajoutez les pommes de terre puis laissez-les mariner dans le sirop en les retournant fréquemment pendant une vingtaine de minutes. Gardez la poêle où les pommes de terre vont cuire lentement, en ajoutant quatre cuillères à soupe d'eau bouillante.

SOUFFLE DE POMMES DE TERRE

Passer deux tasses de purée de pommes de terre au tamis fin pour éliminer les grumeaux. Placer dans un bol et ajouter

Jaunes de deux œufs,

Une cuillère à café de sel,

Une demi cuillère à café de paprika,

Une demi cuillère à café d'oignon râpé,

Une demi-tasse de lait.

Battre pour mélanger, puis couper et incorporer les blancs de deux œufs battus en neige ferme. Placer dans un moule bien beurré et cuire à four modéré pendant vingt minutes.

CROQUETTES DE POMMES DE TERRE

Hachez finement suffisamment de bacon pour mesurer quatre cuillères à soupe après l'avoir haché. Placer dans une poêle et ajouter deux oignons râpés; faire dorer doucement puis ajouter

Deux tasses de purée de pommes de terre,

Une cuillère à café de sel,

Une demi-cuillère à café de poivre.

Mélangez soigneusement puis façonnez en croquettes. Rouler dans la farine puis tremper dans l'œuf battu et rouler dans la chapelure fine. Faire frire jusqu'à ce qu'ils soient dorés dans la graisse chaude.

POMMES DE TERRE BLANCHES

POMMES DE TERRE AU GRATIN

Coupez les pommes de terre bouillies froides en dés, assaisonnez de sel et de poivre et déposez-en une couche dans un plat allant au four. Saupoudrer de chapelure fine et d'une cuillère à soupe d'oignon finement émincé, de deux cuillères à soupe de persil finement émincé. Placer dans une deuxième couche et assaisonner, puis verser sur la dernière couche deux tasses de sauce à la crème. Saupoudrer de chapelure fine et d'un peu de fromage râpé et enfourner à four modéré vingt-cinq minutes.

CRÈMES DE POMMES DE TERRE

Passer une tasse de purée de pommes de terre au tamis fin dans un bol et ajouter

Une tasse de lait,

Deux œufs bien battus,

Une cuillère à café de sel,

Pincée de masse.

Mélangez bien, puis versez dans un plat allant au four et faites cuire à four modéré jusqu'à consistance ferme, généralement environ vingt minutes.

COUPE DE POMMES DE TERRE POUR SALADE

Faire bouillir des pommes de terre de taille moyenne dans leur veste. Laisser refroidir puis peler. Avec une cuillère à café, creusez un puits au centre en laissant une fine paroi de pomme de terre. Maintenant, coupez soigneusement la forme. Placer dans un bol et faire mariner dans la vinaigrette française, en retournant fréquemment pour que chaque position puisse être assaisonnée. Préparez maintenant une garniture comme suit :

Une betterave bouillie froide, coupée en petits dés,

Une demi-tasse de petits pois cuits,

Un oignon, râpé,

Trois cuillères à soupe de persil finement haché,

Une demi-tasse de pommes de terre bouillies froides, coupées en petits dés.

Mélangez délicatement les légumes pour les mélanger. Assaisonnez de sel et de poivre et réduisez quatre cuillères à soupe de mayonnaise avec deux cuillères à soupe de vinaigre. Remplissez les coupes de pommes de terre et placez-les dans un nid de feuilles de laitue croustillantes. Garnir de mayonnaise et servir glacé.

NOUVELLE MÉTHODE DE FABRICATION DE POMMES DE TERRE FRITES

Coupez les grosses pommes de terre bouillies froides en cubes comme pour les pommes de terre frites, saupoudrez-les légèrement de farine et faites-les dorer rapidement dans la graisse chaude. Cette méthode évite que la pomme de terre ne soit détrempée au centre.

CROÛTE DE POMMES DE TERRE POUR TARTES À LA VIANDE

Écrasez les pommes de terre bouillies puis passez-les au tamis pour éliminer les grumeaux. Maintenant, ajoutez à

Un litre de pommes de terre préparées,

Trois cuillères à soupe de shortening,

Deux cuillères à café de sel,

Une cuillère à café de paprika,

Deux cuillères à café de levure chimique,

Une cuillère à café d'oignon râpé,

Un œuf bien battu,

Six cuillères à soupe de lait.

Bien battre pour mélanger, puis étaler en une couche d'environ un pouce d'épaisseur sur les pâtés à la viande. Badigeonner le dessus de lait et cuire à four modéré pendant trente-cinq minutes.

BOULETTES DE POMMES DE TERRE

Râper quatre grosses pommes de terre bouillies froides dans un bol à mélanger et ajouter

Une tasse et demie de farine,

Une cuillère à café et demie de sel,

Une cuillère à café de poivre,

Un petit oignon râpé,

Trois cuillères à soupe de persil finement haché,

Un oeuf,

Trois cuillères à soupe d'eau.

Mélangez jusqu'à obtenir une pâte lisse puis formez des boules de la taille d'un œuf. Plongez-le dans l'eau bouillante et laissez cuire une quinzaine de minutes. Soulever et bien égoutter et servir avec un ragoût brun ou une sauce au fromage.

POMMES DE TERRE CUITES

Sélectionnez de grosses pommes de terre bien formées, cirez et graissez soigneusement avec du shortening et placez-les au four ou au gril pour cuire. Une fois terminé, coupez une tranche sur le dessus et versez le contenu des pommes de terre au four dans un bol. Écrasez les pommes de terre et ajoutez un peu de lait, du sel et du poivre au goût et une cuillère à soupe de beurre sur chaque pomme de terre. Battez jusqu'à ce qu'ils soient très légers et mousseux, puis versez-les dans les pommes de terre en les empilant haut. Placez une tranche de bacon sur les pommes de terre préparées et placez-la dans un four chaud pour faire dorer le bacon. Saupoudrer de paprika et servir.

SALADE DE POMMES DE TERRE

Six pommes de terre bouillies, coupées en dés,

Trois oignons finement hachés,

Deux poivrons verts hachés finement.

Placer dans un bol et mélanger; puis ajouter

Une tasse de vinaigrette mayonnaise,

Un quart de tasse de vinaigre,

Une cuillère à soupe de sel,

Une cuillère à café de paprika.

Servir.

SALADE DE POMMES DE TERRE EN GELÉE

Préparez un litre de pommes de terre bouillies froides tranchées finement, puis ajoutez

Deux tasses de laitue, râpée très finement,

Trois oignons de taille moyenne, hachés finement,

Deux poivrons verts hachés finement,

Cinq cuillères à soupe de persil finement haché,

Deux cuillères à café de sel,

Une demi-cuillère à café de poivre blanc.

Couvrir avec

Trois quarts de tasse de vinaigrette mayonnaise,

Un quart de tasse de vinaigre.

Remuer délicatement pour mélanger. Refroidissez maintenant un plat allant au four en le plaçant sur de la glace. Préparez deux litres de gélatine au citron. Versez un peu de gélatine dans la poêle et retournez-la de manière à former une couche de gélatine d'un demi-pouce sur toute la poêle. Étalez maintenant sur la salade de pommes de terre en une couche uniforme. Versez sur la salade un peu de gélatine toutes les quelques minutes pour combler les crevasses et couvrir le dessus. Réserver pour mouler puis, au moment de servir, tremper le moule dans l'eau tiède quelques minutes puis démouler sur une planche à pâtisserie. Couper en carrés et déposer dans un nid de feuilles de laitue croquantes et garnir d'une cuillère à café de vinaigrette mayonnaise.

GÂTEAU AUX POMMES DE TERRE GUTNEY RUN

Hachez suffisamment finement le porc salé pour mesurer une demi-tasse. Placer dans une poêle et ajouter trois quarts de tasse d'oignons verts hachés. Cuire lentement jusqu'à tendreté, puis ajouter un litre de purée de pommes de terre bien assaisonnée. Mélangez bien puis versez dans un bol. Laisser refroidir, puis former des gâteaux, les rouler dans la farine et les faire dorer dans la graisse de porc chaude. Servir avec une sauce à la crème bien assaisonnée.

POMMES DE TERRE HISÉES

Épluchez les pommes de terre bouillies froides, puis coupez-les en dés d'un quart de pouce. Saupoudrez bien de farine, puis placez quatre cuillères à soupe de shortening dans une poêle et lorsque vous fumez chaud, ajoutez les pommes de terre. Remuer doucement jusqu'à ce qu'il soit bien doré et ajouter l'assaisonnement.

MAÏS

Nulle part on ne cuit le maïs aussi tendre qu'il est habituellement préparé dans la ceinture de maïs. Sélectionnez des épis de maïs pleins et bien formés et retirez la coque pour ne laisser que la dernière couche. Repliez maintenant cette couche de cosse et retirez toute la soie du maïs, à l'aide d'une brosse végétale dure prévue à cet effet. Repliez la coque autour du maïs et faites-la cuire.

Comment cuire le maïs : Munissez-vous d'une grande bouilloire contenant beaucoup d'eau bouillante. Ajoutez une cuillère à café de sucre, ajoutez le maïs et faites bouillir douze minutes pour les petits épis et quinze à dix-huit minutes pour les grands épis ; couvrir hermétiquement le pot.

AU MAÏS SEC – RECETTE DU COMTÉ DE LANCASTER

Sélectionnez des épis de maïs et des cosses fermes et pleins. Retirez la soie avec un torchon puis plongez les épis de maïs dans l'eau bouillante et laissez cuire cinq minutes. Retirer et tremper dans l'eau froide puis couper l'épi avec un couteau bien aiguisé. Étaler sur des plateaux peu profonds et sécher dans un séchoir commercial ou fait maison.

Ce maïs peut être séché au four à une température d'environ 110 degrés Fahrenheit. Laissez la porte du four ouverte pour que l'humidité puisse s'évaporer rapidement.

Les agriculteurs du comté de Lancaster sèchent ce maïs au soleil et couvrent les plateaux de moustiquaires ; on les rentre la nuit pour les protéger de l'humidité et de la rosée qui provoqueraient une moisissure sur le maïs pendant son séchage.

BEIGNETS DE MAÏS POUR DEUX PERSONNES

Marquez et grattez le maïs de deux épis de taille moyenne, puis placez-le dans un bol et ajoutez

Un œuf bien battu,

Deux cuillères à soupe de persil finement haché,

Trois quarts de tasse de farine,

Une cuillère à café de levure chimique,

Une demi cuillère à café de sel,

Un quart de cuillère à café de poivre.

Battre pour bien mélanger, puis frire dans de la graisse chaude ou cuire au four sur une plaque chauffante.

MAÏS SALÉ

Retirez la coque du maïs en ne laissant qu'une seule couche contre le maïs : repliez cette unique couche de coque et retirez toute la soie en l'essuyant avec un chiffon sec. Placez deux pouces de sel au fond d'un pot profond et placez les oreilles de manière à ce que chacune d'elles soit entièrement seule et enveloppée de sel. Placez l' extrémité de la pointe vers le bas, emballez-la étroitement avec du sel et placez une couche de deux pouces sur le dessus. Couvrez et placez dans un endroit frais. Il est très important que les oreilles ne se touchent pas.

TOMATES

CRÈME AUX ŒUFS ET TOMATE

Préparez quatre tomates en coupant une tranche du dessus et en retirant le centre avec une cuillère ; casser dans un petit bol deux œufs, en ajoutant

Deux cuillères à soupe de lait,

Une cuillère à café d'oignon râpé,

Une cuillère à café de persil finement haché,

Une cuillère à café de sel,

Une demi-cuillère à café de paprika.

Battre pour mélanger puis verser dans les tomates préparées. Saupoudrer chaque tomate de chapelure fine et cuire à four modéré pendant trente minutes.

TOMATES ET OEUFS, PARDUE

Placer dans une casserole

Une tasse et demie de tomates à l'étouffée,

Un oignon râpé,

Une cuillère à soupe de persil finement haché,

Une cuillère à café de sel,

Une demi cuillère à café de paprika,

Trois cuillères à soupe rases de fécule de maïs.

Dissoudre la fécule, le sel et le paprika dans les tomates froides et porter à ébullition. Cuire une dizaine de minutes puis verser dans des coupes à crème. Cassez maintenant un œuf dans chaque tasse et saupoudrez-le de fines miettes. Mettez un tout petit peu de beurre au centre de la tasse. Cuire au four modéré pendant dix-huit minutes.

OMELETTE AUX TOMATE

Trempez deux tomates dans l'eau bouillante pour détacher la peau. Peler puis couper en tranches. Placez deux cuillères à soupe de shortening dans une poêle et faites frire les tranches de tomates en les retournant fréquemment. Préparez une omelette et faites-la cuire dans une autre poêle. Lorsque l'omelette est sèche et prête à être repliée, versez dessus les tomates préparées. Assaisonner, plier puis rouler et servir.

TOMATES AU FOUR

Coupez une tranche sur le dessus de la tomate et avec une cuillère retirez le centre. Hachez finement les centres puis placez-les dans un bol et ajoutez

Un oignon, râpé,

Deux cuillères à soupe de persil finement haché,

Un œuf bien battu,

Une cuillère à café de sel,

Une cuillère à café de paprika,

Trois quarts de tasse de chapelure fine,

Trois cuillères à soupe de shortening fondu.

Beurrez les tomates pour éviter qu'elles n'éclatent, puis remplissez-les en formant une pointe au sommet. Placer dans un plat allant au four graissé et ajouter une demi-tasse d'eau chaude. Cuire au four pendant quarante minutes.

BEIGNETS DE TOMATE

Faites cuire une quantité suffisante de tomates pour mesurer deux tasses, en ajoutant

Un oignon, râpé,

Deux cuillères à café de sel,

Une cuillère à café de poivre,

Pincée de clous de girofle,

Une demi-tasse de fécule de maïs, dissoute dans,

Une demi-tasse d'eau froide.

Cuire jusqu'à consistance épaisse, puis verser dans une casserole peu profonde et laisser reposer dans un endroit frais pour mouler pendant quatre heures. Coupez-le en oblongs puis plongez-le dans l'œuf battu et roulez-le dans de fines miettes. Faire frire jusqu'à ce qu'ils soient dorés dans la graisse chaude.

TOMATES AU GRATIN

Coupez six tomates de taille moyenne en fines tranches. Placez une couche d'un demi-pouce de chapelure dans un petit plat allant au four, puis une couche de tomates, puis la chapelure et encore les tomates. Répétez cette opération jusqu'à ce que le plat soit plein. Versez dessus une tasse de sauce à la crème épaisse et saupoudrez de fines miettes. Cuire à four modéré pendant vingt-cinq minutes.

TOMATES RÔTIES

Lorsque vous préparez le rôti pour le dîner, essuyez quatre tomates, puis placez-les dans la poêle et faites-les rôtir avec la viande, en les arrosant fréquemment.

TOMATES ET HARICOTS

De nombreux légumes peuvent être combinés avec des tomates par souci de variété. Placer deux tasses de haricots verts cuits dans une casserole et ajouter

Une tasse et demie de compote de tomates,

Un oignon, râpé,

Une cuillère à café de sucre,

Une cuillère à café et demie de sel,

Une cuillère à soupe de fécule de maïs.

Dissoudre l'assaisonnement et la fécule dans les tomates froides avant de les ajouter aux haricots. Les haricots de Lima, le chou-fleur et le maïs peuvent être utilisés pour remplacer les haricots verts.

AUBERGINES ET TOMATES AU FOUR

Eplucher l'aubergine puis la couper en tranches. Saupoudrez légèrement de sel puis couvrez et laissez reposer deux heures. Lavez puis égouttez bien et coupez en dés. Placer dans un plat allant au four et ajouter

Deux poivrons verts hachés finement,

Un oignon finement haché,

Deux cuillères à café de sel,

Une cuillère à café de paprika,

Deux tasses de tomates préparées.

Saupoudrer le dessus de chapelure fine et de fromage râpé. Cuire à four modéré pendant vingt-cinq minutes. Pour préparer les tomates, passez deux tasses de tomates cuites froides au tamis fin et ajoutez six cuillères à soupe de fécule de maïs. Dissoudre puis porter à ébullition et cuire lentement pendant cinq minutes.

TOMATES VERTES HACHÉES POUR TARTES

Coupez un quart de tomates vertes en petits morceaux puis saupoudrez de trois cuillères à soupe de sel. Placez-le dans un carré de gaze, puis attachez-le et suspendez-le là où il peut s'écouler toute la nuit. Le matin, placez une boîte d'une livre et demie de sirop de maïs dans une casserole et ajoutez

Une demi-livre de cassonade,

Une cuillère à soupe de cannelle,

Une cuillère à café de muscade,

Une demi-cuillère à café de piment de la Jamaïque,

Une demi cuillère à café de gingembre,

Deux paquets de raisins secs,

Une demi-tasse d'huile de salade.

Portez le mélange à ébullition puis laissez cuire lentement pendant une demi-heure. Verser dans des bocaux puis passer au bain-marie pendant vingt minutes. Scellez et testez les fuites. Conservez dans un endroit frais et sec. Cela fait une délicieuse garniture pour tarte.

DUMPLINGS DE TOMATE

Placer dans un bol à mélanger

Deux tasses de farine,

Une cuillère à café de sel,

Un quart de cuillère à café de poivre,

Quatre cuillères à café de levure chimique.

Tamisez pour mélanger, puis ajoutez quatre cuillères à soupe de shortening et utilisez les deux tiers d'une tasse d'eau pour faire une pâte. Divisez en cinq parties, puis roulez chaque morceau en carrés. Disposez au centre de chacune une tomate pelée, coupée en tranches et assaisonnez avec un peu d'oignon râpé, du persil, du sel et du poivre. Repliez la pâte. Placer sur une plaque à pâtisserie et badigeonner le dessus d'œufs battus. Cuire à four chaud pendant trente minutes. Servir avec une sauce au fromage.

TOMATES FARCIES À LA SALADE DE POULET

Préparez la garniture du sandwich au poulet. Sélectionnez des tomates fermes de taille moyenne, puis coupez une tranche par le haut et, à l'aide d'une cuillère, retirez le centre des tomates. Remplissez avec les mélanges de salades et roulez-les ensuite dans du papier ciré.

TOASTES TOASTES

Faites cuire une quantité suffisante de tomates pour mesurer une tasse et demie. Maintenant, ajoutez

Un oignon de taille moyenne, coupé en fines tranches,

Un poivron vert haché très fin.

Cuire lentement jusqu'à ce que l'oignon soit tendre, puis passer au tamis fin et ajouter deux cuillères à soupe de fécule de maïs dissoute dans trois cuillères à soupe d'eau. Portez à ébullition puis assaisonnez. Versez maintenant sur d'épaisses tranches de pain grillé et saupoudrez de fromage râpé.

TOMATES AU FOUR (FROID)

Sélectionnez des tomates fermes. Coupez une tranche sur le dessus puis, à l'aide d'une cuillère, évidez soigneusement le centre. Frottez l'extérieur des tomates avec beaucoup de shortening. Placer dans un plat allant au four et verser dans le plat contenant les tomates une demi-tasse d'eau. Cela empêchera la peau d'éclater. Maintenant, placez dans un bol

Quatre œufs,

Trois quarts de tasse de lait,

Deux cuillères à soupe de persil finement haché,

Une cuillère à soupe d'oignon râpé,

Une cuillère à café de sel,

Une demi-cuillère à café de paprika.

Battre pour mélanger puis verser dans les tomates. Cuire à four modéré jusqu'à ce que la crème soit ferme au centre. Laisser refroidir puis mettre sur la glace pour refroidir. Servir avec une vinaigrette russe.

BEURRE DE POMME SANS CIDRE

Parez un demi-panier de pommes. Placer les morceaux dans une marmite à confiture et couvrir d'eau froide. Cuire jusqu'à ce qu'il soit tendre, puis filtrer le liquide. Mesurez et placez six litres de ce jus dans une marmite à confiture et ajoutez les pommes tranchées très finement. Cuire puis ajouter

Une cuillère à soupe et demie rase de cannelle,

Une cuillère à café de muscade,

Une cuillère à café de piment de la Jamaïque,

Une demi cuillère à café de clous de girofle,

Un quart de cuillère à café de gingembre,

Une demi-tasse de vinaigre de cidre,

Une livre et demie de cassonade ou deux livres et demie de sirop.

Remuer pour bien mélanger. Cuire lentement jusqu'à ce que ce soit très épais. Placez un tapis d'amiante sous la marmite.

Pour conserver le beurre de pomme pour une utilisation future : Versez dans des bocaux stérilisés et ajustez le caoutchouc et le couvercle. Sceller solidement et placer dans un bain d'eau chaude pendant vingt minutes pour stériliser. Retirer, laisser refroidir et tremper le dessus des bocaux dans de la cire fondue. Ce beurre de pomme se conservera jusqu'à son utilisation.

BEURRE DE POMME DE LANCASTER

Placer dans la marmite à conservation

Un gallon et demi de cidre.

Parer, épépiner et couper en fines tranches un demi-panier de pommes. Faire bouillir le cidre une demi-heure, ajouter les pommes et cuire jusqu'à ce que le mélange soit très épais et de couleur brun foncé, en ajoutant

Deux cuillères à soupe rases de cannelle,

Une cuillère à café de clous de girofle,

Une demi-cuillère à café de piment de la Jamaïque,

Une livre de cassonade ou une livre et demie de sirop.

Il faut remuer fréquemment avec une grande cuillère en bois pour éviter les brûlures. Placez un tapis d'amiante sous la bouilloire et faites cuire lentement. Une ébullition dure et rapide gâte la saveur de ce beurre.

La femme du fermier prépare généralement son beurre de pomme dans une grande bouilloire accrochée à un trépied dans la cour et, une fois que le mélange atteint le point d'ébullition, elle ajoute juste un bâton de bois à la fois au feu et remue constamment le mélange.

CHOU ROUGE MARINÉ

Sélectionnez une tête de chou ferme, coupez-la en deux et râpez-en finement une quantité suffisante pour mesurer environ deux tasses. Mettez le chou dans un bol et ajoutez

Deux oignons finement hachés,

Un poivron vert haché finement,

Maintenant, placez dans une casserole

Une cuillère à soupe de graisse de bacon,

Une demi-tasse de vinaigre,

Une cuillère à café de sel,

Une cuillère à café de poivre blanc,

Un quart de cuillère à café de moutarde.

Chauffer jusqu'à ébullition, puis verser sur le chou, mettre au frais et servir.

CHOU ROUGE BRAISÉ

Hachez finement le reste de la tête de chou rouge ; mettre dans une casserole et couvrir d'eau bouillante. Cuire cinq minutes puis transformer dans une passoire et laisser couler l'eau froide dessus. Laisser bien égoutter puis mettre quatre cuillères à soupe de graisse de bacon dans une poêle et ajouter trois oignons finement émincés et le chou préparé. Couvrez bien et laissez étouffer une vingtaine de minutes à feu doux. Retourner fréquemment et juste avant de servir assaisonner avec

Une demi-cuillère à café de sel,

Un quart de cuillère à café de poivre blanc,

Une cuillère à soupe de vinaigre.

ROULEAU AUX CANNEBERGES

Placer dans un bol à mélanger

Une tasse et demie de farine,

Une demi-cuillère à café de sel,

Deux cuillères à café de levure chimique.

Tamisez pour mélanger, puis ajoutez quatre cuillères à soupe de shortening et mélangez pour obtenir une pâte avec le mélange suivant : Placer dans une tasse

Trois cuillères à soupe de sirop,

Trois cuillères à soupe d'eau.

Bien mélanger puis étaler la pâte sur un demi-pouce d'épaisseur sur une planche à pâtisserie farinée et recouvrir de canneberges cuites. Saupoudrer de cassonade. Rouler comme pour un jelly roll, en rentrant bien les extrémités. Placer dans un plat allant au four bien graissé et badigeonner le dessus de lait. Cuire quarante-cinq minutes à four modéré. Servir avec une sauce vanille.

POUR BARBECUE DU POISSON

Utilisez les poissons de grande taille : bar rayé noir, cabillaud, poisson blanc ou de roche. Au début du printemps, l'alose peut être utilisée. Écailler et nettoyer le poisson et fendre le dos. Retirez les nageoires et la tête, placez-les dans une grille bien graissée et faites cuire jusqu'à ce qu'ils soient dorés. Transférer dans un plat chaud et couvrir du mélange bouillant ainsi réalisé : Placer dans une petite casserole

Le jus d'un citron,

Deux cuillères à soupe de beurre fondu,

Une cuillère à soupe de ketchup,

Une cuillère à soupe de persil haché,

Une cuillère à soupe de sauce Worcestershire,

Une demi-tasse d'eau,

Une cuillère à soupe de fécule de maïs,

Un quart de cuillère à café de moutarde,

Une cuillère à café de paprika,

Une cuillère à café de sel.

Remuer pour bien mélanger puis porter à ébullition. Cuire lentement pendant trois minutes, puis étaler sur le poisson et servir.

CÔTELETTES DE COU EN CASSEROLE

Demandez au boucher de couper une livre et demie de côtelettes de cou en quatre morceaux, puis de les essuyer avec un chiffon humide. Rouler dans la farine et faire dorer rapidement dans la graisse chaude. Transférer dans une cocotte et ajouter

Une tasse d'oignons finement hachés,

Quatre cuillères à soupe de persil finement haché,

Une tasse et demie de sauce brune.

Couvrez bien le plat et placez-le à four lent pendant une heure et demie. Préparez une sauce brune en ajoutant quatre cuillères à soupe de farine à la graisse laissée dans la poêle après avoir fait dorer la viande.

GÂTEAU DES ANGES

Tamiser

Une tasse de farine,

Trois quarts de tasse de sucre,

Une cuillère à café rase de crème tartare.

Tamisez cinq fois puis battez les blancs de cinq œufs en neige ferme et coupée en morceaux, et incorporez le mélange sucre et farine. Verser dans un moule à tube graissé et cuire au four pendant quarante minutes à four modéré.

PRÉPARER DU FROMAGE SCRAPPLE ET HOGSHEAD

Lorsque la famille est petite, les femmes économes fabriquent généralement le scrapple et le hogshead cheese en même temps. Demandez au boucher de choisir pour vous une belle bûche ; fendre puis retirer les yeux, la cervelle et la langue. Maintenant, ébouillantez et nettoyez bien, en rinçant abondamment à l'eau froide. Placer dans une bouilloire et ajouter juste assez d'eau froide pour couvrir la tête. Maintenant, ajoutez

Deux oignons,

Deux clous de girofle,

Un bouquet d'herbes pour pot ou soupe,

Une cuillère à café rase d'assaisonnement pour volaille.

Cuire lentement jusqu'à ce que la viande quitte les os, puis placer une passoire dans un grand bol ou une poêle et retourner la tête. Mesurez le liquide et remettez dans la casserole. Maintenant, retirez les os de la tête et hachez suffisamment de viande très finement pour mesurer trois tasses et réservez-la pour faire le scrapple.

Coupez le reste de la viande en morceaux d'environ un pouce carré et placez deux tasses de bouillon dans une petite casserole. Ajouter

Le jus d'un citron ou

Six cuillères à soupe de vinaigre de cidre,

Une cuillère à café et demie de sel,

Une cuillère à café de poivre blanc.

Portez à ébullition et laissez cuire une dizaine de minutes. Ajoutez la viande de tête coupée en morceaux de quelques centimètres.

Rincer les moules en forme de pain à l'eau froide, verser le fromage et réserver au frais pour le façonner. Utiliser la même chose que les charcuteries avec une sauce à la moutarde ou au raifort.

LA SCRAPPE

Ajouter les trois tasses de tête finement hachée au bouillon dans la marmite et porter à ébullition. Ajoutez maintenant, pour chaque litre de liquide,

Deux tiers de tasse de semoule de maïs,

Une demi-tasse de sarrasin,

Une cuillère à café de sel,

Une demi-cuillère à café de poivre blanc.

Mélangez et ajoutez très lentement en remuant constamment. Lorsqu'il est suffisamment épais pour tenir la cuillère à la verticale, rincez le plat de cuisson à l'eau froide puis versez le scrapple. Laisser reposer vingt-quatre heures pour mouler. Cela peut être utilisé pour le petit-déjeuner en le coupant en tranches et en le faisant frire d'une couleur croustillante ou en croquettes, roulées dans la farine et bien dorées dans la graisse chaude. Servir avec de la sauce tomate.

PUDDING DE NEIGE

Une tasse de lait,

Quatre cuillères à soupe rases de fécule de maïs.

Remuer pour dissoudre la fécule, puis porter à ébullition et cuire lentement au bain-marie chaud pendant une demi-heure en ajoutant

Deux cuillères à soupe de sucre,

Blanc d'oeuf battu en neige ferme,

Six gouttes de vanille.

Battez fort pour mélanger, puis rincez quatre coupes de crème anglaise à l'eau froide et versez le pudding. Réserver dans un moule et servir avec une sauce crème anglaise qui se prépare comme suit : Placer dans une casserole

Une tasse de lait,

Deux cuillères à soupe de fécule de maïs.

Remuer pour dissoudre, puis porter à ébullition et cuire lentement pendant quinze minutes. Maintenant, ajoutez

Deux cuillères à soupe de sucre,

Une demi cuillère à café de vanille,

Jaune d'un œuf.

Battez fort pour mélanger, puis versez sur le pudding aux neiges démoulé.

BOUGUE FRIT

Placer dans une casserole

Deux tasses d'eau bouillante,

Une cuillère à café de sel,

Deux tiers de tasse de semoule de maïs.

Remuer pour éviter les grumeaux, puis cuire lentement pendant une demi-heure. Rincez maintenant un moule à pain à l'eau froide et versez-y la bouillie. Laisser mouler vingt-quatre heures, puis couper en tranches d'un demi-pouce. Tremper dans la farine et faire revenir dans la graisse chaude.

VOUS LES DODGERS DE MAÏS DU KENTUCKY

Placer dans une casserole

Une tasse et demie d'eau bouillante,

Une cuillère à café de sel,

Deux tiers de tasse de semoule de maïs.

Remuer pour bien mélanger, puis cuire vingt minutes et laisser refroidir. Formez des bâtonnets de la taille d'un gressin, roulez-les dans la farine et faites-les dorer dans la graisse chaude.

VIEILLE PAIN DE PÂTE DE VIRGINIE

Placer dans un bol à mélanger

Une tasse de semoule de maïs,

Une demi cuillère à café de muscade,

Une cuillère à café de sel,

Quatre cuillères à soupe de sirop,

Trois cuillères à soupe de shortening.

Versez dessus une tasse et demie d'eau bouillante. Battre pour bien mélanger, puis laisser refroidir et ajouter

Trois quarts de tasse de farine,

Deux œufs bien battus,

Quatre cuillères à café rases de levure chimique,

Une tasse et quart de lait.

Battez pour bien mélanger, puis versez dans un plat allant au four bien graissé et enfournez à four chaud pendant trente minutes. Servir dans le plat.

PLAT DE MAÏS POLONAIS

Placer dans une casserole

Deux tasses d'eau bouillante,

Une demi-tasse d'oignon finement haché,

Deux tiers de tasse de semoule de maïs.

Remuer pour éviter les grumeaux et cuire lentement pendant vingt minutes. Maintenant, ajoutez

Une demi-tasse de bœuf séché finement râpé,

Une cuillère à café de paprika.

Battre fort pour bien mélanger puis servir avec de la sauce tomate.

MOUSSE YANKEE

Placer dans une casserole

Deux tasses et demie d'eau bouillante,

Une demi-cuillère à café de sel,

Deux tiers de tasse de semoule de maïs.

Tamisez très lentement la semoule de maïs dans l'eau bouillante, puis remuez bien pour éviter les grumeaux. Placez la casserole sur le côté de la cuisinière et laissez cuire très lentement pendant une demi-heure. Servir à la place des céréales du matin avec du miel et du lait.

Pour la variété, ajoutez

Une demi-tasse de raisins secs épépinés hachés, ou

Une demi-tasse de cacahuètes finement hachées,

Une demi-tasse de figues finement hachées,

Une demi-tasse de dattes finement hachées,

Une demi-tasse de pruneaux épépinés finement hachés,

Une demi-tasse d'abricots secs finement hachés,

Une demi-tasse de noix de coco finement hachée.

L'Europe nous offre également de nouvelles méthodes d'utilisation de la semoule de maïs.

PONE DE MAÏS DE CAROLINE

Placer dans une casserole

Deux tasses d'eau bouillante,

Trois quarts de tasse de semoule de maïs,

Une cuillère à café de sel.

Remuer pour mélanger et éliminer les grumeaux, puis cuire pendant dix minutes. Versez dans un bol à mélanger et ajoutez

Six cuillères à soupe de sirop,

Trois cuillères à soupe de shortening,

Une tasse et demie de lait aigre,

Une cuillère à café et quart de bicarbonate de soude dissoute dans le lait caillé,

Six cuillères à soupe de farine.

Battre pour mélanger, puis verser dans un plat allant au four chaud et bien graissé juste assez pour couvrir le moule d'un quart de pouce de profondeur. Cuire à four chaud pendant dix-huit minutes. Couper en carrés et servir.

SAUCISSES À LA SEMOULE DE MAÏS

Placer dans une casserole

Une tasse et demie d'eau bouillante,

Une tasse d'oignon finement haché,

Une tasse de restes de viande finement hachés,

Une cuillère à café de sel,

Une cuillère à café de poivre blanc,

Une demi-cuillère à café d'assaisonnement pour volaille,

Deux tiers de tasse de semoule de maïs.

Bien mélanger pour éviter les grumeaux et cuire lentement pendant une demi-heure. Versez dans un bol et laissez refroidir. Formez des saucisses, puis roulez-les dans la farine et faites-les dorer dans la graisse chaude. Servir avec une sauce brune, de la crème ou une sauce tomate.

SAUCE CHILI

Placer dans une marmite à conservation

Deux litres de compote de tomates,

Deux tasses d'oignons finement émincés,

Une tasse de poivrons verts finement hachés,

Une demi-tasse de poivrons rouges finement hachés,

Une tasse et demie de vinaigre,

Une tasse de cassonade,

Une cuillère à soupe et demie de cannelle,

Deux cuillères à café de clous de girofle,

Une cuillère à café de piment de la Jamaïque,

Deux cuillères à café de graines de céleri,

Deux cuillères à café de graines de moutarde,

Une cuillère à café de gingembre,

Une cuillère à café de moutarde,

Quatre cuillères à soupe de sel.

Remuer pour bien mélanger, puis cuire jusqu'à ce que le mélange soit très épais. Laisser refroidir puis passer au tamis fin. Verser dans des bocaux stérilisés et ajuster le caoutchouc, le couvercle et le joint. Mélanger pendant vingt minutes au bain-marie chaud. Retirer, laisser refroidir puis conserver dans un endroit frais et sec.

POLENTA ITALIENNE

Placer dans une casserole

Deux tasses et demie d'eau bouillante.

Et puis ajoutez

Une cuillère à café de sel,

Une cuillère à café de paprika,

Une cuillère à soupe d'oignon râpé,

Trois quarts de tasse de semoule de maïs.

Remuer pour éviter les grumeaux et cuire très lentement pendant trois quarts d'heure. Ajoutez maintenant une demi-tasse de fromage râpé et remuez bien pour bien mélanger. Servir dans des soucoupes comme des céréales. Napper de sauce tomate et de fromage finement râpé.

MARMELADE DE TOMATE

Râpez le zeste jaune de deux oranges de taille moyenne en prenant soin de le râper très légèrement. Placer dans une petite casserole et ajouter une demi-tasse d'eau. Laisser reposer un jour puis cuire lentement jusqu'à ce qu'il soit tendre. Ajoutez cette croûte au jus de

Deux oranges,

Un citron.

Placez ensuite dans une marmite à confiture et ajoutez deux litres de compote de tomates, passées au tamis fin.

Un paquet de raisins secs épépinés,

Deux morceaux de gingembre confit coupés en morceaux,

Quatre tasses de sucre,

et les épices suivantes liées dans un morceau de toile à fromage :

Deux cuillères à café de cannelle,

Une cuillère à café de gingembre,

Une cuillère à café de clous de girofle,

Une cuillère à café de muscade,

Une demi-cuillère à café de piment de la Jamaïque.

Cuire jusqu'à ce que le mélange soit très épais comme de la confiture, puis retirer le sachet d'épices. Verser dans des verres stérilisés, laisser refroidir et couvrir de paraffine. Conserver dans un endroit frais.

MARMELADE DE POIVRONS ROUGES DOUX

Retirez les graines de trente poivrons rouges doux, puis lavez-les bien et passez-les au hachoir. Placer dans une casserole et ajouter deux tasses de compote de tomates. Cuire jusqu'à ce que les poivrons soient tendres, puis refroidir et passer au tamis fin. Mesurez et remettez dans la bouilloire et ajoutez pour huit tasses de poivron et de tomates :

Jus de deux oranges,

Le jus d'un citron,

Un demi-paquet de raisins secs épépinés,

Une demi-tasse de cerises au marasquin, coupées en morceaux,

Un morceau de citron confit, passé au hachoir,

Deux tiers de tasse de sucre pour chaque tasse de pulpe de poivre préparée.

Cuire lentement jusqu'à ce que le mélange soit très épais puis verser dans des verres stérilisés. Laisser refroidir, couvrir de paraffine et conserver dans un endroit frais.

CHOUCROUTE

Retirez les feuilles extérieures grossières et meurtries du chou, puis râpez finement la tête à l'aide d'un coupe-salade. Tapissez maintenant le fond d'un petit tonneau ou d'un seau en bois avec les feuilles extérieures, puis placez-y une couche de chou râpé et recouvrez de sel. Répétez jusqu'à ce que l'ustensile soit presque plein, en frappant bien avec un maillet en bois lors de l'emballage. Saupoudrez le dessus de sel et recouvrez de grosses feuilles de chou puis d'une étamine essorée avec de l'eau salée. Rentrez soigneusement les extrémités, puis placez la planche sur le chou et lestez-la avec une lourde pierre.

Maintenant, il faut que le chou soit recouvert de saumure ; retirez l'écume au fur et à mesure qu'elle monte vers le haut. La choucroute sera prête à l'emploi dans six semaines et doit être conservée dans un endroit très frais ou mise en conserve.

POUR LA CHOUOCRAUTE EN CANETTE

Versez dans des bocaux entièrement en verre stérilisés, puis remplissez le bocal jusqu'à ce qu'il déborde d'eau bouillante. Ajustez le caoutchouc et le couvercle et serrez partiellement. Mélanger au bain-marie chaud pendant une heure, puis retirer et sceller solidement. Conserver dans un endroit sec et frais.

SAUMURAGE DE CHOU-FLEUR

Préparez le chou-fleur comme indiqué ci-dessus, à l'aide d'un grand fût ou d'un pot. Emballez la tête de chou-fleur jusqu'à ce que le fût ou le pot soit rempli aux trois quarts, puis remplissez-le jusqu'à ce qu'il déborde de saumure préparée comme suit :

Placer dans une chaudière

Huit litres d'eau,

Huit tasses de sel.

Porter à ébullition et écumer, puis laisser refroidir. Couvrez le chou-fleur avec un morceau de gaze propre, puis placez dessus une planche lestée sur le dessus, pour maintenir le chou-fleur recouvert de saumure. Ce poids n'a pas besoin d'être aussi lourd que celui utilisé pour le choucroute.

Le chou-fleur préparé de cette manière à la fin d'octobre et en novembre peut être utilisé pour la table en le rafraîchissant dans l'eau et en le cuisant d'une manière similaire à celle avec laquelle les haricots salés sont cuits, ou il peut être mis en conserve dans trois mois, lorsqu'il y aura une réserve de pots de fruits.

Pour mettre le chou-fleur en saumure, retirez-le de la saumure et lavez-le à l'eau froide courante. Laisser reposer une heure puis verser dans les bocaux stérilisés ; remplir les bocaux d'eau bouillante; ajustez les caoutchoucs et les couvercles et scellez partiellement. Placer dans un bain d'eau chaude et mélanger pendant une heure. Retirer, sceller solidement, puis laisser refroidir et conserver dans un endroit frais et sec.

CHOU-FLEUR SALÉ

Sélectionnez les belles têtes de chou-fleur et retirez les feuilles extérieures, puis coupez-les en forme. Maintenant, placez une couche de sel d'un pouce de profondeur au fond du fût ou du pot, puis placez la tête de chou-fleur vers le bas et remplissez bien de sel. Ne les laissez pas se toucher. Mettez le sel à un pouce au-dessus de la tige du chou-fleur. Couvrir enfin d'un linge propre et mettre au frais.

HARICOTS SALÉS

Retirez les ficelles des haricots puis placez une couche de sel dans le pot. Ajoutez une couche de haricots, puis une couche de sel, et répétez jusqu'à ce que le pot soit rempli à moins de deux pouces du haut. Placez la couche supérieure de deux pouces de profondeur, puis ajoutez un litre d'eau à chaque panier d'un demi-boisseau de haricots. Couvrir hermétiquement puis conserver dans un endroit frais. Ne lavez pas les haricots.

PUDDING DU YORKSHIRE

Environ une demi-heure avant de servir le dîner, versez six cuillères à soupe de graisse de rosbif dans un plat allant au four et graissez soigneusement le moule. Réglez l'endroit où la poêle va chauffer, puis placez-la dans un bol.

Une tasse et quart de lait,

Un oeuf,

Une cuillère à café de sel,

Un huitième de cuillère à café de poivre blanc,

Une cuillère à café d'oignon râpé,

Deux tasses de farine tamisée,

Deux cuillères à café de levure chimique.

Battez avec un batteur à œufs Dover pendant cinq minutes puis retournez cette pâte dans la poêle bien chauffée et faites cuire à four modéré pendant vingt minutes. Une fois presque terminé, arrosez le pudding avec une demi-tasse de sauce qui sera servie avec le bœuf.

MANGUES AU POIVRON FARCIES

Placer les poivrons dans une grande cuve et couvrir de la saumure suivante :

Huit litres d'eau,

Trois tasses de sel.

Il faut recouvrir les poivrons d'un linge puis placer une planche et un poids léger dessus pour les conserver en saumure pendant soixante-douze heures. Maintenant, retirez-le de la saumure et placez-le dans de l'eau fraîche pendant deux heures, puis retirez-le de l'eau et, avec un couteau bien aiguisé, coupez un petit cercle sur le dessus du poivron. Réserver pour remplacer comme couvercle. Retirez maintenant les graines et la partie blanche et moelleuse. Faire tremper dans l'eau froide pendant une heure puis égoutter et remplir avec le mélange suivant. Garniture pour vingt-cinq poivrons :

Hachez suffisamment de chou pour mesurer trois pintes. Placer dans un grand bol et ajouter

Une pinte d'oignons finement hachés,

Une tasse de poivrons verts finement hachés,

Une tasse de poivrons rouges finement hachés,

Une tasse de céleri finement haché,

Deux onces de graines de moutarde,

Une once de graines de céleri,

Une demi-tasse de raifort râpé,

Une demi-tasse de sel,

Une demi-tasse de cassonade,

Un litre de vinaigre,

Une cuillère à café de poivre de Cayenne,

Deux cuillères à café de paprika,

Une cuillère à café de moutarde.

Bien mélanger puis incorporer les poivrons en prenant soin de ne pas trop les tasser. Cousez le couvercle ou le cercle qui a été découpé dans le haut avec une aiguille à repriser et une ficelle épaisse. Placer étroitement dans un pot. Placer maintenant dans la marmite à conservation

Trois litres de vinaigre,

Deux litres d'eau,

Une tasse de sel,

Deux onces de graines de céleri,

Trois onces de graines de moutarde,

Une demi-tasse de clous de girofle entiers,

Un quart de tasse de piment de la Jamaïque entier,

Deux bâtons de cannelle,

Six lames de masse.

Portez à ébullition, versez sur les mangues et laissez refroidir. Ajoutez maintenant trois quarts de tasse d'huile de salade et placez dans un endroit frais. Surveillez pour voir que le cornichon ne s'évapore pas. Les mangues peuvent être emballées dans des bocaux à fruits entièrement en verre et scellées, puis traitées pendant vingt minutes dans un bain d'eau chaude, après quoi elles doivent être refroidies et conservées dans un endroit sec et frais.

COU DE BOEUF À LA POLONAISE

Sélectionnez une livre de viande du cou et essuyez-la avec un chiffon humide. Rouler dans la farine et faire dorer rapidement dans la graisse chaude. Placer dans une casserole et ajouter une demi-tasse de farine à la graisse laissée dans la poêle. Faites bien dorer et ajoutez un litre d'eau. Porter à ébullition. Verser sur la viande et cuire très lentement pendant une heure et trois quarts. Assaisonner, ajouter une pincée de graines de carvi et servir avec des nouilles bouillies.

TARTES FRITES

Placer dans un bol à mélanger

Deux tasses de farine,

Une cuillère à café de sel,

Deux cuillères à café de levure chimique.

Tamisez puis ajoutez cinq cuillères à soupe de farine et travaillez jusqu'à obtenir une pâte lisse avec une demi-tasse d'eau glacée. Abaisser un quart de pouce d'épaisseur et tartiner du mélange préparé pour la tourte au porc. Badigeonnez les bords avec de l'eau et pressez-les fermement ensemble. Laisser reposer une quinzaine de minutes puis frire comme des crullers dans la graisse chaude.

TARTE AU PORC À L'ANCIENNE

La ménagère anglaise utilise généralement des moules individuels ou des coupes à crème anglaise pour cette tarte. Tapisser soit des coupes à crème anglaise, soit des assiettes à tarte individuelles avec la pâte préparée comme suit : Placer dans un bol à mélanger.

Deux tasses de farine tamisée,

Une demi-cuillère à café de sel,

Une cuillère à soupe rase de levure chimique.

Tamisez pour mélanger, puis frottez dans la farine trois quarts de tasse de suif finement haché et mélangez pour obtenir une pâte avec une demi-tasse de lait ou d'eau. Étalez un quart de pouce d'épaisseur sur une planche à pâtisserie farinée puis tapissez les plats et remplissez-les du mélange suivant. Placer dans un bol

Une livre de chair à saucisse,

Deux tasses de chapelure,

Une demi-tasse d'oignons râpés,

Quatre cuillères à soupe de persil finement haché,

Huit cuillères à soupe de sauce à la crème ou de sauce brune épaisse.

Mélangez soigneusement puis divisez en cinq tartes individuelles. Couvrir avec la croûte supérieure et faire des entailles dans la croûte supérieure. Badigeonner de lait ou d'eau et cuire à four lent pendant une heure.

SAUCE MOUTARDE

Une cuillère à soupe de lait concentré,

Une demi cuillère à café de poivre blanc,

Une demi-cuillère à café de sel,

Une demi cuillère à café de sucre,

Une cuillère à café de moutarde,

Deux cuillères à soupe d'huile de salade.

Bien mélanger puis ajouter

Deux cuillères à soupe d'oignon râpé,

Deux cuillères à soupe de persil finement haché,

et servir.

OIGNONS BRAISÉS

Épluchez les oignons de taille moyenne, puis faites-les bouillir et égouttez-les. Maintenant, placez une cuillère à soupe de shortening dans une casserole et roulez les oignons dans la farine et faites-les revenir légèrement dans la graisse. Couvrez bien et laissez cuire très lentement pendant vingt minutes en secouant la casserole de temps en temps et ajoutez quatre cuillères à soupe d'eau.

POIVRIERE ANGLAISE

Lavez et nettoyez soigneusement deux pieds de veau bien fissurés. Placer dans une marmite à soupe et ajouter un os de veau de bonne taille et

Un bouquet d'herbes potagères,

Deux gros oignons finement coupés,

Une petite carotte coupée en dés,

Un petit navet coupé en dés.

Ajoutez suffisamment d'eau pour couvrir, généralement environ quatre litres. Faites cuire lentement pendant quatre heures, puis égouttez le bouillon et hachez finement la viande des pieds ainsi que la viande arrachée des os. Ajouter au bouillon avec

Une cuillère à café de marjolaine douce,

Une cuillère à café de sel,

Une demi cuillère à café de poivre,

Une demi-cuillère à café de thym.

Ajouter les raviolis réalisés comme suit : Placer dans un bol

Une tasse et demie de farine,

Une cuillère à café de sel,

Une cuillère à café de poivre,

Une cuillère à soupe rase de levure chimique,

Deux cuillères à soupe d'oignon râpé,

Une demi-cuillère à café de thym en poudre.

Mélangez soigneusement, puis ajoutez deux cuillères à soupe de shortening et mélangez jusqu'à obtenir une pâte avec six cuillères à soupe de lait. Formez des boules et déposez-les dans le bouillon bouillant. Cuire une vingtaine de minutes, puis épaissir légèrement avec de la farine et servir.

MORUE À LA CRÈME

Faire tremper le poisson désossé toute la nuit puis étuver pendant vingt minutes. Ou placez un paquet de morue râpée dans une serviette et plongez-la dans l'eau chaude, puis essorez-la. Lieu

Une tasse et demie de lait,

dans une casserole et ajouter

Six cuillères à soupe de farine.

Remuer pour dissoudre puis porter à ébullition et cuire pendant cinq minutes. Ajouter le poisson préparé et

Deux cuillères à soupe de persil finement haché,

Une cuillère à café de paprika.

Chauffer puis servir sur des toasts.

CHILI CON CARNE

Coupez une livre de viande à ragoût en morceaux d'un pouce et placez dans une casserole deux tasses d'eau. Cuire lentement jusqu'à tendreté, puis ajouter

Une tasse de fèves au lard,

Deux oignons finement émincés,

Une tasse de tomate,

Une cuillère à café de poudre de chili.

Portez à ébullition et laissez cuire doucement une vingtaine de minutes puis placez dans un bol

Quatre cuillères à soupe de farine,

Une cuillère à café de sel,

Une demi cuillère à café de paprika,

Une cuillère à soupe de vinaigre,

Cinq cuillères à soupe d'eau.

Battre pour dissoudre et ajouter au chili con venu. Cuire cinq minutes puis servir.

POISSON FRIT À L'ANGLAIS

Nettoyez soigneusement le poisson, puis lavez-le bien et égouttez-le. Rouler dans la farine, puis assaisonner et faire frire dans la graisse chaude jusqu'à ce qu'ils soient dorés. Servir avec une sauce moutarde.

CHOW CHOW

Lavez et coupez en gros morceaux suffisamment de tomates pour mesurer trois pintes. Placer dans un bol en porcelaine et ajouter

Une pinte de petits oignons,

et recouvrir de

Une tasse de sel.

Laisser reposer une demi-journée. Puis égouttez et placez dans une marmite à confiture et ajoutez

Une pinte de chou-fleur étuvé,

Une douzaine de poivrons verts coupés en morceaux,

Une demi-douzaine de poivrons rouges, coupés en morceaux,

Un litre de haricots verts, coupés en morceaux et étuvés,

Un litre de vinaigre de cidre fort,

Trois tasses d'eau.

Portez à ébullition et laissez cuire une demi-heure. Maintenant, placez dans un bol

Une demi-tasse de farine,

Un quart de tasse de moutarde,

Une cuillère à soupe de paprika,

Une cuillère à café de curcuma,

Une once de graines de moutarde,

Une cuillère à soupe de graines de céleri,

Une tasse de vinaigre.

Bien mélanger avant de l'ajouter au chow, puis remuer pour bien mélanger et cuire pendant quinze minutes. Verser dans des bocaux entièrement en verre et sceller pendant qu'il est chaud.

COINGS

Le coing est le fruit d'un arbre de la famille du pommier et du poirier, véritable originaire du sud de l'Europe et de l'Asie. Il est cultivé sous tous les climats tempérés.

Les anciens Grecs et Romains attribuaient au coing de nombreux pouvoirs curatifs. Il existe une légende selon laquelle une belle servante grecque aurait découvert le véritable secret de la fabrication de la marmelade, et celle-ci serait ensuite servie par les servantes d'Athènes à leurs amants après les conquêtes.

Le nom marmelade vient du portugais marmelo.

Le coing est un fruit qui ne peut pas être consommé à l'état brut, mais qui est le plus délicieux dans la confiture, la marmelade de gelée et le beurre de coing, et rivalise avec la pomme et la goyave comme le meilleur fruit pour la fabrication de la gelée.

Le fruit gros et lisse est le premier choix, et il doit être manipulé avec précaution car il se meurtrit rapidement ; les parties meurtries se décolorent très rapidement et deviennent brun foncé. Pour conserver les coings un certain temps, essuyez-les fréquemment avec un chiffon sec et placez-les sur une grille afin qu'il y ait une libre circulation de l'air autour du lieu, et placez-les dans une pièce fraîche, sèche et bien aérée.

Les graines de coing sont riches en matière semblable à du mucilage et forment une pâte gélatineuse lorsqu'elles sont trempées dans l'eau.

MARMELADE DE COINGS FANTAISIE

Préparez les coings comme pour la marmelade de coings à la romaine et mesurez le fruit. À quatre litres de coings cuits et de jus, ajoutez

Un paquet de raisins secs sans pépins,

Une bouteille de taille moyenne de cerises au marasquin, coupées en petits morceaux,

Deux tasses d'amandes finement hachées ou d'autres noix,

Deux litres et demi de sucre cristallisé.

Placer dans la marmite à confiture et porter à ébullition. Cuire lentement jusqu'à obtenir une marmelade épaisse, puis verser dans des bocaux stérilisés. Ajustez le caoutchouc, le couvercle et le joint. Passer au bain-marie chaud pendant quinze minutes puis conserver dans un endroit frais et sec.

GELÉE DE COING

Lavez les coings puis coupez-les en deux, retirez les pépins et les noyaux et parez-les. Coupez les coings épluchés en fines tranches puis placez-les dans un bol et couvrez d'eau froide.

Placer les épluchures et les graines de coings dans une marmite à confiture et couvrir d'eau froide. Porter à ébullition et cuire jusqu'à ce que les morceaux soient très tendres. Écrasez-le fréquemment, transformez-le en sac de gelée et laissez-le s'égoutter.

Mesurez le jus ou le liquide de coing et remettez-le dans la marmite. Portez à ébullition et laissez cuire une dizaine de minutes. Ajoutez ensuite trois quarts de tasse de sucre pour chaque tasse de jus. Remuer pour bien dissoudre le sucre puis porter à ébullition et cuire une dizaine de minutes.

Verser dans des verres stérilisés. Laisser refroidir et couvrir de paraffine fondue et conserver de la manière habituelle pour les gelées.

Placez maintenant les coings coupés en fines tranches et couvrez-les d'eau froide dans la marmite à confiture, en recouvrant les coings tranchés d'eau à deux pouces au-dessus des fruits dans la marmite. Porter à ébullition puis cuire lentement jusqu'à ce que les coings tranchés soient tendres. Égoutter le jus puis mesurer les fruits cuits. Remettez dans la bouilloire et ajoutez

Un litre de sucre,

Une tasse d'eau

à tous les trois litres de coings tranchés cuits. Placer sur le feu et cuire lentement jusqu'à l'obtention d'une confiture très épaisse. Remplissez des bocaux stérilisés et ajustez le caoutchouc, le couvercle et le joint. Traiter au bain-marie chaud pendant quinze minutes, puis laisser refroidir et conserver.

Utilisez le liquide filtré des coings cuits pour la gelée, en suivant la règle de la gelée de coings.

MARMELADE DE COINGS ROMAINE

Lavez les coings, puis épluchez-les et coupez-les en fines tranches. Placer dans une marmite à confiture et couvrir d'eau froide. Placer sur le feu et cuire jusqu'à tendreté. Placez maintenant les morceaux, les noyaux et les graines dans une bouilloire séparée et couvrez d'eau froide. Porter à ébullition et cuire lentement jusqu'à ce que la pulpe soit très molle. Filtrer et ajouter ce liquide aux coings en cours de cuisson. Cuire les coings jusqu'à ce qu'ils soient très tendres. Passez ensuite au tamis fin.

Mesurez maintenant cette pulpe et ce jus broyés et remettez-les dans la marmite. Porter à ébullition et cuire pendant quinze minutes, et ajouter deux tiers de litre de sucre pour chaque litre de pulpe de coing préparée. Remuez le sucre jusqu'à ce qu'il se dissolve, puis portez à ébullition et faites cuire lentement jusqu'à ce que le mélange devienne une confiture épaisse. Verser dans des verres ou des bols stérilisés et laisser refroidir. Couvrir de paraffine fondue.

Cette marmelade de coings romaine était reconnue pour son pouvoir de guérir la toux et le rhume.

CHIPS DE COING

Lavez et épluchez une douzaine de coings, puis coupez-les en quartiers et retirez les noyaux. Maintenant, coupez-le en fines tranches, placez-le dans une marmite et couvrez d'eau froide. Cuire jusqu'à tendreté, puis couvrir les morceaux, les noyaux et les graines d'eau froide et cuire jusqu'à ce qu'ils soient très tendres. Filtrez le liquide et remettez ce liquide dans la bouilloire et faites bouillir pour réduire à deux tasses ; puis ajoutez quatre livres de sucre. Remuer pour bien dissoudre le sucre, puis faire bouillir jusqu'à ce qu'il forme un fil lorsqu'on le teste avec les dents d'une fourchette. Ajoutez maintenant les coings bien égouttés qui ont été cuits jusqu'à ce qu'ils soient tendres et laissez mijoter le mélange pendant deux heures.

Retirez la bouilloire et réservez toute la nuit. Le lendemain matin, réchauffez les coings et laissez bouillir pendant deux heures.

Réservez pendant vingt-quatre heures et répétez pendant trois jours. Passer au tamis ou passer dans une passoire pour égoutter. Une fois bien égouttés et presque secs, séparez chaque morceau de coing et roulez-le dans le sucre cristallisé. Laisser sécher dans une pièce chaude puis emballer dans des boîtes recouvertes de papier ciré. Placez du papier ciré entre les couches. La liqueur égouttée des coings peut être placée dans des verres et conservée pour la gelée de coings. Cette délicieuse confiserie grecque était servie lors des banquets et à toutes les occasions de gala.

CROQUETTES DE BOEUF

Une tasse et demie de bœuf finement cuit,

Une tasse de sauce à la crème très épaisse,

Une cuillère à café de sel,

Une cuillère à café de paprika,

Une cuillère à café de sauce Worcestershire,

Un quart de cuillère à café de moutarde,

Deux cuillères à soupe d'oignon râpé.

Bien mélanger puis former des croquettes et les rouler légèrement dans la farine. Tremper dans l'œuf battu puis dans la chapelure fine et faire revenir jusqu'à ce qu'il soit doré dans la graisse chaude.

Steak espagnol

Demandez au boucher de couper deux livres de la ronde ou du steak de paleron, puis essuyez-le avec un chiffon humide. Maintenant, tapotez bien avec de la farine et déposez-le sur un plat allant au four. Placer dans un four chaud et arroser toutes les dix minutes avec environ une tasse d'eau bouillante. Cuire une vingtaine de minutes puis ajouter

Une tasse d'oignons émincés,

Une tasse de tomates bien égouttées.

Remettre au four et cuire au four pendant quinze minutes puis retirer et assaisonner avec du sel et du paprika et quatre cuillères à soupe de fromage râpé. Remettre au four pendant cinq minutes.

JUSTE UNE TÊTE ET DES PIEDS DE COCHON

Demandez au boucher de lui fendre la tête, puis de la nettoyer en enlevant la cervelle et la langue. Jetez les yeux. Lavez ensuite abondamment à l'eau froide et nettoyez soigneusement. Placer la tête, les pieds et la langue dans une grande marmite à confiture et couvrir d'eau froide et ajouter

Une tasse et demie d'oignons émincés,

Deux carottes coupées en dés,

Une tasse et demie de feuilles de céleri séchées,

Une demi-once de graines de céleri,

Une demi-once de graines de moutarde,

Une cuillère à soupe de thym,

Une cuillère à soupe de sauge,

Une cuillère à soupe de marjolaine douce,

Une douzaine de piment de la Jamaïque entier,

Un bouquet d'herbes potagères.

Porter à ébullition, écumer fréquemment et cuire jusqu'à ce que la viande de la tête et des pieds soit tendre. Retirez la tête, les pieds et la langue et faites bouillir le liquide pendant dix minutes pour le faire réduire. Filtrer puis mesurer. À deux litres et demi de ce bouillon, ajoutez

Une cuillère à soupe de poivre noir,

Trois cuillères à soupe de sel,

Deux tasses de flocons d'avoine,

Trois tasses de semoule de maïs,

Une tasse de farine de blé entier,

puis de la viande, hachée finement dans les pattes de porc. Cuire lentement, en remuant fréquemment. Cuire jusqu'à ce qu'il soit très épais, comme de la bouillie, sur la partie arrière de la cuisinière, puis rincer un moule en forme de pain carré à l'eau froide. Versez le scrapple, puis placez le reste du bouillon, trois pintes, dans une bouilloire et ajoutez une tasse de vinaigre. Porter à ébullition et cuire une quinzaine de minutes pour réduire. Ajouter la viande retirée de la tête et coupée en morceaux bien nets. Rincez un moule en forme de pain à l'eau froide, puis versez-y la viande hachée. Mettre au frais pour mouler.

Le scrapple peut être transformé en croquettes et trempé dans la farine et frit jusqu'à ce qu'il soit doré, ou il peut être coupé en fines tranches et frit de la manière habituelle. Coupez le fromage de tête en tranches et servez avec une sauce moutarde.

Faites cuire les cerveaux pour le petit-déjeuner ou le déjeuner.

BONBONS

POUR FAIRE FONDRE LE CHOCOLAT POUR TREMPER

Le chocolat nature ou sucré peut être utilisé pour la trempette. Pour éviter les traces ou le grisonnement, le chocolat doit être fondu à basse température, remplissez donc la partie inférieure du bain-marie avec de l'eau bouillante. Mettez en place le compartiment supérieur , puis ajoutez le chocolat finement coupé. Ajoutez une cuillère à soupe d'huile de salade à chaque demi-livre. Remuer fréquemment jusqu'à ce que le chocolat soit fondu puis tremper dans les centres fondants, les noix ou les morceaux de fruits confits. Placer à sécher sur une planche recouverte de toile cirée.

CRISTAUX DE GINGEMBRE

Faites tremper trois cuillères à soupe rases de gélatine dans une demi-tasse d'eau froide pendant une heure. Placer ensuite dans une casserole sans graisse

Deux tasses de sucre,

Une tasse d'eau.

Portez à ébullition et laissez cuire cinq minutes, puis ajoutez la gélatine préparée. Remuer pour bien dissoudre, puis porter à nouveau à ébullition et cuire douze minutes. Retirer du feu et ajouter

Une cuillère à soupe de jus de citron,

Deux tiers de tasse de gingembre confit, coupé en petits morceaux.

Rincer une casserole oblongue à l'eau froide et bien égoutter. Incorporez le mélange cuit et laissez-le reposer au frais pendant douze heures pour qu'il devienne ferme. Ensuite, détachez-le de la poêle et retirez-le. Allumez la table et coupez en blocs. Rouler dans le sucre cristallisé et laisser cristalliser.

BONBONS

La première chose à faire est de préparer le fondant, ce qui est facile à faire si vous possédez un thermomètre à bonbons. Il suffit de le placer dans une casserole absolument exempte de graisse

Deux tasses de sucre cristallisé,

Un quart de tasse de sirop de maïs blanc,

Une demi-tasse d'eau bouillante,

Une demi-cuillère à café de crème de tartre.

Ajustez le thermomètre à bonbons sur le côté de la casserole.

Mettre dans un endroit chaud pendant quelques minutes pour faire fondre le sucre puis bien mélanger. Essuyez les parois de la casserole avec un chiffon humide pour éliminer les cristaux de sucre. Placez la casserole sur le feu et portez à ébullition. Cuire jusqu'à ce qu'il atteigne 240 degrés sur le thermomètre à bonbons. Retirer du feu. Verser sur une assiette de viande bien huilée et laisser refroidir. Une fois refroidi, travaillez jusqu'à obtenir une masse crémeuse puis pétrissez comme une pâte à pain. Placer dans un bol et laisser reposer une journée pour mûrir dans un endroit frais. Couvrir le bol avec un chiffon bien essoré avec de l'eau chaude. Ce fondant peut être utilisé entre des moitiés de noix anglaises, comme centre de chocolats ou pour recouvrir des amandes ou des morceaux de fruits. Il peut également être utilisé pour tremper et faire des bonbons.

BONBON SANS SUCRE

Cette pâte de fruits est l'invention d'un ancien marchand de fruits italien spécialisé il y a des années dans les fruits confits. Passer au hachoir

Un quart de livre de noix de coco,

Une demi-livre de raisins secs sans pépins,

Une demi-livre de dattes, de figues,

Une livre de noix décortiquées, ajouter deux cuillères à soupe de sirop, former des boules et des oblongs.

POUR UTILISER LE FONDANT POUR LE TREMPAGE

Placez la moitié du fondant dans la partie supérieure d'un bain-marie et remplissez la partie inférieure d'eau bouillante. Ajoutez environ une cuillère à soupe d'eau bouillante au fondant et remuez continuellement pour obtenir une crème épaisse. Trempez-y les morceaux de noix, les fruits confits ou les boules de fondant nature. Laisser sécher sur du papier ciré ou une planche recouverte de toile cirée.

Lorsque le fondant devient trop sec pour être trempé davantage, grattez-le du moule à l'aide d'une cuillère en bois et formez des boules. Trempez-les dans le chocolat fondu.

Une demi-livre de cacahuètes décortiquées,

Une demi-livre de pruneaux,

Une demi-livre d'abricots,

Une demi-livre de citron.

Mélanger et former des boules ou des cylindres. Rouler dans la noix de coco finement hachée ou les noix finement hachées; ou recouvrez une boîte en fer blanc, comme celle des gaufrettes de sucre, de papier ciré, puis remplissez-la du mélange de fruits. Appuyez fort pour le rendre ferme et laissez reposer quatre heures. Retirer de la boîte et couper en tranches d'un demi-pouce.

Une boîte remplie d'un assortiment de ces délicieux bonbons faits maison fera un cadeau très désirable.

DÎNER DE NOËL

UNE SÉLECTION DE MENUS POUR FAMILLE DE DIX PERSONNES

N°1

Céleri   Des radis

Cocktail d'huîtres

Filets de Morue   sauce tartare

Boulettes de pommes de terre   Beurre De Persil

Concombres marinés   Chow Chow

Dinde rôtie, garniture de la Nouvelle-Angleterre

Sauce brune   Gelée De Canneberge

Laitue   Vinaigrette canadienne

Plum Pudding   Sauce Vanille

Café

Des noisettes   Raisins secs

N ° 2

POUR FAMILLE DE SIX PERSONNES

Piccalilli fait maison   Cresson

Soupe aux tomates claires

huîtres grillées

Poulet Grillé À La Poêle Garniture De Bacon

Sauce brune   Gelée De Groseille

Pone à la patate douce   Haricots verts

Laitue   Vinaigrette russe

Tarte hachée   Café

Des noisettes   Raisins secs

n ° 3

POUR FAMILLE DE QUATRE

Cocktail Pamplemousse

Céleri

Éperlans frits   sauce tartare

Salade De Chou

Poule de Guinée au Four   Sauce brune

Conserve épicée

Pommes de terre blanches au four

Oignons à la crème

Laitue   Vinaigrette à la crème sure

Tarte à la citrouille   Café

Des noisettes   Raisins secs

Numéro 4

POUR NOUS SEULEMENT DEUX

Pamplemousse Marasquin

Huîtres poêlées

Filet de Flétan   Sauce Créole

Pigeonneau Grillé   Garniture De Bacon

Gelée De Groseille

Patates douces dorées

Purée de navets

Laitue   Vinaigrette mayonnaise

Tartelettes hachées individuelles   Café

Des noisettes   Raisins secs

La liste de commercialisation sera la suivante pour le Menu N°1 :

Une botte de céleri contenant six branches. (Ce serait une réelle économie d'acheter du céleri bien blanchi, car il génère moins de déchets.)

Deux bottes de radis,

Cinquante petites huîtres pour les cocktails,

Une livre et demie de tranches de morue,

Un quart de bouchée de pommes de terre blanches,

Un quart de brochette d'oignons,

Dinde de quinze livres,

Un bouquet de persil,

Une livre de canneberges,

Un demi-pic de patates douces,

Deux gros choux-fleurs,

Une grosse tête de laitue,

Concombre mariné et chowchow maison,

Pudding aux prunes fait maison,

Une demi-livre d'amandes,

Une livre et demie de raisins secs en couches.

FILET DE MORUE, SAUCE TARTARE

Divisez les tranches en filets bien nets, assaisonnez et roulez dans la farine. Trempez-le dans l'œuf battu puis roulez-le dans de fines miettes. Faire frire jusqu'à ce qu'ils soient dorés dans la graisse chaude.

SAUCE TARTARE

Utilisez de la mayonnaise sans œufs comme base pour cette sauce. Placer dans une assiette creuse

Trois cuillères à soupe de lait concentré,

Une cuillère à café de moutarde,

Une cuillère à café de paprika,

Un quart de cuillère à café de poivre blanc.

Mélangez puis battez une tasse d'huile de salade puis ajoutez

Une demi-tasse de persil finement haché,

Trois oignons, râpés,

Un gros cornichon aigre, haché finement,

Une cuillère à soupe de vinaigre,

Une cuillère à café de sel.

Mélangez bien puis servez froid.

Lors de la préparation des boulettes de pommes de terre, utilisez la portion restante après avoir transformé les boules en purée de pommes de terre. Faites cuire les boules dans de l'eau bouillante, généralement une dizaine de minutes. Égoutter puis couvrir d'un torchon pour rendre farineux. Roulez ensuite dans le beurre fondu et saupoudrez de persil finement haché.

PATATES DOUCES CONFITES

Faites cuire les pommes de terre dans leur peau puis laissez-les refroidir et retirez la peau. Placer maintenant dans une poêle à frire en fer épais

Une tasse et demie de sirop,

Une demi-cuillère à café de cannelle,

Une demi-cuillère à café de muscade.

Porter à ébullition et cuire cinq minutes. Ajoutez les patates douces et arrosez continuellement avec le sirop en les laissant mijoter lentement pendant vingt minutes. Ne coupez pas et ne tranchez pas les pommes de terre.

PRÉPARER LA DINDE

Sélectionnez un oiseau bien dodu plutôt qu'un gros oiseau maigre. Retirez toutes les plumes d'épingle, puis flambez et dessinez. Retirez le cou et lavez-le abondamment à l'eau tiède. Préparez la garniture suivante :

REMPLISSAGE DE LA NOUVELLE-ANGLETERRE

Passez les grosses branches extérieures du céleri dans le hachoir et ajoutez

Un litre d'oignons,

Un demi-bouquet de persil,

Une livre et quart de pain rassis.

Versez dans un bol et ajoutez

Une cuillère à soupe rase de sel,

Une cuillère à café rase de poivre,

Une cuillère à café et demie d'assaisonnement pour volaille,

Une demi-tasse de shortening fondu.

Mélangez soigneusement puis versez dans l'oiseau. Cousez l'ouverture avec une aiguille à repriser et une ficelle solide. Placez une partie de la garniture devant le sternum, puis tirez le lambeau de peau vers l'arrière et fixez-le. Maintenant, frottez bien l'oiseau avec du shortening et appliquez une tasse de farine sur la poitrine, les ailes, les cuisses et les pattes. Placer dans une grande rôtissoire et placer dans un four chaud. Laissez la dinde dorer légèrement, puis baissez la poitrine, réduisez le feu à modéré et commencez à arroser avec le mélange préparé. Arroser toutes les dix minutes, en laissant la dinde chauffer une demi-heure et vingt minutes par livre, soit environ trois heures et demie.

LUM GUM GUE

Étalez une couche épaisse de craquelins salés avec le fouet à la guimauve. Maintenant, tartinez de gelée et complétez avec plus de guimauve. Couvrir de noix finement hachées. Mettre à four chaud pour dorer légèrement.

SANDWICHS AU FROMAGE DU SIÈCLE

Une demi-tasse de fromage cottage,

Deux piments finement hachés,

Un oignon, râpé,

Une demi-tasse de persil finement haché,

Quatre cuillères à soupe de vinaigrette mayonnaise,

Une cuillère à café de sel,

Une cuillère à café de paprika.

Mélangez et étalez sur de fines tranches de pain beurrées. Placez une feuille de laitue croustillante entre la chapelure. Couper le sandwich en diagonale, en formant des triangles. Déposez une tranche de cornichon dessus et servez.

SANDWICHS AUX FRUITS

Hacher bien

Une demi-tasse de raisins secs épépinés,

Une demi-tasse de figues, de pruneaux ou d'abricots à noyaux,

Une cuillère à soupe de sirop,

Une cuillère à soupe de jus de citron.

Mélanger pour bien mélanger, puis étaler sur les craquelins fins comme du beurre. Couvrir d'un deuxième cracker et servir.

BISCUITS DENTELLE

Placer dans un bol à mélanger

Une tasse de sirop,

Quatre cuillères à soupe de shortening,

Un oeuf,

Trois tasses et demie de flocons d'avoine,

Trois quarts de tasse de farine,

Une cuillère à soupe rase de levure chimique,

Une cuillère à café de vanille.

Battre juste assez pour mélanger, puis former des boules rondes et les espacer de trois pouces sur une plaque à pâtisserie bien graissée. Cuire au four quinze minutes à four modéré. Placez une demi-cuillère à café de guimauve sur chaque biscuit.

GÂTEAU AUX FRUITS DE GRAND-MÈRE

Placer dans un bol à mélanger

Une tasse de sucre,

Une tasse de sirop,

Trois quarts de tasse de shortening,

Deux oeufs.

Crémer jusqu'à consistance légère puis ajouter

Trois cuillères à soupe de cacao,

Une cuillère à soupe de cannelle,

Une cuillère à café de muscade,

Une cuillère à café de piment de la Jamaïque,

Une demi cuillère à café de clous de girofle,

Trois quarts de tasse de café noir,

Quatre tasses de farine tamisée,

Trois cuillères à soupe de levure chimique,

Deux tasses de raisins secs épépinés,

Une tasse de noix finement hachées,

Une demi-tasse de citron finement haché,

Une demi-tasse d'abricots finement séchés,

Une demi-tasse de pruneaux dénoyautés finement hachés.

Mélangez soigneusement, puis graissez le moule et tapissez-le de trois épaisseurs de papier. Beurrer et fariner le papier. Versez la préparation à gâteau et lissez le dessus. Cuire une heure et quart à four lent. Placez le plat de cuisson dans un autre et ajoutez une tasse d'eau bouillante dans le moule dans lequel est placé le moule à gâteau.

Cette quantité fera quatre livres et demie de gâteau, et elle peut être divisée en deux moules si vous le souhaitez.

Lorsque le gâteau est refroidi, retirez-le du papier et tartinez-le d'une bonne confiture ou conserve. Mettre dans une boîte hermétique pour mélanger. Au

moment de l'utiliser, essuyez le gâteau avec un chiffon humide et tartinez-le
de glaçage au chocolat ou blanc.

GÂTEAU AUX FRUITS MORAVE

Placer dans un bol à mélanger

Trois quarts de tasse de sirop,

Une demi-tasse de sucre,

Une demi-tasse de shortening,

Deux cuillères à soupe de cacao,

Deux cuillères à café de cannelle,

Une cuillère à café de muscade,

Une demi-cuillère à café de piment de la Jamaïque,

Une demi cuillère à café de gingembre,

Une demi cuillère à café de clous de girofle,

Trois tasses de farine,

Deux cuillères à soupe rases de levure chimique,

Trois quarts de tasse de lait,

Un oeuf.

Battre pour mélanger puis ajouter

Une tasse et demie de raisins secs épépinés,

Une tasse de pommes séchées, hachées finement,

Une tasse de noix finement hachées,

Une demi-tasse de citron finement haché.

Incorporer soigneusement les fruits, puis graisser le moule et le tapisser de
papier. Beurrer et fariner le papier. Versez le mélange à gâteau et faites cuire
à four lent pendant une heure.

UN PETIT GÂTEAU AUX FRUITS

Placer dans un bol à mélanger

Une demi-tasse de raisins secs épépinés,

Une demi-tasse de noix finement hachées,

Une demi-tasse de citron finement haché,

Une demi-tasse d'abricots finement hachés,

Une tasse de sirop,

Une demi-tasse de cassonade,

Une demi-tasse de shortening,

Une demi-tasse de café froid,

Un oeuf,

Deux tasses et demie de farine,

Deux cuillères à soupe de levure chimique.

Mélangez bien et faites cuire comme un gâteau aux fruits morave.

UN GÂTEAU DE GUERRE DE 1865

Placer dans un bol à mélanger

Une tasse et demie de mélasse,

Une tasse de shortening,

Une tasse de confiture de coings ou de pêches,

Une tasse de noix finement hachées,

Trois quarts de tasse d'écorces d'orange confites finement hachées,

Une demi-tasse de zeste de citron confit finement haché,

Trois tasses de raisins secs épépinés,

Une cuillère à soupe de cannelle,

Une cuillère à café de muscade,

Une demi-cuillère à café de piment de la Jamaïque,

Une demi cuillère à café de clous de girofle,

Cinq tasses de farine tamisée,

Trois cuillères à soupe rases de levure chimique,

Un oeuf,

Une tasse et demie de compote de pommes fine.

Mélangez soigneusement puis graissez le moule et tapissez-le de papier. Beurrer et fariner le papier, incorporer le mélange et cuire une heure et demie à four doux.

PAIN D'ÉPICES TOM-TIDDLE

Placer dans un bol à mélanger

Une tasse de mélasse,

Une demi-tasse de cassonade,

Une demi-tasse de shortening,

Une cuillère à soupe de cannelle,

Une cuillère à café de gingembre,

Une cuillère à café de piment de la Jamaïque.

Mélanger puis ajouter

Une tasse de café froid,

Quatre tasses de farine tamisée,

Trois cuillères à soupe rases de levure chimique.

Battre pour mélanger. Verser dans un moule graissé et fariné, couvrir de chapelure préparée et cuire à four modéré pendant quarante minutes.

SANDWICHS AU FROMAGE GRILLÉ

Coupez le pain en lanières de la largeur d'un doigt. Faites-les griller, déposez une fine tranche de fromage sur les toasts et faites-les griller à nouveau. Saupoudrer de paprika.

PANSEMENT DELMONTÉ

Placer dans un bol à mélanger

Quatre piments finement hachés,

Un oignon râpé,

Quatre cuillères à soupe de persil finement haché,

Sept cuillères à soupe d'huile de salade,

Trois cuillères à soupe de vinaigre ou de jus de citron,

Une cuillère à café de sucre,

Une cuillère à café de sel,

Une cuillère à café de paprika,

Trois cuillères à soupe de ketchup.

Mélangez puis servez.

La préparation tranquille du dîner de Noël contribue à son succès. Chaque famille est une autorité en soi quant au choix de la pièce de résistance. La dinde, le canard, l'oie, le poulet, la pintade, le cochon de lait, l'épaule de porc fraîche et le jambon cuit au four offrent une splendide variété.

MENUS SUGGESTIFS

N°1

Soupe aux tomates claires

Céleri

Dinde rôtie   Remplissage

Sauce brune   Gelée De Canneberge

Purée de pommes de terre blanches

Oignons à la crème   Salade De Chou

Tarte hachée   Café

N ° 2

Cornichons faits maison

Soupe De Céleri   Des radis

Oie Rôtie   Garniture De Pommes De Terre

Pommes rôties   Gelée De Groseille

Pone à la patate douce   Chou-fleur

Salade de céleri et chou

Tarte aux canneberges   Café

n ° 3

Olives

Céleri   La soupe aux pois

Épaule de porc fraîche de campagne au four

Sauce brune   Compote de pommes

Patates douces confites   Épinard

Laitue   Vinaigrette française

Tarte à la citrouille

Café

Numéro 4

Chow Chow

Céleri   Cresson

Huîtres sur demi-coquille

Sauce façon Champagne

Jambon cuit   Gelée De Groseille

Patates douces et blanches dorées

Rondelles de concombre épicées

Maïs   Petits pois

Laitue   Rouleau aux canneberges

Café

OIE RÔTI

Sélectionnez un oiseau dodu et retirez les plumes. Chanter et dessiner, puis bien laver à l'eau tiède, à l'aide d'une brosse végétale pour frotter la peau. Plongez dans l'eau froide. Placez maintenant l'oie dans une marmite à confiture et ajoutez-y

Un pédé d'herbes à soupe,

Deux oignons.

Suffisamment d'eau bouillante pour couvrir. Portez à ébullition et laissez cuire trois quarts d'heure. Retirer et laisser refroidir. Placer une demi-tasse de shortening dans une grande poêle et ajouter

Une tasse et demie d'oignons finement hachés.

Cuire jusqu'à tendreté et ajouter

Deux tasses de purée de pommes de terre,

Une tasse de chapelure fine,

Une demi-tasse de persil finement haché,

Une demi-tasse de feuilles de céleri finement hachées,

Une demi-tasse de piments finement hachés,

La viande prélevée sur le cou et les abats, hachée finement, également

Une cuillère à café de thym,

Trois quarts de cuillère à café de marjolaine douce,

Un quart de cuillère à café de sauge,

Une demi-cuillère à café d'assaisonnement pour volaille.

Cuire lentement en retournant fréquemment pendant une demi-heure. Laisser refroidir puis remplir l'oie. Cousez l'ouverture avec une aiguille à repriser et une ficelle solide. Attachez le rabat et le cou, puis frottez bien l'oiseau avec beaucoup de shortening. Saupoudrer abondamment de farine. Placer dans une rôtissoire à four chaud pendant vingt minutes, puis commencer à arroser avec de l'eau bouillante. Réduisez le feu à modéré, retournez le magret d'oie et laissez cuire pendant deux heures et demie. Environ une demi-heure avant de sortir du four, retournez la volaille sur le dos et laissez la poitrine bien dorer. Transférer dans une assiette chaude et garnir de pommes rôties ou au four.

Pour faire la sauce, égouttez presque toute la graisse de la poêle, ajoutez suffisamment d'eau bouillante et laissez cuire quelques minutes.

LA SOUPE AUX POIS

Faites tremper une tasse de pois secs dans un litre d'eau tiède pendant la nuit. Le matin, lavez et égouttez, puis hachez finement quatre onces de porc salé. Mettre dans une casserole et ajouter

Une tasse et demie d'oignons émincés.

Cuire lentement jusqu'à ce qu'ils soient tendres, mais pas dorés, puis ajouter les petits pois et

Cinq pintes d'eau froide,

Un bouquet d'herbes à soupe,

Une demi-cuillère à café d'assaisonnement pour volaille.

Ajoutez les os bien fêlés de l'épaule. Porter à ébullition et cuire lentement pendant trois heures et demie. Laisser refroidir, puis passer au tamis grossier dans un bol et réserver jusqu'à ce que vous en ayez besoin. Pour servir : Réchauffez et ajoutez deux cuillères à soupe de persil finement haché. Si c'est trop épais, faites réduire avec un peu d'eau bouillante.

ÉPAULE DE PORC FRAÎCHE DE PAYS

Sélectionnez une épaule de porc dodue, pesant environ sept livres et demi. Avoir l'os de boucher et rouler l'épaule. Maintenant, placez les branches grossières et suffisamment de branches vertes de céleri dans le hachoir pour mesurer une tasse. Placer dans un bol et ajouter

Une tasse d'oignon finement haché,

Une demi cuillère à café de sauge,

Une cuillère à café d'assaisonnement pour volaille,

Une cuillère à café de sel,

Une demi-cuillère à café de poivre.

Bien mélanger puis mettre dans l'épaule. Essuyez l'épaule, frottez-la bien avec du shortening et ajoutez-y une tasse de farine. Placer dans une rôtissoire et mettre à four chaud. Laissez dorer trente minutes. Réduisez le feu à modéré et commencez à arroser avec de l'eau bouillante et arrosez toutes les quinze minutes. Cuire pendant trois heures et quart. Retourner fréquemment et au moment de servir, déposer dans une assiette chaude et garnir de persil. Égoutter l'excès de graisse de la poêle et ajouter la quantité d'eau bouillante nécessaire pour faire la sauce.

GOULACHE HONGROIS

Coupez une livre de bœuf à ragoût maigre en morceaux, placez-le dans une casserole et couvrez d'eau bouillante. Cuire lentement jusqu'à tendreté, puis ajouter

Une demi-tasse d'oignons,

Une carotte coupée en dés,

Un pédé d'herbes à soupe.

Lorsque la viande est tendre, assaisonnez avec

Une cuillère à café de sel,

Une cuillère à café et demie de paprika.

Épaississez la sauce avec de la farine dorée, puis ajoutez une demi-tasse de crème sure. Garnir de persil finement haché.

MENUS POUR SIX PERSONNES POUR LE JOUR DE NOËL

PETIT DÉJEUNER
9H00

Pamplemousse

Céréales et crème

Maquereau Grillé   Beurre De Persil

Pommes de terre à la Lyonnaise Petits pains chauds

Café

DÎNER DE NOËL16H

Soupe aux tomates claires

Céleri   Salade De Chou

Thon à la Newburg

Boulettes de pommes de terre Concombres tranchés

Dinde rôtie

Remplissage du jeu   Sauce brune

Sauce à la canneberge

Patates douces confites

Épinard   Maïs

Laitue   Vinaigrette russe

Puddings aux prunes individuels   Café

OU

PETIT DÉJEUNER
9H00

Oranges tranchées

Céréales et crème

Jambon Grillé   Beurre De Persil

Œufs pochés

Pommes de terre grillées Muffins de maïs

Café

DÎNER16H

Céleri   Cornichons   Olives

Canapé aux sardines

Bouillon

Boulettes de morue miniatures   Sauce tomate

Boulettes de pommes de terre au persil   Concombres

Jambon cuit au sucre

Gelée De Groseille   Sauce façon Champagne

Pommes de terre au paprika   Petits pois

Salade d'asperges

Vinaigrette Delmonte

Tartelettes chaudes individuelles   Café

Presque n'importe quel choix de viande peut remplacer la dinde ou le jambon. Poulet, pintade, canard, oies, pigeonneaux ou bébé cochon, tous se marieront très bien et équilibreront le repas.

Pour six personnes, préparez le pamplemousse tôt la veille, puis placez-le dans la glacière jusqu'à ce que vous en ayez besoin. Utilisez des céréales de petit-déjeuner préparées, comme des corn flakes, etc. Cela élimine la cuisson des céréales.

MAQUEREAU GRILLÉ

Sélectionnez deux maquereaux de taille moyenne ou trois petits et placez-les dans une grande casserole pour les faire tremper tôt la veille de Noël. Placer la peau vers le haut et couvrir d'eau tiède. Juste après le repas du soir, égouttez les maquereaux, recouvrez à nouveau d'eau tiède et laissez reposer toute la nuit. Cela éliminera l'excès de sel. Le matin, placez-le dans un grand plat allant au four, placez-le sur le gril ou au four chaud et arrosez toutes les quatre minutes avec de l'eau bouillante. Cuire une quinzaine de minutes pour un gros maquereau et une dizaine de minutes pour un petit poisson. Soulever sur une assiette chaude et couvrir avec

BEURRE DE PERSIL

Deux onces de beurre,

Une demi-tasse de persil finement haché,

Une cuillère à soupe d'oignon râpé,

Une cuillère à soupe de sauce Worcestershire.

Travaillez jusqu'à obtenir une masse lisse, puis étalez-la sur le poisson et servez avec un citron coupé en morceaux.

THON À LA ROI

Ouvrez une boîte de thon et transformez-la en plat en porcelaine. Maintenant, placez dans une casserole

Une tasse et demie de lait,

Quatre cuillères à soupe de farine.

Remuer pour mélanger, puis porter à ébullition et cuire cinq minutes. Ajouter

Trois cuillères à soupe de persil finement haché,

Une cuillère à soupe d'oignon râpé,

Un œuf bien battu,

Une cuillère à café de sel,

Une cuillère à café de paprika.

Ajoutez le thon brisé en gros flocons. Chaleur. Lorsqu'il est fumé chaud, servir dans des ramequins. Disposez le ramequin sur une assiette à thé puis déposez en petit tas quatre boules de pommes de terre roulées dans du beurre fondu recouvertes de persil finement haché, puis des concombres tranchés et bien assaisonnés.

SOUPE DE TOMATE CLAIRE

Utiliser

Une boîte de soupe aux tomates,

Un litre d'eau,

Une cuillère à café de sel,

Deux cuillères à soupe d'oignon râpé,

Deux cuillères à soupe de persil finement haché,

Deux cubes de bœuf.

Chauffer lentement, puis servir avec de petits carrés de pain grillé.

POMMES DE TERRE LYONNAISES

Une demi-tasse d'oignons finement hachés,

Un litre de pommes de terre bouillies à froid, tranchées finement.

Mélangez puis placez une demi-tasse de shortening dans une poêle et lorsqu'elle est chaude, ajoutez les pommes de terre. Cuire lentement jusqu'à ce qu'il soit bien doré.

POUR PRÉPARER DES PUDDINGS AUX PRUNEAUX INDIVIDUELS

Prenez un gros pudding et façonnez-le en petits. Mettre au bain-marie et chauffer.

POUR LE MENU N°. 2

Faire griller ou cuire le jambon.

Pour griller des pommes de terre : Coupez-les en fines tranches et disposez-les sur un plat allant au four. Badigeonner de shortening et faire griller au four à gaz pendant dix minutes.

POMMES DE TERRE AU PAPRIKA

Sélectionnez des pommes de terre de taille moyenne et faites cuire au four. Au moment de servir, ouvrez-le. Placer un morceau de beurre dans chaque pomme de terre et saupoudrer de paprika.

Utilisez des asperges en conserve pour la salade.

CANAPÉ DE SARDINES

Ouvrez une grande boîte de sardines et retournez-la sur une assiette ; laisser égoutter. Ensuite, coupez et faites griller pour chaque personne un morceau de pain oblong. Tartiner de beurre. Déposez ensuite sur les toasts deux sardines. Saupoudrez-les de

Une cuillère à soupe de piments finement hachés,

Une cuillère à café d'oignon finement émincé,

Une cuillère à café de persil finement haché.

Servir avec une tranche de jambon en tranches en forme de coin.

Utilisez les cubes de bouillon pour faire le bouillon.

BOULES DE MORUE MINIATURES

Une tasse et demie de purée de pommes de terre,

Trois quarts de tasse de morue préparée,

Un oignon, râpé,

Une demi-tasse de persil finement haché.

Mélangez puis formez de petites boules. Rouler dans la farine puis tremper dans l'œuf battu et rouler dans la chapelure fine. Faire frire jusqu'à ce qu'ils soient dorés dans la graisse chaude. Rouler les boulettes de pommes de terre cuites dans le beurre fondu et le persil.

JAMBON CUIT AU SUCRE

Faire bouillir le jambon puis retirer la peau et parer. Maintenant, placez dans un bol

Une tasse de cassonade ou de mélasse,

Une cuillère à soupe de cannelle,

Une cuillère à café de muscade,

Une cuillère à café de piment de la Jamaïque,

Une demi-cuillère à café de thym.

Mélangez, étalez sur le jambon et enfournez à four chaud pendant une heure et quart. Arroser toutes les dix minutes d'eau bouillante.

MENU DU NOUVEL AN

PETIT-DÉJEUNER

Bananes tranchées

Céréales et crème

Galettes de Morue Sauce tomate

Griller   Café

DÎNER

Bouillon d'Orge aux Légumes

Escalopes d'agneau, Menton

Purée de pomme de terre Purée de navets

Salade de céleri

Tarte aux raisins   Café

SOUPER

Des radis   Céleri

Saumon à la King

Galettes De Pommes De Terre

Salade De Chou

Gateau au chocolat   Thé

SAUMON À LA ROI

Placer dans une casserole

Deux tasses de lait,

Six cuillères à soupe de farine.

Remuer pour dissoudre, puis porter à ébullition et cuire 5 minutes. Ajoutez une boîte de saumon sans arêtes ni peau.

Le jus d'un citron,

Une cuillère à café de sel,

Une demi cuillère à café de poivre,

Deux œufs bien battus.

Chauffer jusqu'à ébullition et servir sur des toasts.

COUTELLES D'AGNEAU MENTONE

Demandez au boucher de couper le cou d'agneau ou de mouton pour en faire des côtelettes. Essuyez avec un chiffon humide et placez-le dans une casserole avec

Deux oignons,

Un litre d'eau bouillante.

Cuire lentement jusqu'à tendreté, puis retirer les escalopes et bien les aplatir. Rouler dans la farine puis faire dorer dans la graisse chaude. Ajoutez maintenant une tasse et demie d'oignons émincés à la graisse de la poêle, laissée par le brunissement des escalopes. Mélanger et faire dorer très légèrement. Ajoutez maintenant une tasse d'eau et faites cuire jusqu'à ce que les oignons soient tendres et que l'eau se soit évaporée. Saupoudrez trois cuillères à soupe de farine sur les oignons et mélangez bien. Puis ajouter

Une demi-boîte de soupe aux tomates,

Trois quarts de tasse d'eau.

Porter à ébullition; ajoutez les escalopes et laissez mijoter une dizaine de minutes. Soulevez les oignons sur une assiette chaude, puis placez les escalopes dessus et versez la sauce sur la viande. Garnir d'une cuillère à soupe de persil finement haché.

TARTE AUX RAISIN

Placez un paquet de raisins secs sans pépins dans une casserole et ajoutez

Une tasse de sirop,

Trois quarts de tasse d'eau,

Six cuillères à soupe de fécule de maïs.

Dissoudre la fécule dans l'eau avant de l'ajouter au sirop et aux raisins secs, puis porter à ébullition. Cuire lentement pendant cinq minutes, puis laisser refroidir et utiliser pour la tarte. Au moment de placer dans la tarte, ajoutez

Une cuillère à soupe de jus de citron,

Le zeste râpé d'un quart de citron.

SAUCE TOMATE

Mettre une demi-boîte de soupe aux tomates dans une casserole et ajouter

Une demi-tasse d'eau,

Deux cuillères à soupe rases de fécule de maïs.

Remuer pour dissoudre la fécule, puis porter à ébullition et cuire pendant cinq minutes.

JAMBON CUIT À LA VIRGINIA

Achetez un jambon bouilli désossé et placez-le dans un plat allant au four.

Ouvrez une boîte d'une livre et demie de sirop et ajoutez

Deux cuillères à soupe de cannelle,

Une cuillère à soupe de muscade,

Une cuillère à café de piment de la Jamaïque,

Une cuillère à café de clous de girofle,

Une cuillère à café de gingembre.

Bien mélanger, puis étaler sur le jambon et saupoudrer légèrement de farine. Arrosez fréquemment avec le sirop. Cuire à four lent pendant une heure et quart.

MENUS POUR LA FÊTE DU NOUVEL AN

Planifier une véritable fête horlogère à l'ancienne pour célébrer la fin de l'année et l'arrivée de la nouvelle offrira un véritable divertissement. Faites arriver les gens vers 10 heures et passez ensuite une heure et demie à danser, chanter et généralement passer un très bon moment à l'ancienne. Puis vers 11h45, on sert le dîner, de sorte que juste avant minuit, tout le monde soit prêt avec un toast à la nouvelle année.

Disposez-vous de manière à ce que chaque invité soit à sa place debout, une tasse de wassail à la main, puis à 12 heures trois minutes, assombrissez la pièce. Lorsque midi sonne, allumez les lumières et buvez une bonne année.

Les réjouissances du Nouvel An sont aussi vieilles que l'histoire de l'Angleterre. Là, le chef de maison rassemble la famille autour du bol de wassail pour boire à la santé de chacun. L'expression saxonne « Wasshael » signifie « Votre santé » ; d'où le bol de wassail. Dans de nombreux comtés et comtés, les garçons et les filles s'emparent d'un grand bol et l'ornent de rubans et de fleurs artificielles, et, lors de cette visite, la noblesse, tout en chantant des chansons adaptées à l'occasion.

UN WASSAIL ANGLAIS

Placez deux gallons de cidre dans un grand bol à punch et ajoutez

Un gros morceau de glace,

Une demi-douzaine de bananes coupées en fines tranches,

Une demi-douzaine d'oranges coupées en tranches puis en petits morceaux,

Une bouteille de taille moyenne de cerises au marasquin,

Petite pomme au four.

Coupez les cerises en petits morceaux et utilisez également le jus. Mettez une pomme au four pour chaque invité. Les pommes sont ensuite mangées à la fourchette. Mélangez et servez.

Voici quelques suggestions pour le souper :

N° DE MENU 1

Céleri   Olives

Cornichons faits maison

Poulet royal

Croquettes de pommes de terre

Craquelins au fromage

Gâteau   Gelée   Café

N° DE MENU 2

Des radis   Céleri

Relish faites maison

Jambon de Virginie au four

Salade de pommes de terre

Rouleaux   Beurre

Café   Gâteau

SOUPER CAMPAGNE

Des radis   Céleri

Relish faites maison

Cochon de lait rôti

Sauce brune   Compote de pommes

Purée de pommes de terre blanches   Choucroute

Salade De Chou

Pain et beurre

Tarte aux canneberges   Café

Une vieille coutume du nouvel an a été relancée : passer des appels. Les gens viennent maintenant le jour de l'An de la même manière que grand-mère se divertissait et gardait portes ouvertes ce jour-là.

À servir lors des visites du Nouvel An :

Céleri   Olives

Sandwichs au piment

Sandwichs au jambon cuit au four

Sandwichs au céleri et au fromage

Thé, café ou cacao

D'autres préféreront se divertir avec un dîner du Nouvel An. Peut-être que cela donnera une suggestion :

Huîtres sur demi-coquille

Céleri

Soupe aux légumes à l'ancienne

Poisson bouilli   Sauce aux Oeufs

Jambon cuit   Sauce façon Champagne

Pommes de terre dorées   Petits pois

Salade De Chou

Tarte hachée ou aux pommes   Café

Des noisettes   Raisins secs

MORUE BASSLANO

Servir une entrée de poisson au dîner du dimanche donne juste ce qu'il faut de piquant au repas. Sélectionnez deux tranches de morue ou d'autres tranches de poisson. Coupez en petits filets, assaisonnez puis roulez dans la farine. Tremper dans l'œuf battu puis rouler dans la chapelure fine. Faire frire jusqu'à ce qu'ils soient dorés dans la graisse chaude et servir avec une sauce tartare.

LONGE DE PORC RÔTI

Sélectionnez une coupe de cinq ou six livres et demandez au boucher de retirer tout l'os de l'échine. Essuyez et placez dans un plat allant au four et ajoutez une tasse de farine. Évidez une pomme pour chaque service et placez la viande dans le four chaud. Laisser dorer puis réduire le feu et laisser cuire la viande pendant une demi-heure à four modéré. Arroser d'eau bouillante.

DUMPLINGS AUX CANNEBERGES

Hachez très finement deux tasses de canneberges et ajoutez-les

Une demi-tasse de raisins secs sans pépins,

Une tasse de cassonade.

Placer dans le bol à mélanger

Une tasse et demie de farine,

Une demi-cuillère à café de sel,

Une cuillère à café de levure chimique.

Raidissez pour mélanger, puis frottez avec trois cuillères à soupe de shortening et travaillez jusqu'à obtenir une pâte avec une demi-tasse d'eau froide. Étalez-la sur un quart de pouce d'épaisseur et tartinez-la du mélange de canneberges. Rouler comme pour un jelly roll puis envelopper dans un torchon. Plonger dans une casserole contenant de l'eau bouillante ; cuire quarante minutes puis soulever et égoutter. Servir, coupé en tranches d'un pouce de large avec une sauce aux canneberges sucrée.

Beaucoup de gens aiment l'idée démodée de se divertir le jour de l'An avec un vrai dîner d'antan. Un nombre idéal est de huit ou douze personnes. Mettez tout le quota de feuilles sur la table de la salle à manger et rembourrez-le bien. Couvrez avec votre plus belle nappe. Un arbre miniature ou un buisson de gui ou de houx comme pièce maîtresse est à la fois saisonnier et approprié.

Pour servir ce repas avec une seule femme de chambre, il faut l'arranger de manière à la décharger des tâches de serveuse. Façonner le beurre en boules et disposer le service en laissant au moins vingt-deux pouces entre les convives. Placez le céleri et la relish dans des plats en verre à intervalles réguliers le long de la table et servez la salade avec le dîner.

UN MENU COLONIAL SUGGESTIF

Soupe aux huîtres

Céleri   Relish faites maison

Rôti de bœuf, Yorkshire Pudding

Sauce brune   Sauce au raifort

Purée de pomme de terre Oignons au beurre

Cantaloup épicé et écorce de pastèque

Salade de betteraves et de choux

Plum Pudding   Tarte hachée

Café

RECETTES POUR DOUZE PERSONNES

Filtrez le jus d'une cinquantaine d'huîtres à l'étouffée, puis examinez-les attentivement et retirez tous les morceaux de coquille. Lavez puis placez dans une casserole et ajoutez deux cuillères à soupe de beurre. Maintenant, placez dans une grande casserole

Quatre pintes de lait,

Une pinte de liquide d'huître,

Une demi-tasse de farine.

Remuer pour bien dissoudre la farine puis porter rapidement à ébullition. Amener rapidement les huîtres à ébullition ; ajouter au lait avec

Deux cuillères à soupe de persil finement haché,

Une cuillère à café d'oignon râpé,

Une cuillère à café et demie de sel,

Une demi-cuillère à café de poivre blanc.

Laissez mijoter doucement quelques minutes. Servir avec des crackers à l'eau à l'ancienne.

PUDDING YORKSHIRE DE RÔTI DE BOEUF

Sélectionnez une coupe raffinée de premier choix provenant d'un jeune bœuf et demandez au boucher de couper le bouchain et de le parer pour le rôtissage. Placer dans un plat allant au four sans assaisonnement. Placer dans la partie la plus basse du four à gril. Cuire en laissant quinze minutes par livre. Retournez la viande toutes les quinze minutes et arrosez-la de sa propre graisse.

La cuisson de la viande devant la flamme lui donne la saveur et l'apparence du rôtissage d'antan à feu ouvert.

Environ vingt minutes avant de servir le repas, placez une demi-tasse du jus de cuisson de la rôtissoire dans un plat allant au four et placez au four pour chauffer. Pendant que vous chauffez, préparez le pudding. Placer dans un bol

Deux tasses et demie de lait,

Deux oeufs.

Battre pour bien mélanger puis ajouter

Une cuillère à café et demie de sel,

Une demi cuillère à café de poivre,

Une cuillère à café d'oignon râpé,

Deux tasses et demie de farine,

Deux cuillères à soupe rases de levure chimique.

Battre pour éliminer les grumeaux, puis verser dans un plat allant au four chaud et bien graissé sur environ trois quarts de pouce de profondeur. Cuire à four chaud pendant vingt minutes en arrosant trois fois avec le jus de rôti.

Ajoutez la farine dans la poêle dans laquelle la viande a été rôtie. Faites bien dorer et ajoutez trois tasses d'eau froide, salez et poivrez au goût. Portez à ébullition et laissez cuire quelques minutes, puis servez.

Certaines personnes aiment la sauce anglaise au raifort avec la viande rôtie. Et ils servent la sauce sur le pudding. Placer dans une casserole.

Une demi-tasse d'eau,

Une demi-tasse de vinaigre blanc,

Cinq cuillères à soupe de fécule de maïs.

Remuer pour dissoudre la fécule, puis porter à ébullition et cuire pendant cinq minutes. Ajouter

Une demi-tasse de crème sure,

Une cuillère à café et demie de sel,

Une cuillère à café de poivre blanc,

Un petit verre de raifort râpé.

Chauffer en remuant fréquemment jusqu'au point d'ébullition.

SALADE DE BETTERAVES ET CHOU

Râpez finement une petite tête de chou. Placer dans l'eau salée pour croustillant pendant une heure. Maintenant, égouttez. Allumez un chiffon pour sécher. Placer dans un bol et ajouter

Une tasse de céleri finement râpé,

Deux oignons finement hachés,

Deux poivrons verts hachés finement,

Une tasse de vinaigrette mayonnaise,

Une cuillère et demie de sel,

Une cuillère à café de paprika.

Bien mélanger puis servir dans des assiettes à salade individuelles. Garnir de betteraves marinées finement hachées en forme de bordure autour de chaque service.

Une liste de marché pour douze personnes :

Neuf livres de côtes levées coupées,

Cinquante huîtres,

Quatre branches de céleri,

Cinq points de lait,

Une demi-pinte de crème pour le café,

Un quart de livre de café,

Un quart de brochette d'oignons,

Un bouquet de betteraves,

Une petite tête de laitue,

Deux poivrons,

Deux douzaines de rouleaux,

Une livre de beurre,

Deux oeufs,

Une demi-livre de pudding aux prunes,

Une très grande tarte, faisant douze petites coupes,

Un quart de livre de sucre.

Savoureuse de maïs

Placer dans une marmite à conservation

Une boîte de maïs à chaussures,

Un litre de haricots verts cuits,

Un litre de haricots de Lima cuits,

Huit poivrons verts coupés en petits morceaux,

Une petite tête de chou, finement râpée,

Une once de graines de moutarde.

Couvrir à parts égales de vinaigre et d'eau. Portez à ébullition et laissez cuire trente-cinq minutes. Maintenant, placez dans un bol

Une tasse de farine,

Une demi-tasse de moutarde jaune,

Une demi-tasse de sel,

Une demi-tasse de sucre,

Une once de paprika,

Deux tasses de vinaigre.

Remuer pour dissoudre puis ajouter au mélange bouillant. Cuire quinze minutes, puis verser dans des bocaux entièrement en verre et fermer hermétiquement. Conservez dans un endroit frais et sec.

POUR HUIT COUPLES

Dans les communautés anglaises, il est de coutume de s'asseoir et de regarder l'année qui s'écoule et d'accueillir la nouvelle. Les agriculteurs du nord visitent les vergers, tandis que les habitants des hautes terres visitent et reviennent.

La coutume de la fête du Nouvel An est en effet très ancienne et, dans les années passées, les Beau Brummels et les dandys de l'époque considéraient la fête du Nouvel An comme un sport très rare.

Les momies qui sont à l'étranger aujourd'hui suivent l'ancienne coutume de cette chère vieille Écosse, où ces rites prévalent depuis de nombreux siècles.

Trinquez la vieille année et la nouvelle avec une tasse d'amour :

Faites sonner le vieux avec toute sa haine,

Annoncez le nouveau avec amour et joie,

Sonnez, oh cloches du temps ;

Sonnez de joie, avant qu'il ne soit trop tard.

Pour préparer une coupe d'amour pour accueillir la nouvelle année pour quinze personnes :

LE PUNCH DU NOUVEL AN

Un gallon et demi de cidre,

Une demi-douzaine de bananes, tranchées finement,

Une petite bouteille de cerises coupées en morceaux.

Placez un gros morceau dans le bol de glace et remuez pour bien mélanger. Servir dans de grands verres à punch.

UN REPASTE DE MINUIT

Huîtres à la Newburg

Sandwichs au piment

Cornichons   Céleri

Noix Salées

Coup de poing du Nouvel An Café

ou

Poulet à la crème Delmonte

Salade de céleri

Cornichons faits maison Olives

Rouleaux Beurre

Coup de poing du Nouvel An Thé ou café

Un punch peut être préparé avec une partie du jus de raisin et une partie de la limonade, puis le fruit ajouté.

HUÎTRES À LA NEWBURG

Pour quinze personnes. Examinez attentivement puis lavez une centaine d'huîtres à l'étouffée. Vidange. Maintenant, placez dans une casserole

Un litre de liquide d'huître,

Un litre de lait,

Trois quarts de tasse de farine.

Remuer pour bien dissoudre; porter à ébullition et cuire cinq minutes. Faites maintenant cuire les huîtres dans leur jus en les plaçant dans une casserole et en remuant constamment jusqu'à ce qu'elles atteignent le point d'ébullition. Ajouter la sauce préparée avec

Deux oignons finement émincés,

Une grande boîte de piments finement hachés,

Deux œufs bien battus,

Une cuillère à soupe rase de sel,

Une cuillère à café et demie de paprika,

Une demi cuillère à café de poivre blanc,

Une demi-tasse de persil finement haché.

Chauffer lentement jusqu'à ébullition puis servir sur d'épaisses tranches de pain grillé.

SANDWICHS AU PIMENT

Mettre

Une grande boîte de piments,

Deux branches de céleri,

Huit branches de persil,

Deux oignons,

dans le hachoir, puis ajoutez

Une tasse de fromage cottage,

Une demi-tasse de mayonnaise,

Une cuillère à café de sel,

Une cuillère à café de paprika.

Bien mélanger puis tartiner le pain de seigle avec :

Quatre onces de beurre,

Deux cuillères à soupe de vinaigrette mayonnaise,

Une cuillère à café de paprika,

Une demi-cuillère à café de moutarde.

Placer dans un bol à mélanger et battre jusqu'à obtenir une crème, puis étaler le mélange sur le pain et couper en fines tranches. Étalez le mélange de piment et recouvrez d'une deuxième tranche de pain. Couper en triangles.

DELMONTE DE POULET À LA CRÈME

Sélectionnez un gros poulet à ragoût d'environ six livres et demi à sept livres. Chantez et dessinez, puis lavez. Placer dans une marmite à conserves avec

Deux oignons,

Un clou de girofle,

Une carotte coupée en dés,

Deux branches de céleri coupées en petits morceaux,

Un pédé d'herbes à soupe,

Deux litres et demi d'eau bouillante.

Couvrir hermétiquement et porter à ébullition. Laisser mijoter lentement jusqu'à tendreté, puis laisser refroidir dans le bouillon. Maintenant, retirez la peau et coupez la viande en morceaux nets d'environ un pouce carré. Placer dans une grande casserole

Un litre de bouillon de poulet,

Trois quarts de tasse de farine.

Remuer pour bien mélanger puis porter à ébullition. Cuire cinq minutes et ajouter deux oignons finement émincés et

Une grande boîte de piments finement hachés,

Un litre de céleri, coupé en blocs de pouces et étuvé,

Trois œufs bien battus,

Une cuillère à soupe de sel,

Une cuillère à café et demie de paprika,

La viande de poulet préparée,

Jus de deux petits citrons.

Chauffer jusqu'à ce qu'il soit très chaud puis servir sur des toasts. Déposez trois pointes d'asperges en conserve chauffées dans leur jus puis saupoudrez de persil finement haché.

Fruits et légumes frais

SUR VOTRE TABLE, TOUTE L'ANNÉE

Il est désormais possible de servir sur votre table les mêmes fruits et légumes en décembre qu'en juillet. Conservez les excédents de vos jardins et vergers en été et aidez à résoudre les problèmes alimentaires hivernaux.

Bocaux EZ Seal « Atlas »

Sont de véritables conservateurs. Étant entièrement en verre, ils sont absolument hygiéniques et se ferment et s'ouvrent si facilement qu'un enfant peut les utiliser. Fabriqué en tailles d'une demi-pinte, d'une pinte, d'un quart et d'un demi-gallon.

www.ingramcontent.com/pod-product-compliance
Lightning Source LLC
Chambersburg PA
CBHW051253130726
47987CB00004B/1514